中国气象局气象干部培训学院
基层台站气象业务系列培训教材

高 空 气 象 观 测

主　编　潘志祥　李艾卿

副主编　李余粮　李　伟　赵米洛　杨忠全

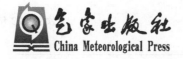
气象出版社
China Meteorological Press

内 容 简 介

本书是在收集整理和总结凝练国内外高空气象观测技术的基础上,结合高空气象观测台站业务需要编写而成。全书共7章,主要包括绪论、地球大气基本特征、高空气象观测设备、数据处理方法、高空气象观测软件、高空气象观测新技术、高空气象观测业务规范与管理制度等。

本书内容以基础知识、技术方法、设备性能、故障诊断等实用技术为重点,强化观测流程、技术规范和数据质量保证,旨在培养高空气象观测人员的科学技能和严谨作风。此外,还介绍了高空气象观测的发展历程和有关业务管理规定,以利于读者全面掌握相关知识。

本书是中国气象局气象干部培训学院组织编写的气象业务系列培训教材之一,可作为气象台站及其他部门从事高空气象观测人员的业务参考资料,也可作为高等院校气象专业师生的学习辅导材料。

图书在版编目(CIP)数据

高空气象观测/潘志祥,李艾卿主编. —北京:气象出版社,2013.2(2022.3重印)
基层台站气象业务系列培训教材
ISBN 978-7-5029-5673-8

Ⅰ.①高… Ⅱ.①潘… ②李… Ⅲ.①高空-气象
观测-技术培训-教材 Ⅳ.①P412.2

中国版本图书馆CIP数据核字(2013)第028230号

高空气象观测

潘志祥 李艾卿 主编

出版发行:气象出版社
地　　址:北京市海淀区中关村南大街46号　　　　邮政编码:100081
电　　话:010-68407112(总编室)　010-68408042(发行部)
网　　址:http://www.qxcbs.com　　**E-mail:** qxcbs@cma.gov.cn
责任编辑:张　斌　　　　　　　　　　　　　　终　审:黄润恒
封面设计:燕　彤　　　　　　　　　　　　　　责任技编:吴庭芳
印　　刷:北京建宏印刷有限公司
开　　本:787 mm×1092 mm　1/16　　　　　　印　张:23.5
字　　数:584千字
版　　次:2013年4月第1版　　　　　　　　　印　次:2022年3月第3次印刷
定　　价:80.00元

本书如存在文字不清、漏印以及缺页、倒页、脱页等,请与本社发行部联系调换

《基层台站气象业务系列培训教材》
编写委员会成员

《高空气象观测》编写人员

主　　编　潘志祥　李艾卿

副 主 编　李余粮　李　伟　赵米洛　杨忠全

参编人员　李文华　王爱珍　罗雪玲　李争凯

　　　　　杨小民　刘凤琴　周　伟

总　序

《国务院关于加快气象事业发展的若干意见》（国发〔2006〕3号）提出，要按照"一流装备、一流技术、一流人才、一流台站"的要求，以增强防灾减灾能力、保护人民群众生命财产安全以及满足气候变化国家应对需求为核心，为构建社会主义和谐社会、全面建设小康社会提供一流的气象服务，实现全社会气象事业的协调发展。

基层气象台站是气象工作的基础。中国气象局党组历来高度重视基层气象台站的建设，并始终将其摆在全局工作的重要位置，特别是进入新世纪以来，中国气象局党组强化领导，科学规划，大力推进，不断完善利于基层气象台站发展的政策措施，不断改善基层气象台站的发展环境，不断加大对基层气象台站发展的投入力度，基层气象台站建设取得了明显成效。例如，气象现代化装备和技术在基层气象台站得到广泛应用，气象观测能力显著提高，气象服务能力和效益显著提高，气象队伍素质显著提高，台站工作生活环境和条件显著提高，在保障地方经济社会发展中作用显著提高，地方党委、政府对气象工作的认识也显著提高。可以说，基层气象台站发展面临的形势和机遇前所未有，挑战和任务也前所未有。与经济社会发展对气象预报服务越来越多的需求相比，基层气象台站的气象预报服务能力和水平还难以适应，差距较大，特别是气象服务能力和气象队伍整体素质不适应的问题越来越突出。为此，中国气象局从2009年起开展了全国气象部门县级气象局长的轮训，力图使他们通过培训，能够以创新的思维和求真务实的作风，破解基层气象台站建设与发展中遇到的难题，这样轮训的实际效果超出了预期。

做好基层气象工作，推进一流台站建设，既要有一支政治素质和业务素质高的领导干部队伍，也要有一支踏实肯干、敬业爱岗、业务素质高的气象业务服务队伍，这是新时期加强基层气象工作、夯实气象事业发展基础的必然要求。为此，中国气象局气象干部培训学院组织有关教师和业务一线专家，从基层气象台站实际出发，以建设现代气象业务和一流台站的要求为目标，编写了《基层台站气象业务系列培训教材》。这套教材涵盖了地、县级气象业务服务工作领域，体现"面向生产、面向民生、面向决策"的气象服务要求。我相信，这套教材的编写、出版，将会受到广大基层气象台站工作者的广泛欢迎。我希望，各地气象部门要充分利用好这套教材，通过面授、远程培训等方式，做好基层气象工作者的学习培训工作。我也借此机会，向为这套教材的编写、出版付出努力的专家学者和编辑人员表示衷心的感谢。

郑国光

2010 年 12 月于北京

丛书前言

基层气象工作是整个气象工作的基础,是发展现代气象业务的重要基石。抓基层、打基础是建设中国特色气象事业、实现"四个一流"建设目标的重要任务。基层气象台站承担着繁重的气象业务、服务和管理任务,是气象科技转化成防灾减灾效益的前沿阵地。

全国气象部门现有 2435 个县级基层台站、14050 个乡村信息服务站,36%的在编职工、45%的编外人员和 37.5 万气象信息员工作在基层,努力提高基层人才队伍综合素质是当前和今后一段时期气象教育培训面临的一项重要而紧迫的任务。为了全面开展面向基层台站人员的培训工作,加快提高基层台站人员的总体素质,我们根据现代气象业务体系建设对基层气象台站业务服务和管理的总体要求,组织编写了《基层台站气象业务系列培训教材》。

这套教材立足于为基层职工奠定扎实的气象业务理论基础和技术基础,全面提升基层职工岗位业务能力,内容涵盖了地、县级气象业务的主要领域,包括综合观测、分析预测、应用气象、气候变化、气象服务、人工影响天气、雷电灾害防御、信息技术、装备保障、综合管理和气象科普等。教材的编写遵循针对性、实用性、先进性和扩展性的原则,尽可能为基层气象台站人员的学习或省级培训机构培训提供一套实用的系列培训参考教材。

《基层台站气象业务系列培训教材》共分 16 册,分别是《地面气象观测》、《高空气象探测》、《天气雷达探测与应用》、《卫星遥感应用》、《天气预报技术与方法》、《雷电防护技术及其应用》、《人工影响天气技术与管理》、《农业气象业务》、《气候与气候变化基础知识》、《气候影响评价》、《气象灾害风险评估与区划》、《风能太阳能开发利用》、《基层台站气象服务》、《气象台站信息技术应用》、《台站气象装备保障》和《县级气象局综合管理》。这套系列培训教材计划用两年左右时间完成,并将随着现代气象业务技术的不断发展随时进行修订和补充。

这套系列教材的编写凝聚了多方的智慧,各省级气象部门、相关高等院校及气象行业的专家、学者以及众多气象部门的领导参加了该套教材的编写与审定工作,《基层台站气象业务系列培训教材》编委会办公室做了大量细致的组织工作,在此,我对他们为此付出的辛勤劳动表示衷心的感谢。由于开展这项工作尚属首次,难免存在不尽如人意之处,诚挚地欢迎大家提出宝贵意见!

高学浩

2010 年 12 月于北京

前　言

　　高空气象观测是气象综合观测系统的重要组成部分,是气象预报、气候预测、气象服务、科学试验和相关行业业务的基础性技术支撑。

　　目前,我国已成为全球高空气象观测网的重要组成部分,是全球气象高空观测站最密的地区之一。从 2002 年开始,中国气象局开始更新换代 59-701 探空系统,全国气象部门 120 个高空站已全部更新换代为我国自行研制的、具有独立知识产权的 L 波段雷达探空系统,我国高空气象事业发展实现了一次质的飞跃。该系统提高了我国高空气象观测业务质量和观测准确度,提高了观测信息的空间与时间密度,而且实现了观测数据采集、监测和集成的自动化,常规空基观测能力显著加强。

　　与此同时,可以提供高时空观测资料的遥感设备在业务中不断得到应用,通过 GPS/MET 观测站组成的水汽观测网,实现了高空大气水汽总量连续观测;通过风廓线雷达组成的业务试验网,实现了高空风全天候、连续观测。可以期望,微波遥感设备未来会在业务中得到长足发展。

　　《高空气象观测》培训教材是一本系统的高空气象观测业务培训手册,主要用于指导高空气象观测人员培训学习,旨在为提高观测技术素质,规范观测技术操作,保障观测业务质量等方面提供帮助。

　　《高空气象观测》培训教材分为7章:第1章为绪论,第2章为地球大气基本特征,第3章为高空气象观测设备,第4章为数据处理方法,第5章为高空气象观测软件,第6章为高空气象观测新技术,第7章为高空气象观测业务规范与管理制度。教材本着内容尽量全面、语言力求简练、使用更为方便的原则进行编写,以满足气象部门和相关行业广大高空气象观测技术人员培训学习和业务指导的需求。

编著者

2012 年 9 月

目　录

第1章 绪论

内容提要

本章主要介绍高空气象观测技术发展简史,全球高空站网及发展趋势,高空气象观测作用和高空气象观测系统发展展望。

1.1 高空气象观测综述

气象观测(meteorological observation)是指对地球大气圈及其密切相关的水圈、冰雪圈、岩石圈(陆面)、生物圈等的物理、化学、生物特征及其变化过程进行系统的、连续的观察和测定,并对获得的记录进行整理的过程。气象观测具有准确性、代表性与可比较性三个特点,为气象预报预测与气象服务提供高质量的观测数据。

在大气科学发展过程中,气象观测发挥了十分重要的作用。运用局地、全球观测网,准确、及时、完整地获取气象资料进行分析,是大气科学发展的主要途径与方法之一。近代大气科学许多新发现和重大理论突破都建立在新增气象观测资料的基础上。地球上各种天气现象是大气运动的反映,如果仅依赖于地面气象要素观测资料,而没有与天气系统密切联系的高空气象要素观测资料,则无法深入研究纷繁复杂的各种天气现象。高空气象观测技术正是为了满足大气科学发展需求而诞生的。

高空气象观测(aerological sounding)是利用各种物理学的方法和现代科学技术手段,观测近地面层、行星边界层(摩擦层)、对流层、平流层、中间层、热层以及外逸层(即外层空间)等任意高度上气象要素瞬时分布的状况。测量项目常规观测主要有气温、气压、湿度、风向和风速,以及特殊项目如大气成分、臭氧、辐射、大气电场等。

1.2 高空气象观测技术发展简史

16世纪中期前,人类对天气的了解停留在感性认识阶段,观测手段和仪器较落后;16世纪末,大气观测技术有了较大发展,其重要标志是从原始、零星的目测和定性器测逐渐发展到全球范围的,系统、连续和定量的大气观测,近代大气观测由此开始。近代大气观测的发展可分为三个阶段,即16世纪末到19世纪末的地面气象要素观测系统发展阶段、20世纪初开始的高空气象观测系统发展阶段和 20 世纪 60 年代开创的大气遥感时代。

18 世纪中叶,人们开始进行高空观测的尝试。1749 年英国人威尔逊把温度计捆绑在风筝上用来测量低层大气温度,1809 年英国人沃利斯和福雷斯使用测风气球来观测高空风。使用风筝、人工操控气球、非人工操控气球等携带机械记录设备获取高空气象观测数据,制成了早期的"气象图表"并一直使用到 20 世纪中期。

无线电探空第一次获得成功,是在 1923 年由美国陆军气象学家布赖尔进行的试验中。1928 年,前苏联莫尔恰夫发明的无线电探空仪可以对高空气压、温度和风等进行较完善的探测。无线电探空仪随氢气球升入(后来发展到用定高气球、飞机、气象火箭下投降落)高空,将所测各高度上的气压、气温、湿度、风等要素信息通过探空仪上的无线电发报机传回地面,由地面收报机接收,从而获得高空气象资料。1931 年 12 月,芬兰维萨拉公司的创始人维萨拉发明了著名的芬式无线电探空仪。无线电探空仪首次于 1936 年在美国天气局投入业务使用,由几个站组成的无线电探空网将上层空气探测作为日常业务之一,该网络代替了风筝和飞机探测。如今,无线电探空仪是探测地面至 30~40 km 高空气象要素的主要仪器。

20 世纪 60 年代开始,大气遥感技术的发展极大地推动了大气探测的发展,扩展了大气探测范围,提高了探测连续性,突出标志是气象雷达与气象卫星的应用。1941—1942 年,出现了专门的云雨雷达;1960 年 4 月,美国发射了第一颗气象卫星泰罗斯—1 号。20 世纪 60 年代以来,声雷达、激光雷达、风廓线雷达、微波辐射计等的研制与试验成功,拓展了获取高空三维空间气象信息的手段。

目前,世界各国气象部门使用不同的高空气象观测技术。中国、前苏联及东欧国家使用高空气象探测雷达,中国还使用光学经纬仪作为测风备份系统。美国、印度、日本和部分东南亚国家使用无线电经纬仪测风—探空系统,南美、非洲、大洋洲、东南亚和部分欧洲地区国家使用GPS 测风—探空系统。

新中国成立初期,高空气象观测几乎是空白。1951 年接收了旧政府遗留下来使用美式仪器设备的北京、南京 2 个探空站,其后增建了汉口、成都、兰州 3 个探空站,到 1952 年,全国共有 5 个探空站、40 个小球光学经纬仪测风站。1952 年后我国在重要民航航线(站)及西部天气上游地区陆续建站,到"一五计划"末的 1957 年,已建成或在建探空站 69 个,连同海军参加发报的 4 个探空站,全国探空站达到 73 个,全部使用芬(兰)式和苏(联)式探空仪,用光学经纬仪测风。由于光学经纬仪易受阴雨天气等影响,造成测风高度不高或探测资料残缺不全。

探空仪完全依赖进口显然不能满足国民经济发展的需要,必须研制国产探空仪。中央气象局观象台的建立对研究、探索、试验我国高空气象观测体制、方法方面起到了重要作用。1955 年生产的 049 型探空仪开始改变了我国探空仪依赖芬兰的局面,以后又陆续研究试验了57 型、58 型、59 型探空仪。在 59 型探空仪样机的基础上,经过技术改进和工艺创新,1963 年完成了国产探空仪的生产定型。

与此同时,二次测风雷达被国家计委正式列入 1959 年计划,经过样机试验改进,生产了几部 910 二次测风雷达。1965 年,二次测风雷达定型称为 701 二次测风雷达,采用 400 MHz 频率;59 型探空仪开始使用 24 MHz 频率,由人工收听探测信号,手工处理探测数据。此后,049型探空仪停止生产,也不再从芬兰进口探空仪。定向测风和马拉赫无线电经纬仪也曾经配合59 型探空仪使用过,但因低仰角测风准确性差而淘汰。

"三五计划"期间(1966—1970 年),我国对已有探空站更新使用 59—701 探空系统,在近

100 个探空站推广了 59 型探空仪,在 28 个探空站配备了 701 雷达,也新建了不少 59 型探空站。到 1970 年,全国 100 多个探空站中,除个别站外均更新使用了 59 型探空仪,配备 701 雷达近 30 个站,加上前期的 910 雷达和无线电经纬仪,共有 40 个站使用无线电测风。1980 年,全国 70 多个探空站配备了 701 测风雷达。20 世纪 80 年代末,全国气象部门共有 118 个探空站,均使用 59－701 探空系统;另有 2 个雷达单测风站。

1978 年以后,随着无线电元器件的半导体集成化和计算机技术的发展,高空气象观测技术又有较大提高。对回答器半导体进行集成化,电子探空仪与 701 雷达配合试用,七型电子探空仪、电子探空仪与一次雷达配用,701-B 和 701-C 雷达的使用,高空探测实时跟踪、接收和数据处理的自动化,为 2000 年以后采用的高空观测技术体制起到了铺台阶的作用。

1978 年以后,中国与美国、芬兰开展的科技合作对我国高空气象观测技术的自动化和探测元件的不断更新起到了很大作用。中美和中芬的探空系统进行了几次比对试验,特别是 1996 年中芬在郑州进行的比对试验,对我国高空观测技术的发展起到了促进作用。1989 年在前苏联江布尔开展了世界气象组织第三期探空国际比对试验,发现我国探空和测风系统存在着明显的缺点,并得出以下几点认识:(1)二次雷达测风系统与导航测风、无线电经纬仪以及一次雷达在工作仰角范围内的准确度在同一量级,而无线电经纬仪在工作仰角低时误差明显增加,不适合我国大范围使用;(2)需对数据处理自动化和一些处理方法作深层次研究;(3)需通过改进仪器元件和观测计算方法来解决出现在 100 hPa 以上的系统误差和随机误差,数值化与提升取样率十分有利于探测准确度的提高;(4)LORAN-C,GPS 导航测风系统的兴起和发展,降低了施放条件和场地要求。

我国 L 波段二次雷达－电子探空仪探空系统以及 GPS 导航测风系统的研制就是在此背景下开始的。L 波段二次雷达－电子探空仪探空系统 2001 年研制成功,2002 年开始业务布点,到 2010 年共完成了 120 个探空站设备的更新换代。卫星导航定位探空在我国属于起步阶段,目前已经完成了国产 GPS 探空系统的研制,下一步将基于中国的"北斗"卫星导航系统发展我国的卫星导航定位探空系统。

1.3　全球高空气象观测网

1.3.1　全球高空站网现状及发展趋势

1)现状

世界气象组织(World Meteorological Organization,简称为 WMO)将全球探空站分为 3 类,包括 GCOS(全球气候观测系统)探空站、全球资料交换探空站与非全球资料交换探空站。截止 2011 年 10 月,全球有 GCOS 探空站 161 个,全球资料交换探空站 794 个,非全球资料交换探空站 650 个。图 1.1 为全球探空站分布图。

2)发展趋势

指标探空(benchmark network):对高空大气的各种参数进行非常精确的观测,是基准探空网的核心。但就目前的技术和标准而言,还仅是一个概念。

基准探空(upper air reference network):提供长期高质量的气候记录;校准和检验包括卫星在内的其他遥感探测数据质量;提供更大范围的大气变量。重点开展观测的项目有高空温

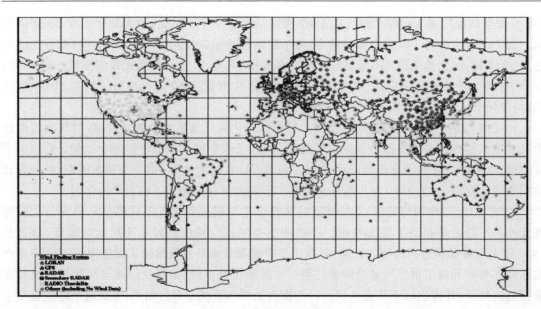

图 1.1　全球探空站分布图

度、水汽、风速和风向、云、地球辐射收支和痕量气体浓度的变化。

GCOS 探空(GCOS upper air network)：以现有观测站点和观测项目为基础，提高探测准确度，同时考虑与全球大气监测网(Global Atmosphere Watch，简称为 GAW)结合，开展气溶胶等大气成分观测。

综合探空(comprehensive observing network)：在现有观测站点定点定时开展风向、风速、气压、气温、湿度等气象要素的高空观测。

另外，还需建立空间密度更高的探空站网，以监测大尺度和区域尺度气候变化和变动。

1.3.2　我国高空观测站网现状

我国业务化的高空气象观测站网，已成为世界高空气象观测网的重要组成部分。在全球，我国是高空气象观测站最稠密的地区之一。

我国气象部门现建有常规高空气象观测站 120 个(不含港澳台、军方和其他部门)，其中高空基准观测站(GRUAN)1 个，为内蒙古锡林浩特站；高空气候观测(GCOS)探空站 7 个，分别为内蒙古二连浩特和海拉尔、甘肃民勤、湖北宜昌、云南昆明、西藏那曲、新疆喀什站；全球资料交换探空站 87 个，非全球资料交换探空站 33 个。这些观测站主要是在北京时间 08 时与 20 时进行观测，其中有 27 个站每天北京时间 02 时增加单独测风观测。图 1.2 为我国气象部门高空气象观测站网分布图。此外，我国其他部门还有 100 多个探空站。

1.4　高空气象观测的作用

随着气象台站网的建立，气象观测资料的组网应用成为可能。天气图的诞生，是近代气象学研究起点的标志。1851 年，英国的格莱舍利用电报传送气象观测资料，绘制了天气图。法国巴黎天文台台长勒威耶在总结克里米亚战争黑海风暴事故天气原因的基础上，提出了组织

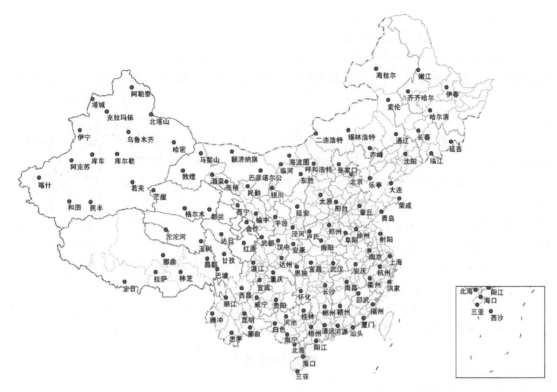

图 1.2　我国气象部门高空气象观测站网分布图

气象台站网,开展天气图分析和天气预报的建议,于 1856 年组织了气象观测网,1860 年创立了风暴警报业务。从此,绘制天气图便成为一项日常业务,并陆续推广到欧美各国。

气象观测从地面发展到高空,即从二维空间发展到三维空间,揭示了地面气压系统与高空气流之间的关系。芝加哥学派的领导人罗斯贝(Rossby)在高空天气图上发现了长波,1939 年他提出了长波动力学,并由此引出了位势涡度理论、创立了长波理论,从而开拓了作为天气分析、预报理论基础的大尺度大气动力学;皮叶克尼斯(Bjerknes)最先注意到高空流型的作用,构想了两种气旋生成过程。此外,科学家通过分析气象观测资料,陆续发现了 ENSO 循环、南方涛动、北极涛动、北大西洋涛动、遥相关等气候相关现象,拓展了预报预测理论,促进了预报预测水平的提高。近些年天气雷达网的建设,有力地推进了短时临近天气监测预警的发展;全球气象卫星观测网的形成,为数值天气预报提供了实时覆盖全球的观测数据。因此,天气预报和气候分析预测的水平与观测技术的进步息息相关,气象观测特别是高空气象观测的发展,在推动气象科学与气象业务的发展中发挥了先导作用。

1.5　高空气象观测系统发展展望

未来气象观测发展,将从人工观测到自动化遥测遥感,从定性观测到定量观测,从单一的大气圈观测到地球各大圈层及其相互作用的综合观测,利用多种手段、多种技术,实现高准确度、高时空分辨力、连续、自动、一体化定量观测。为了满足精细化气象服务的需求,要求探测设备空间网格更密,探测资料时间分辨力更高,从二维观测向三维立体观测发展,从大尺度的天气观测向中小尺度天气观测发展。

具体来说,高空气象观测将向以下四个方面发展:

(1)探测高度将上升,由对流层、平流层向中间层甚至外大气层发展。目前,常规高空气象观测高度已普遍达到平流层下部、中部,随着气球质量的改善、探测手段的增多,平流层上部、中间层的探测将逐步普及。气象卫星、GPS 卫星等甚至能探测地球整个大气层的气象有关资料。

(2)探测要素将更趋于多样化。除了观测气压、气温、湿度、风向、风速以外,还可根据需要增加大气成分(含气溶胶、臭氧)、空间辐射、空间电场等探测项目。

(3)探测手段多样化。火箭下投、平飘气球、系留气球探空等探测手段将会得到较大发展,风廓线雷达、地面激光雷达、声雷达、微波辐射计、无人驾驶飞机与有人驾驶飞机将会越来越多地进入观测业务系统。未来,气象卫星将在过去靠接收地、气信号的"被动式"探测基础上,添加"主动式"探测方式。北斗卫星和其他卫星将能提供更全面、更准确的高空气象观测资料。

(4)自动化程度提高。常规高空气象观测站的全自动化进程正在加速,发达国家如美国、芬兰等国,常规高空气象观测业务已经全程自动化,如气球充灌氢气、气球进入预定位置、气球升空、接收高空气象观测数据信号等都已自动化。在我国,全自动高空气象观测设备已研制成功,目前正在考核、试点。新型高空气象观测技术基本上将以全自动化方式出现。

复习思考题

(1)什么叫高空气象观测?
(2)近代大气观测的发展可分为哪几个阶段?
(3)高空气象观测在气象工作中有什么作用?
(4)请描述未来高空气象观测发展趋势。

第2章 地球大气基本特征

+·+

> **内 容 提 要**
>
> 　　本章主要介绍地球大气的成分与结构,标准大气的定义,地面和近大气层参数,气象要素的垂直分布,太阳辐射对大气的影响和云、能见度、天气现象特征等。

2.1　地球大气的成分与结构

　　由于大气的湍流混合作用,地球大气的各种成分比例相对比较固定,按其热力性质和运动特点,从地表往上空又分成若干层。

2.1.1　大气成分

　　地球大气的主要成分是氮气和氧气。氮气占地球大气质量的 75.5%,按气体比占 78%。常温下氮的化学性质不活泼,不能被植物直接利用,只能通过植物的根瘤菌,部分固定于土壤中。氮对太阳辐射远紫外区 0.03~0.13μm 具有选择性吸收。氧气占地球大气质量的 23%,按体积比占 21%。除了游离态外,氧还以硅酸盐、氧化物、水等化合物形式存在。

　　除了氮气和氧气外,还有水蒸气。但水蒸气含量随时间和地区而不同,如在潮湿的我国东部季风区夏季,空气中水蒸气含量相对较多,而北方干旱区水蒸气含量则相对较少。若不考虑水蒸气影响,对于干空气而言,则在 80 km 内几乎是一致的。

　　二氧化碳在大气中含量虽然很少,但它不吸收太阳辐射,让太阳辐射直接到达地面,而对地表和大气的长波辐射却具有强烈的吸收作用。因此,它对大气起到加热作用,即温室玻璃或塑料薄膜的作用,这种作用被称作温室效应。由于人类大量使用矿物燃料和破坏植被,二氧化碳浓度不断增加造成全球气候变暖,引起了科学工作者的关注。

　　臭氧是 1913 年才发现的一种微量气体,分布在 20~25 km 高度上。由于它能吸收太阳紫外辐射,对人类和生物起到保护作用,因此被称作地球的保护伞。但由于人类在生活和生产过程中使用和排放氟利昂,对臭氧有破坏作用,近年来在南极上空春季经常观测到臭氧浓度比正常值减少 50%,有时甚至超过 50%,这种现象称为"臭氧洞",同样引起了科学家们的密切关注。

　　除了以上气体外,大气中还含有氩、氖、氦、氢等多种微量气体,见表 2.1。

表 2.1 地表附近的大气组成

成分	分子式	存在比率(%)	
		容积比	重量比
氮分子	N_2	78.088	75.527
氧分子	O_2	20.949	23.143
氩	Ar	0.93	1.282
二氧化碳	CO_2	0.03	0.0456
一氧化碳	CO	1×10^{-5}	1×10^{-5}
氖	Ne	1.8×10^{-3}	1.25×10^{-3}
氦	He	5.24×10^{-4}	7.24×10^5
甲烷	CH_4	1.4×10^{-4}	7.25×10^{-5}
氪	Kr	1.14×10^{-4}	3.30×10^{-4}
一氧化二氮	N_2O	5×10^{-5}	7.6×10^{-5}
氢分子	H_2	5×10^{-5}	3.48×10^{-6}
臭氧	O_3	2×10^{-4}	3×10^{-5}
水蒸气	H_2O	不定	不定

2.1.2 大气的垂直结构

地球大气层的温度、压力和湿度是表征大气状态的重要物理量。它们不仅在水平方向上有很大变化,而且随高度也按一定规律变化。由于地球自转以及不同高度大气对太阳辐射吸收程度的差异,使得大气在水平方向上比较均匀,而在垂直方向上呈明显的层状分布,故可以按大气的热力性质、电离状况、大气组分等特征,分成若干层次。最常见的分层按中性成分的热力结构,把大气分成对流层、平流层、中间层、热层和外大气层。见图 2.1。

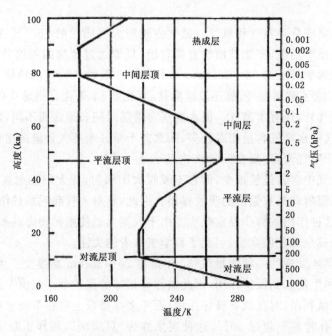

图 2.1 地球大气温度的变化

1) 对流层

地球大气最低一层称为对流层(troposphere)。本层厚度最薄,自地面到 8～18 km,不及大气层厚度的 1/10,并随纬度、季节而变化,平均高度约为 11 km,在高纬地区平均 8～9 km,中纬地区平均 10～12 km,低纬地区平均 17～18 km,夏季高于冬季。它的质量最大,水汽最多,集中了大气质量的 3/4 和几乎全部的水汽及固体杂质。它是天气变化最主要、最复杂的一层,对人类活动和地球生物影响最大,与自然地理环境关系最密切。

对流层有三个最主要的特点:

(1)气温随高度的升高而降低。因为对流层大气主要依靠地面长波辐射增热,一般情况下,愈近地面空气受热愈多,气温就愈高,离地面愈远,气温就愈低。平均每上升 100 m,气温下降 0.65℃。在不同地区、不同季节、不同高度,气温随高度的降低值是不同的。

(2)具有剧烈的对流运动。因受地面加热不均匀的影响,产生对流运动,使高低层空气之间得以交换和混合,地面的热量、水汽、杂质等向上输送,促进云、雨的生成。

(3)气象要素水平分布不均匀。因地表性质差异明显,而对流层受地表影响大,温度、湿度等水平分布不均匀,从而经常发生大规模的水平运动,冷暖气流交换频繁。

在对流层内,按气流和天气现象的分布特点,又可分为下层、中层、上层。地面至 1.5 km 为下层,又称摩擦层或行星边界层。受地面摩擦和热力作用,对流、乱流运动强烈,风随高度增加而增大,气温日变化显著,多低云、雾、霾现象。高度 1.5 km 以上,6 km 以下为中层,气流受地面摩擦影响很小,称自由大气层。云和降水大多发生在此层。高度 6 km 以上至对流层顶,为上层。上层气温常年在 0℃ 以下,水汽含量较少,云由冰晶和过冷却水滴组成,风速较大。在中纬度和热带地区,这里常出现风速 >30 m/s 的强风带,即所谓急流。

在对流层和平流层之间,有一个厚度为数百米至 2 km 的过渡层,称对流层顶。对流层顶对流运动微弱,对垂直气流有阻挡作用,水汽、尘埃等多聚集其下,使那里的能见度变坏。对流层顶的高度随纬度、季节和气团性质而异。对流层顶的温度随高度递减慢,或出现等温甚至逆温;随纬度变化与地面相反,赤道地区上空约 -83℃,极地地区约为 -53℃。

2) 平流层

由对流层顶向上到 50 km 左右,垂直减温率为负值的气层称为平流层(stratosphere)。平流层下半部的温度随高度的变化很缓慢,上半部由于臭氧层把吸收的紫外辐射能转化成为分子动能,使空气温度随着高度上升而显著增加,每上升千米约升温 2℃,到 50 km 高度附近达到最大值(约 -3℃),即为平流层顶。

平流层逆温的存在,使平流层大气很稳定,垂直运动很微弱,多为大尺度的平流运动。平流层环流的特点是:中纬度地区夏季时是东风,冬季时是西风。环流的季节变化常常是对流层环流变化的先兆,对长期天气预报有参考意义。

平流层空气中尘埃很少,大气透明度很高。但是,由于平流层与对流层交换很弱,大气污染物进入平流层后能长期存在,例如火山喷发的尘埃能在平流层内维持 2～3 天,它能强烈反射和散射太阳辐射,导致平流层增温,对流层降温,影响地球的气候变化。

平流层中水汽含量很少,几乎没有在对流层中经常出现的各种天气现象,仅在北欧等高纬度地区 20 多千米高度处早、晚有罕见的薄而透明的珠母云出现。这种云由大量十分均匀的直径为 2～3 μm 的水滴或冰晶组成,因太阳光的衍射作用,珠母云具有像虹一样的色彩排列。

3) 中间层

　　从平流层顶到 85 km 左右称为中间层(mesosphere,过去亦称中层)。中间层内臭氧已很稀少,而太阳辐射中能被氧分子吸收的波长极短的紫外辐射($<0.18\ \mu m$)已被其上面的热层大气吸收了,所以这层大气吸收的辐射能量很少,温度随高度降低。到高度 85 km 左右的中间层顶(气压约为 0.1 hPa),温度下降到$-100\sim-90$℃,是地球大气中最冷的部分。和对流层类似,温度随高度增加而下降的结构有利于对流和湍流混合的发展。

　　中间层内水汽极少,但在高纬度地区夏季的日出前或黄昏后,在 75~90 km 高空有时会出现薄而带银白色光亮的云,不过极为罕见。这种云可能是由高层大气中细小水滴或冰晶构成,也可能是由尘埃构成。这种云很高,云质点又太小,所以平时很难见到,只有在黄昏时候,低层大气已见不到阳光,而中间层还被太阳照射时,使用光学仪器才可能见到这种云,所以叫夜光云。

　　4) 热层

　　热层(thermosphere)是中间层顶以上的大气层。在这层内,温度始终是增加的,太阳辐射中的强紫外辐射($<0.18\mu m$)的光化学分解和电离反应造成了热层的高温。这层内大气热量的传输主要靠热传导,由于分子很稀少,热传导率小,在各高度上热量达到平衡时,必然会有巨大的垂直温度梯度,因此在热层内,随高度升高温度很快就升到几百开氏度,再往上,升温的趋势渐渐变缓,最终趋近于常数,约为 1000~2000 K。

　　热层虽是大气中温度最高的气层,但大气极稀薄,分子碰撞的机会极少,该气层的高温反映了分子巨大的运动速度,与低层稠密大气有所不同,不会对通过其中的飞行物造成很大影响。由于太阳微粒辐射和宇宙空间的高能粒子能显著地影响这层大气的热状况,故温度在太阳活动的高峰期和宁静期能相差几百至一千多开氏度。另外,热层温度的日变化及季节变化也很显著,白天和夜间温度差达几百开氏度。

　　5) 外大气层

　　从高度 500 km 以上的热层顶开始的大气层常被称为外大气层或称外逸层(exosphere)。外大气层中大气大部分处于电离状态,质子含量大大超过中性氢原子的含量。

　　在这样的高空,空气粒子数已经很稀少,中性粒子之间碰撞的平均自由程达到 10000 m甚至更大,粒子各自运动,很少互相碰撞。由于强烈的太阳辐射加热,同时地球引力场的束缚大大减弱,这一层内某些速率超过逃逸速率的中性粒子(主要是氢原子)能够克服地球引力而逃逸到行星际空间,因此外大气层也称为逸散层或逃逸层。

　　逸散层的起始高度称为逸散层底(exobase)。在行星大气的研究中,逸散层底是指一群从这个高度快速向上运动的粒子中,将有 e^{-1} 部分粒子不经过碰撞就能达到大气外界。由此可以推导出,逸散层底的高度是水平方向平均自由程等于或大于标高的那个高度,可估计出地球大气的逸散层一般始于 500 km 左右的高空。在此高度以下的大气有时也称为气压层(barosphere),即指这层大气中流体静力学公式尚能成立,逸散层底也就是气压层顶(baropause)。逸散层一直延伸到 2000~3000 km 的高空,逐渐过渡到行星空间。

2.2　标准大气

　　大气的空间状态很复杂,而大气温度、压强、密度以及平均自由程、黏滞系数、热导率等参数随高度的分布状况,又是航空、军事和空间科学研究工作中必不可少的资料。因此,人们根据大量高空探测的数据和理论,规定了一种特性随高度平均分布的最接近实际大气的大气模式,称为"标准大气"。世界气象组织对标准大气的定义是:"……所谓的标准大气,就是能够粗略地反映出周年、中纬度状况的,得到国际上承认的,假定的大气温度、气压和密度的垂直分布。它的典型用途是作为气压高度计校准、飞机性能计算、飞机和火箭设计、弹道制表和气象制图的基准。假定空气服从使温度、气压和密度与位势发生关系的理想气象定律和流体静力学方程。在一个时期内,只能规定一个标准大气,这个标准大气,除相隔多年做修正外,不允许经常变动"。

美国标准大气规定的海平面各要素的值为气压 1013.25 hPa,温度 288.15K,空气密度 1.225 kg/m³,海平面的重力加速度 9.80665 m/s²,假设空气是干燥的即没有水汽。在高度 86 km 以下,规定各种大气成分为均匀混合,满足理想气体方程。温度在 11 km 以下随高度递减率为 0.65 K/gpkm;11~20 km 温度不变;20~47 km 温度上升,其中 32 gpkm 以下递减率为 -1.0 K/gpkm,32 gpkm 以上递减率为 -2.8 K/gpkm;47~51 gpkm 处有一极值为 270.65 K。

标准大气主要要素随高度变化的值见表 2.2。

表 2.2　标准大气主要要素随高度的变化

位势高度 (gpm)	几何高度 (m)	气温 (K)	气压 (hPa)	空气密度 (kg/m³)	重力加速度 (m/s²)	声速 (m/s)
0	0	288.15	1013.25	1.225	9.8066	340.29
1500	1500	278.40	845.55	1.058	9.8020	334.49
3000	3001	268.65	701.08	0.909	9.7974	328.58
5500	5505	252.40	505.06	0.697	9.7897	318.49
7000	7008	242.65	410.60	0.589	9.7851	312.27
9000	9013	229.65	307.42	0.466	9.7789	303.79
11000	11019	216.65	226.32	0.364	9.7727	295.07
15000	15035	216.65	120.44	0.194	9.7604	295.07
20000	20063	216.65	54.75	0.0880	9.7450	295.07
30000	30142	226.65	11.72	0.0180	9.7143	301.80
32000	32162	228.65	8.68	0.0132	9.7082	303.13
47000	47350	270.65	1.11	0.00143	9.6622	329.80
51000	51413	270.65	0.67	0.000861	9.6542	329.80

标准大气实际上是很不"标准"的,它只是一个周年的平均值,不同的季节和不同的天气系统有很大的差异,但它可以在很多应用场合作为参考值,因此通常称标准大气为参考大气。例如,航空和测绘部门的气压高度仪表,就是以参考大气给出的基本示值刻度,在实际使用时只要给出地面值作为修正参数,具有很好的应用价值。

利用多年的气象观测资料,制定本地区的参考大气模式,是气象工作者的基本任务,而标准大气模式的建立,是气象部门为国民经济很多部门提供服务的基础。

2.3　地面和近地层大气参数

了解近地层大气的基本特征和参数变化规律对于气象仪器的测量是极其重要的。

受大气运动、地面摩擦及太阳和地面辐射等影响,近地层大气为湍流结构。一个地区的气流在大趋势上是指向一个方向的,但从微观上却是由微气团组成的旋涡,即湍流运动。因此,近地层大气在微小尺度下的运动规律和参数的变化是复杂的。

气象传感器通常是在很小的一个点上实施测量的,测量元件感应的是湍流尺度内气象要素的变化。而气象测量数据的应用,对于天气学,是通常所说的"行星尺度"。对于气候学,由于气候要素的变化是与 30 年的平均值进行比较的,气象观测数据就要适于 30 年时间尺度的统计要求。在湍流尺度内测量得到的高速、瞬时变化的气象要素数据,不符合天气学和气候学大尺度和长时间的统计要求。

研究如何使气象仪器的观测数据适于天气学和气候学的应用要求,及其由此采取的观测和数据处理方法,是气象观探测的重要课题。为此,在研究气象仪器的测量特性和观测方法时,必须首先了解在大气湍流尺度内被测气象要素的基本特性及随着时间和空间的变化规律。

2.3.1　温度和湿度

温度和湿度呈现明显的日变化,主要受太阳位置的影响。通常在晴天,中午过后大约 14 时的温度最高,然后开始下降,直至第二天早晨日出后大约 5 min 气温开始升高。值得注意的是,太阳高度角最高时并不是气温最高的时候,气温与太阳高度角的关系呈现滞后特性。在阴天没有太阳时,气温上升和下降的时间与晴天基本相同,只是变化幅度变小。

在正常天气条件下,温度和湿度的日变化及其之间的关系有明显的规律,同时存在着明显的波动,用自动气象观测系统可以记录其变化。图 2.2 是以 1 min 平均值记录的我国东北某地区 10 月份连续 24 h 的气温、相对湿度和水汽压的同步变化情况。

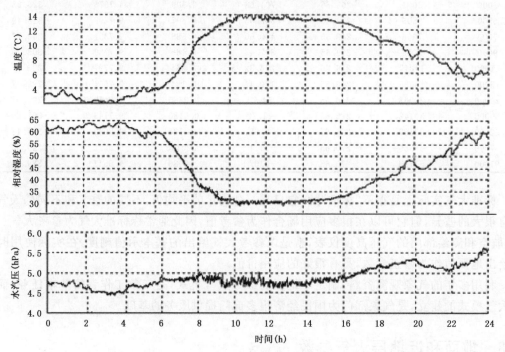

图 2.2　东北某地 10 月份某日 24 h 温度、相对湿度和水汽压的连续变化

从图 2.2 可以看出,这一天的气温 02—04 时最低,11—13 时最高,与通常的规律略有差

异。当温度升高时,相对湿度下降,温度降低时,相对湿度升高,温度和相对湿度的变化具有明显的对应关系。但作为另一种湿度表示方法的水汽压,在气温变化时并没有明显的变化,与气温的增高和降低没有明显的对应关系。

以上只是通常情况下的规律,气温的变化明显受天气系统的影响,当某一天气系统过境时,气温就没有那么规律了。在冷锋过境时,曾有在 10 min 内温度突降 12℃ 的记录。

了解气温日变化和天气系统影响下气温变化规律的知识,对正确安排温度测量仪器的动态试验,尤其是研究比对双方反应时间的差异和迟滞特性是特别需要的。而了解气温在短时间的瞬时变化,对研究温度测量仪器的动态特性和温度观测数据的录取和处理方法,以及温度测量仪器的测量性能试验更为重要。

较短时间内,气温在近地层的变化情况可用时间常数很小的电子探空仪在地面进行测量。图 2.3 是用某种型号的探空仪在施放前记录的气温和湿度变化情况。

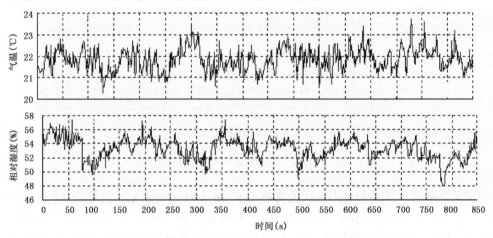

图 2.3　用探空记录的地面气温和相对湿度的瞬时变化

记录时间共 850 s,气温的变化幅度大于 2℃,相对湿度的变化超过了 5%,即变化幅度对于日变化来说也是很大的,且有很高的变化频率。与 24 h 时间尺度不同的是,温度和相对湿度的变化已没有明显的依赖关系。

更小时间尺度的大气温度变化可用超声波风速温度计测量。某安装在气象塔上的超声波风速温度计,在距地面 3.5 m 的高度上,采样时间间隔为 1 s,共录取了 45 s 的数据,记录的温度连续变化曲线如图 2.4 所示。

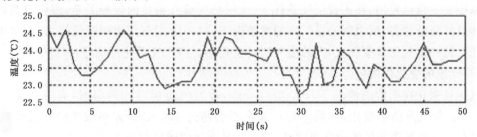

图 2.4　超声波温度计记录的距地面 3.5 m 处的气温瞬时变化

超声波风速温度计测量的是声虚温,与气温只有很小的差异,在湿度很小的本次测量中可以忽略不计。

从图 2.4 可以看出,在 45 s 的时间内,温度从最低的 1.65℃变化到 2.2℃,有 20 多个变化周期,可见气温瞬时变化是很大的。

关于气温的垂直梯度,可以用安装在气象塔各层的超声波风速温度计测量。图 2.5 是分别在 3.5 m,20 m,75 m 和 100 m 高度上的测量结果,是与图 2.4 的数据同时测量的。

从图 2.5 可以看出,各层的温度瞬时变化幅值和频率没有显著的差异,但温度向上并不都是递减的,100 m 高处的温度反而比 75 m 处的温度高。本次测量正值太阳落山后的一段时间,地面急剧降温,对低层大气影响严重,图 2.5 显示的正是地面处于辐射逆温时段的正常温度梯度数据。

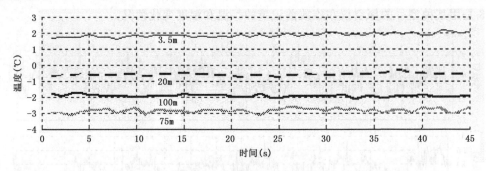

图 2.5　温度随高度的变化

目前还不能得到在几秒钟内湿度变化的记录,但从相对湿度与气温的关系可知,如图 2.2 所示,气温的变化将引起饱和水汽压的变化,而相对湿度为实际水汽压与饱和水汽压的比值。也就是说,即使在水汽压不变的情况下,气温的变化也会造成相对湿度的变化,由此可以认为,相对湿度在短时间内的变化也是相当剧烈的。

2.3.2　气压

气压的日变化,在没有明显天气系统过境的情况下,通常与温度的变化相反,温度升高时气压降低,温度降低时气压升高,这是空气受热膨胀空气密度减小,降温冷缩空气密度增加的结果。气压的日变化同样受天气系统的明显影响。用某型自动气象站实际记录的连续 24h 气压和温度变化曲线如图 2.6 所示。

从图 2.6 可以看出,在正常天气条件下,气压与气温有明显的依赖关系,温度升高时气压具有明显的降低趋势,反之则升高。在通常情况下,14—16 时气压出现最低值,06—08 时出现最高值。低纬度气压日变化大,高纬度气压日变化小。当天气系统过境时,一般仍遵循上述规律,只是气压的变化幅度较大。

气压日变化在正常的情况下只有 2～3 hPa,冷空气过境急剧降温时,有时变化可达 10 hPa 以上。但气压的年变化,在同一地点通常不会超过 100 hPa,大多数年份年变化量在 50 hPa 左右。这说明即气压的变化通常是缓慢的,且变化的幅度很小。

气压的非周期变化常与大气环流和天气系统有联系,而且变化幅度大。冬天寒潮、冷空气到来时,气压会升高,低气压和暖空气到来时,气压会降低。在中纬度地区,由于高、低压系统

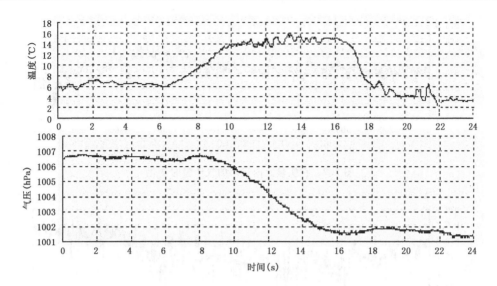

图 2.6 地面温度与气压日变化的关系

活动频繁,气压 24 h 变化可以达 3～5 hPa。高纬度可达 10 hPa。气压的急剧变化往往是天气变化的先兆,因此天气分析往往关注 3 h 和 24 h 的气压变量。

气压的垂直梯度变化近地面较大,越往上越小,呈对数递减的趋势。由于测站的海拔高度不同,在将气压观测数据用于天气分析时,所有测站都应将本站气压换算为海平面气压以便于比较。用本站气压计算海平面气压时,通常假设温度递减率为 0.5℃/100 m,用公式(2.1)计算:

$$p_0 = p_h \cdot 10^{\frac{h}{18410(1+a_m)}} \qquad (2.1)$$

式中,p_0 为当地海平面的气压值(hPa);p_h 为本站气压(hPa);h 为本站气压测量仪器或传感器的采样高度(m);$a_m = t_m/273.15$;t_m 为从测站到海平面气柱的平均气温,用公式(2.2)计算:

$$t_m = (t + t_{12})/2 + h/400 \qquad (2.2)$$

式中,t 为观测时的气温(℃);t_{12} 为观测前 12 h 的气温(℃)。

当测站高度高于海平面时 h 取正值,低于海平面时 h 取负值。

在考核被试气压传感器的动态响应时,了解气压的瞬时变化规律是特别重要的。只有根据气压瞬时变化的幅度和频率设计气压测量仪器的动态特性或采用正确的数据录取和处理方法,才能得到符合天气学和气候学应用要求的数据。

近地层气压的变化可用具有瞬态响应的石英振梁气压仪测量和记录。将 745-23A 型石英振梁气压仪置于试验室内,在室外风速为 5～8 m/s 的情况下,以 1 s 间隔记录的 30 min 内气压变化,如图 2.7 所示。将气压仪置于实验室外面的窗台上,在同样风向风速条件下,记录 30 min,气压的变化如图 2.8 所示。

比较图 2.7 和图 2.8 的曲线(并非同时)可知,气压变化的幅度,室外显然比室内大得多,但变化的周期基本相同,即室内气压也受室外风速脉动的影响。气压的瞬时变化是相当剧烈的,而且变化的周期极其短暂。

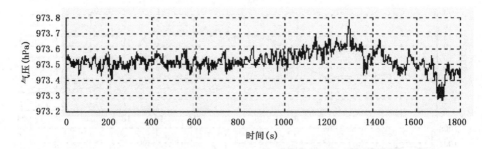

图 2.7　在实验室内记录的气压瞬时变化

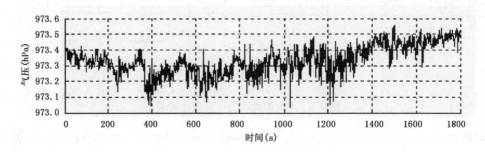

图 2.8　在实验室外记录的气压瞬时变化

由于探空仪采样速率通常很高,可以采用探空仪施放前还处于地面时记录地面气压短时间内的瞬时变化。图 2.9 即是用某型号探空仪在施放前记录的地面附近的气压变化情况。

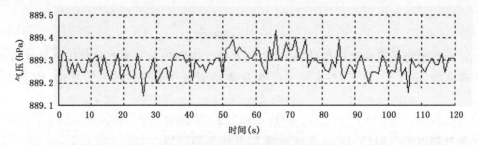

图 2.9　用探空仪记录的地面附近气压的瞬时变化

在 2 min 的时间内,气压变化的幅度并不大,不到 0.4 hPa,但对于该种探空仪的测量误差指标 0.2 hPa 来说,其变化幅度却接近其技术指标要求允许误差的两倍,而变化的频率也是很高的。如果不采取平滑措施,该种探空仪的测量结果不大可能达到技术指标的要求。

因此,对于测量气压的仪器或传感器,不但必须采取平滑和平均的方法使材料数据稳定,而且还要防止风的影响,才能得到符合天气学要求的数据。

2.3.3　风向风速

风向风速随着季节、地区和天气系统而不同,其日变化通常没有规律性,只有在一些特殊地区,如某些受地形影响的风、海岸的"海陆风"有一定的规律,但也受天气系统的影响。在风向风速仪器的动态试验中,重要的是要了解风的阵性特征。

图 2.10 是用超声波风速仪在距地面 3.5 m 处,以 1 s 间隔持续 30 min 记录的风的两个水

平分量和垂直气流的变化情况。

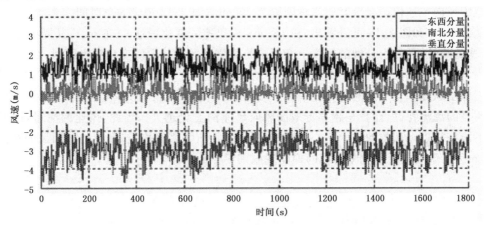

图 2.10　距地面 3.5 m 风的两个水平分量和垂直气流的瞬时变化

可以看出,近地层气流的垂直分量较小且变化不大,其变化值在 ±1 m/s 左右;水平分量的量值和变化都比垂直分量大,其变化值在 ±2 m/s 以上。气象要素的剧烈变化是空气湍流运动的结果。风向风速和垂直气流,在很短的时间内显现出了小尺度湍流的运动。大气的流动在微观范围内是相当复杂的。

在近地层,随高度向上风速呈逐渐增加的趋势,但各层风速的变化仍然相当剧烈,其变化的剧烈程度,随高度没有明显的变化。一次用超声波风速仪以 1 s 间隔在 30 min 内记录的 3.5 m,55 m 和 100 m 高度风速变化如图 2.11。

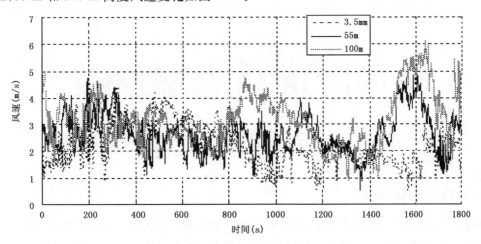

图 2.11　不同高度风速的瞬时变化的比较

图 2.11 中,在开始的一段时间内三个层次的风速几乎在同一水平上变化,自 800 s 至 1000 s,100 m 高度处的风速明显增加,在 1200 s 至 1500 s,三层的风速又大致相同了。因此,近地层风速虽然有从地面向上增大的趋势,但在很多情况下有时可能相反,规律并不明显。

如果再将时间尺度放大一些,记录持续 1 h 以上的风向风速变化,就可以看出较大时间尺度风向风速的变化情况。这里可以举出用达因风速仪记录风速变化的例子,图 2.12 是达因风速仪记录的风速变化,图 2.13 是与之对应的风向变化。

达因风向风速仪记录纸时间坐标间隔为 15 min,图 2.12 记录的总时间为 1.5 h。

从图 2.12 和图 2.13 可以看出,在 15 min 内风速的变化可达 5～6 m/s,其周期为 10～20 个;风速的阵性,在几十分钟的尺度上变化也是很剧烈的。风向的变化更为剧烈,在 15 min 的时间内风向的变化有时可达 180°。

近地层风和垂直气流的变化,从相对于示值的量级来说,比任何其他要素都要大得多,表现为明显的湍流特性,而且是越靠近地面风向风速的变化越大。因此,风速的测量,即使地面风也不能在靠近地面的地方测量。中国气象局《地面气象观测规范》规定的地面风的观测高度为 10 m。对于某些应急观测或风的梯度观测则不受此限。

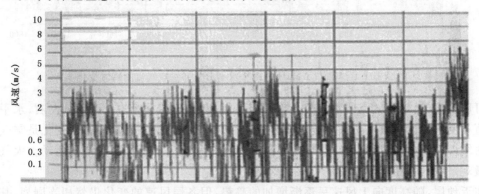

图 2.12　用达因风速仪记录的风速变化

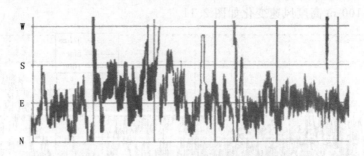

图 2.13　用达因风向仪记录的风向变化

2.3.4　近地层大气的特征

由于空气很少吸收太阳的直接辐射,而地面对太阳的直接辐射几乎全部吸收,地面吸收的太阳辐射又以红外辐射的形式向空中辐射,近地层大气吸收红外辐射而增温。因此,近地层大气的热源主要来源于地面,这就是在对流层顶以下空气温度随高度呈递减趋势的原因。当太阳落山时,地面急剧降温,近地面空气的上部受地面急剧降温的影响较小,因而出现下部温度低上部温度高的情况,这就是辐射逆温的形成过程。从探空数据中可以明显看出这种情况。一次在我国南方 19 时实际的探测结果如图 2.14 所示。

如果假设气球的升速为 6 m/s,逆温层温度最高处约在距离地面 120 m 处,那么这段时间内温度递减率约为 $-4.2℃/100m$。从 120 m 高空向上温度就呈递减的趋势了,仍然假设气球

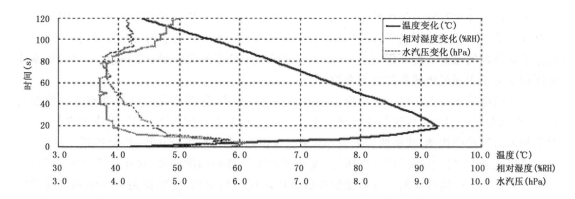

图 2.14　我国南方近地层大气温度、相对湿度和水汽压的变化关系

的升速为 6 m/s,可以算出,这段时间(20~100 s)的气温递减率大约为 0.7℃/100m,接近气温递减率的平均值 0.65℃/100m。

从气温和相对湿度的变化关系可以看出,气温的升高引起相对湿度的降低是很明显的,但水汽压也跟着相对湿度有一致变化的趋势。这与图 2.2 所显示的在同一观测点连续测量的情况明显不同,说明在垂直方向上水汽还是变化的,并不完全依赖于气温变化引起的饱和水汽压变化。

这种辐射逆温的情况,通常在晴天的傍晚出现,逆温层的高度与温差主要取决于白天日照的强度和下垫面的情况。随着时间的延续,逆温层的高度逐渐增高,同时伴随着温差的减小,以至消失。在逆温较强时,某些地区可以维持到接近零时或更晚。如果有冷暖空气的天气系统通过测站,即使白天阳光很强,也可能不出现近地层逆温的情况。而在阴天的傍晚通常不会出现近地层逆温的情况。

如果研究辐射逆温时段以外的情况,可以用 13—14 时的探空仪施放结果进行显示和说明。一次在我国北方某地 13 时实际施放的结果如图 2.15 所示。

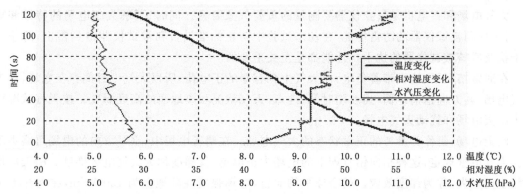

图 2.15　我国北方近地层温度、相对湿度和水汽压变化的关系

从图 2.15 可以看出,温度随高度的变化呈明显的递减趋势,只有很小的波动,近似于直线下降。随着温度的降低,相对湿度随之增大,水汽压则缓慢减小。从数值关系上看,温度与相对湿度的相关比有逆温时减小,水汽压随温度的降低而降低的趋势更不明显。

从宏观看,大气有一个总的趋势和状态,如果不是大的天气系统过境,包括气温、气压、湿度和风向风速通常有较为规律的日变化。而在微观上看,小尺度气团的瞬时变化是很剧烈而没有规律的。对于近地层大气,瞬时变化可以描写为大气平流推动下的湍流运动,由于大气扰动造成的各种气象要素的变化幅度值,远大于目前气象仪器的实际测量准确度;而气象要素变化周期通常小于测量传感器的时间常数。

大气的湍流运动不但取决于地面与近地层大气热交换,同时还是大气运动与地面摩擦的结果,因此大气的湍流尺度还与地面状态有关。在风和垂直气流的作用下,形成了空气温度、湿度和风向风速的扰动,扰动的周期最小可在1 s 以内,也可以维持几秒、几十秒到几分钟。

可以认为,大气变量如温度、气压、湿度和风向风速都是四维函数,包括两个水平分量、一个垂直分量和一个持续时间。这些变量在四维中不规则地变化,要想得到天气学和气候学需要的具有代表性和可比较性的数据,必须研究取样、平滑、平均及滤波的技术和方法。

首先需要考虑的是,测量传感器的响应时间和被测量本身的波动,怎样用合理的取样间隔获取有代表性的平均值。可以利用时间序列分析理论、波动谱概念和过滤器的性能等进行研究。对于更为复杂的问题,例如用相对快速响应的仪器以获取满意的平均值的测量,或获取快速变化量的频谱都是需要解决的问题。

重要的是,要获得大气实际变量的各种特性数据,利用时间响应大于被测量变化周期的接触式传感器是不可能的,只能是在某种程度上的接近。而测量传感器的响应时间越短,测量的数据就越紊乱,就越需要平滑和平均,采用较长时间响应的测量传感器得到的数据则是稳定的,有利于进一步处理。

对于天气预报来说,需要在空间尺度和时间尺度上进行气象要素比较和分析,而大气要素短时间和小尺度的变化使测量数据无法进行比较。观测数据的使用者期望观测值是在面积上和时间上都具有代表性,即天气学需要的是大气平流的长周期数据,而气象要素测量传感器却是在一个点上测量的。因此,在进行气象要素的测量和数据处理时,必须注意这种情况。

2.3.5　大气电场

大气电场和雷电也是气象仪器要测量的重要气象要素。同时,了解大气电场的特性和规律,对于检测被试仪器的防雷性能,在动态试验中防止标准设备和被试仪器遭到雷击,防止雷电干扰及考核被试仪器的抗干扰性能都是至关重要的。

在通常情况下,地面带着负电,而大气中含有净的正电荷,所以大气中时刻存在电场,称为大气电场,其方向指向地面,强度随时间、地点、天气状况和离地面的高度而变。按天气状况可分为晴天电场和扰动天气电场。

晴天电场,是作为参考的正常状态的大气电场。在晴天电场中,水平方向的电场可略去不计。大气电学规定,这种指向铅直朝下的电场为正电场,其梯度称为大气电势梯度。晴天电场随纬度而增大,称为纬度效应。就全球平均而言,电场强度在陆地上为120 V/m,在海洋上为130 V/m。

在工业区,由于空气中存在高浓度的气溶胶,电场强度会增至数百伏每米。对大多数陆地测站而言,电场日变化和地方时有密切关系,通常存在两个起伏,地方时04—06 时和12—16时出现极小值,07—10 时和19—21 时出现极大值,振幅约达平均值的50%,这种变化与近地面层气溶胶粒子的日变化密切相关。

在晴天大气电场中,等电位面是与地面近似平行的一组曲面。在大气的下层,等电位面随地形的起伏而弯曲,到高空,大气电场的等位面趋于同心球面。

扰动天气电场,与气象要素的变化有关。当存在激烈的天气现象,如雷暴、雪暴、尘暴等天气时,大气电场的数值和方向均有明显的不规则变化。高云对电场的影响不大,低云则有明显的影响,积雨云下面的大气电场,甚至可达-10^4 V/m。在层状云和其他积状云中,电场的大小和方向变化很大,通常的场强为数百伏每米。

在高层大气中,来自太阳的 X 射线、紫外线辐射以及来自其他星体的高能宇宙射线使空气分子电离,在大气的高层形成了电离层。来自高空的大部分射线都在电离层被吸收,但有些来自宇宙极大能量的粒子也可能到达中低层大气中使部分空气电离。而在地球表面和大气中也存在某些放射性物质,不断发出 α，β，γ 等射线造成低层大气的电离。这种电离作用在近地层较强,随高度的增加而减弱,有时由于大气的对流作用,也可以把一部分电离气体带到 4～5 km 的高空。在对流云形成和发展中也会发生使粒子带电的物理过程。

在大气电场中,电位分布是随高度增加而逐渐增加的,下层大气电位增加较快,到 20 km 以上电位将没有明显的变化。电离层大气相对于地面的电位约为 300 kV,电位差是相当高的。在电离层内空气是导电的,而电离层到地面的空气却有相当大的电阻,所以电离层到地面的电流很小,人们一般不会感觉出来。在地面,任何物体都会产生静电,其电位由物体的材料和大小决定。一旦两个不同静电位的物体发生接触或靠近,就会产生电流,以致损坏仪器设备或危及人身安全。

2.3.6　太阳辐射

太阳是一个巨大炽热的气体恒星球,太阳光球层的温度为 5780 K。所以,从太阳辐射来的电磁波,其大部分能量分布在波长 0.2～4 μm 的范围内,在 0.5 μm 处辐射最强,其中大约一半集中在可见光区域。

1)太阳辐射参数

(1)太阳高度角 α：

太阳高度角就是太阳光线与水平面所成的夹角 α,如图 2.16 所示。

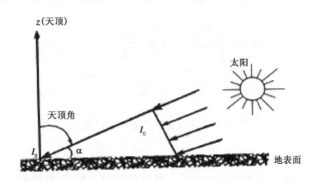

图 2.16　地表面所接收的太阳辐射与太阳高度角的关系示意图

(2)太阳辐射常数 I_0：

太阳辐射常数的定义是,在日地平均距离处,与辐射方向成垂直的单位面积上,单位时间内接受的太阳辐射量,$I_0 = 1.38 \times 10^3$ W/m^2。这个值是指太阳辐射未受到地球大气的吸收、散射和云反射时的值。不难理解,把太阳光看成平行光,若忽略地球大气对太阳辐射的散射和吸收,则在地面上单位面积所接收的太阳辐射强度 I_H 应是

$$I_H = I_0 \sin\alpha \tag{2.3}$$

(3)太阳赤纬 δ:

太阳赤纬定义为,正午时太阳光线与赤道平面的夹角,也可理解为正午时太阳高度角为 $90°$ 的地方所在的地理纬度。由于地球自转轴与公转轴成 $66.5°$ 角,这就是说,地球赤道平面与它的轨道平面成 $23.5°$ 角。因此,夏至日太阳直射北回归线($23.5°N$),即这一天太阳赤纬为北纬 $23.5°$;冬至日太阳直射南回归线($23.5°S$),也就是冬至日太阳赤纬为南纬 $23.5°$。若以北纬为正,南纬为负,则一年中太阳赤纬位于 $-23.5°\sim23.5°$ 之间,若北半球某地的地理纬度为 φ,正午时的太阳高度角为(当 $\alpha \leqslant 0$ 时,可理解为 $\alpha = 0$)

$$\alpha = 90° - \varphi + \delta \tag{2.4}$$

(4)太阳辐射光谱:

太阳辐射的主要特点在于具有各种不同的光谱成分。在太阳辐射的连续光谱中,可分为三个光谱区。波长大于 $0.77~\mu m$ 的辐射能称红外光谱区,约占总太阳辐射能的 43%;波长在 $0.39\sim0.77~\mu m$ 之间的辐射能称为可见光光谱区,约占太阳总辐射能的 52%;波长为 $0.005\sim0.39~\mu m$ 的辐射能为紫外光谱区,约占太阳辐射能的 5%,如图 2.17 所示。

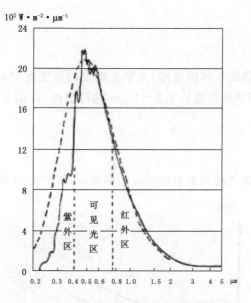

图 2.17 大气上界的太阳辐射光谱

2)大气对太阳辐射的减弱

太阳辐射通过大气到达地面的过程中,一部分被大气所吸收与散射,一部分透过大气到达地面,到达地面的太阳辐射又有一部分被地面反射至大气。因此,到达地面的太阳辐射能将被明显的减弱。地球大气对太阳辐射能的减弱作用包括吸收、散射与反射。

3)地面接收太阳辐射的日变化与年变化

太阳辐射经过上述衰减以后,被地面吸收或反射,地面上单位面积所接收到的太阳辐射能,取决于太阳高度角 α。一天中,夜晚太阳在地平线以下,地面接收不到太阳直接辐射,清

晨,从太阳升出地平线开始,太阳高度角逐渐增大,地面所接收到的太阳辐射也逐渐增加,至正午时最强,午后又逐渐减弱。

4) 地—气系统的热平衡

经过大气吸收、散射和反射之后,透过大气层到达地面的太阳辐射能一部分又被地表面所反射掉。被反射的辐射能与入射辐射能之比称为反射率。不同的地表面状况其反射率是不同的,雪面对太阳辐射的反射率最大,大约为 75%～95%,而森林、草地和海洋对太阳辐射的反射率较小。

经过大气层衰减后的太阳直接辐射,除了被地面反射回去的以外,其余被地面所吸收,另外地面还吸收了来自大气的散射辐射。地面吸收的太阳直接辐射与散射辐射之和称总辐射。总辐射被地面所吸收使之增暖,又源源不断地向大气放出热辐射,即所谓长波辐射。大气一方面吸收太阳短波辐射和地面长波辐射,还吸收地面感热和水汽凝结潜热;另一方面也向地面发出长波辐射(大气反辐射)和向太空发出热辐射(大气外逸辐射)。太阳辐射能的这种复杂的转换,引起了辐射能形式的转换和能量的传输,构成了一个完整的辐射体系。

2.4　气象要素垂直分布

气象学所说的常规探测的高空,通常是指从地面到高度约 40 km 的范围。在此范围内,从气象要素的不同特性考虑,可分为大气边界层和自由大气。通常把高度 1.5 km 及其以下的气层称为大气边界层,在此以上为自由大气。大气边界层和自由大气并没有严格的界限,在地形复杂的山区、丘陵,大气边界层要高一些,平原地区则相对较低,在同一地区夏季通常较高而冬季较低。在大气边界层内,空气受地面摩擦的影响,有明显的乱流和上升、下降运动。在自由大气层,这种乱流和空气的垂直运动要小得多。掌握大气的这些基本性质,对于考核高空气象观测仪器的动态特性特别有用。

在研究高空大气的特性时,在边界层以上,大气探测最关注的就是对流层顶了。对流层顶是大气对流层和平流层的分界区,有很多特性值得研究。对流层顶往往是最大风层,探测资料表明,在这里风速可以达到 100 m/s。

由于对流层的气流上升运动到对流层顶为止,向上空气已没有明显的上升和下降运动。因此,在对流层顶往往积存着一些固态的气溶胶粒子,由此改变了大气的导电特性,无线电信号传输的阻抗将偏离 300 Ω。当探空仪升至对流层顶时往往产生信号起伏,丢失信号的情况也时有发生。

在同一季节,对流层顶的高度随着纬度的降低而升高。在不同地区,对流层顶高度夏季高、冬季低。图 2.18 是 44°N 附近某探空站 7 月份的一次实际探测结果。图 2.19 是 22°N 附近某探空站 7 月份的一次实际探测结果。从图 2.18 和图 2.19 可以看出,高纬度地区的对流层顶只有 10 km,温度为−52℃;低纬度地区达到了 17 km,温度已低于−80℃了。

要对高空气象观测仪器进行试验鉴定,了解各种气象要素随高度的分布是极其重要的。

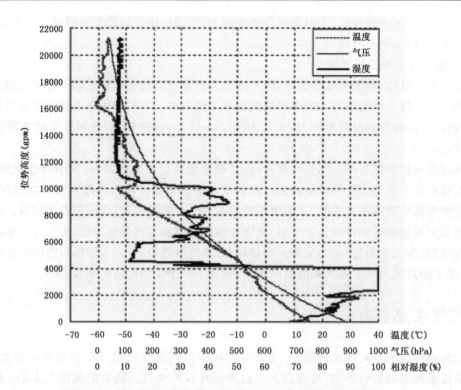

图 2.18　高纬度地区高空温度、气压和相对湿度随高度的变化

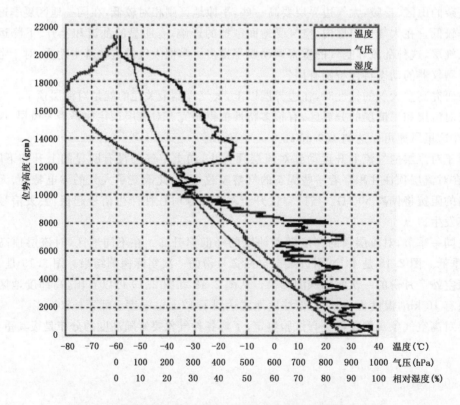

图 2.19　低纬度地区高空温度、气压和相对湿度随高度的变化

2.4.1　气温的垂直分布

气温在对流层顶以下呈递减的趋势,对流层顶的温度最低。在对流层顶以上温度变化较大,总的趋势是升高的,也不排除温度再降低的可能,但升高或降低的速率远小于对流层顶以下。

对流层顶的高度随不同纬度和不同季节变化,总的趋势是,地面温度越高,对流层顶的温度就越低。因此,在同一季节,低纬度地区的对流层顶高度比高纬度要高,温度也低。在同一地区,夏季的对流层顶高度高于冬季。在我国的东北,冬季对流层顶高度可低至 6 km 左右,温度为 $-50\sim-60℃$;夏季对流层顶高度通常为 $10\sim12$ km,温度通常不低于 $-70℃$。而我国的海南岛对流层高度可达 18 km,最低温度可在 $-90℃$ 或其以下。因此,若进行探空仪低温特性的动态试验,应在我国南方进行。

气温随高度的分布有明显的规律性。以对流层顶为界,对流层顶以下,气温随高度的增加而降低,每升高 100 m 约降低 $0.65℃$。只有很少的天气条件,如空中锋面冷暖空气的交界处,在很薄的气层内有逆温、恒温或递减率较大的现象。

了解气温的垂直分布及各种特殊情况,对于安排试验时间、把握试验时机和对试验数据进行分析都是很重要的。例如,要考核探空仪实际施放时的低温性能,必须在夏季到低纬度地区试验;要进行两种探空仪的动态特性比较,最好安排在近地面逆温的情况下进行比对施放,而在降水时进行施放试验,可以检查探空仪的测湿性能和防水性能。

2.4.2　湿度的垂直分布

湿度的垂直分布与空中是否有云密切相关,同时取决于空气是否有上升运动。晴空时,若大气没有明显的上升运动,空气中的相对湿度向上是递减的。在有云的情况下,云中的相对湿度最大,但随着云高的增加相对湿度呈减小的趋势。温度为 0℃ 及其以上的云,通常由水滴组成,其相对湿度可达 100%。0℃ 以下可出现过冷却水滴,更低时可为冰晶。在高空,主要由冰晶组成的云中,水汽对于冰面饱和水汽压通常是饱和或过饱和的。在主要由水滴组成的云中,水汽也可以处于过饱和状态。世界气象组织提供的饱和水汽压数值是基于纯水平面或纯水冰平面的。而水滴一般为球状,球面上水的饱和水汽压要比平面上的饱和水汽压大,这就更增加了水汽达到过饱和的可能性。因此,云中的相对湿度值往往出现较为复杂的情况。

另外,由于高空的空气往往比近地层洁净得多,水汽在缺乏凝结核的情况下,也不易凝结。而对于气态的水,在过饱和的情况下,其凝结是对于冰面还是水面也是说不清楚的。因此,世界气象组织建议,对于高空的湿度测量,其饱和水汽压都作为水面处理。

由于目前国内对湿度敏感元件的校准最低只能达到 $-30℃$,在此温度以下没有校准结果,所有湿度元件 $-30℃$ 以下的特性都是未知的。另外,湿度敏感元件的时间常数随温度的降低急剧增加,而探空仪的测量又必须在运动中进行,也给低温条件下的数据分析造成困难。

根据水汽的基本性质,其饱和水汽压随温度的降低呈指数递减的趋势,在 $-30℃$ 以下,饱和水汽压非常小,就是说,即使有很少的水汽,相对湿度也是很大的。对于冰面饱和水汽压,相对湿度就更大了。

将水的分子量与空气的平均分子量比较,水的分子量只有空气平均分子量的 60% 左右,水汽在大气中应有向上扩散的趋势,即高空低温条件下相对湿度应是比较大的。

目前,用不同的湿度敏感元件对 20000 m 以上高空湿度进行探测,其相对湿度测量结果相差很大。如国产探空仪的测量结果通常在 5%～20%RH,也有的探空仪在 30%RH 左右,个别的也可在 2%RH 或其以下。而世界气象组织竭力推荐的芬兰 RS92 探空仪,在同样情况下,其湿度的测量结果一般为 2%RH。实际上,RS92 探空仪的湿度最低是限制在 2%RH 的,即小于 2%RH 则作 2%RH 处理。从原始的数据文件中可以看出,其实际的探测结果,当相对湿度值限制在 2%RH 时,在大多数情况下为负值。

在高空低温、低气压条件下是高湿还是低湿,哪一种探空仪较为准确,是目前高空探测领域要探讨和解决的重要问题。

2.4.3　大气压随高度的变化

大气压随高度的变化,相对于温度和湿度来说要单调和简单得多,从地面开始,向上呈对数关系递减。大气压近地面的递减率大,越是向上递减率就越小。

对于等温大气,不同高度两点间的气压对应的位势高度 ΔH 可用公式(2.3)计算:

$$\Delta H = \frac{R_d T_v}{g} \ln(\frac{P_1}{P_2}) \tag{2.5}$$

式中,$R_d = 287.05 \text{J}/(\text{kg} \cdot \text{K})$;$g$ 为重力加速度,通常取其标称值 9.80665 m/s^2;P_1 为气层下界的气压(hPa);P_2 为气层上界的大气压(hPa);T_v 为气层的平均虚温(℃)。

不同温度条件,不同气压时,气压变化 1 hPa 对应的高度变化见表 2.2。

表 2.2　不同温度和气压时单位气压所对应的高度　　　　　　　　(单位:m)

气压(hPa)	−40℃	−20℃	0℃	20℃	40℃
1000	6.8	7.4	8.0	8.6	9.2
500	13.6	14.8	16.0	17.2	18.3
100	68.3	74.1	80.0	85.8	91.7
10	682.5	741.0	799.5	858.1	919.6
5	1364.9	1482.0	1599.1	1716.2	1883.2

表 2.2 是假设气层等温时的计算结果,对于实际大气略有差异。可以看出,在同一气压时,暖空气中单位气压对应的高度差要比冷空气中大,而气压越低,单位气压对应的高度也越大,相同温度变化对高度的影响也大。

在实际探测时,由于下降气流的作用,有时会出现探空仪上升,气压不变或反而增加的情况,在山区或盆地,这种下降气流是经常出现的。在用计算机软件进行处理时,应注意不要错判为气球爆炸,在用气压计算高度时也要进行特殊处理。

2.4.4　风随高度的变化

风向风速随高度变化要比温度、气压和湿度复杂得多,随天气系统和季节变化,同时不同地点也不同。

受地面辐射和摩擦的影响,在大气边界层内湍流尺度较小,向上逐渐增大。因此,在进行低层风的比对试验时应注意小尺度湍流的影响。

在高度 5000～8000 m 以下,风表现为明显的季节特征。在我国北方,夏季风向多为东南或西南,冬季则多为西北或东北,而且冬季风速较大。

　　由于我国大部分地区高空处于西风带,在高度 5000～8000 m 以上,华北、西北和东北地区盛行西北风。所以,在这些地区施放气球,往往发现,不论气球开始向何方向飞行,最后总是飞向东南方向。

　　风速随高度的变化较为明显。在对流层顶以下,风速通常随高度的增加而增加,至对流层顶达到最大,在对流层顶实际探测结果曾有超过 100 m/s 的大风。在对流层顶以上风速呈减小的趋势。

　　值得注意的是,风向风速受天气系统变化的明显影响,在锋面位置,风向往往在很短的距离内发生逆转,风速也有较大的变化。高空风测量设备的比对试验通常要避开这种天气形势,以免造成由于测量方法和原理不同所造成的附加误差。

　　由于传统测风采用对气球间隔 1 min 定位的方法,无法得到风的细微结构。

　　随着科学技术的发展,目前对高空风的观测可以采用 1 s 间隔对气球进行定位,尤其是采用多普勒频移原理测风的 GPS 卫星定位方法,可以看到风的瞬时变化。

　　图 2.20 是一次采用国产 GPS 测风探空仪实际施放的记录,包含气球所携带探空仪运动的三维分量。在探空仪运动的三维瞬时速度中,两个水平分量可用于描述风的瞬时变化,其中也必然含有气球的摆动成分,而垂直运动分量主要是气球上升运动造成的。

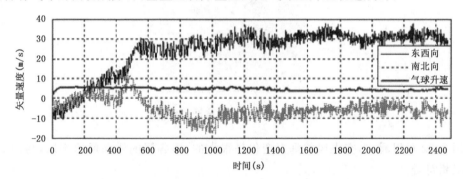

图 2.20　GPS 探空仪测得的高空风二维分量和气球升速

　　从图 2.20 可以看出,气球的升速是基本稳定的,而风速两个分量的变化都很大。卫星导航测风的测量误差与气球的施放距离和高度无关,而采用多普勒频移的方法,又消除了探测距离误差的影响,因此风速的波动主要应是风的湍流特性和多普勒频移测量误差的综合结果,其中也包含探空仪在气球下面摆动的成分。

　　将图 2.20 的两个风速分量以 1 s 间隔合成的风向风速,如图 2.21 所示。

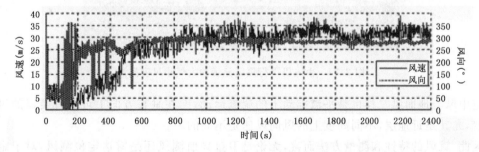

图 2.21　GPS 探空仪以 1 s 间隔测得的风向风速随时间的连续变化

　　从图 2.21 可以看出,风速的波动较大,风向在探空仪开始施放的 200 s 内变化很大,以后探空仪飞向东南方向,西北风基本稳定,只有很小的波动。这表明空中低层风向风速变化较大,高空风向是稳定的,但风速仍有较大的波动,即同样有湍流存在。

　　高空风的垂直分布和水平分布还可以用示踪法进行观察。某一次火箭发射,其尾迹在 30 s 时的照片如图 2.22 所示。

图 2.22　受高空风影响的火箭轨迹

　　从图 2.22 可以看出,空中风的垂直变化是很大的,即各层的风向风速不同,与图 2.21 描述的情况相符合。

　　风的水平分布不均和湍流的存在,可以通过观察飞机飞行尾迹的方法判断。图 2.23 是民航飞机在离去 1 min 后,空中留下的飞行尾迹。从飞机飞行尾迹留下气团的不均匀性,可以看出大气小尺度气团的扰动。

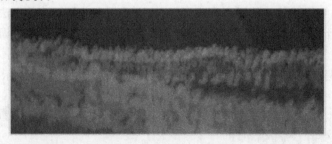

图 2.23　由飞机飞行尾迹显示的大气小尺度湍流

　　空中风与地面风一样也是平流推动下的湍流运动,而在垂直方向上可能有明显的风向风速切变,尤其是近地层,不同高度上的风向风速是不同的。

　　因此,就风的特性和测量方法而言,无论是卫星导航测风还是雷达定位测风,对于定位数据或多普勒频移的测风数据都必须做平滑或平均处理。

2.5 云、能见度、天气现象特征

2.5.1 云的分类和特征

云是湿空气在上升运动中膨胀冷却的产物。空气温度下降使其中的水汽达到饱和,即可凝结(或凝华)出其可见聚合体——云滴或冰晶来。云就是由大量水滴、冰晶或它们的混合物组成的气溶胶体。

云的生成与凝结核有关,一般情况下,即使水汽的温度达到露点(霜点)温度以下,也可能不出现云,这时的空中相对湿度就可以超过 100%。据有关资料介绍,当空气非常稳定和洁净时,相对湿度有时可达 300%RH。

气象学把云分成 3 族 10 属 29 种,各种云的形状、性质不同。在中国气象局编定的《中国云图》和中国民航总局编定的《航空云图》中都有详尽的说明。必须指出的是,某些云之间并没有严格的界限。一个具体的云体或云层可能有不同种类云的共同特征,有时是很难分辨的,必须具体分析。高、中、低三族云的高度有一个大致的划分,低云的云底高度通常在 2000 m 以下,中云在 2000～6000 m,高云在 6000 m 以上,通常不超过 15000 m。我国规定各属云常见云底高度见表 2.3。

表 2.3 各属云的云底高度

云属	卷云	卷层云	卷积云	高积云	高层云	层积云	层云	雨层云	浓积云	积雨云
云底高 (m)	7000～ 10000	6000～ 9000	6000～ 8000	3000～ 5000	2000～ 5000	500～ 2000	50～ 500	500～ 1200	500～ 12000	300～ 15000

浓积云和积雨云又称直展云,由于云中有强烈的上升和下降气流,空气的湍流特性更为明显。有的积雨云可以冲过对流层顶达到 18000 m 的高度,其他云的厚度通常都在 1000 m 以内。由于季节和天气条件不同,同一种云的云底高度往往相差很大。另外,由于大多数有关云的统计资料来源于人工观测和估计,有时是不准确的,在对测云仪测量性能时要具体分析,不要局限于云图中显示的形状和规定的高度范围。

在进行天气雷达试验时,往往需要了解云的滴谱特性和反射因子等参数。一般认为,可以把云和降水看成由大量的、在空间上无规则分布的质点所组成,这些质点相互独立地运动着,它们的合成散射就是无规则位相波的叠加。这时,大量质点合成散射的平均功率等于各个质点功率的总和。

由于不同云的结构有很大差异,滴谱特性和反射因子也是不同的。实践证明,不论何种雷达都不能测得按照云图分类的所有云或不同云产生的降水,只有很少几种云有雷达回波,即使正在降水的云,测雨雷达也不是都能测得到的。

测量云高的仪器,夜间以人工观测可见光在云底反射点的方法,往往能够观测到几乎全部云的反射点。而用仪器进行自动观测时,大多数云的反射波却很难测量。因此,对测雨雷达和测量云高的仪器测量性能,必须对实际探测目标进行试验,以确定气象学分类的各种云及其降水的可测量性。为此,实践中必须了解各种云的特征。

2.5.2　能见度

能见度用气象光学视程表示。气象光学视程是指白炽灯发出色温为 2700 K 的平行光束的光通量在大气中削弱至初始值的 5% 所通过的路途长度。

白天能见度是指视力正常(对比感阈为 0.05)的人,在当时天气条件下,能够从天空背景中看到和辨认的目标物(黑色、大小适度)的最大距离。实际上也是气象光学视程。

夜间能见度是指:

(1)假定总体照明增加到正常白天水平,适当大小的黑色目标物能被看到和辨认出的最大距离。

(2)中等强度的发光体能被看到和识别的最大水平距离。

所谓"能见",在白天是指能看到和辨认出目标物的轮廓和形体;在夜间是指能清楚看到目标灯的发光点。凡是看不清目标物的轮廓,认不清其形体,或者所见目标灯的发光点模糊,灯光散乱,都不能算"能见"。

人工观测能见度,一般指有效水平能见度。有效水平能见度是指四周视野中二分之一以上的范围能看到的目标物的最大水平距离。

能见度观测仪测定的是一定基线范围内的能见度。

能见度观测记录以千米(km)为单位,取一位小数,第二位小数舍去,不足 0.1 km 记 0.1。

2.5.3　天气现象的分类和特征

天气现象是指发生在大气中、地面上的一些物理现象,包括降水现象、地面凝结现象、视程障碍现象、雷电现象和其他现象等,这些现象都是在一定的天气条件下产生的。

1)降水现象

雨——滴状的液态降水,下降时清楚可见,强度变化较缓慢,落在水面上会激起波纹和水花,落在干地上可留下湿斑。

阵雨——开始和停止都较突然、强度变化大的液态降水,有时伴有雷暴。

毛毛雨——稠密、细小而十分均匀的液态降水,下降情况不易分辨,看上去似乎随空气微弱的运动飘浮在空中,徐徐落下,迎面有潮湿感,落在水面无波纹,落在干地上只是均匀地润湿,地面无湿斑。

雪——固态降水,大多是白色不透明的六出分枝的星状、六角形片状结晶,常缓缓飘落,强度变化较缓慢,温度较高时多成团降落。

阵雪——开始和停止都较突然、强度变化大的降雪。

雨夹雪——半融化的雪(湿雪),或雨和雪同时下降。

阵性雨夹雪——开始和停止都较突然、强度变化大的雨夹雪。

霰——白色不透明的圆锥形或球形颗粒固态降水,直径约 2~5 mm,下降时常呈阵性,着硬地常反跳,松脆易碎。

米雪——白色不透明的比较扁、长的小颗粒固态降水,直径常小于 1 mm,着硬地不反跳。

冰粒——透明的丸状或不规则的固态降水,较硬,着硬地一般反跳,直径小于 5 mm,有时内部还有未冻结的水,如被碰碎则仅剩下破碎的冰壳。

冰雹——坚硬的球状、锥状或形状不规则的固态降水,雹核一般不透明,外面包有透明的冰层,或由透明的冰层与不透明的冰层相间组成,大小差异大,大的直径可达数十毫米,极个别的达上百毫米,常伴随雷暴出现。

2)地面凝结现象

露——水汽在地面及近地面物体上凝结而成的水珠(霜融化成的水珠,不记露)。

霜——水汽在地面和近地面物体上凝华而成的白色松脆的冰晶,或由露冻结而成的冰珠,易在晴朗风小的夜间生成。

雨凇——过冷却液态降水碰到地面物体后直接冻结而成的坚硬冰层,呈透明或毛玻璃状,外表光滑或略有隆突。

雾凇——空气中水汽直接凝华,或过冷却雾滴直接冻结在物体上的乳白色冰晶物,常呈毛茸茸的针状或表面起伏不平的粒状,多附在细长的物体或物体的迎风面上,有时结构较松脆,受震易塌落。

3)视程障碍现象

雾——大量微小水滴浮游空中,常呈乳白色,使水平能见度小于 1.0 km。高纬度地区出现冰晶雾也记为雾,并加记冰针。根据能见度,雾分为三个等级:

雾:能见度大于等于 0.5 km 且小于 1.0 km;

浓雾:能见度大于等于 0.05 km 且小于 0.5 km;

强浓雾:能见度小于 0.05 km。

轻雾——微小水滴或已湿的吸湿性质粒所构成的灰白色稀薄雾幕,使水平能见度大于等于 1.0 km 且小于 10.0 km。

吹雪——由于强风将地面积雪卷起,使水平能见度小于 10.0 km 的现象。

雪暴——大量的雪被强风卷着随风运行,并且不能判定当时天空是否有降雪,水平能见度一般小于 1.0 km。

烟幕——大量的烟存在空气中,使水平能见度小于 10.0 km。城市、工矿区上空的烟幕呈黑色、灰色或褐色,浓时可以闻到烟味。

霾——大量极细微的干尘粒等均匀地浮游在空中,使水平能见度小于 10.0 km。霾使远处光亮物体微带黄、红色,使黑暗物体微带蓝色。

沙尘暴——由于强风将地面大量尘沙吹起,使空气相当混浊,水平能见度小于 1.0 km。根据能见度,沙尘暴分为三个等级:

沙尘暴:能见度大于等于 0.5 km 且小于 1.0 km;

强沙尘暴:能见度大于等于 0.05 km 且小于 0.5 km;

特强沙尘暴:能见度小于 0.05 km。

扬沙——由于风大将地面尘沙吹起,使空气相当混浊,水平能见度大于等于 1.0 km 且小于 10.0 km。

浮尘——尘土、细沙均匀地浮游在空中,使水平能见度小于 10.0 km。浮尘多为远处尘沙经上层气流传播而来,或为沙尘暴、扬沙出现后尚未下沉的细粒浮游空中而成。

4)雷电现象

雷暴——积雨云云中、云间或云地之间产生的放电现象,表现为闪电兼有雷声,有时亦可只闻雷声而不见闪电。

闪电——积雨云云中、云间或云地之间产生放电时伴随的电光,但不闻雷声。

极光——在高纬度地区(中纬度地区也可偶见)晴夜见到的一种在大气高层辉煌闪烁的彩色光弧或光幕。亮度一般像满月夜间的云。光弧常呈向上射出活动的光带,光带往往为白色稍带绿色或翠绿色,下边带淡红色;有时只有光带而无光弧;有时也呈振动很快的光带或光幕。

5)其他现象

大风——瞬时风速达到或超过 17.2 m/s(或目测估计风力达到或超过 8 级)的风。

飑——突然发作的强风,持续时间短促,出现时瞬时风速突增,风向突变,气象要素随之亦有剧烈变化,常伴随雷雨出现。

龙卷——一种小范围的强烈旋风,从外观看,是从积雨云底盘旋下垂的一个漏斗状云体,有时稍伸即隐或悬挂空中;有时触及地面或水面,旋风过境,对树木、建筑物、船舶等均可能造成严重破坏。

尘卷风——因地面局部强烈增热,而在近地面气层中产生的小旋风,尘沙及其他细小物体随风卷起,形成尘柱。直径在 2 m 以内,高度在 10 m 以下的尘卷风不记录。

冰针——飘浮于空中的很微小的片状或针状冰晶,在阳光照耀下闪烁可辨,有时可形成日柱或其他晕的现象,多出现在高纬度和高原地区的严冬季节。

积雪——雪(包括霰、米雪、冰粒)覆盖地面达到气象站四周能见面积一半以上。

结冰——指露天水面(包括蒸发器的水)冻结成冰。

复习思考题

(1)大气的垂直结构分为几层?每层都有什么特点?

(2)何为标准大气?

(3)在正常天气条件下,温度和湿度的日变化有何规律?

(4)天气现象共有多少种?

(5)能见度是如何定义的?

(6)试写出云的各个云属。

第3章　高空气象观测设备

··

内容提要

　　本章主要介绍了目前我国用于高空气象观测的主要设备和附属设备：GFE(L)1 型雷达、GTS1 型等数字探空仪、探空仪基测箱、探空气球、探空应急接收系统、GYR1(ZXG01F)型光学测风经纬仪、制氢设备的组成、工作原理、使用方法、日常维护及常见故障维修等内容。

　　本章有关内容引自《高空气象观测手册》、《气象气球功能规格需求书》(中国气象局)、《GFE(L)1 型二次测风雷达原理和维修》、《GTC2 型 L 波段探空数据接收机使用书》、《GTS1-2 数字式探空仪使用说明书》、《L 波段(1 型)高空气象探测系统工作原理及使用方法》(南京大桥机器厂)、《GTS1 型数字探空仪维护、维修》(上海长望气象仪器有限公司)、《GTS1-1 数字式探空仪使用说明书》(太原无线电一厂)、《GYR1 (ZXG01F)型光学测风经纬仪》(南京众华通电子有限责任公司)、《QDQ2-1 型水电解制氢设备使用维护说明书》(中国船舶重工集团公司第七一八研究所)。

3.1　GFE(L)1 型雷达

3.1.1　功能与原理

　　GFE(L)1 型二次测风雷达(以下简称雷达)用于高空大气的综合性探测。它与 GTS1 型数字式电子探空仪相配合,能够测定高空风向风速、气温、气压、湿度等气象要素。

　　雷达是利用跟踪探空仪测量其空间坐标(方位、仰角、距离)实现测风功能的。探空气球上携带无线电回答器(简称回答器)升空,测量时 GFE(L)1 型雷达在地面向它发出"询问信号",回答器就对应地发回"回答信号"。根据每一对询问与回答信号之间的时间间隔和回答信号的来向,可以测定每一瞬间探空气球在空间的位置,即它离雷达的直线距离、方位角、仰角,然后根据气球随风飘移的情况,推算出高空的风向风速。当探空气球携带探空仪升空后,在上升过程中探空仪不断发出温、压、湿无线电信号,被雷达天线接收。

　　雷达的测距原理如图 3.1 所示。雷达的"询问信号"(即发射脉冲)从雷达天线发射出,按图中箭头所指方向到达探空气球,气球上的"探空仪"随即产生一个回答信号,被雷达天线所接收。只要知道无线电波从雷达站到气球之间的往返时间,然后用这个时间的一半去乘无线电波的传播速度,就可以计算出探空气球与雷达站之间的距离。假设无线电波的传播速度为 C,测定的时间为 Δt,则所求的距离 D 可用式(3.1)计算:

$$D = 1/2 \, (C \cdot \Delta t) \tag{3.1}$$

无线电波在空间传播速度相当于光速,即 $C = 3 \times 10^5$ km/s,Δt 通常用微秒计算($1\mu s = 10^{-6}$s),即每微秒的传输距离为 0.3 km,则所求距离 $D = 0.15 \, \Delta t$ km。

由上面的讨论可知,距离测量的准确程度取决于计时。由于需要测定的时间量 Δt 非常短,并且又要非常准确,所以系统对计时电路的要求非常高。在雷达中,这个计时的任务是由计数器来完成的,计数器在发射脉冲的起始点(即发射脉冲的前沿)开始计数,在目标回波的到来时停止计数。

雷达自动测角与角度跟踪采用的是假单脉冲体制。所谓假单脉冲体制就是,目标的角误差获取是与单脉冲系统一样的,但角误差信号不是直接送到接收机,而是先调制到和信号上再送到接收机,而波束按时间顺序跳变类似于圆锥扫描体制。这样,只用一套接收系统,比单脉冲体制少用了一台接收机,仍然是用一个接收脉冲对目标实施定位,假单脉冲体制由此而得名。

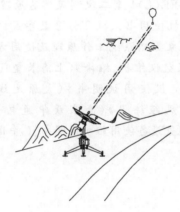

图 3.1 雷达的测距原理

中国气象局采用的 L 波段高空探测雷达的天馈线由 4 个 $\Phi=0.8$ m 抛物面天线、和差环、调制环等组成,水平、垂直波瓣宽度均不大于 $6°$,和差环则是完成假单脉冲体制的关键。调制环在程序方波的控制之下,将由和差环获取的上下天线、左右天线误差信号分别调制在和信号上,此信号经接收机放大、解调即可得出反映目标偏离电轴情况的角误差信号(包括大小和方向)。利用垂直面上的两个天线所获取的误差信号控制俯仰电机而测得仰角。利用水平面上的天线所获取的误差信号控制方位电机而测得方位角。

下面以测方位角为例来说明测角原理。如图 3.2 所示,如果天线电轴对着正东方,且目标亦在正东方,则偏北和偏南两波束收到的信号强度相等,即角误差为零,在显示器上可以看到两根代表方位的亮线一样长。如果电轴没有对准目标(例如电轴方向偏南或偏北了一个角度),则偏北和偏南两波束收到的信号强度不同,即有角误差产生,在显示器上可以看到两根代表方位的亮线不一样长。

雷达就是利用这个原理来测定方位角和仰角的。在业务探测中,只要转动天线,使显示器

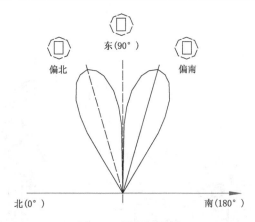

图 3.2　测角原理图

上的四条亮线始终两两对齐(上和下、左和右分别对齐)就表示雷达天线对准了目标。实际上,本雷达的角度跟踪已实现了自动化,只有在天气条件恶劣进而造成自动跟踪失败时才需手动搜索。

　　根据测距和测角的数据(球坐标数据)可以掌握探空气球在空中飘移的速度和方向,从而计算出空中不同高度的风向风速值。

　　空中各高度层大气的温度、气压、湿度气象资料,是利用气球上携带的探空仪测量的。探空仪由对温度、气压、湿度反应灵敏的感应元件及转换电路组成,敏感元件的电参量随着空气中温度、气压、湿度的变化而变化。而转换电路则对变化的电参量进行采样、编码然后形成探空数字信号,并将此信号调制在探空仪发射机发射的载波上发回地面,雷达把探空数据接收下来,就得到了空中温度、气压、湿度三个气象要素的资料。

　　在雷达中,无论是球坐标数据,还是探空数据,其录取、存储、处理等工作都是由数据终端来完成的,探空员只要通过点击显示器上的图标就可得到各种报表、数据,并将其打印输出。

3.1.2　组成与作用

　　整套雷达分为室外和室内两大部分,如图 3.3 所示。室外部分称为天线装置,由撑脚、天线座、立柱、俯仰减速箱、天线阵、和差箱、近程发射机、摄像机等组成。天线装置可置于地面上,也可置于楼顶平台上。而室内部分则由主控箱、驱动箱、示波器、微机、UPS 电源等组成。室外、室内部分由 6 根 50 m 电缆相连。

　　雷达共有 10 个分系统,分别是天馈线分系统、发射分系统、接收分系统、测距分系统、测角分系统、天控分系统、终端分系统、自检/译码分系统、发射/显示控制分系统、电源分系统。雷达的组成及各分系统的相互关系如图 3.4 所示。

　　下面,我们分别对各分系统的作用和相互关系作一简述。

　　(1)天馈线分系统。该分系统的功能是用来将发射机产生的高频电磁能有效地传输到天线,并由天线向空间辐射,同时将探空仪发射机发回的射频信号由天线接收下来,并有效地传输到接收机。

　　天线部分由 4 个 $\Phi=0.8$ m 抛物面天线组成,由天线传动装置控制,作左右方位转动和上下俯仰转动。和差箱的作用是将 4 个天线所接收的信号叠加得到和信号,将由于目标偏离天线而

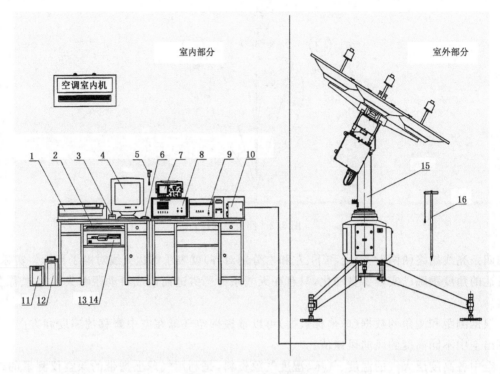

图 3.3　整机工作布局图

1. 宽行点阵打印机　2. 键盘　3. 控制盒　4. 显示器　5. 亮度控制盒　6. 鼠标　7. 示波器
8. 主控箱　9. 驱动箱　10. 基测箱　11. UPS 电源　12 蓄电池　13. 计算机主机　14. 彩色视
频采集卡　15. 天线装置　16. 地线桩

形成的角误差提取出来,得到角误差信号,并按 50Hz 的速率将角误差信号调制到和信号上。

(2)发射分系统。该分系统的功能是在由测距分系统送来的发射触发脉冲控制下,定时地产生高频脉冲,通过天线向空间辐射,作为对探空仪回答器的询问信号。

(3)接收分系统。该分系统的功能是将天线所接收到的探空仪射频信号加以放大、变频、解调送到测距、天控分系统以完成测距和跟踪探空仪发射机的功能。此外,还将探空仪发回的探空码解调出来,送到数据处理终端得到温、压、湿数据。同时,还在测距分系统送来的主抑触发脉冲的控制下,完成主波抑制功能以消除发射主波和近地物回波对自动增益控制(AGC)和自动频率控制(AFC)功能的影响。

(4)测距分系统。该分系统的功能是测量回答器的应答信号相对发射机发射主波间的延时,从而测量雷达与回答器之间的斜距,并将所得到的数据以串口通信的方式送到终端分系统,最终在微机显示屏上显示出来。

(5)测角分系统。该分系统的功能是将同步机送来的代表天线角位置三相交流信号进行A/D 变换,并将所得到的数据以串口通信的方式送到终端分系统,最终在微机显示屏上显示出来(方位、俯仰均如此)。

(6)天控分系统。该分系统的功能是将接收机送来的代表天线偏离探空仪情况的角误差信号解调出来,再经放大、平滑等处理后送到驱动器,以使交流马达带动天线转动,最终使天线对准探空仪。

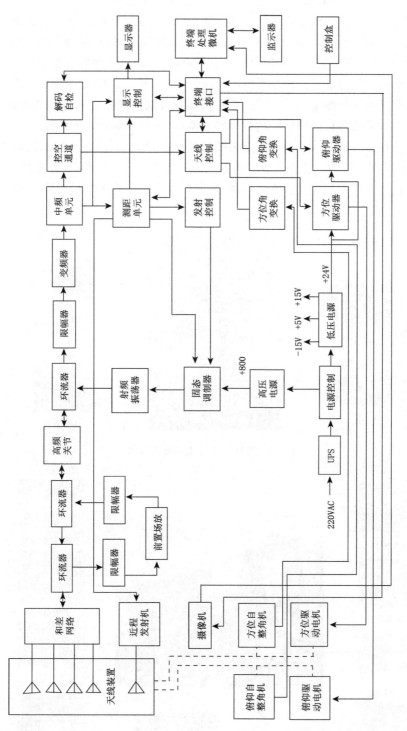

图3.4 雷达整机框图

　　(7)终端分系统。该分系统的功能是接收数据终端送来的各种命令,并将它们分发到各个分系统,同时收集各分系统的数据、状态,按一定的速率送至数据终端。

　　(8)自检/译码分系统。该分系统的功能有两个,其一是对其他各分系统送来的关键信号作检测,以判定它们是否正常。其二是对接收系统送来的探空码进行智能判别,以去除探空码中的各种干扰,提高探空质量,最后将自检结果和探空码一起送往终端分系统。

　　(9)发射/显示控制分系统。该分系统的功能有两个,其一是根据终端分系统的指令来切换示波器是测距显示还是测角显示。其二是根据终端分系统的指令来开启或关闭发射机,并且将发射机发生故障的各种保护信号进行电平变换后,送到终端分系统报警。

　　(10)电源分系统。该分系统的功能是为整机提供各种直流电源(不包括发射机的高压电源):±15 V,+12 V,+5 V。由四个开关电源构成一个电源盒,放置在主控箱内。

　　下面将雷达主要部件分布及接收信息流、发射信号流以实物图的形式绘制出来,如图3.5~3.8所示。

图3.5　雷达天馈线主要部件分布

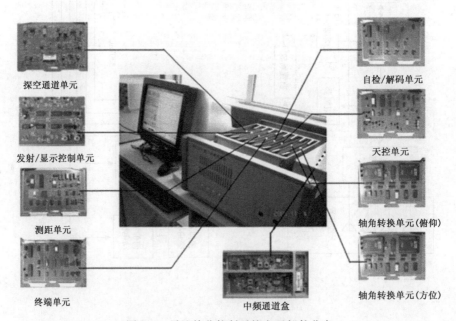

图3.6　雷达接收控制系统主要部件分布

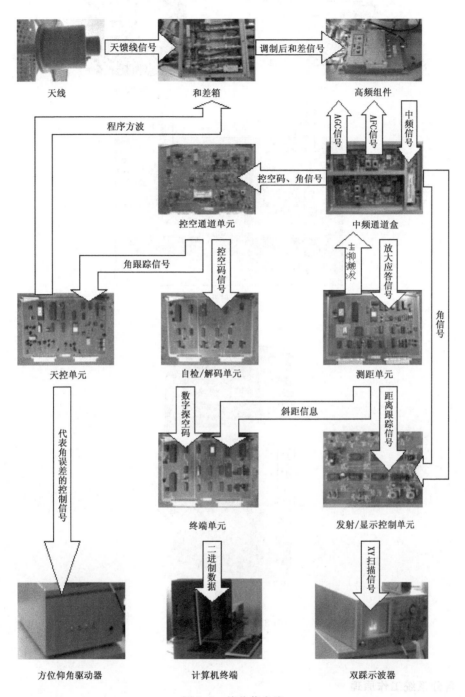

图 3.7　接收信息流

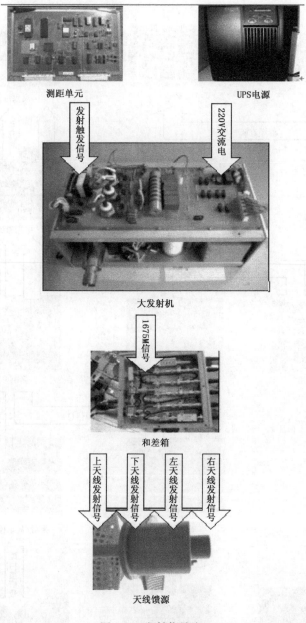

图 3.8 发射信号流

3.1.3 各分系统工作原理

1)天馈线分系统

天馈线分系统主要由天线和馈线两部分组成。天线的任务是将传输线送来的射频电磁能集中成束地向空中定向辐射,使雷达准确地测出探空气球的斜距、方位角和仰角,并接收回答器发回的射频脉冲信号。馈线的任务则是将发射机送来的射频电磁能有效地送到天线,并将天线接收到的高频脉冲信号有效地送到接收机。

雷达角误差信号的获取采用的是假单脉冲体制。为了能较好地理解、掌握工作原理，以便操作、维修，下面对其作一简单介绍。

天馈线分系统的组成框图如图 3.9 所示。

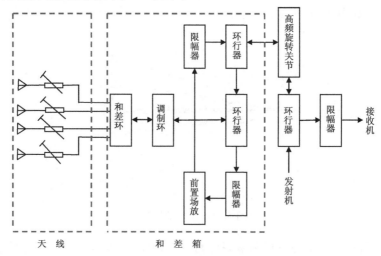

图 3.9　天馈线分系统工作原理框图

从框图中可以看出，天线由 4 个口径为 0.8 m 的抛物面天线所组成，空间分布为正方形。

馈线由可调移相器、和差环、调制环、高频旋转关节、环行器、限幅器等组成。为了天线装置的小巧，又要保证雷达的威力，雷达设置了一前置场放，并为保护前置场放而增加了两个环行器和两个限幅器。把它们归到馈线里，是为了叙述上的方便。在结构上，它们和移相器、和差环、调制环放置在和差箱内。其中，和差环、调制环是实现假单脉冲体制的关键部件，它们的作用就是从任意方向来的射频信号中分离出方位差、俯仰差及和信号，然后在程序方波的作用下将差信号调制在和信号上，这样就得到了与偏扫体制雷达相似的信号，既提高了测角的准确度，又降低了设备的复杂性。

雷达发射时，发射机产生的高频电磁能经环行器、高频旋转关节、和差网络、可调移相器，最后送到上、下、左、右四个抛物面天线上，通过移相器将波束集成为一个向空间定向辐射。

雷达接收时，探空仪发射机的射频信号由四个抛物面天线接收后按相反的路径，经限幅器后送到接收机。

（1）天线

单个天线是由一个置于焦点的有源振子和抛物面反射体所组成，两者通过一段硬同轴传输线相联。4 个抛物面天线按正方形分布，固定于天线桁架之上，天线的桁架是以天线的仰角转轴为中心，向四面扩展而与上、下、左、右 4 个天线相联的，即 4 个天线排列的位置以仰角转轴为中心上、下、左、右对称。

位于桁架中心，同天线桁架的平面和天线仰角转轴相垂直的轴线叫做天线几何轴。当天线各部分按规定装好之后，天线几何轴就不变了。

抛物面天线是利用置于焦点上的有源振子和自身的"聚焦"作用来辐射和接收无线电波的。当发射机输出的高频电磁能馈送到有源振子时，有源振子上有高频电流流通，在它的周围产生高频电磁场，在"聚焦"功能的作用下向空间辐射无线电波，而接收的过程则正好与此相反。

正是这种"聚焦"的特性,使得天线具有较强的方向性。GFE(L)1型雷达天线的垂直波瓣和水平波瓣的宽度都比较窄(≤6°)以满足测角准确度的要求。在和差环和调制环的作用下,在和差箱的输出口可得到类似跳变扫描的波瓣图。天线的垂直方向图和水平方向图完全相同且都有两个波瓣,如图3.10所示。

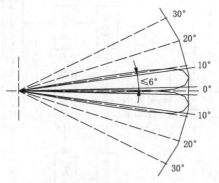

图3.10 天线方向图

天线两个波瓣交点所对方向的射线,称为天线的电轴。雷达工作时,电轴与几何轴一致。

(2)馈线

① 调相器

由于测角采用的是比相假单脉冲体制,是通过比较4个抛物面天线信号的相位关系来判定目标偏离中心的方向与大小的,其电轴相位的一致性是非常重要的。理论上,连接4个抛物面天线到和差箱的4根电缆的长度是一样的,而实际上总是难免有些差异,因此在每个天线与和差环的连接电缆中加接一个调相器(见图3.11),用以调节4路相位平衡。

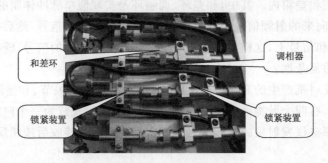

图3.11 调相器

调相器为长度可变的硬同轴线,通过改变其长度来改变相位。调相器有锁紧装置,在长度调整完毕后将其锁定。

②和差环

和差环是实现假单脉冲体制的关键部件。它将上、下(或左、右)天线的信号同时相加或相减,得到和信号($\sum$)、差信号(Δ),其框图如图3.12所示。

从图3.12中可以看出,来自上、下(或左、右)天线的信号在C点相加(相位相同)得$\sum = E_A + E_B$,在D点相减(相位相差$\lambda/2$)得$\Delta = E_A - E_B$,而E点信号相位相反,故得$-\Delta = E_B - E_A$。

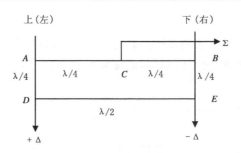

图 3.12　和差环原理框图

上文中的 λ 为信号波长。根据电磁波干涉原理,两列频率、振动方向相同的电磁波相互叠加,当相位差为半波长 $\lambda/2$ 的奇数倍时,振幅衰减;当相位差为半波长 $\lambda/2$ 的偶数倍时,振幅加强,从而产生干涉效应。

所以,通过和差环可以得到和信号及两路差信号,且两路差信号相位差 180°。和差环由此而得名。

③调制环

调制环的作用是将差信号按一定的时序调制到和信号上,以获得与跳变扫描完全一样的波瓣特性。其方法是通过一段可控的传输线来实现,其框图如图 3.13 所示。

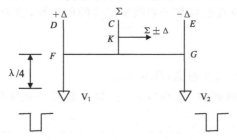

图 3.13　调制环电路图

当程序方波不加时,二极管 V_1,V_2 截止形成 $\lambda/4$ 开路线,F,G 两点相当于对地短路,差信号 $\pm\Delta$ 均不能加到 H 点,K 点输出的只是和信号。而当程序方波加上 V_1 时,V_1 导通,形成 $\lambda/4$ 短路线,F 点相当于对地开路,于是 $+\Delta$ 差信号就经 F,H 点加到 K 点,K 点则得到 $\Sigma+\Delta$。同理,当 V_2 加上程序方波时,K 点就得到 $\sum-\Delta$。这样,当程序方波轮流加到 V_1,V_2 上时,在 K 点就得到与跳变扫描一样的波瓣特性。

④环行器及限幅器

环行器是一种单方向传输的三端口微波器件,高频能量只能按规定的方向传输,反方向则是被隔离的。因此,它的作用就是将发射和接收隔离开来。但它的隔离度是有限的,还不能有效地保护接收机。限幅器的作用则是将环行器漏过来的信号进一步衰减,以确保接收机的安全。实际上,限幅器是一种在较强功率信号输入时,输出被限定在一定电平以下的微波器件,它通常与环行器配合在一起,起收发开关、保护接收机的作用。

GFE(L)1 型雷达设有前置场放和后置场放,用于保护后者的环行器和限幅器,和其一起置于天线座中。

⑤前置场放

为了减小馈线损耗的影响,达到雷达应有的威力,雷达设置了一前置场放。为了保护这个前置场放,增加了两个环流器、两个限幅器,此部分与和差环一道置于和差箱内。其框图如图3.14所示。

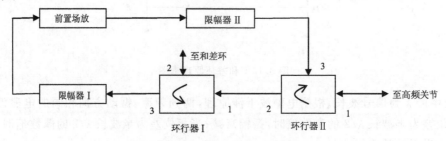

图3.14 前置场放原理框图

发射时,高频大功率信号由高频旋转关节送入环行器Ⅱ的1口,并经环行器Ⅱ的2口、环行器Ⅰ的1口、2口送至和差箱。而接收时信号经和差环送入环行器Ⅰ的2口、3口、限幅器Ⅰ、前置场放、限幅器Ⅱ、环行器Ⅱ的3口、1口再送往高频旋转关节。

⑥高频旋转关节

高频旋转关节是用来连接旋转部分和固定部分的传输线,使天线装置的主轴能在360°的方位上任意旋转。

2)发射分系统

(1)远程发射机(以下称大发射机)基本原理

该分系统主要由固态调制器、超高频振荡、交流电源等几部分组成。其框图如图3.15所示。

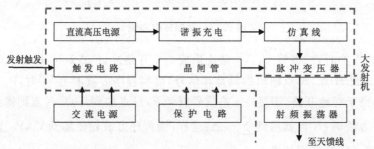

图3.15 发射系统框图

①调制器

调制器的作用就是形成宽度0.8 μs,幅度为8 kV的高压脉冲。调制器主要由800 V直流高压电源、仿真线、晶闸管、脉冲变压器和脉冲触发电路组成。

调制器的工作可分为两个过程:充电和放电。

充电:通电后,220 V的交流电压经电源变压器变压,全波整流,再经π型LC滤波器输出800 V的直流高压。

充电的方法采用的是直流谐振式充电。在测距分系统的发射触发脉冲送来之前,直流高压对仿真线的电容器充电,当仿真线上的电容器充满达到直流高压 $E_C = 800$ V时,串接在充电支路中的充电电感将所贮存的能量又继续向仿真线上的电容器释放,即仿真线上的电容器获得第二次充电。此时,串接在充电支路中的二极管起着防止充电电感产生反向电流的作用,从而使仿真线上电容器电压达最大后维持不变,以等待放电。由于占空比很大,约 2000∶1,因此谐振充电时间很充足,足以使仿真线上电容器两端电压 U_C 充到直流高压的两倍,即 $U_C = E_C \times 2 = 800 \times 2 = 1600$ V。

放电:当测距分系统的发射触发脉冲到来时,按 600 Hz 的重复频率去触发晶闸管,晶闸管则迅速导通,使仿真线上电容两端的电压通过晶闸管脉冲变压器初级放电。由于仿真线的特性阻抗 ρ 与负载 RC 匹配相等,则在脉冲变压器初级两端获得幅度为 $1/2 U_C = E_C = 800$ V 的脉冲电压。

放电时,仿真线的始端电压跳变为负,电压立即从始端向其终端传输,电压经 0.4 μs(由仿真线参数决定)延时到达终端,由于仿真线终端开路,电压到达仿真线终端后,又经 0.4 μs 延时返回到始端,至此,放电结束。这样,在脉冲变压器的初级就获得 0.8 μs,幅度为 800 V 的矩形脉冲。

综上所述,在测距分系统送来的发射触发脉冲控制下,利用“长线传输原理”制成人工仿真线电路,以充放电的变化电压在负载两端所形成的矩形脉冲就是我们所需要的调制脉冲。

所谓长线传输原理,即是当导线长度接近传输的波长时,不能再视为一条普通的导线,而应视为长线,需考虑作为传输线带来的影响,即所谓传输线效应。上例仿真线电路中,信号按一定的速度在传输线路中传输,当输入电压经分布电感、电容一直传输到传输线终端时,此时一般会出现阻抗不连续点,由于电流不能发生突变并有反向感生电动势,因而引起反射波向源端传输。

②超高频振荡器

起高频振荡器主要由磁控管构成。调制脉冲经脉冲变压器升压后可达到数千伏,这个数千伏的脉冲高压直接加到磁控管的阴极激励磁控管,使磁控管产生 1675 MHz 的超高频振荡。

③电源

220 V,50Hz 的交流电压经电源变压器后有两组输出,一组输出为半压,两组同时输出为全压,并且该电源独立,专供本系统的调制器和超高频振荡器使用。

发射机作为一个独立的分机置于室外天线座内,如需将其取出检查、维修时,应事前将连接电缆断开,因为发射机较重,容易将电缆拉断。

(2)近程发射机(以下称小发射机)基本原理

为了减小最近测距距离,达到小于 100 m 的指标,二次测风雷达设置了一近程“全固态发射机”。

所谓“全固态发射机”,是指发射机采用了全固态晶体管作为放大器,这种器件由于电压低,比较真空管发射机来说有很高的可靠性,其主要特点是实现了发射机系统的模块化设计,提高了发射机的可靠性和可维护性。由于采用了多个固态放大器功率组件合成大功率输出,个别固态放大器功率组件发生故障对整个发射输出功率无影响,使整个发射系统仍能工作。

近程发射机的发射脉冲功率为 1.5 W,为了避免其载波泄漏对接收机的影响,将载波频率设置为 1686 MHz。

这样,即使探空仪放在距天线几十米的地方,也能看到应答信号。但是由于近程发射机的功率小,作用距离有限,在整机工作中距离为 1 km 时,终端自动将其关闭,同时将远程发射机打开。

其框图如图 3.16 所示。

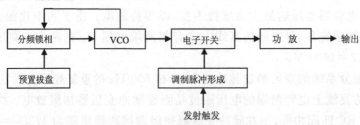

图 3.16 近程发射机原理框图

从框图可以看出,近程发射机的载频是可以调整的。调整的方法是将其盒盖打开后,拨动频率预置拨盘开关(见图 3.17)。

拨盘开关,从左向右依次为1~8位

图 3.17 频率预置拨盘开关

开关位置与载频频率的对应关系见表 3.1。

表 3.1 工作频率置定表

工作频率 MHz	拨盘开关位置							
	1	2	3	4	5	6	7	8
1656	0	0	0	1	1	1	1	0
1661	1	0	1	1	1	1	1	0
1666	0	1	0	0	0	0	0	1
1671	1	1	0	1	0	0	0	1
1676	0	0	1	1	1	0	0	1
1681	1	0	0	0	1	0	0	1
1686	0	1	1	0	1	1	0	1
1691	1	1	0	0	1	1	0	1

其中,开关位置"ON"为 0,1686 MHz 为常用工作频率。由于近程发射机的体积较小,重量较轻,故将其置于天线左侧的近程发射机箱内,其发射天线为一个 4 单元的八木振子天线,固定于左单元天线上。这种结构即可以省去旋转关节,又可起配重作用。

3) 接收分系统

雷达的接收分系统是用以放大、解调探空仪发回的应答信号和探空信号的,而应答信号和探空信号都是调制在频率为 1675 MHz 的高频信号上的。因此,接收机将应答信号从高频变成视频,送给测距系统,以完成距离测定,同时送给显示分系统,供雷达操纵员观测。此外,接收机还将探空信号从高频变换成视频,进而再解调出数字探空码送给数据终端系统,从而完成探空码的录取、转换、数据处理、存储及打印输出。同时,接收机还将天线波瓣扫描(实际上是内扫描)所形成的测角误差信号解调出来,提供给天控分系统,从而完成雷达天线对探空仪的跟踪。接收机的组成框图如图 3.18 所示。

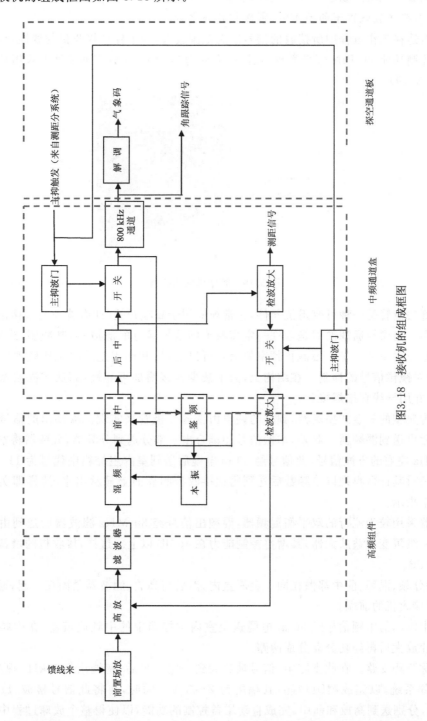

图3.18　接收机的组成框图

从框图可以看出,接收分系统由两大部分组成,即接收前端(室外)和后端(室内)。前端由场放、变频、前中等几个单元组成,置于天线座内。后端则由后中放大、检波、鉴频、AGC 控制、AFC 控制、探空码提取等几个单元组成,分别做在一个中频通道盒内及插板上(代号为 11—

1)，置于室内的主控箱中。

　　前置场放为低噪声场放应管放大器，设置的目的就是为了减少馈线损耗对雷达威力的影响。所以，这级场放就置于和差箱内，紧接和差环之后。

　　由于雷达在工作过程中所接收的信号动态范围较大，为了保证接收机的线性，在高放中设置了增益控制功能，由 PIN 管来实现，控制能力约为 25 dB。高频带通滤波器采用腔体机械滤波器（见图 3.19）。

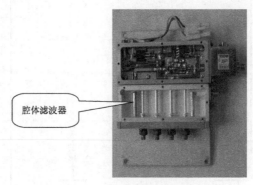

图 3.19　腔体机械滤波器

　　PIN 管二极管是一种可变阻抗元件，它常被应用于高频开关（即微波开关）、移相、调制、限幅等电路中。高频带通滤波器是容许一定高频范围信号通过的滤波器，其减弱（或减少）频率低于下限截止频率和高于上限截止频率的信号可以通过，其作用是滤除工作频率以外的其他干扰，包括对镜像信号的抑制。在结构上，为了减少连接增加可靠性，高放与滤波器固定在一个平面上，并用导线直接焊接。

　　本振为典型的三点式振荡器，频率的调整由变容二极管来实现。振荡出的信号经一定的功率推动后再送到混频器。此外，本振信号还耦合出一部分送到分频器，分频器将本振信号分频至 25 kHz 左右的方波信号，此信号经 50 m 电缆后送到室内主控箱中代号为 11－4 的终端板。终端板对其计数再乘以分频数后送到雷达接收控制界面上显示出来，这样即实现了接收信号的频率指示。

　　混频器采用较为流行的双平衡混频器，混频出信号经 30 MHz 滤波器后送到由二级单片放大器及一级可变增益放大器，其增益控制能力在 45 dB 以上。这样，接收机的增益控制能力将大于 70 dB。

　　本振、分频、混频、前中都做在同一金属盒内，然后与高放、滤波器紧固在一起，通常称为高频组件，即接收机的前端。

　　由前中输出的中频信号经 50 m 电缆送至室内主控箱中的中频通道盒，在中频通道盒内经三级单片放大后再经功分器分成两路。

　　一路称测距支路。在此支路中，信号被放大到一定电平后，解调出 800 kHz 视频脉冲，并送到测距分系统，以完成测距功能，其幅度为 2～3 V。同时，再将此信号检波、放大后得到 AGC 电压，分别送到高放和前中，完成自动增益控制的功能，以使得整个放球过程中输出信号电平不随回答器的远近而产生变化，即保持输出电平恒定。

　　另一路称为角支路。在此支路中，信号被放大、鉴频，并将此鉴频电压送到高频组合中的本振，以消除由于回答器频率漂移而造成的失谐，使得中频频率始终保持为 30 MHz。需要说明的是,接收机的频率控制有两种状态,即自动、手动。在手动状态时,本振的频率调整完全由人工控制,鉴频电压不起作用,而自动状态时,本振的频率调整由手动电压和鉴频电压共同控制,也就是手动电压和鉴频电压叠加后形成了本振控制电压。这样在实际操作中,频率控制在自动状态,手动电压也可以任意调整,直至主信号最佳。

此外,角支路中的中频信号还被分出一部分,检波后送入 800 kHz 通道,经放大解调后得到气象码送到数据终端系统。同时,角跟踪信号也从 800 kHz 通道引出,其幅度为 2~3 V。此信号在放球的过程中始终保持线性,不失真地将回答器相对雷达的角度偏差反映出来。

接收机还有主波抑制功能,其作用是去除发射机主波和近地物回波对 AGC,AFC 及气象码解调造成的影响。其实现方法是这样的,在距离支路和角支路分别接有电子开关,开关的导通、关断由主抑波门来控制,即在发射机工作期间,开关断开,发射主波、近地物回波就不会漏入相关电路,也就不会造成对其的影响。在具体电路上,距离支路和角支路的主波抑制有所不同,距离支路中电子开关与信号路是并联的,关断时间为 200 μs,而角支路中的电子开关是串接在其中的,关断时间为 50 μs。主抑触发由测距系统送来,是一个宽度约为 1 μs 的 TTL 逻辑电平脉冲信号。

4)测距分系统

测距分系统的功能是对探空仪的回答器信号进行自动和手动距离跟踪,以完成对探空仪斜距的测定,并将距离数据送往数据终端。同时,本系统还产生一系列时间上相关的脉冲,作为基准送往其他分系统,以协调全机的工作。

该分系统的原理框图如图 3.20 所示。

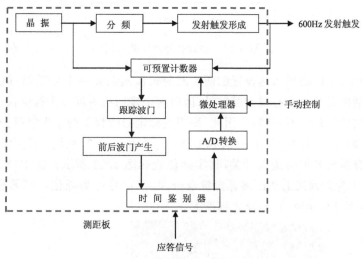

图 3.20　测距分系统原理框图

在前面已经叙述过,测距就是测量探空仪回答信号对主波的延时,而时间的测量又可转化为对具有一定重复频率的脉冲的计数。显然,脉冲周期的长短直接影响测距的准确度,周期越短,测距准确度就越高,反之则越低。在本系统中计数脉冲的频率为 37.477 MHz,这样每个脉冲代表的距离就是 4 m,即测距量化误差为 4 m。

当发射脉冲加到可预置计数器时,该计数器被打开,并与事先预置的值 x 进行比较。在计数溢出时,产生一个脉冲,这个脉冲就是跟踪脉冲,由它去触发一个触发器,并产生前后两波门(前波门的后沿与后波门的前沿为一个时刻),用前后两波门将回波信号在时间上分为两部分,并分别送到两个积分电路。很显然,如果两波门的交接时刻与回波中心不一致(但差值不大),则被分裂成的两部分面积不等,因而积分电路输出的电压也就不等,两者的差值就代表了波门与回波原偏离程度,差值的极性就代表了偏离的方向。该误差电压经 A/D 转换变成数字量,经微处理器处理后改变可预置计数器的 x 值,从而产生延时可变的跟踪脉冲,改变波门位置,直至消除误差,完成自动跟踪的功能。回答信号、跟踪脉冲、前后波门的时间关系如图 3.21所示。

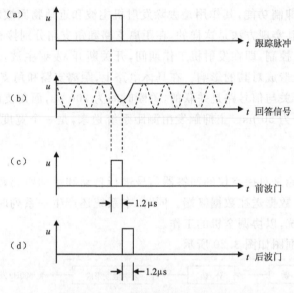

图 3.21 跟踪脉冲时序关系图

需要指出的是,二次测风雷达设置的两个发射机虽然归属一个分系统,但在电路形式、器件选择,甚至是结构安装上都有很大的差异,因而两个发射机对同一个探空仪的测距值会有很大的差别(相对主波的延时不一样)。因此,测距的标定必须根据两个发射机分别进行。

测距分系统的有关电路设计在一块插板上,代号为 11—3,装放于室内的主控箱中。在11—3插板上设有两个 8 位的拨盘开关,其实际位置如图 3.22 所示。其中,S2 为发射机距离标定拨盘开关,S1 为近程发射机距离标定拨盘开关。"1"号位为低位,"8"号位为高位。当开关拨向"ON"时,距离显示值减小,反之则增大。

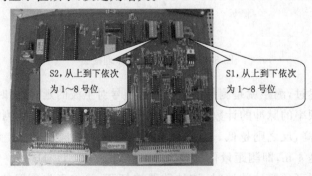

图 3.22 拨盘开关位置示意图

5)测角分系统

本系统的主要功能是对天线方位、俯仰的几何角度进行测定,并实时传给数据终端。该分系统与测距分系统相结合完成雷达的测风功能,其框图如图 3.23 所示。

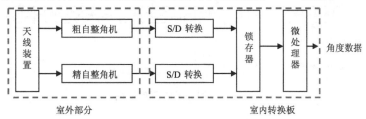

室外部分　　　　　　　　　　室内转换板

图 3.23　测角分系统原理框图

在 GFE(L)1 型雷达中,方位测角、俯仰测角的原理完全一样,仅以图 3.23 来叙述其工作原理。天线的方位轴(或俯仰轴)转动,通过同步轮来带动精、粗两个自整角机(精、粗自整角机速比为 36∶1)转动,它输出的三相模拟电压代表了天线几何位置,将该模拟电压通过室内、室外的连接电缆送给轴角数据变换模块,而模块则将代表角位置的电压转换成二进制码送给锁存器,微处理器读取锁存器的二进制码后,将其变成十进制码,然后再通过精、粗搭配、零点标定后即得到方位角(俯仰角)值,并通过串口通信将数据实时传送给数据处理系统,最终在计算机屏幕上显示出来。

方位的精、粗自整角机安装在室外的天线座内,而俯仰的精、粗自整角机则安装在天线装置的俯仰箱内(又称天线头)。方位、俯仰的轴角转换分别由两块印制插板完成,其代号分别为 11−8 和 11−7,安装于主控箱内,两块插板又分别装有精、粗两个轴角转换模块,对应室外的精、粗自整角机。由于精、粗自整角机安装的随机性,其零点不一定正好对准,甚至相差很大,这样角度数据在天线全程转动范围内会出现不连续甚至有很大的跳动。为此,在轴角转换板上设置了一精、粗搭配拨盘开关(8 位),拨动其中的一个或多个开关,使精、粗达到良好的搭配。具体的操作是这样的,将轴角转换板上的开关 S_1 拨向"ON"的一边,此时计算机屏幕上的角度显示为"xx. xx",其中小数点左侧为粗读数,右侧为精读数。以方位为例,在天线低速连续转动时,如果搭配良好的话,粗读数—精读数的差值(粗必须大于精)应不超过 20,否则就需调整拨盘开关,直至搭配合适为止。搭配完以后,将开关 S_1 拨回原位置,使测角显示正常工作。俯仰的精、粗搭配方法与方位完全一样。需要指出的是,精、粗搭配的工作在雷达出厂前已全部做好,只有在以后的检修、维护过程中,更换自整角机或拆卸重新安装时,才需做此工作。

主要技术指标:　　　测角量化误差　　　　　　±0.01°
　　　　　　　工作范围　方位　　　0°～360°
　　　　　　　　　　　　仰角　　　−6°～92°

其中,测角量化误差是指轴角转换模块对角度测量值进行数字采样时的误差。

6)天控分系统

本系统的功能是根据和差环所获取的角误差信号或手动信号完成对天线的控制,以达到跟踪探空仪的目的。其工作方式有两种,即手动和自动。在手动方式时,由人工操纵手动盒,天线可以上、下、左、右转动,当示波器上的 4 条亮线两两对齐时,即对准了探空仪。而在自动方式时,由软、硬件结合的控制单元将调制在载波上的角误差信号解调下来,使天线朝着误差减小的方向运动,完成自动跟踪的功能。其框图如图 3.24 所示。

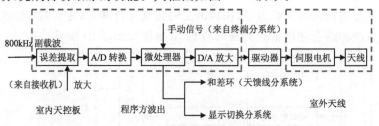

图 3.24　天控分系统原理框图

在手动状态时,终端分系统采样到手控盒的手控电压,将其转换成代表速度的数字信号,通过串口传给微处理器。它接收后再通过 D/A 转换变成相应的速度电平送给驱动器,驱动电机带动天线转动。

在自动工作状态时,检波电路将调制在 800 kHz 副载波上的角误差信号解调出来,经放大后送给 A/D 转换器将其转变成数字量。微处理器将这个数字量滤波、平滑后,再将其通过 D/A 转换器转换成代表角误差大小、方向的速度电压,经直流放大器放大后送给驱动器驱动天线朝着减小误差的方向转动。

在该分系统中,带动天线转动的是交流电机,而与之配套的则是交流数字化驱动器。这种伺服系统的特点是,动态特性非常优良,体积小、耗电少、功能多、智能化程度高,有完善的故障检测及报警功能,如过速、过力矩等。

此外,微处理器通过扩展并口输出 50 Hz 的程序方波,其作用是按 5 ms 的时间间隔依次导通和差箱中的 PIN 开关管,将差环获取的角误差信号调制至和信号上,即完成相当于换相扫描的功能。但由于 TTL 逻辑电平不能驱动 PIN 开关管,因此在该分系统中设置了 4 路完全相同的驱动电路,送至和差箱中的程序方波,波形如图 3.25 所示。同时,扩展并口输出的 TTL 逻辑电平的程序方波还送到显示、切换分系统,作为 X 扫描,完成测角状态 4 条亮线的显示。该分系统的印制插板代号为 11-6,置于室内的主控箱内。

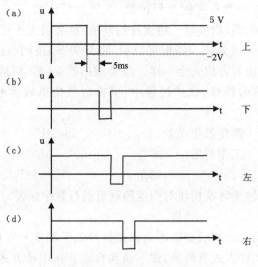

图 3.25　驱动方波时序图

7)终端分系统

(1)基本原理

本系统主要功能是完成各分系统与计算机之间的通讯,即一方面从其他分系统读取数据送往计算机显示和处理,另一方面接收计算机发出的指令,控制其他分系统的工作状态。实际上,它就是雷达的控制中心,也是雷达和计算机之间联系的唯一通道。其框图如图3.26所示。

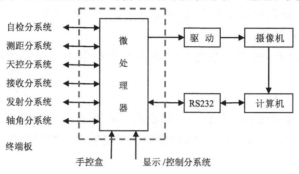

图 3.26　终端分系统原理框图

从框图中可以看出,终端分系统是控制枢纽、是信息中转站,它与计算机之间仅用一个RS232串口完成雷达和计算机之间大量的信息交换。该分系统采用轮循的方法,分别和自检/译码分系统、测距分系统、天控分系统、接收分系统、发射分系统、发射/显示控制分系统、计算机等进行通讯。

(2)主要功能

①和自检/解码分系统之间的通讯

终端分系统采用串口方式和自检/解码分系统通讯,读取自动检测的结果和21字节的探空气象数据。

②和测距分系统之间的通讯

终端分系统控制距离手动/自动的切换,距离波门的前进/后退以及快进、快退,并采用串口通信的方式与测距分系统通讯,读取斜距数据。

③和天控分系统之间的联系

终端分系统控制天控手动/自动跟踪的切换,以及手动控制的方向、速度,还可以控制天控分系统是否输出程序方波,即打开、关闭基测开关。

④和接收分系统之间的联系

终端分系统控制接收机手动/自动增益的切换、手动/自动频率调整的切换,并提供手动增益电压及手动频调电压给探空通道板,同时把送往接收机前端高放增益控制电压进行 A/D 变换,变成相应的数字量,作为接收机的增益指示在计算机的屏幕上显示出来。此外,终端分系统还将接收机前端送来的本振分频信号进行计数,换算成相应的接收信号的频率送给计算机在屏幕上显示出来。

⑤和发射分系统之间的联系

终端分系统控制近程发射机的开、关,发射机的开、关及发射机的半高压、全高压的切换,同时还将发射机的磁控管电流进行 A/D 转换,送到计算机在屏幕上显示出来,以监视发射机的状况。

⑥和测角分系统之间的通讯

终端分系统用串口与测角分系统之间进行通讯,读取方位、仰角的角度数据并实时地传送给计算机。

⑦和发射/显示控制分系统之间的联系

终端分系统对发射/显示控制分系统进行控制,以决定示波器是作角跟踪状态显示,还是作距离跟踪状态显示,即是显示 4 条亮线,还是显示距离回答信号。

⑧和手控盒之间的联系

在天控为手动状态时,终端分系统实时地读取手控电压并送到天控分系统控制天线的转动。

⑨和计算机之间的通讯

终端分系统采用 RS232 标准接口与计算机进行通讯,它实时地将从各分系统读来的数据及各分系统的工作状态送给计算机,同时也接受计算机发出的控制命令,控制各分系统的工作状态。

⑩对摄像机的控制

终端分系统根据接收到的指令,送出高低电压,并通过驱动电路,带动摄像机中的微型马达,改变镜头中的焦距、光圈、景深等。

从以上叙述可以看出,终端分系统是雷达的神经单元,它工作正常与否直接影响到雷达的工作状态。为此,在计算机的接收控制界面上专门开辟了一个窗口,在这个窗口,如果从雷达图标不断有蓝色的模拟脉冲串向计算机图标行进,则表示终端分系统与计算机之间通讯正常。

8)自检/译码分系统

(1)基本原理

该分系统的主要功能有两个,即故障的自动检测和探空码数据的录取。其原理框图如图 3.27 所示。

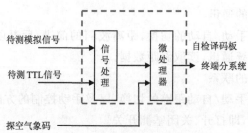

图 3.27　自检/译码分系统原理框图

从框图中可以看出,被测的模拟信号和 TTL 逻辑信号经过信号处理后再送至微处理器。信号处理电路的作用就是将模拟信号和窄脉冲逻辑信号转换成具有一定幅度的逻辑电平,以利于单片机读取、判别,从而判定相关分系统关键信号的幅度、频率或脉宽是否达到要求。

在信号处理电路中,对较高的直流电压作简单的分压即可,而对那些幅度较低、脉宽又很窄的脉冲信号,则需先将其放大,然后再将其展宽,最后送给微处理器。

该分系统的另一功能是对探空码的录取。实际上,经过接收机解调已经得出了气象探空码,可以直接送去计算机进行温、压、湿转换。但是在信号较弱时,接收机的噪声及其他一些干扰严重影响了探空码的质量,这样的探空码是不能直接送给数据处理终端的。为了降低误码率,提高探测准确度,把接收机解调出的探空码送到该分系统,在软件上采用容错技术,对探空码进行智能判断,将得到的低误码率的 21 个字节探空码和 2 个字节的故障检测结果通过串口送给数据终端分系统。

该分系统的插板代号为 11－5,置于室内的主控箱中。

(2)主要功能及相关信号

雷达整机被测的信号有:

程序方波:脉冲信号(上、下、左、右四路)

发射触发脉冲:脉冲信号(TTL)

精扫脉冲:脉冲信号(TTL)

粗扫脉冲:脉冲信号(TTL)

24 V 驱动电源:＋24 V

方位驱动告警:逻辑电平(＋24/0)

俯仰驱动告警:逻辑电平(＋24/0)

俯仰上限位:逻辑电平(＋24/0)

俯仰下限位:逻辑电平(＋24/0)

过荷保护:TTL 逻辑电平

反峰保护:TTL 逻辑电平

过压保护:TTL 逻辑电平

9) 发射/显示控制分系统

(1)显示控制基本原理

该单元的主要功能有两个,其一是角跟踪显示,即显示 4 条亮线,它对应于天线 4 个波束的信号。其二是距离跟踪显示,即将测距回答信号用精、粗双扫描线分别显示出来。其框图如图 3.28 所示。

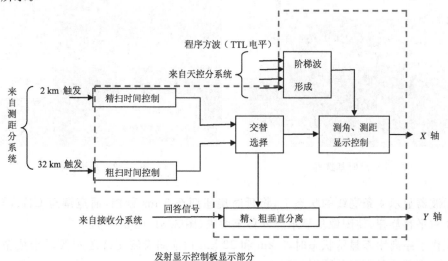

图 3.28　发射显示控制分系统原理框图

该单元由三部分构成,即 40 MHz 双踪示波器、X/Y 轴信号处理板(11－2 插板的一半)、亮度控制盒。利用双踪示波器作为雷达的测角、测距显示是该雷达的一个特点,这样不但可以减少雷达设备数量、减少耗电量,在维修时,示波器还可以作为维修仪表使用,达到一机多用的目的。X/Y 轴信号处理板是将测角、测距信号变换成示波器所需的各种扫描视频信号。而亮度控制盒的作用是使精、粗扫描线的亮度基本相同。

从图 3.28 可以看出,显示控制单元由阶梯波形成:精粗定时、锯齿波形成、交替选择、角度距离显示控制、精粗垂直分离、亮度控制等电路组成。当显示控制单元工作于角度跟踪状态时,天控分系统送来的 TTL 电平的程序方波,经阶梯波形成电路送入示波器,X 轴(其低电平为 3.8 V,高电平为 5.5 V)产生 4 个亮点(线)。角跟踪状态时各波形如图 3.29 和图 3.30所示。

图 3.29　阶梯波信号

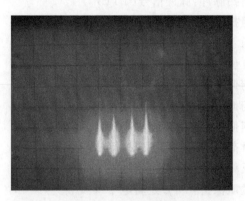

图 3.30　亮线信号

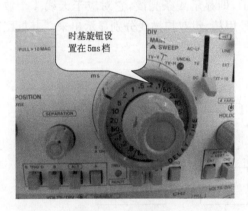

图 3.31　时基选择

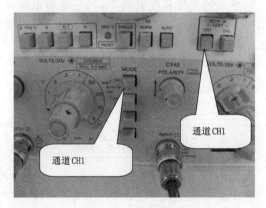

图 3.32　通道选择

在示波器显示 4 条亮线的状态下,将延时旋钮调至 5 ms 秒档,通道调至 CH1,同时旋动上下和左右平移旋钮,使图像从显示屏外移至中央(图 3.31,图 3.32)。

当工作于距离跟踪显示状态时,2 km 和 32 km 扫描锯齿波交替送入 X 轴形成精、粗两条扫描线。距离跟踪状态时各波形如图 3.33 和图 3.34 所示。

在示波器显示精、粗扫描线状态下,将延时旋钮调至 50 μs 档,通道调至 CH1,同时旋动上下和左右平移旋钮,使图像从显示屏外移至中央(图 3.35,图 3.36)。

图 3.33　锯齿波信号

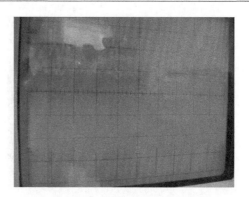

图 3.34　精、粗扫信号

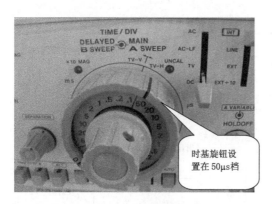

图 3.35　时基选择

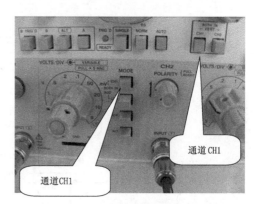

图 3.36　通道选择

由于精、粗采用 1∶1 交替扫描,粗扫时间约为 $210~\mu s$,精扫时间约为 $14~\mu s$(两者的扫描幅度均为 10 V),即两条扫描线的空度是不同的,这样在视觉上两条扫描线的亮度就会差很多,影响对探空仪回答信号的观察。为此,利用示波器的外接增辉功能,对精、粗扫描线给予不同的增辉,使精、粗扫描线的亮度接近。此电路框图如 3.37 所示。

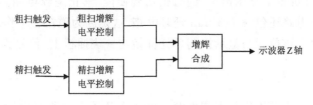

图 3.37　增辉电路框图

增加亮度控制盒之前和之后对比照片如图 3.38 和图 3.39 所示。

增加亮度控制盒之后精扫亮线变亮,而屏幕中原先较亮的部分变暗。

(2)发射控制基本原理

该单元的功能是对发射机进行控制和保护。其框图如图 3.40 所示。

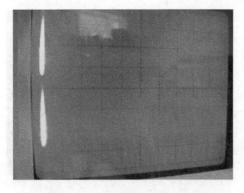 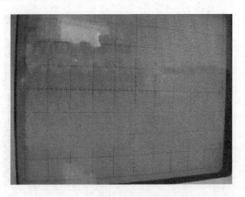

图 3.38　安装亮度控制盒之前　　　　　　　　图 3.39　安装亮度控制盒之后

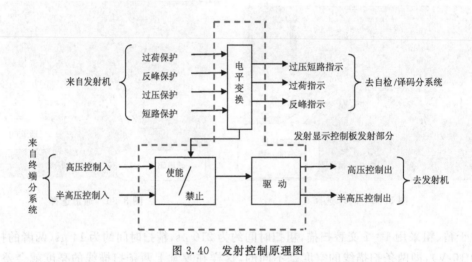

图 3.40　发射控制原理图

从框图中可以看出,由发射机送来的各种模拟保护信号,经电平变换后成为能够与数字电路进行连接的 TTL 逻辑信号。在发射机出现故障时,这些信号一方面送到自检/译码分系统进行故障检测,最终在屏幕上显示出来,同时也送到使能/禁止逻辑电路,禁止发射机的打开。此外,使能/禁止逻辑电路还包含了 3 min 延时电路,这是因为磁控管工作之前要充分地预热,以延长磁控管的寿命。该单元与显示控制单元都做在一块插板上,代号为 11-2,置于室内的主控箱中。

10)电源分系统

该分系统的功能是为整机提供直流电源。由 4 个开关电源所组成,并且紧凑地安装在一个长方体的电源箱内,而这个电源箱再安装于主控箱中(详见图 3.41)。

开关电源输出直流电压分别为+15 V,-15 V,+5 V,+12 V。其中,±15 V 主要为模拟电路供电,而+5 V 主要为数字电路供电,+12 V 则为摄像头和近程发射机供电。在电源箱中,还有一个交流变压器,它将 220 V 的交流电压变成 110 V 的交流电,为测角分系统中的自整角机和轴角转换模块提供励磁电压,即 4 个轴角模块、4 个自整机的励磁电压都由这个 110 V 的交流变压器提供。在主控箱面板的左侧,装有 5 个电源指示灯,从左起分别为+5 V,+12 V,+15 V,-15 V,交流 110 V,以指示各种电源的正常与否。在主控箱面板的右侧,装

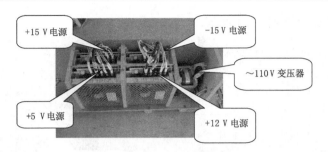

图 3.41　电源分系统基本组成

有 2 个电源开关,最右边的为总电源开关(但对天线座中的维修电源不起作用,要断掉维修电源必须拔掉主控箱的电源插头,这一点在维修中一定要引起注意),而次之的为发射电源开关,在此开关打开后,发射机开始预热,经 3 min 延时后方可开始加高压。

此外,驱动箱内还有一个+24 V 电源,为交流伺服驱动器提供直流电源,驱动箱内的交流电源除了受面板上的电源开关控制外,还受主控箱的总电源开关控制,因为驱动箱内的交流固态继电器是与面板上的电源开关串接的,而继电器是受主控箱中的+5 V 来控制的。因此,在主控箱面板上的总电源开关没有打开之前,驱动箱电源是无法打开的。这样做的目的就是保证在驱动箱工作之前,主控箱正常稳定工作,以防止天线失控。

在驱动箱面板上除了电源开关外,还有 4 个指示灯,从左向右依次为俯仰驱动器准备就绪灯(绿)、俯仰驱动器故障报警灯(红)、方位驱动器准备就绪灯(绿)、方位驱动器故障报警灯(红)。在准备就绪时绿灯亮,反之则不亮。工作正常无故障时,红灯不亮,反之驱动器则不工作且红灯亮起。

3.1.4　架设与标定

1)雷达结构及各单元布局说明

天线装置如图 3.42 所示。

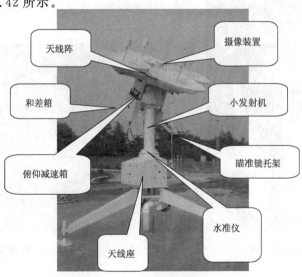

图 3.42　天线装置图

俯仰结构如图 3.43 和图 3.44 所示。

图 3.43　俯仰减速箱

图 3.44　俯仰同步机

俯仰传动如图 3.45 所示。

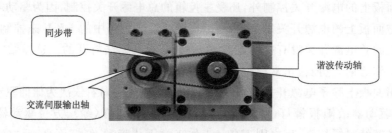

图 3.45　俯仰传动图

天线座设备如图 3.46~3.49 所示。

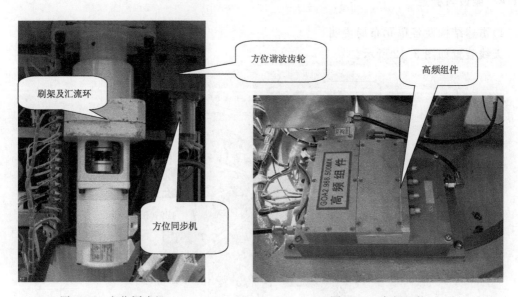

图 3.46　方位同步机　　　　　　　　　图 3.47　高频组件

图 3.48　大发射机

图 3.49　高频旋转关节

和差箱如图 3.50 所示。

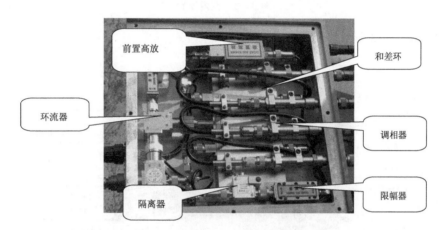
图 3.50　和差箱

近程发射机如图 3.51 所示。

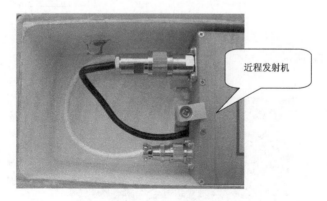
图 3.51　近程发射机

室内装置如图 3.52 所示。

图 3.52　室内装置

主控箱如图 3.53 所示。

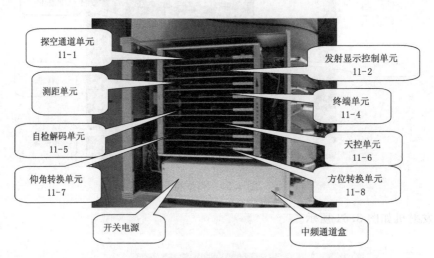

图 3.53　主控箱

电源箱如图 3.54 所示。

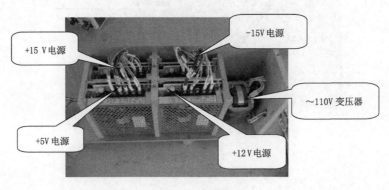

图 3.54　电源箱

驱动箱如图 3.55 所示。

图 3.55　驱动箱

2) 整机架设

(1) 架设场地的选择

在选择架设场地时应注意下面几点：

① 场地周围 360°范围内（特别是高空风的下风方向）不要有仰角高于 5°的地物（如山包等）。在半径为 500 m 的场地上无高大的建筑物（如楼房、铁塔、高压线等），否则会使波瓣变形，影响远距离的测角准确度。如在山区难以找到上述架设地时，则在高空风的主要下风方向最好能满足上述要求。

② 天线架设在地面上时，应尽可能架设在一高坡上。在半径 30～50 m 范围内的地面要平坦，天线的位置不应放在工作室的上风方向，以防止雷达辐射对人体造成影响。

③ 天线的地面要做水泥、砂、石基础。

天线架设在建筑物的顶面上时，基础制作见图 3.56。

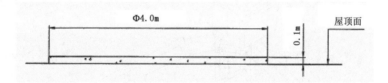

图 3.56　天线架设在建筑物的顶面上时的基础制作

天线架设在地表面上时，基础制作见图 3.57。

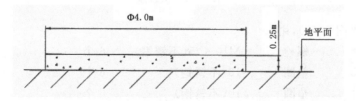

图 3.57　天线架设在地表面上时的基础制作

在选择架设地时,还要注意到水源、市电以及通讯联络等问题。

④若将室内与室外设备间的连接电缆通过 PVC 塑料管埋入地下,因其 6 根电缆接头较大,其预埋 PVC 塑料管口径应大于 Φ10 cm,弯曲处的曲率半径应大于 50 cm,并防止管内灌水。

曲率半径主要是用来描述曲线上某处曲线弯曲变化的程度。简单地说,就是在曲线上某一点找到一个和它内切的圆,这个圆的半径就定义为曲率半径。

⑤天线装置架设的地址周围必须具有良好的避雷装置。

⑥必须远离其他微波信号源。

⑦天线装置必须配备有良好的接地措施,使天线装置的金属外壳对地电阻小于 5Ω。

(2)天线装置的架设

①拆箱:将天线座抬至安装基础的中央,垫高。装 3 个支脚,用:

GB6170—86	螺母	M12(不锈钢)	6 个
	螺母	M16(不锈钢)	6 个
GB97.1—85	垫圈	12(不锈钢)	6 个
	垫圈	16(不锈钢)	6 个
GB93—87	垫圈	12(不锈钢)	6 个
	垫圈	16(不锈钢)	6 个

装 3 个千斤顶,用:

GB5781—86	螺栓	M10×60(不锈钢)	6 个
GB97.1—85	垫圈	10(不锈钢)	6 个
GB93—87	垫圈	10(不锈钢)	6 个

将紧固件紧固后,撤去天线座的垫高物体,将天线座落在安装基础上,见图 3.58。

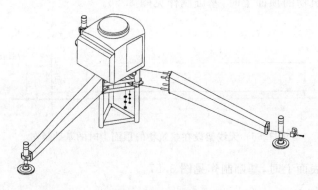

图 3.58　天线座

②装立柱(见图 3.59),用:

GB5781—86	螺栓	M10×25(不锈钢)	6 个
GB97.1—85	垫圈	10(不锈钢)	6 个
GB93—87	垫圈	10(不锈钢)	6 个

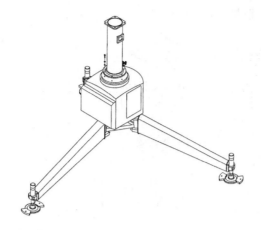

图 3.59　装立柱

③装天线头(见图 3.60),用:

GB5781—86	螺栓	M12×25(不锈钢)	4 个
GB97.1—85	垫圈	12(不锈钢)	4 个
GB93—87	垫圈	12(不锈钢)	4 个

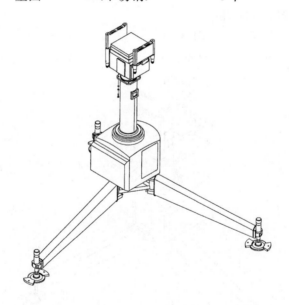

图 3.60　装天线头

④装和差箱和近程发射机箱(见图 3.61)。

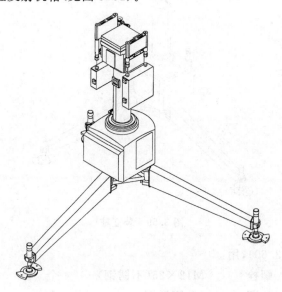

图 3.61　装和差箱和近程发射机箱

⑤装 2 根横杆(见图 3.62),用:

GB70—85　　　　螺钉　　　M8×20　　　　　4 个
GB93—87　　　　垫圈　　　8(不锈钢)　　　4 个

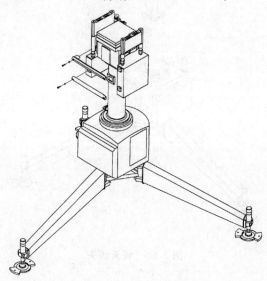

图 3.62　装 2 根横杆

⑥天线阵的安装

4 个抛物面反射体装在中心桁架上,用:

GB5781—86　　　螺栓　　　M8×35(不锈钢)　　16 个
GB97.1—85　　　垫圈　　　8(不锈钢)　　　　16 个

GB93—87　　　　垫圈　　　　8(不锈钢)　　　　16 个

将 4 个抛物面反射体连成一体,用:

GB5781—86　　　螺栓　　　M6×45(不锈钢)　　8 个

GB97.1—85　　　垫圈　　　6(不锈钢)　　　　8 个

GB93—87　　　　垫圈　　　6(不锈钢)　　　　8 个

将 4 个馈源装在中心桁架上(见图 3.63)。

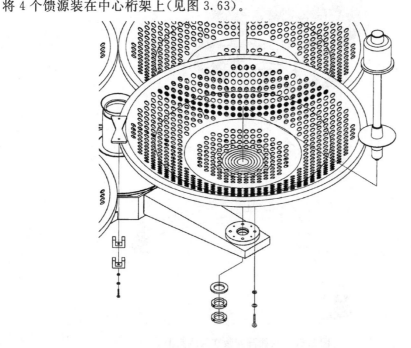

图 3.63　4 个馈源装在中心桁架

小天线(见图 3.64)。

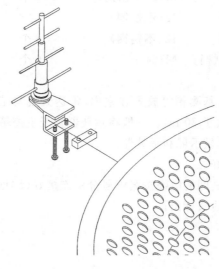

图 3.64　小天线

天线阵安装在天线头上(见图 3.65),用:

GB5781—86	螺栓	M12×50(不锈钢)	4 个
GB97.1—85	垫圈	12(不锈钢)	4 个
GB93—87	垫圈	12(不锈钢)	4 个

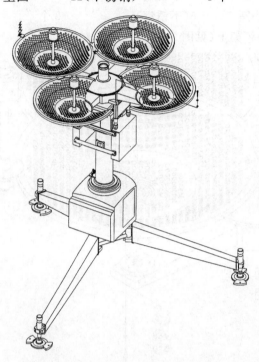

图 3.65 天线阵安装在天线头上

最后,按图所示装 6 个地脚压板,用:

GB6170—86	螺母	M12(不锈钢)	6 个
GB97.1—85	垫圈	12(不锈钢)	12 个
GB93—87	垫圈	12(不锈钢)	6 个
	膨胀螺钉	M12	6 个

(3)室内装置的安放

主控箱、计算机、示波器、基测箱等放置在室内,雷达天线与工作室之间的距离不得大于 50 m(应急接收机天线不得大于 30 m)。一般将示波器置于主控箱之上,且与计算机显示屏距离较近,以便同时观察计算机显示屏和示波器。

将手控盒与主控箱连接好。

将天线装置和室内设备之间的电缆按名牌号分别连接好(详见图 3.66~3.71),各接头连线情况已在图中用不同数字箭头标出。

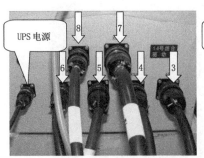

图 3.66　驱动箱背面

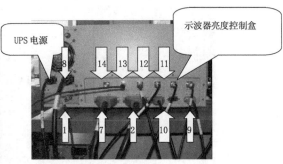

图 3.67　主控箱背面

图 3.68　计算机机箱背面

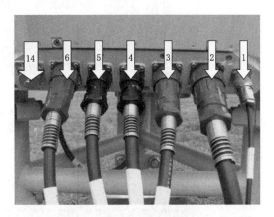

图 3.69　室外天线座接线

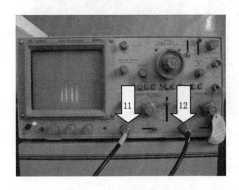

图 3.70　示波器正面

图 3.71　手控盒

雷达工作时示波器时基设置在 XY50 档,通道 1 和通道 2 分辨力均设置在 1 V 档,如图 3.72～3.76 所示。

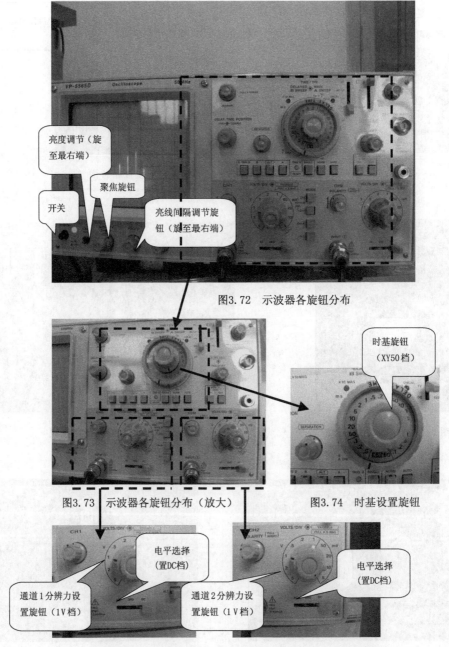

图3.72　示波器各旋钮分布

图3.73　示波器各旋钮分布（放大）　　图3.74　时基设置旋钮

图3.75　通道1分辨力设置旋钮　　图3.76　通道2分辨力设置旋钮

3）雷达的标定

（1）水准器的安装及对天线水平的检查与校正

主轴上的水准器是用来调整主轴与水平面垂直用的。调整由两人进行，一人在工作台前将雷达通电控制天线转动，另一人在天线装置处，两人互相用耳机通讯。先转动方位角，使主轴上某一个水准器大致停在和某两个千斤顶连线相平行的位置上（详见图3.77）。

图 3.77　水准器的安装及对天线水平的检查与校正

调整其中一个千斤顶,使水准器的气泡正好在横线中央(详见图 3.78 和图 3.79)。

图 3.78　天线水平的检查与校正

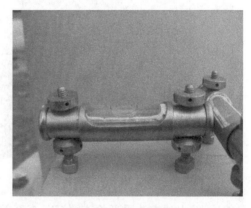

图 3.79　水准器

调整第三个千斤顶,使另一个水准器的气泡也正好在横线中央。然后,将方位角旋转180°,若气泡仍在中央,说明水准器安装正确,若气泡不在中央而有一差值,说明水准器不在正确位置,需要进行校正(详见图 3.80)。

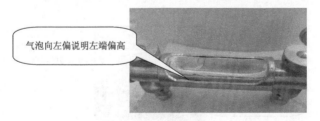

气泡向左偏说明左端偏高

图 3.80　水准器校准

这时,用调水准器的专用工具调整水准器两端螺母使气泡向中央移动差值的一半。调整时,夹住水准器的上、下螺母都需要用工具来拧(详见图 3.81 和图 3.82)。

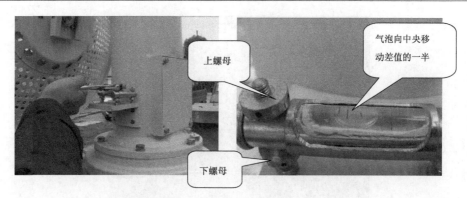

图3.81　调水准器　　　　　　　　图3.82　调水准器放大

再用千斤顶修正剩余差值(详见图3.83和图3.84)。

图3.83　用千斤顶调整　　　　　　图3.84　水平器放大

然后,按上述方法重新检查、校正,直至差值为零。两个水准器最好分别进行校正,校好后将水准器两端的螺母固紧。

(2)仰角零度的标定

完成上述校正后,在天线侧面数十米处架一经纬仪并调好水平,接通雷达电源,转动天线仰角。只转动经纬仪的仰角,保持方位不变,观察天线桁架边缘两端点是否在一条垂直线上(详见图3.85)。

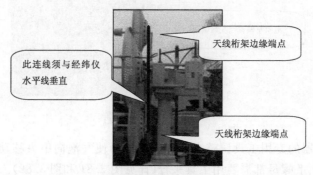

图3.85　仰角零度的标定

如基本垂直,说明天线仰角处于水平位置,如不垂直,则应根据经纬仪的观察,微微转动天线仰角使其垂直。然后,将俯仰角测量板的两个标定孔相互短接即可(见图 3.86 黑箭头所指处)。

图 3.86　俯仰角测量板

(3)方位角零度的标定

方位角零度是在天线水平调整完后,瞄准镜安装正确(即光轴与机械轴一致)的情况下进行的。标定方法有三种:

第一种方法,距雷达数十米外的一高处,架一经纬仪(高度比瞄准镜高),用磁针标定好方位(注意标定时应当将当地的磁偏角计算在内)。保持仰角为零度,转动雷达天线和经纬仪,使两者相互瞄准,然后读取经纬仪的方位角 α_0,雷达方位角 α_1,摇动天线使雷达方位角在 α_1 的基础上增加($180-\alpha_0$)。将方位轴角板上的两个标定孔相互短接即可完成标定(见图 3.87 黑箭头所指处)。

图 3.87　方位角测量板

方位标定时,还有一种较为简单的方法。在天气晴朗的夜间,利用雷达瞄准镜对准北极星来标定零点。由于北极星的位置在一夜之间也有所变化,要使标定更加精确,可以根据观察点所在位置和时刻查对天文年历进行校正,也可以每隔一定时间(如 2 h)瞄准北极星测一次方位角,共测 3~4 次,最终取观测记录的平均值来标定。

也可以根据先前老式雷达记录的固定目标物位置进行方位标定。但是此种标定方式的前提是,新雷达的安放地点必须在老雷达安放点上或者相距很近。

注意,GFE(L)1 型雷达使用的水准器准确度较高,检查校正时不要用手摸、气呵,并避免太阳辐射。

标定方位角、仰角后,最好在不同的方向上找几个不同的近距离固定目标(目标位置要求不易改变),用瞄准镜记下它们的方位角、仰角读数,以备参考。

在距离零点定好后,最好找几个比较孤立的地物回波,记下它们的仰角、方位角和距离,以备参考。

(4)粗精搭配

将方位测角板或俯仰测角板的 4 位拨码开关(S1)第 1 位拨到 ON 位置,则终端显示屏上方位角指示为××.××,前面两位代表粗读数,后两位代表精读数。在天线整个范围转动时,拨动拨码开关(S2)前 4 位,使两个读数差值小于 20。最后,再将拨码开关(S1)第 1 位拨回到 OFF 位置。这样,精、粗搭配就调整好了(见图 3.88)。

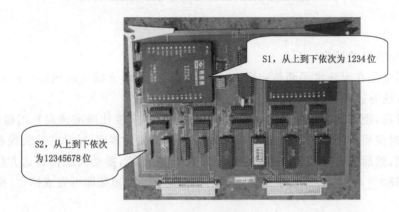

图 3.88　粗精搭配

注意,拨码开关(S1)后 3 位没有功能。拨码开关(S2)后 4 位没有功能,前 4 位由低到高依次对应精、粗差值的调整量为 10,20,40,80。

(5)距离零点的标定

GFE(L)1 雷达的测距采用了自动跟踪回答信号的数字测距法,其标定可以采用已知距离法。将探空仪放在距离雷达 100～200 m 的地方用其他方法精确测出探空仪与雷达天线之间的直线距离。由于探空仪之间回答延时有一定的差异,用不同的探空仪来标定则会出现较大的误差,因此,应选 2～3 套探空仪,取其平均值。具体标定方法如下:

①小发射机

把探空仪放于离雷达一定的距离(如 200 m)处,用鼠标点击控制画面上距离手/自动按钮,置"手动"状态,再点击距离"前进"或"后退"按钮,使距离显示值在 200 m 左右处。这时,应能看到示波器上回波的位置,拨动测距板上的拨码开关(S₁),使回波回到显示 2 km 扫描线上的两个暗点之间,再把距离置"自动"状态,观察控制画面上距离显示值,是否在 200 m 左右跳动。反复上述过程,达到标定的目的。

控制画面图如图 3.89 所示。

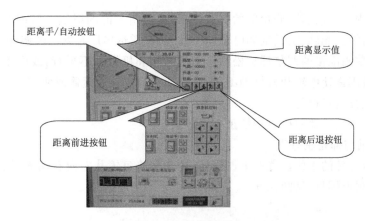

图 3.89　控制画面

示波器回波信号如图 3.90 所示。

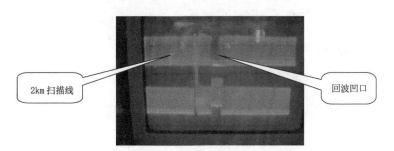

图 3.90　示波器回波信号

测距板上的拨码开关 S1 和 S2 如图 3.91 所示。

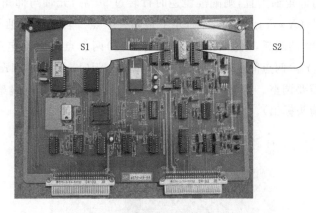

图 3.91　测距板上的拨码开关

②大发射机

步骤同上，探空仪距雷达的距离要在 450 m 以上，拨码开关为 S2。

4）光轴、机械轴与电轴一致性的检查和校正

所谓光轴是指，瞄准镜在正常工作位置时，其物镜中十字线交点所对方向的射线。所谓机

械轴是指,天线中心(方位轴、仰角轴的交点)向天线所指方向的射线。所谓电轴是指,波瓣交点所指方向的射线。光轴、机械轴和电轴的一致性,在雷达出厂时就已经调好。但由于长途运输或长期使用,使瞄准镜的调整螺钉松动等引起光轴和机械轴不平行,或由于天线的拆装、电缆长度的变化等因素使电轴和机械轴不重合,因此在经过长途运输或使用两三个月后应检查、校正一次。校正分两步进行。

(1)光轴、机械轴一致的检查和校正

① 检查光轴与仰角轴垂直

将瞄准镜从正常的工作位置取下,逆时针转过90°,将目镜从左向右插入(注意,在装卸瞄准镜时,只能拧动翼形螺母,见图3.92)。

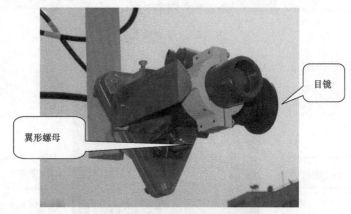

图3.92 检查光轴与仰角轴垂直

把天线仰角摇至0°,转动方位角,寻找并使瞄准镜对好一远距离(2 km以外)目标,记下目标坐标(X_0,Y_0)。然后保持方位角不动,将仰角由0°转到90°,观察同一目标,记下坐标(X_{90},Y_{90})。若原来光轴与仰角轴垂直,则瞄准镜逆时针转过90°后,光轴与仰角轴平行,对2 km以外的目标,(X_0,Y_0)与(X_{90},Y_{90})应很靠近,几乎是同一个点。若原来光轴与仰角轴不垂直,则目标的轨迹是一个90°的圆弧,根据(X_0,Y_0)、(X_{90},Y_{90})两个点可以确定此圆弧的圆心坐标。如果(X_0,Y_0)、(X_{90},Y_{90})两点间的距离小于0.1°(1.67 mil(1mil≈0.001rad)),则不一定要调整;若大于0.1°,就需要调整。调整时,将天线转至0°,用扳手调节瞄准镜架三角板上的3个螺钉(详见图3.93用箭头标出)。

图3.93 调节瞄准镜架三角板上的3个螺钉

使目标坐标移到圆心的坐标 (X,Y)，(X,Y) 计算公式为

$$X = (X_0 + X_{90})/2 + (Y_0 - Y_{90})/2 \;,\; Y = (Y_0 + Y_{90})/2 + (X_{90} - X_0)/2$$

每调一次，检查一次，直到合格。

如果雷达站周围找不到 2 km 外的目标，则可人工制作一设备（如图 3.94）。调整时，此设备置于天线左侧数十米处，L（900 mm）的指向与天线的指向平行，H 约与瞄准镜等高。天线在 0°时，观察左标牌圆心；90°时，观察右标牌圆心，计算与调整同前述方法。

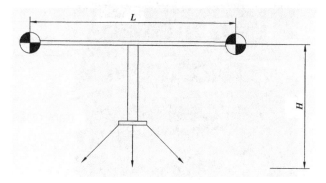

图 3.94　人工制作设备

注意，雷达在机械结构上保证，光轴只要与俯仰轴垂直就一定与机械轴平行。

② 检查仰角 0°时光轴与海平面平行

把瞄准镜插回工作位置，使天线仰角为 0°（以后始终保持），转动方位使瞄准镜对准一目标，读下其纵坐标 Y_1；然后将瞄准镜反过 180°安装，转动天线约 180°，观察原目标，记下其纵坐标 Y_2。若 $Y_1 - Y_2 < 0.1°$，说明光轴与海平面基本平行；若 $Y_1 - Y_2 > 0.1°$，则需要进行调整。调整时，先松开翼形螺钉 a，用扳手拧动翼形螺钉对面的 2 个螺钉 b_1，b_2，使目标的坐标为 $(Y_1 + Y_2)/2$。每调一次按上述方法检查一次，直至误差小于 0.1°，最后锁紧各个螺母（瞄准镜架见图 3.95）。

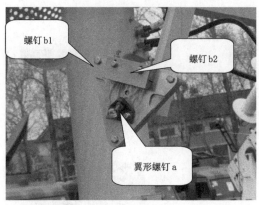

图 3.95　螺钉位置

（2）检查光轴与电轴的一致

选择一个天气晴朗、能见度较好的白天，在放球约 10 min 后，分别用雷达和瞄准镜同时观察目标（指探空仪，远距离时也可用探空气球代替）。检查至少要 3 个人同时配合，室内观测员

负责观察示波器的 4 条亮线,在 4 条亮线两两对齐(上下对齐,左右对齐)的瞬间,通知室外瞄准镜观测员,立即确定目标在瞄准镜中的位置,并记下目标偏离十字线中心的数值。经过多次观察(10 次以上),如果目标在瞄准镜内的位置与十字线中心的偏离小于 0.1°,则认为合格,即光轴与电轴一致,若偏离大于 0.1°,就需进行调整。调整的手段就是调整调相器的长短,使电轴与光轴一致(见图 3.96)。

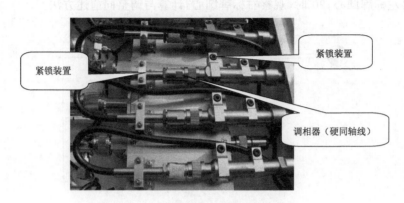

图 3.96　检查光轴与电轴的一致

　　例如,目标偏上方,说明电轴偏上,则调整上调相器使其缩短,或使下调相器加长,直至目标偏离坐标原点小于 0.1°时为止。

　　调节时先将固定螺丝和紧锁装置松开,然后拉伸或缩短硬同轴线,调节完毕后再将固定螺丝和紧锁装置拧紧。此器件的调节工作较为专业,一般情况下最好请厂方调试人员来完成!

3.1.5　使用与维护

1)雷达的使用

(1)开机:

① 由于雷达整机供电是 UPS,故应首先打开 UPS 电源(图 3.97)。

图 3.97　UPS

　　②由于雷达的操作控制是通过数据处理终端来完成的,故应接着打开计算机电源,并启动运行接收控制软件(图 3.98)。

图 3.98　控制软件

③再依次打开主控箱上的总电源、发射机电源、驱动箱的驱动电源及示波器电源（图 3.99 ～图 3.101）。

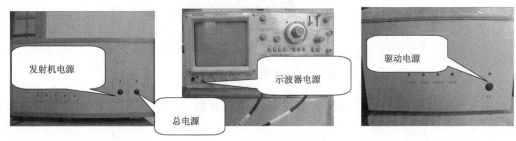

图 3.99　总电源、发射机电源　　　图 3.100　驱动箱的驱动电源　　　图 3.101　示波器电源

④调整示波器上的相关旋钮，使之能正常地显示 4 条亮线或精、粗扫描显示（图 3.102 和图 3.103）。

图 3.102　四条亮线

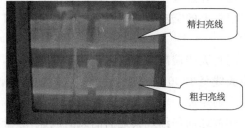

图 3.103　精、粗扫描显示

⑤打开小发射机（图 3.104）。

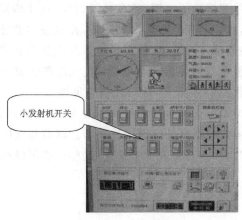

图 3.104　小发射机

（2）关机

①点击计算机屏幕中大发射机的高压开关，将发射机关闭。

图 3.105　发射机的高压开关

②将天线仰角摇到 85°的位置（目的是减小风阻和防止雨天积水），并将驱动箱的电源关掉。

③依次关掉主控箱的发射机电源、总电源、示波器、计算机及 UPS。

（3）使用中需注意的事项

①放球前仔细调整接收机的频率，使接收机处于最佳接收状态。

②打开近程发射机，检查"凹口"的形状。若"凹口"太浅以致距离无法跟踪，则应调整探空仪发射板上的"鼓包"、"凹口"电位器，使"凹口"达到一定的深度或更换探空仪，直到距离跟踪正常。

③将天线偏离探空仪一个较小的角度后，天线应能自动对准探空仪，此时应注意到探空仪距离天线至少 30 m 以上，且升起一定的高度。如果信号较强造成天线跟踪不好，可适当增大放球点的距离。

④放球前仔细观察地面的风向风速，尽量把放球点选择在下风方向，确保起始自动抓球成功。特别是遇到大风时，对气球施放后的初始运动轨迹一定要做到心中有数，以便在自动抓球失败后，将天控切换到手动，进行手动抓球。

⑤要防止假定向。天线波瓣除了主瓣，还有旁瓣，目标被主瓣定向叫真定向，而被旁瓣定向则叫假定向。假定向时，雷达的探测距离大大缩短，而且发生非常大的测角误差，这种情况须多加注意，避免发生。在放球过程中，如果雷达测高与气压反算高度差异较大（此时雷达数据终端接收控制界面上的警示灯会不停地闪烁，而且气压值正常）时，应考虑到是否假定向。怀疑假定向时可以点击接收控制界面上的搜索图标（见图 3.106），天线会按预定的程序进行搜索，如果是假定向，通过搜索后天线会自动回到主瓣上，如果是真定向，天线则回到原来的位置。如果是真定向就应该考虑究竟是什么原因造成雷达测高与气压反算高度差异太大？如天线水平是否发生了变化，仰角标定是否发生了变化（这些检查可以在放球结束后进行）。

2）各系统功能检查

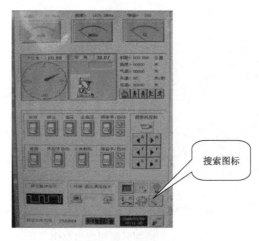

图 3.106　搜索图标

（1）天馈线分系统

该分系统的功能检查内容主要是光电轴的一致性，具体参见 3.1.4 中 4）的内容。

（2）发射分系统

大发射机的功能检查。打开主控箱上的发射电源开关，即把发射机加上低压约 3 min 以后，点击界面上的高压按钮（详见图 3.107）。

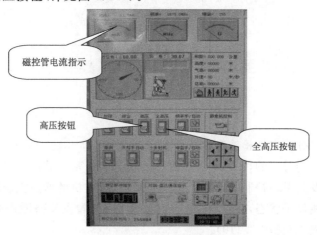

图 3.107　发射分系统

发射机被加上高压，界面左上角的磁控管电流表头应有指示，其值应在 2～3.5 mA。如果加上全高压，则指示值应在 4.2 mA 左右。此时，把示波器的扫描线展开，示波器工作在测角显示状态，并将 Y 通道用探头接至 11－2 插板的 XP2:14，调整示波器的同步旋钮，应能看到大发射机的主波（见图 3.108），转动天线，应能看到地物回波的位置、幅度的变化，此时调整接收机的频率，也应能看到地物回波幅度的变化（见图 3.108）。

如果以上检查无异常，则说明大发射机的功率、频率基本正常。

小发射机的功能检查。小发射机的检查与大发射机的检查类似，只是它的功率很小，因而只能看到其主波，而不能看到其地物回波。另外，由于小发射机是全固态的，因而无须预热，打开后即可看到其主波（见图 3.109）。

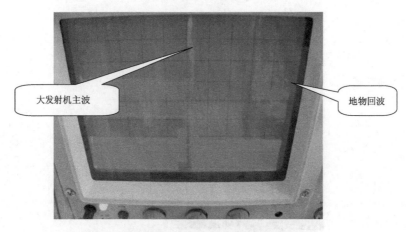

图 3.108　地物回波幅度的变化

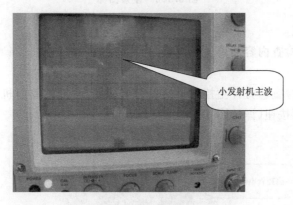

图 3.109　小发射机

(3)接收分系统

接收机的检查可分为定性检查和定量检查。

定性检查就是不用过多的仪表,大致判断接收机是否正常。其内容有:

①接收机增益及其手动控制的检查。雷达开机后,接收机的增益控制默认为"自动状态",将示波器置 4 条亮线显示状态,在没有探空仪通电时,应能看到 4 条噪声亮线(亮线的上部较细),幅度约为 2 V 左右(见图 3.110)。

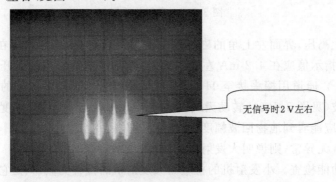

图 3.110　接收分系统

　　若将示波器的 X 扫描展开,则应能看到非常均匀的噪声。若将增益控制置"手动",点击界面上增益"增加"、"减少"图标,则噪声的幅度应随之均匀变化。如果检查无异常情况,则说明接收机增益及其控制基本正常。

　　②接收机频率控制的检查。将接收机频率控制置"手动",并将一探空仪接上电源,点击频率"增加"、"减少"图标,能看到频率表头和增益表头的指示有相应的变化,当看到界面上的增益表头指示达到最小时,此时说明接收机已对探空仪信号调谐。在接收机调谐后,频率指示值应在 1675 MHz 左右,此时如果有意识地将接收机失谐 3~4 MHz,再置频率控制为自动,应该看到频率指示仍能回到 1675 MHz 附近。如果检查无异常,则说明接收机频率控制正常(详见图 3.111)。

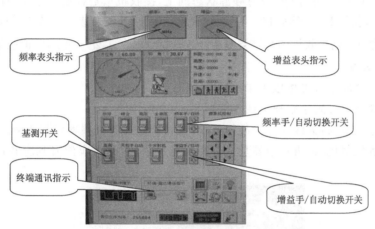

图 3.111　接收机频率控制的检查

　　③接收机增益自动控制的检查。在第二项检查的基础上,转动天线时,示波器上 4 条亮线的高低会发生变化,但平均幅度基本不变(此时应确保"基测"开关是关闭的),则说明接收机的增益自动控制基本正常。

　　如果以上三项内容检查无异常,则从定性的角度上说明接收机是基本正常的。

　　接收机的定量检查是在定性检查基本正常的情况下,进一步确认接收机是否处于最佳工作状态,或者离最佳工作状态有多大偏差(定量检查较为复杂,牵涉到仪表的使用和接收机组件的拆卸,不建议非专业人员操作)。检查的主要内容是工作频率、灵敏度和总增益。

　　①工作频率的检查。测试检查前,将射频信号源置于室外天线座附近,把天线座盖板用专用扳手打开,断开高频组件与限幅器的连接,然后将高频组件与射频信号源连接好。将室内主控箱中的中频通道盒抽出,用三用表连接其检波输出,连接框图如图 3.112 所示。

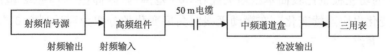

图 3.112　工作频率的检查

　　接收机频率控制、增益控制均置于手动。置射频信号源频率为 1675 MHz,幅度为 −95 dBm,调整接收机的频率使其正常调谐(如果三用表指示过大,可适当调整接收机的增益),改变射频信号源的频率分别为 1679 MHz,1681 MHz。如果接收机通过手动调整频率均能正常调谐,则说明接收机的工作频率正常。

②灵敏度的检查。测试连接同上,置射频信号源频率为 1675 MHz,幅度为 -95dBm,调整接收机频率,使接收机调谐,关断射频源输出,记下三用表指示 U_0(调整接收机手动增益,使 U_0 在 0.3 V 左右)。再打开射频源,调整其输出使三用表指示为 $\sqrt{2}U_0$,记下此时射频源输出功率 PS,则 PS 即为接收机灵敏度,且 PS 应不大于 -107 dBm(如果射频源与高频组合之间的连接电缆损耗较大,应将其扣除掉)。

注:接收机调谐:当电流表指示最大时即为接收机调谐点。$\sqrt{2}U_0$:此值为两倍功率点即功率增加 3 dB 点。

③总增益的检查。测试连接及射频源状态同上,接收机增益控制置手动,且将增益调整至最大,记下三用表指示 U_0。然后打开射频源,调整其输出,使三用表指示为 $1+U_0$,再记下此时射频源输出幅度 A。则接收机的总增益 $G = 120 + 20\lg(\sqrt{1+2U_0}/A)$,此值应不小于 110dB。

(4)测距分系统

该分系统的功能检查可按以下步骤进行:

①将探空仪通电并置于距离天线 100 m 以外的空旷处。

②打开雷达电源,将天线大致对准探空仪,然后调整接收机频率对其调谐。

③打开近程发射机,再将示波器切换为距离显示状态,此时应能看到应答信号凹口(见图 3.113)。

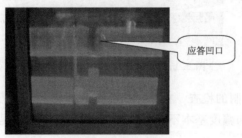

图 3.113　测距分系统

④置距离跟踪为手动,点击接收控制界面上的距离慢动(分别向前、向后)图标(见图 3.114),使得凹口离开两暗点间的中心位置 200 m 左右,再将距离跟踪置为自动,此时凹口应能迅速回到两暗点的中心,且距离显示值与实际值相近。

如果以上检查没有任何问题,则说明该分系统的功能是正常的。

(5)测角分系统

该分系统的功能检查比较简单。当天线在 360°范围内,俯仰在 $-6°\sim 92°$范围内连续匀速转动时,角度变化也应连续变化。在微动天线时角度变化的分辨力应达到 0.01°。

(6)天控分系统

该分系统的功能可按以下步骤检查:

①将一通电的探空仪置于 100 m 外楼顶、平台或铁塔之上,并且确保雷达天线对准探空仪时仰角在 6°以上。

②调整雷达接收机频率,对探空仪进行调谐。

③将雷达天线置手动状态,在大致对准探空仪的情况下从摄像机的画面中观察,如果上、

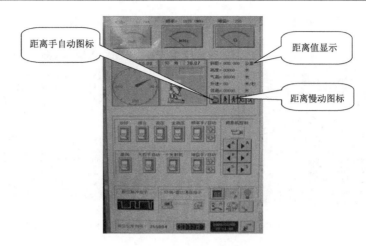

图 3.114　距离跟踪

下、左、右各偏离中心 3°左右,示波器上的 4 条亮线(此时示波器应工作在 4 条亮线显示方式)应有相应的变化。当天线向上抬时,上亮线变长,下亮线变短;反过来,当天线偏下压时,下亮线变长,上亮线变短(见图 3.115)。

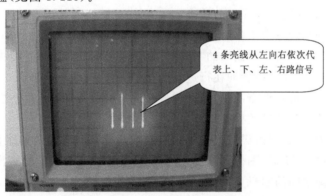

图 3.115　示波器上的 4 条亮线

同样,当天线左右偏离时,左右变化的规律与上下类同。

④在天线任意偏离探空仪后,再将天控置为自动,则天线应迅速跟踪上探空仪,且跟踪平稳。

如果以上检查没有任何问题,则说明该分系统的功能是正常的。

(7)自检/译码分系统

探空仪加电,雷达接收机对其调谐。如果界面左下角有模拟探空码在行进,且在界面右侧的探空录取显示窗口有温、压、湿三条曲线不断加长,则说明该分系统的译码部分工作正常。

该分系统的检测内容有 15 个,有些检测内容验证不太方便,可以验证以下检测内容:

①程序方波(上、下、左、右):只要点击"基测"图标,将"基测"开关打开,即可关掉程序方波。

②+24 V 驱动电源:关掉驱动箱,即可关掉+24 V 电源。

③俯仰上下限位:将天线俯仰角推到-6°或 92°,则天线处于电限位状态。

以上检测内容出现故障时,界面上的"帮助"图标将闪动(见图 3.116),点击"诊断"图标,会弹出一故障列表,表中故障内容应与实际情况相符(故障列表见图3.117)。

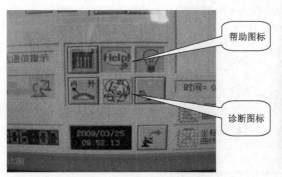

图 3.116 "诊断"图标

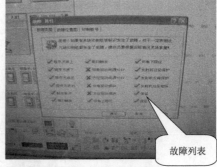

图 3.117 故障列表

以上检查正常,则说明该分系统的检测功能基本是正常的。

(8)终端分系统

该分系统是雷达的信息中转站,也是雷达主机与计算机之间的桥梁。它的正常与否对整机工作有着至关重要的作用。下面根据其各功能分别检查:

①和自检/译码分系统之间通讯的检查

在整机其他各分系统正常工作的情况下,打开基测开关(此时4路程序方波将无输出),则雷达接收控制界面(以下简称"界面")的"帮助"图标将会闪动。在探空仪通电、雷达接收机调谐后,界面左下角有模拟探空码脉冲在行进,且右侧探空码曲线不断增长。

如果以上两项内容检查没有问题,说明该分系统与自检/译码分系统之间的通讯正常。

②和测距分系统之间通讯的检查

将距离跟踪置为手动,点击界面上的"前进"、"后退"图标,界面上的距离数值将发生相应的变化,若点击"快进"、"快退"图标,则距离将有更快的变化。如果此检查没有问题,则说明该分系统和测距分系统之间的通讯正常。

③和天控分系统之间联系的检查

点击界面上的"基测"图标,将基测开关打开,天控分系统无程序方波输出,这一点可以从自检结果看出,也可用示波器检测11-6插板的6XP1:3,4,5,6脚看出(见图3.118和图3.119)。

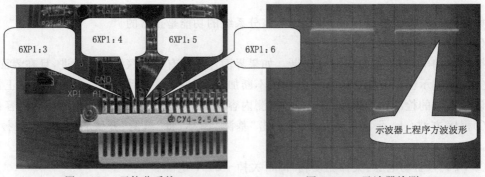

图 3.118 天控分系统

图 3.119 示波器检测

　　此外,点击界面上的"天控手/自动"图标,天控方式应在手动、自动方式之间切换。在手动时,天线的转动由操纵盒控制,而在自动时,天线的转动由天线与探空仪之间的偏差控制。

　　如果以上检查没有问题,则说明该分系统与天控分系统之间的联系正常。

　　④和接收分系统之间联系的检查

　　点击界面上的"增益手/自动"图标,接收机的增益控制应在自动、手动之间切换。若置增益控制为"手动",再点击增益"增加"、"减少"图标,则接收机的增益将随之变化,如果示波器显示的是 4 条亮线,则 4 条亮线应产生高、低变化;若置增益控制为自动,则无论探空仪是远,还是近,示波器上的 4 条亮线高度始终在 2.5 V 左右。

　　同样,点击界面上的"频率手/自动"图标,接收机的频率控制应在自动、手动之间切换。若置频率控制为手动,再点击频率"增加"、"减少"图标,接收机的频率将随之变化,此时从界面上的频率指示表中应该看到频率的变化。

　　如果以上检查没有问题,则说明该系统与接收分系统之间的联系正常。

　　⑤与发射分系统之间联系的检查

　　点击界面上的"小发射机"图标,则近程发射机应能正常打开。此时若有加电的探空仪,应能看到应答标志凹口,如无加电的探空仪,则在示波器上(此时示波器工作在距离显示状态)应能看到发射主波。

　　点击界面上的"高压"图标,发射机应能正常打开(3 min 延时后),此时界面上的磁控管电流指示表头应有指示,指示值在 2～3.5 mA。同时,在示波器亦能看到主波及较强近地物回波。

　　如果以上检查没有问题,则说明该分系统与发射分系统之间的联系正常。

　　⑥和测角分系统之间通信的检查

　　慢速连续转动方位、俯仰,界面上的方位角度指示、俯仰角度指示应连续、均匀变化。方位角的变化范围是 0°～ 360°,俯仰角的变化范围是 −6°～ 92°。

　　如果以上检查没有问题,则说明该分系统与测角分系统之间的通信正常。

　　⑦和发射/显示控制分系统之间联系的检查

　　点击"显示切换"图标(见图 3.120),则示波器应在距离显示和 4 条亮线显示两种状态间切换(发射控制与显示控制设计在一块插板 11−2 上,其中发射控制的检查已在之前说明)。

图 3.120　"显示切换"图标

如果以上检查没有问题,则说明该分系统与发射/显示控制分系统之间的联系正常。

⑧和天控操纵盒之间联系的检查

点击界面上的"天控手/自动"图标,置天控为手动状态,摇动操纵杆,天线应运转自如(说明天控操纵盒上电位器的电压被该分系统正确读取)。如果这样,则说明该分系统与天控操纵盒之间的联系正常。

⑨对摄像机控制的检查

点击界面上摄像机控制的有关图标(见图3.121),摄像机的亮度、焦距、景深均有相应的变化,这说明该分系统对摄像机的控制正常。

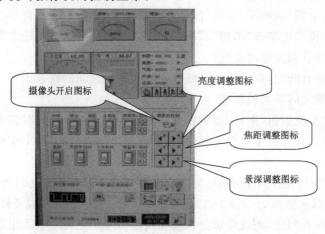

图 3.121　摄像机控制的检查

注意,后几批次 L 波段雷达采用一体化摄像头,亮度、焦距调整图标不起作用,其功能由摄像头自动完成。

如果以上 9 项检查全部正常,则说明该分系统与计算机之间的通信完全正常。

3)雷达的维护

GFE(L)1 型雷达是一种体制较新、自动化程度较高的新型雷达。为了充分发挥雷达的性能,延长雷达的使用寿命,在业务使用过程中,除了按使用说明书正常操作外,还必须有良好的维护。

根据许多台站的经验,雷达的维护清洁工作是保证雷达性能完好的最好和最重要的途径,许多情况下,尘垢、腐蚀、生锈和霉变等是造成故障的原因。雷达的各种零部件和元器件经过一定的工作时间后也会衰老、变质和失去作用。通过经常地、细致地对各部分进行电气和机械的检查维护,可以预防和减少故障的发生,把故障排除在初级阶段,避免出现大的或损坏性的故障,保证设备连续的正常工作。因此,希望台站在业务使用过程中,做到以下几点:

(1)定期维护

雷达的检查、保养和维护是一项经常性、大工作量、严谨细致的工作,除了平时在观测过程中发现和处理的一些问题外,大量的保养工作都需要经过定期维护来完成。这就要求定期维护工作必须要有计划、有准备和有组织地进行。

负责机务工作人员应根据本站具体情况制定维护计划,安排维护日程,编制必要的维护经费预算,并在维护过程中加强技术指导。有关领导要加强管理,并给予一定的时间保证。

　　根据各地经验,定期维护可分为日常维护、季度维护、年维护三种。

　　① 日常维护

　　·日常维护可安排在日或周进行,主要以清洁工作为主,擦各机箱面板和天线装置外壁的灰尘。

　　·在下雨、下雪天时,尤其南方雨季时,必须经常注意室外装置是否漏水,电缆是否受潮等,在大风的情况下,要做好防风工作。

　　·检查数据处理终端界面上雷达各状态、参数显示是否正常,注意室内、室外装置有无异常声音和气味等,发现问题要及时处理。

　　日常维护发现或发生的问题及处理的情况应填写在观测登记中。

　　②季度维护

　　季度维护主要是对雷达进行比较全面的检查维护,对复杂或重要部件进行重点保养,各站根据情况可灵活掌握;

　　·清除天线及馈线系统外表的灰尘,清洁汇流环。

　　·检查并拧紧所有电缆接头,插紧各接插元件(如集成块要插到底等)。

　　·检查天线转动系统是否灵活。

　　·用固定目标物回波大致检查接收机的灵敏度。利用晴天正点放球机会,做一次与经纬仪比较观测记录或在天线瞄准镜内观测并记录误差,将记录保存起来待下次校验用。

　　③年维护

　　年维护应对全机进行细致全面的检查与维护保养,测量全机的主要技术性能。维护时间根据各地情况安排,尽量不要选在最冷和最热季度进行。维护时,可每天安排一部分内容,在几天内完成。维护内容有:

　　·对天线单元馈线接点的清洁检查。

　　·对有关部分进行加油或换油。

　　·对雷达各项标定进行检查调整。

　　·根据情况,确定是否要油漆室外装置或部分补漆等。

　　季、年维护后一定要开机检查,使雷达处于良好工作状态才算维护结束。维护情况和发现、发生的问题及处理情况等要填写维护登记表。

　　(2)雷达测量误差的几项标定检查规定

　　下面提出的几项检查内容,都直接影响到观测资料的准确性。为了保证高空风记录的准确性,除了在建、迁站或由于其他原因而进行架设之后应进行检查和调整外,在使用一定时间和某些特殊情况下,也必须要进行检查和调整。

　　天线装置水平状态,一般情况下每月检查调整不小于 1 次;建迁站架设后,因地基不稳等原因,应适当增加检查次数;在雨季或大风后更要适时进行检查。

　　仰角零度标定和方位角标定,每次观测前和后用固定有源目标物标定,误差超过 $\pm 0.5°$ 时,应查明原因,并排除;每月利用架设后已知固定目标物的方位角、仰角(或用仰角水准仪)进行校对检查不少于 1 次;每半年用北极星和重锤法检查标定一次,并对仰角水准仪进行校正。

　　光、电轴一致性检查($\pm 0.1°$),可利用正点放球观测的机会,每月进行 1 次。

　　雷达与经纬仪测角比较观测,可利用正点放球的机会每三个月进行 1 次。

　　距离零点的标定,可用主波前沿的方法,每月检查不少于 1 次。

天线及馈线系统行波系数的检查测量每半年进行1次。

机械轴、光轴、电轴一致性的检查每半年进行1次。

在更换天线系统有关元件之后或场地周围建筑物等环境有较大的变化时,应对最低工作仰角和测角误差进行一次检查。一般情况下每年进行1次。

以上各项检查可与各项维护工作结合起来进行。

(3)雷达使用注意事项

推动天线操纵杆时,不要用力过猛,速度要均匀。仰角接近0°或90°时,速度要慢,转到两个极限(0°或90°)后,不准再继续向极限方向推动操纵杠,以免损坏内轴等元件。

推动操纵杆时,若感到突然加重或有意外声音时,应立即停止转动,进行检查。

由于该雷达天线高度较低,在转动时容易碰及人员或物体,因此在维护或维修时应多加注意,以免伤及人员或损坏天线。

使用观测中,因某种特殊原因电源中断时,必须将各电源开关关掉,待重新供电后,再按开机步骤开机。严禁各开关在开的位置,等待供电。

(4)各种登记制度

随机配发的常用备份器材,对机器的及时检修,保证雷达持续正常工作极为重要。所以,雷达机务员一方面应根据需要及时做出器材的补充计划上报或自筹,另一方面还必须做好备份器材的登记保管。计划保管不当就失去备份器材的作用和造成浪费,如有时急需的器材没有或找不到,有的则好坏混在一起,消耗和好坏情况心中无数,有的积压过多等。为此,要求对全机(包括仪表)主要和常用器材备件,按各单元或型号列出清单,以便做计划时参考,有条件时应及时检查处理。这样既便于使用,又便于了解器材的消耗情况。

雷达从站址勘察、场地选择、架设过程及标定,各项测试数据等都要详细登记。平时出现的故障、更换的元器件(换后要标上相应的编号)、线路的改进与定期维护检查都要记载,建立技术档案,必要时应适时报上级业务部门。

3.1.6　故障与排除

雷达在实际使用中,可能出现的故障是多种多样的,检修方法一般有替代法、孤立法,基本思路是顺藤摸瓜,逐段检查,这个藤就是与故障有关的信号(电路)途径。因此,作为GFE(L)1型雷达的检修人员,首先必须弄清全机基本工作原理,然后按故障现象进行分析,逐段检查,确定故障部位,最终排除故障。

这里需要说明一点,由于GFE(L)1型雷达高新技术含量较高,所用的元器件大多是集成化程度很高的集成块和模块,分立元件用得不多。因此,在排除故障时,除了确有把握对分立元件(如电阻、电容、半导体二极管、三极管)作些更换或对集成电路作代换外,严禁对集成块、模块动用电烙铁,以免小故障演变成大故障。

对于计算机,绝对禁止擅自拆卸或更换内部芯片及元器件,也决不允许挪作它用。

GFE(L)1型雷达有一块自检板(11-5),它能对雷达印制电路板上的16个参量进行自检,一旦有故障,立即发出声音报警,并在显示器上用中文提示是哪个参量发生变化。操作员可根据自检结果提示,进一步测量检查并确定产生故障部位。

为了方便台站工作人员对故障现象进行分析,根据示波器信号显示、计算机终端显示、室内主控箱及驱动箱面板显示、室外天线及其他异常等现象,分5个大类列举一些常见故障和排除方法,以供维修人员参考。

1)示波器信号异常

(1)4 条亮线信号异常

①故障现象:开机后,示波器在规定位置上无 4 条亮线显示(见图 3.122)。

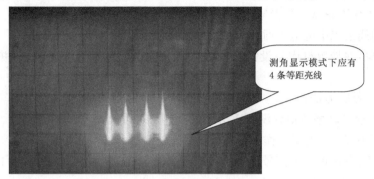

测角显示模式下应有 4 条等距亮线

图 3.122　故障现象

可能原因与排除方法:

·11—6 插板无程序方波输出,用示波器检查 11—6 插板上、下、左、右的波形,应为相同的方波。查实后更换 11—6 插板。

·11—2 插板无阶梯波输出,用示波器检查阶梯波的波形。查实后更换 11—2 插板。

·机箱内连接电缆不通。用三用表逐段检查,查实后维修或更换连接电缆。

②故障现象:示波器显示一个亮点。

可能原因与排除方法:

排除 11—6 板的问题,那就只能是 11—2 板阶梯波产生电路出了问题。解决方法是更换 11—2 板。

③故障现象:无探空信号时,毛草不齐。

可能原因与排除方法:

·检查和差箱内是否有水汽,开关管套中的绝缘云母是否破损。如果有此情况,清理和差箱内的水汽,把开关管套内的绝缘云母换一个新的。

·可能是和差箱内的前置高放与馈线之间的匹配不是很好,可更换一个新的前置高放。

④故障现象:在没有信号时摇动天线,毛草会随之变化。

可能原因与排除方法:

不摇天线,只晃动和差箱出来的高频电缆,如果也发生这种现象,则估计是高频电缆的接插件接触不好。将高频电缆的插头重新加橡皮圈紧固即可。

⑤故障现象:当探空仪工作时,示波器上无信号也无杂波。

可能原因与排除方法:

·中放通道输入电缆松动,接触不好。重接电缆线。

·中频电缆被压坏或损坏,信号不通。用三用表检查电缆的好坏,若坏,更换中频电缆。

·增益电压设置太小。重新设置增益电压。

·高放盒没有电源电压。用三用表按图检查输入插头各点电压是否正常,查实后排除。

·高放盒不正常。用备用高放盒代换。

⑥故障现象:探空仪工作时,示波器上幅度很小(小于 1 V),4 条亮线很矮。

· 可能原因与排除方法:

· 本振频率不对。对探空仪信号进行重新调整。

· 频控电路工作不正常。细查 11-1 插板和中频通道盒,核实有故障后更换。

· 限幅器工作不正常。更换限幅器。

· 天线、馈线系统中电缆不通或接触不好。更换电缆。

⑦故障现象:在接收机增益设置为自动时,4 条亮线幅度不为 3 V 左右,并且不能保持为恒定值。

可能原因与排除方法:

· 11-4 插板自动增益指令没有送出。更换 11-4 插板。

· 11-1 插板 AGC 电路工作不正常。更换 11-1 插板。

⑧故障现象:在对探空仪信号调整增益或频率时,示波器上 4 条亮线信号不变。

可能原因与排除方法:

· 11-1 插板增益电压或频调电压没送出。用三用表检查 11-1 插板和 11-4 插板,如两电压未能随按键变化而改变,更换 11-1 插板或 11-4 插板。

· 中频通道盒工作不正常。更换中频通道盒。

· 频控电路工作不正常。细查 11-1 插板,核实有故障后更换。

· 连接线或电缆芯线不通。用三用表按图检查,查实后更换相应连接线。

⑨故障现象:转动雷达天线的方位角或仰角指向,示波器上的 4 条亮线高矮不变化,亮线顶部有淡而高的细线条。

可能原因与排除方法:

接收机增益太高并且频率不对。将接收到的探空仪信号在示波器上展宽后,一边降低接收机增益,一边调整其频率,直至接收到探空仪信号幅度最大为止。

⑩故障现象:示波器上 4 条亮线始终一样高,不随天线方位角或仰角指向的变化而变化。

可能原因与排除方法:

· 11-6 插板没有程序方波输出。用示波器检查上、下、左、右四个信号,应为相同的方波,其幅度为高电平>5 V、低电平<-2 V。否则,用备份 11-6 插板更换。

· 和差箱内开关管套短路或开路。用三用表分别检查和差箱内 4 个开关管对地电阻,在正端接地时应有数百欧姆的阻值(将开关管套电缆插头取下,三用表负端接地)。查实后排除。

⑪故障现象:当天线仰角增加时,4 条亮线不为上高下矮,左右基本不变;当天线方位角增加时,4 条亮线不为右高左矮,上下基本不变。

可能原因与排除方法:

· 某一程序方波不正常。用示波器仔细检查每一路程序方波的波形和幅度。若有故障,更换 11-6 插板。

· 某一路开关管套接触不好或不通。用三用表仔细对比每一路开关管套的正反向电阻值。若有故障,则予以排除。

· 某一程序方波传输电缆接触不好或不通。拔掉 11-6 插板,用三用表测量上、下、左、右检查点的正反向电阻,各路应完全一样。若有故障,应更换相应连接电缆。

⑫故障现象:天线不动时信号正常,上下或左右摇动天线时,影响 4 条亮线。

可能原因与排除方法：

- 低频旋转关节中滑环刷与滑环接触不良。用绸布沾酒精清洗滑环表面。
- 高频旋转关节接触不良。取下高频旋转关节进行清洗。
- 高放盒没固定紧或内部有松动现象，天线转动时的轻微振动引起其状态改变造成不稳定现象。检查减震器的好坏、高放盒插头是否旋紧、螺钉是否上紧。若无效，更换高放盒。
- 上下或左右摇动天线时影响 4 条亮线，可能是由同步机激磁绕组打火造成。同步机打火是由于激磁绕组接触不良所致，打火产生丰富的高频成分被雷达接收机接收，从而干扰正常信号，即影响 4 条亮线。用示波器探头分别检查 11－7 板精粗模块 S1,S2,S3 的波形，示波器上的正弦波形的幅度应随着天线的转动变化，如果发现精模块上的波形或者粗模块的波形有毛刺，即可断定同步机打火。解决方法是更换或修理打火同步机。

⑬故障现象：大(小)发射机不工作时接收信号正常，一开大(小)发射机 4 条亮线信号就被"压死"或变得很弱。

可能原因与排除方法：

- 11－3 插板主抑触发脉冲没有送出。用示波器检查主抑触发的波形，应有大于 3 V 的脉冲波形。否则，更换 11－3 插板。
- 中频通道盒上距离支路主抑脉冲宽度不合适。重新调整电位器，使主抑脉冲宽度为 $200~\mu s$ 左右。
- 限幅器工作不正常。用备用限幅器更换。
- 可先把小发射机电源断开看一下，若此时不压信号了，则是小发射机影响信号。解决方法是更换小发射机。
- 中频通道盒 D1 74LS221 坏或者性能不良。更换 D1 74LS221。

⑭故障现象：放球起始过程容易丢球，或者放球过程中信号两两不齐。

可能原因与排除方法：

- 信号两两不齐绝大部分的原因出在程序方波上，但程序方波不好也会有好多表现：

天控板 11－6 本身产生出来的程序方波就有问题。这可以通过测量每路程序方波的产生电路进行判断，主要还是看电路中的三极管有没有问题，可通过三用表进行判断。解决方法是对出现问题的 11－6 板或其上的三极管进行更换。

天控板已经产生程序方波，但没有送到和差箱上去，这可能是线路上出现问题了。这可以通过万用表测量程序方波的对地电阻(往和差箱端测量)进行判断，正常情况下它们对地正向(黑表笔接地)应该有电阻，反向(红表笔接地)应该开路。如果发现有一路正反向都没有电阻，说明这一路线路有问题，这时对照框图进行判断便能解决问题。解决方法是找出线路在哪段出了问题，将线路恢复正常。

程序方波已经送达和差箱，但和差箱里的开关管套出了问题。这时也可以通过万用表对开关管套(接在和差箱上)进行测量，看程序方波上、下、左、右正向对地的电阻是不是一样(正常情况应该是一样的)。如果发现其中有一路正向对地电阻和其他的不一样，那就说明这一路开关管套有问题。这问题可能出在开关管套本身，也有可能出在装在开关管套上的二极管 VK105 上，通过对 VK105 的测量很快就可以判断出。解决方法是对 VK105 进行更换。

- 信号不齐可能还会是馈线插头漏水造成每路下来的信号增益不一样，这样也会造成两两不齐。解决方法是将馈线卸下烘干后做好防水措施(通常一般是在接口处涂上防水胶)。

• 在放球过程中,4条亮线参差不齐,也可能是由于11-6板仰角和方位的采样零点漂移所致,具体为D14(LM358或LM158)运放的不稳定造成。解决方法是重新调整仰角和方位的零点。调整的方法如下(这里以仰角为例):在无信号状态下,将距离干预至1 km以外,用示波器探头(×1档)测量11-6板上D14(LM358或LM158)的第1脚(方位是第7脚)上的电压,应为0 V(示波器的幅度档调到0.1 V)。如果不是0 V,就要调整电位器RP2(方位是RP5),把电压调到0 V。

⑮故障现象:雷达出现高仰角丢球现象。

可能原因与排除方法:

• 判断是否从建站开始就经常存在高仰角丢球现象。可以通过观察天线在高仰角跟踪时摆幅是否比较大进行判断,如果是,就得考虑是某根馈源极化方向不对所致。此种情况可以通过调整馈源极化方向来解决。

• 通过观察4条亮线是否一会儿两两不齐、一会儿齐来判断程序方波有没有加至开关管套和增益指示是否有跳变现象,来确定前置高放是否工作。这种情况就得怀疑WT9电缆中的程序方波传输芯线和12 V电源传输芯线在天线高仰角时有接触不良现象。用万用表对WT9电缆进行测量,测量时晃动WT9电缆如果发现上述芯线有开路情况,判断WT9电缆芯线断裂造成天线高仰角经常丢球。此种情况可以通过更换WT9电缆来解决。

⑯故障现象:放球信号弱,后程飞点多。

可能原因与排除方法:

首先可以用万用表测量连接电缆是否开路、短路,其次可以用备件依次更换环流器、限幅器、前置高放来解决。

⑰故障现象:放球时有时出现信号突失现象。

可能原因与排除方法:

出现信号突失现象可能是由于从高频组件到中频通道盒的中频信号电缆插头松动,接触不好。把插头重新紧固,雷达就可以正常工作。

(2)精扫、粗扫测距信号异常

①故障现象:没有任何触发信号。

可能原因与排除方法:

此故障肯定为11-3板出现问题。可以用示波器对11-3板上的晶振进行检查。将示波器探头接至晶振的输出端,没有看到幅度近3.5 V,很密集的正弦波,因此判断晶振损坏。解决办法是更换晶振。

②故障现象:示波器状态设置正确,但无测距扫描线(见图3.123)。

可能原因与排除方法:

• 11-2插板扫描触发无输出。用示波器检查11-3插板上的扫描触发波形,应有大于3 V的触发脉冲。查实后更换11-3插板。

• 示波器CH1输入端INPUT X的连接电缆端口无锯齿波形。更换连接电缆。

③故障现象:开机时或工作一段时间后,无2 km扫描线。

可能原因与排除方法:

此故障为11-3板(测距板)出了问题。用示波器探头检测11-3板上的D23:74LS244的第14脚,应有幅度为TTL电平的精扫触发脉冲信号,如没有,说明74LS244有损坏现象。

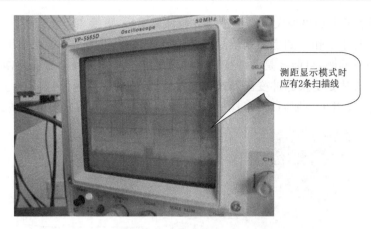

图 3.123　示波器状态设置

更换 D23:74LS244 或 11－3 板,故障可排除。

④故障现象:小发射机有主波无回波。

可能原因与排除方法:

如果小发射机天线及输出电缆因漏水短路,那么将造成小发射机功率发射不出去,全部反射回来,所以造成有主波无回波。解决方法是对漏水天线及输出电缆进行烘干处理。

2)软件界面信息指示异常

①故障现象:打开高压开关后,终端上没有电流显示(如图 3.124 所示)。

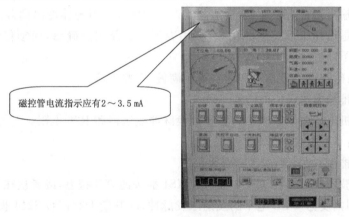

图 3.124　打开高压开关后,终端上没有电流显示

可能原因与排除方法:

发射机高压加不上有几种可能:

•控制信号没有送出去。检查 11－2 板上的 6 头(高压控制出),正常情况下它应该是 12 V 的直流电压,当打开高压开关时,它会变成低电平,这时会听到发射机上有继电器跳的声音。如果这些现象都正常,说明控制信号没有问题。如果没有,则说明控制信号出错了,一般会是三极管 3DK4C 坏。解决方法是对 3DK4C 进行更换。

•没有发射触发脉冲。用示波器检查 11－3 插板上的发射触发波形,应有大于 3 V 的脉冲。若无,则更换 11－3 插板。

・11－4 插板没有送出加发射高压指令。验证属实后,更换 11－4 插板。

・发射机本身不工作。如果控制信号已经送出,但发射机还是不能正常工作,可能的原因会是发射机本身有问题,可能会是脉冲变压器的输出电压没有送到磁控管上,或者磁控管本身性能不好。解决方法是更换脉冲变压器或者磁控管(最好回工厂返修)。

②故障现象:发射机一加高压,自检提示"过荷"(如图 3.125),发射分系统无法工作。

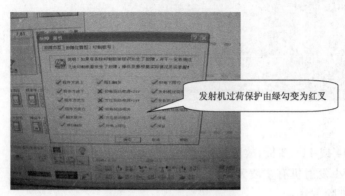

发射机过荷保护由绿勾变为红叉

图 3.125　自检提示"过荷"

可能原因与排除方法:

・调制器内仿真线上高压电容击穿。更换高压电容(最好回工厂返修)。

・脉冲变压器被击穿。更换脉冲变压器(最好回工厂返修)。

・发射腔体输出耦合头松动,造成短路。调整并紧固发射腔体输出耦合头。

以上几项都是在高压下发生的现象,三用表不一定能完全确诊,尚须仔细地进行外观检查。验证属实后予以更换。

③故障现象:磁控管电流指示和增益指示满偏,天控失控。

可能原因与排除方法:

此为大发射机出现故障。解决方法是更换脉冲变压器和 R26 电阻。

④故障现象:小发射机不工作。

可能原因与排除方法:

・可以用示波器探头接在 11－3 板上的 XS1 插头的第 8 脚上,或者接在 D23:74LS244 的第 7 脚,没有看到幅度为 TTL 电平的发射触发脉冲,故判断 D23:74LS244 损坏。更换 11－3 测距板,故障消除。

・雷达小发射机可能有问题,可重新更换一个小发射机。

⑤故障现象:每次雷达开机,频率指示跳至 1682 MHz(见图 3.126)。

可能原因与排除方法:

当前,频率指示值是存放在 11－4 终端板上的集成电路 2817 中,每次开机后,频率指示的值是上次关机时的频率。如果不是,而是一个固定值,可判断 11－4 终端板上集成电路 2817 损坏。更换集成电路 2817 或 11－4 终端板。

⑥故障现象:调整频率的时候,手动向下调,软件频率指示增加。

可能原因与排除方法:

可能是雷达的高频组件有问题,换一个高频组件雷达就可以正常工作了。

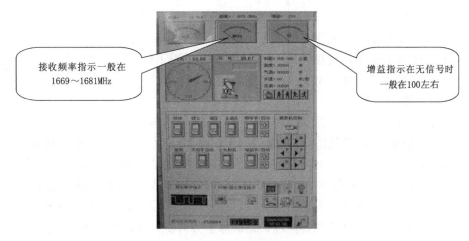

图 3.126　每次雷达开机,频率指示跳至 1682 MHz

⑦故障现象:天控手/自动、高压、频率手/自动切换不正常。

可能原因与排除方法:

更换 11－4 板(终端板),问题就可以解决。

⑧故障现象:接收信号弱,有无信号时增益指示均偏大。

可能原因与排除方法:

4 条亮线正常,增益指示偏大,问题可能在总馈线部分。更换前置高放、限幅器等均没有效果。将前置高放跳过,增益指示反而还小一些,怀疑后面有问题。检查主轴电缆,发现主轴电缆短路。打开主轴电缆插头,发现有一根铜丝将芯线与外壳短接。解决方法是将插头重新进行焊接。

⑨故障现象:天线能转动,但显示器上无角度显示(见图 3.127)。

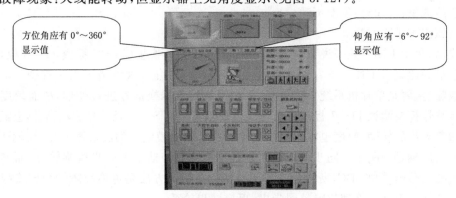

图 3.127　天线能转动,但显示器上无角度显示

可能原因与排除方法:

同步机无激磁电压。用示波器检查 110 V 电源,有无 50 Hz 正弦波电压输出,机箱内线扎和天线座内线扎的相应导线有无开、短路现象。若有,则排除之。

⑩故障现象:仰角或方位角角度显示出现乱跳现象。

可能原因与排除方法:

· 模块(SDC)和粗同步机不好,都会出现角度乱跳现象。将 11－7 板(11－8 板)S1 开关第一位拨至 ON 状态,缓慢转动天线,观察粗读数是否有规律变化,如果读数不变化或者无规律变化,说明粗同步机不好。解决方法是更换故障模块和故障粗同步机。

· 如果是 10°左右的突跳现象,可能是同步机粗精搭配不好。重新进行同步机精粗搭配。

⑪故障现象:俯仰角度显示不对,不能从 0°~90°变化。

可能原因与排除方法:

此故障现象可以推断出是仰角轴角变换分系统有问题,包括 11-7 和俯仰同步轮系。首先更换 11-7 备份板,如故障依旧,可判断为同步机出了问题。将 11-7 板用转接板升起来,把 S1 开关的第一位拨至 ON 状态(搭配状态),慢慢转动天线,观察粗读数和精读数是否均匀地变化,如果粗读数不变,说明就是粗同步机不好,如果精读数不变,就是精同步机不好。解决方法是拆下和差箱,打开俯仰同步轮系舱盖(面对同步轮系舱,左边的是粗同步机,右边的是精同步机),拆下故障同步机,更换或者修理。此故障多为同步机激磁绕组不通。修理时,拆开同步机有机玻璃盖板,用镊子对激磁绕组簧片进行整形,使其充分接触激磁绕组轴(详见图 3.128)。

图 3.128　接触激磁绕组轴

⑫故障现象:天线动,角度不动。

可能原因与排除方法:

天线动,角度不动一般来说只有两种可能,不是轴角转换板(11-7 板或 11-8 板)故障就是精同步机激磁绕组不通。还有一种可能就是同步轮系轴断,这种情况相对较少。轴角转换板出现故障(主要是单片机系统)将无法对采样来的模数转换信号进行处理,故而角度不会变化。用示波器探头测试 11-7 板或者 11-8 板的粗精模块 S1,S2,S3 端子,示波器上显示的正弦波应随着天线的转动,幅度也在不断的变化。如果粗精模块上的波形不变化,那就要检查一下同步轮系的轴是否断了。同步轮系轴断使得天线转动带动不了同步机旋转,故而产生不了变化的模拟信号给模块 SDC,所以角度也不会变化。解决方法是更换故障轴角转换板(11-7 板或 11-8 板),更换或修理故障精同步机,更换同步轮系。

⑬故障现象:天线在转动时,方位角指示不对。

可能原因与排除方法:

将 11-8 板 S1 开关第一位拨至 ON 状态,发现手动摇动天线时,粗精数据差值有变化(正常情况下应该基本不变),初步分析可能会是方位角两个同步机当中的一个出了问题。解决方法是打开天线座的方位同步仓,检查发现同步机轴是否被完全压在方位旋转轴上,重新坚固后工作正常。

⑭故障现象:仰角数据有突变现象,雷达软件上显示的仰角数据与雷达实际的仰角不符。

可能原因与排除方法：

·用示波器检查同步机送到雷达的信号，发现该信号不对。更换同步机，并进行粗精搭配，仰角零点标定，雷达仰角就能够正常显示了。

·同步机正常时，仰角数据还是乱跳并与实际读数不一致，则是同步机轴上的压块没有压紧，造成天线转动的同时同步机并没有随之转动。把压块压紧后，雷达就可以正常工作了。

⑮故障现象：快速扳动方位操纵杆，从方位角度上可看出角度变化滞后，或者天线突然停止时角度还有变化。

可能原因与排除方法：

打开天线座驱动舱盖，取下方位驱动电机屏蔽罩，可以看出装在驱动电机轴和方位谐波轴上的联轴器有无松动现象，使得电机在转动时联轴器打滑。解决方法是用六角扳子把联轴器上的 2 只内六角螺钉重新紧固就可以。

⑯故障现象：放球过程中，方位角度指示有时变化，有时不变。

可能原因与排除方法：

方位的粗精搭配不对会造成方位角度指示有时变化，有时不变化的现象。对 11-8 板进行粗精搭配，将 S1 拨码开关第一位拨至 ON 状态，检查方位粗读数减精读数是否在 10～20 之间。若不在范围内，则需通过 S2 拨码开关的前 4 位重新搭配。

⑰故障现象：机器开机后，终端上距离显示区域没有按规定复位。

可能原因与排除方法：

根据现象分析可能是 11-3 测距板上的单片机没有工作。检查单片机的复位端，发现一直是高电平（正常时应该是低电平）。解决方法是发现 89C51 出问题，更换后工作正常。

⑱故障现象：放球过程中，距离跟踪报警灯亮（见图 3.129）。

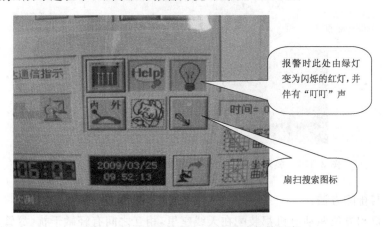

图 3.129　放球过程中，距离跟踪报警灯亮

可能原因与排除方法：

·回波没有跟踪上（凹口没有跟在台阶正上方）。解决方法是手动将凹口跟上。

·气压码有飞点，造成压高不正确，这也会造成短时间的连续告警。解决方法是及时修改飞点。

·测距板 11-3 有问题也会造成放球后期的测距错误。解决方法是重新对 11-3 板进行标定。

·仰角的电轴有误差也会导致雷达测出的仰角角度数据和实际角度偏差很大,从而造成气高和雷达高度相差太多。解决方法是重新对光电轴进行标定。

·仰角零度变化造成气高和雷达高度相差大。解决方法是雷达仰角标零。

·地面的瞬间气压没有正确输入,从而导致放球时气压码不变,这也会导致气高和压高相差太大,这在高原地区比较容易出现。解决方法是在放球前正确输入瞬间气压。

·如果是偶尔出现气高和雷达高度相差大,可能没有跟在主瓣上,而是跟在旁瓣上。解决方法是点击扇扫搜索图标。

⑲故障现象:开机后 CRT 上无数字显示、时钟不计时、点图标不起作用。

可能原因与排除方法:

·软件程序运行进入死区,计算机重新启动即可。

·11-4 插板松动,接触不好。将 11-4 插板重新插紧。

·11-4 插板有故障。更换 11-4 插板。

3)室内主控箱及驱动箱面板显示异常

①故障现象:按下主控箱上的相应电源开关,指示灯不亮或亮一下后熄灭,整机不能工作。

可能原因与排除方法:

·电源开关自锁机构失灵。更换相应电源开关。

·保险丝烧毁,说明机内有短路现象。应检查各开关电源、变压器、抽风机等使用交流 220 V 的器件有否损坏、短路的地方,排除后更换保险丝。

②故障现象:放球过程中,开发射机时方位驱动器偶尔会告警(见图 3.130)。

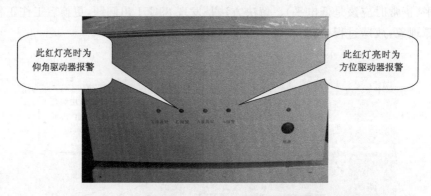

图 3.130　放球过程中,开发射机时方位驱动器偶尔会告警

可能原因与排除方法:

因为发射机和方位驱动电机都装配在天线座里,相互之间有轻微干扰,尽管用铜罩进行过屏蔽,但如果包裹得不好也会造成它们之间的影响,主要是方位驱动电机的编码器信号会受到发射机的影响。尽量将驱动电机上的 2 根电缆插头座全部放进铜罩,以达到最好的屏蔽效果。

③故障现象:放球过程中,仰角驱动器偶尔报警(见图 3.130)。

可能原因与排除方法:

仰角驱动器告警一般都是显示 22,这是编码器故障代码,通常会是接触的问题,即可能是天线座里的汇流环出了问题。因为仰角编码器的信号通过汇流环,如果天线座里的湿度比较大,造成刷架和汇流环之间摩擦产生的碳粉不会自然掉落,经过长时间的摩擦,会在汇流环上产生一些碳垢,这就会造成天线走到某个角度的时候信号接触不好,从而导致仰角驱动器产生故障。将刷架卸下来,用酒精对刷架和汇流环进行清洗便能解决问题。

4)室外天线运转异常

①故障现象:自动跟踪时,突然发生天线被拉偏到某一方向上。

可能原因与排除方法:

外界强干扰信号进入接收机,4 条亮线顶部有幅度很大的干扰信号。采用手动辅助跟踪避免干扰。

②故障现象:天控置手动时,扳动内控盒上的操纵杆,雷达天线不转动。

可能原因与排除方法:

·内控盒操纵杆上无+5 V 电压。设法使+5 V 电压加至内控盒操纵杆上。

·手控指令没有送到 11-6 插板上。设法使手控指令送到 11-6 插板上。

·扳动天线仰角操纵杆,CRT 上仰角角度不变,驱动箱俯仰无告警现象,在天线旁能听见电机空转声,打开俯仰驱动箱盖,发现传动皮带断裂。估计为传动皮带老化造成了断裂。更换皮带。

·雷达不开机状态,断开 W6 电缆,用手去上下(左右)扳天线,无法扳动,判断为仰角(方位)谐波损坏。由于在平时的操作过程中,没有严格按照操作规范操作,操作过猛,使得仰角(方位)谐波被损坏(机械传动部分)。解决方法是更换仰角(方位)谐波。

·打开驱动箱盖子发现,摇动操纵杆时,驱动器的显示都是正常的,也就是该电机是转动的,而天线却不转,因此基本可以判断是联轴器接触不好。将连接驱动电机和方位齿轮的联轴器重新紧固即可。

·检查 11-6 插板的速度信号是否送至驱动箱中的仰角(方位)驱动模块上,并排除故障。

·限位开关损坏(非限位状态应是短路)。更换限位开关。

③故障现象:使用过程当中发现,天线有些方向不受内控盒控制。

可能原因与排除方法:

用示波器的探头检查 11-4 板的 4XS1 的 10 头(仰角速度采样电压)和 11 头(方位速度采样电压),摇动内控盒时,这两点的电压会随着摇动的幅度变化而变化,如果有一个方向没有变化则说明那一个方向控制器出了问题。解决方法是打开内控盒仔细检查里面的接线是否良好,仔细检查控制器上的电位器轴有没有被压紧。

④故障现象:天线转不到 0°或 90°。

可能原因与排除方法:

0°或 90°限位开关位置变化,过早限位。重新调整 0°或 90°限位开关位置。

⑤故障现象:限位开关不起限位作用。

可能原因与排除方法:

·限位开关位置变化。重新调整限位开关位置。

·限位开关损坏。更换限位开关。

·与限位有关的导线开路。用三用表检查,查实后更换导线。

⑥故障现象:抛物面与天线座相擦。

可能原因与排除方法:

由于仰角的下限位没起作用,导致没有在机械限位之前进行电限位。打开天线头顶盖,重新调整下限位间距,如限位开关损坏,更换限位开关。

5)其他异常现象

①故障现象:开驱动箱电源,干扰摄像画面。

可能原因与排除方法:

L波段雷达使用的是交流驱动电机,会产生很强的干扰信号,由于地线隔离不好,干扰信号通过地线送到很多不该到的地方,譬如摄像头视频信号线上,尤其在视频信号线的屏蔽地线没有接好的情况下,更容易受到干扰,产生严重的网纹,大大影响画面质量。通过检查摄像头视频传输线的地线有无接好,寻找故障点,主要部位有低频旋转关节(汇流环)第一脚和刷架刷头之间是否接触良好等。解决方法是排除相应接插件的接触不良。

②故障现象:摄像头无画面(蓝屏)。

可能原因与排除方法:

·视频信号采集卡损坏或其驱动程序丢失。更换故障视频信号采集卡,重新安装驱动程序。

·视频信号传输电缆芯线开路。用万用表检查视频信号传输电缆连接情况并修复。

·12 V没有加至摄像头上,这种可能只会是WT9电缆中+12 V电源芯线断裂所致,不仅摄像头上没有电源,连前置高放都不能工作,造成放球信号很弱。用万用表检查WT9电缆芯线,确定开路,更换WT9电缆。

③故障现象:摄像头图像不清晰。

可能原因与排除方法:

此现象为摄像头调整不当所致,一般来讲为运输后摄像头镜头和CCD连接紧固螺钉松动造成镜头和CCD之间位置变动。选择干燥环境,将摄像装置卸下,拧下紧固螺钉,刮开703胶,从尾部拔出摄像头,松开内部紧固螺钉,将摄像头对准某一景物,把亮度调节至最亮,调节镜头和CCD之间的距离,使其达到最清晰,再调节聚焦使其两端模糊程度一致。也就是说,最清晰时在聚焦调节的中间位置,将摄像头镜头和CCD连接螺钉紧固,再紧固其余螺钉,用胶带裹紧,插入镜筒中,拧紧螺钉,并将缝隙用703胶封住即可。

④故障现象:耳机不通。

可能原因与排除方法:

·耳机坏或内部接线开路或短路。更换耳机。

·机箱或天线座上的耳机插塞接触不良。更换耳机插塞。

·耳机线断。用三用表查实后,更换耳机线。

⑤故障现象:开机后各直流电压+5 V,±15 V,+24 V没有输出或输出值不对。

可能原因与排除方法:

·负载有短路现象,开关电源处于保护状态,故无输出。检查短路原因,排除后重新开机即可。

·开关电源内部保险丝熔断。更换相应保险丝。

·开关电源损坏。更换相应开关电源。

⑥5 V电源故障现象:

现象1:高压电流和频率指示不断波动。

现象2:测角、测距转换后,测距归零。

现象 3:雷达与计算机之间不通讯。

现象 4:进入"放球软件"后雷达不工作。

现象 5:开机天控失控,方位、仰角乱转,角度显示不动。

现象 6:示波器显示 4 条亮线和测距线一直在不断地切换。

可能原因与排除方法:

5 V 电源故障。调整 5 V 电源输出电压,在单板上测量,其电压应大于 5 V(5 ～5.1 V),在开关电源输出处应小于 5.5 V,否则应检查大底板电源插头是否接触不良。如电压调不到 5 V,可能开关电源负载能力差,应更换 5 V 开关电源。

3.1.7　L 波段雷达系统的弊端

现有 L 波段雷达系统的不足之处有室内、室外部分连接线缆较短,负仰角较小,气球过顶容易丢球等。

3.1.8　雷达大修年限、标准

雷达大修年限为 8 年。

雷达大修标准如下:

1)室内部分

(1)主控箱

结构部分:对主控箱、电源箱、中频通道盒外壳、插箱的表面进行翻新处理。对所有紧固件进行更换。

电讯部分:对大底板、11－1～11－8 单板、中频通道盒单板、显示板、开关电源、风扇、线扎、电缆、接插件进行更换。

(2)驱动箱

结构部分:对驱动箱、24 V 电源外壳表面进行翻新处理。对所有紧固件进行更换。

电讯部分:对 24 V 电源板、显示板、固态继电器、所有线扎、接插件进行更换。

2)天线装置部分

(1)天线座

结构部分:对天线座外壳、盖板、天线撑脚、发射机架、天线大轴、齿轮箱、千斤顶等进行拆洗,然后重新装配。增加刷架接触点。对弹片联轴器、所有紧固件、密封件进行更换。

电讯部分:对所有线扎、接插件、大发射机主板进行更换。

(2)主杆

结构部分:在主杆侧面增加维修窗口、对主杆表面进行翻新处理。

电讯部分:对所有电缆、接插件进行更换。

(3)天线头

结构部分:对天线头外壳表面进行翻新处理。将齿轮箱拆卸、清洗,然后重新装配。对密封件、紧固件进行更换。

(4)和差箱

结构部分:对和差箱、前置高放外壳、和差环、调相器表面进行翻新处理。对密封件、紧固件进行更换。

电讯部分:对电缆、线扎、接插件进行更换。对前置高放内单板进行更换。

（5）近程发射机箱

结构部分:机箱、近程发射机外壳表面进行翻新处理。对密封件、紧固件进行更换。

电讯部分:对近程发射机主板、电缆、接插件进行更换。

（6）摄像装置

结构部分:对摄像装置外壳表面进行翻新处理。对密封件、紧固件进行更换。

电讯部分:分体摄像头无论功能是否正常一律更换,一体化摄像头视情况而定,若功能正常则不更换,反之更换。对线扎、接插件进行更换。

（7）桁架

结构部分:对桁架、抛物面天线、馈源、小发射机天线的表面进行翻新处理。桁架重新拆装,并校准。

电讯部分:按照《GFE(L)1型二次测风雷达验收实施办法》中规定的相关技术要求对馈源、小发射机天线进行指标测试,如不合格则更换。小组馈线全部更换。

（8）电缆及其他部分

室内外连接电缆全部更换。计算机、UPS和打印机全部更换。

3）对驱动电机、同步电机、驱动模块、轴角转换模块、环形器、限幅器、隔离器等进行检测,如功能正常,则继续使用,反之更换。

4）备品及备件部分

对大修雷达的备品及备件进行检查测试,如果达到技术指标要求,则继续使用,反之更换。

3.2　GTC2型探空数据接收机

GTC2型L波段探空数据接收机是GFE(L)1型二次测风雷达的备份设备。它采用定向天线接收探空信号,结合光学经纬仪测风,进而完成GFE(L)1型二次测风雷达的基本功能。

GTC2型L波段探空数据接收机保留了GFE(L)1型二次测风雷达探空数据的接收和处理技术,使得设备具有较高的自动化程度。它接收GTS1型数字探空仪所发出的探空信号并解调出气象码送到计算机,经处理后形成所需的气象资料和报表。

在探测过程中,探空仪由气球携带升空,L波段探空接收机作为一种地面设备,对探空仪所发出的探空信号进行放大、变频、解调,并通过计算机的运算和处理,得到各种所需的气象资料。

3.2.1　组成与架设

GTC2型L波段探空数据接收机由天线装置、室内分机两部分所组成（如图3.131～3.132所示）。

天线装置架设在室外的平地或楼顶的平台上,室内与室外距离最大不超过30 m,由电缆相连。

1）架设地的选择

在选择架设地时应注意下面几点:

①架设地周围360°范围内（特别是高空风的下风方向）不要有仰角高于5°的地物（如山包等）。在半径为500 m的场地上无高大的建筑物（如楼房、铁塔、高压线等）,以免影响远距离的探

图 3.131　应急接收机室外天线部分

图 3.132　应急接收机室内分机部分

测。如在山区难以找到上述架设地时,则在高空风的主要下风方向最好能满足上述要求。

②如天线架设在地面上时,应尽可能架设在一高坡上。在半径 30~50 m 范围内的地面要尽可能的平坦,天线的位置不应放在工作室的上风方向。

③不管天线是架设在楼顶还是架设在地面,架设地点都应事先选好,以便备用。

2)天线装置的架设

天线装置由三角架、天线座、天线三部分组成,架设时分以下几个步骤:

①将三角架展开,并大致调好水平(见图 3.133)。

图 3.133　三角架展开

②将天线座置于三角架上并锁紧(见图3.134)。

图 3.134 天线座锁紧

③把 4 根八木天线紧固于俯仰机构上锁紧,并连接好电缆(见图 3.135)。

图 3.135 八木天线

④把天线的指向转至盛行风的方向(见图 3.136)。

图 3.136 天线指向

3)室内分机的安放

室内分机安放步骤及注意事项如下:

①天线与工作室之间的距离不得大于 30 m,且室内分机与 GFE(L)1 型二次测风雷达的计算机尽可能地靠近,以便观察计算机显示屏(若相距较远通信电缆会不够长)。

②将室内分机的通信串口与计算机串口连接(室内分机串行接口见图 3.138)。

③将天线装置和室内分机之间的 2 根电缆分别连接好(室内分机接口见图 3.138)。

④将室内分机的视频信号接至示波器上,以便观察信号的调整(室内分机视频接口见图 3.138)。

图 3.137 为室内分机的前面板,中间设有一液晶屏用来指示接收信号的强弱。面板的右边为 4 个按键开关,分别对应天线的上、下、左、右转动,每个开关上都装有 1 个红的发光管,当红的发光管点亮时表示天线在该方向上已经限位。

图 3.137　室内分机前面板

图 3.138 为室内分机的后面板,从左至右分别为中频输入插座(XS11)、控制信号插座(XS12)、串口通讯插座(XS13)、同步脉冲输入插座(XS14)、探空码输出插座(XS15)、视频信号输出插座(XS16)、交流电源输入插座。其中,同步脉冲输入插座的用途是将雷达的发射触发脉冲引入接收机,以消除雷达发射对接收机的影响(此情形只在雷达和探空数据接收机同时工作时才有)。视频信号输出插座在工作时接至示波器,观察探空仪的 800 kHz 的波形,以判断天线是否对准探空仪或接收机的频率是否调准。

图 3.138　室内分机后面板

3.2.2　信号调整

接收情况的好坏在很大程度上与信号的质量有关,因此如何判别信号的好坏并对信号进行调整,从而保证接收机处于最佳工作状态,是操作人员必须熟练掌握的技能。为此,事先应准备好一个工作正常的探空仪,作为信号调整用的目标,然后按下列顺序进行调整:

①将探空仪通电,置于较合适的位置(探空仪天线周围无金属体)。

②将系统接收软件(与 GFE(L)1 型二次测风雷达接收软件相同)界面上的"增益手/自动"按钮置为手动,点击增益调整按钮,将示波器上的信号幅度调整在适当幅值(2~3 V)。

③将系统接收软件界面上的"频率手/自动"按钮置手动状态,点击频率调整按钮,将信号调整为幅度最大,此时界面上频率显示值就是探空仪的载波频率值。如果在规定的频率范围内无法进行上述调整,请更换探空仪。

④在完成频率调整后,将"增益手/自动"按钮置为自动状态,此时在系统接收软件界面左下角处的"气象脉冲指示"框中应有脉冲波行进,表示探空码已被接收软件正常接收。

如果上述调整和检查均正常,表明接收机工作正常,可以进行探空仪施放。

3.2.3　使用与操作

以上我们对接收机操作情况作了介绍,下面再就使用方面的情况作一叙述,以使操作者能较全面地掌握、使用。

1)控制界面

GTC2 型 L 波段探空数据接收机对整机工作的控制,除了电源开关和天线角度控制是在机箱面板上外,其余的控制、调整均在系统接收软件界面上,用鼠标点击图标来完成,这是本接收机的一个重要特点。在进行功能切换或参数调整时,都有相应的状态提示或参数指示,根据这些指示即可获知接收机所处的状态。

2)"增益"控制按钮的作用

此图标用于接收机增益的手动/自动转换控制。在手动状态时,点击增益"增加"或"减少"小图标,即可实现对接收机增益的调整。与此同时,增益指示表头应有相应指示。

3)"频率"控制按钮的作用

此图标用于接收机频率的手动/自动转换控制。在手动状态时,点击频率"增加"或"减少"小图标,即可实现对接收机频率的调整。与此同时,频率指示表头应有相应的指示。

4)"放球"按钮的作用

此按钮用于确定放球时刻。按下此按钮,系统时间将被清零,此前的接收数据亦被清除。故点击此按钮一定要慎重,一旦按下此按钮后,此前数据无法恢复。

值得注意的是,在放球的后期信号较弱时需要对天线的指向进行调整。调整的方法是,按动室内分机前面板电机驱动按钮(上、下、左、右),使得示波器上的 800 kHz 副载波波形清晰明亮。

还值得提醒的是,在放球的过程中接收机的频率也要作适当的调整,使得接收机对探空仪始终处于调谐状态,确保信号的最佳接收。

3.2.4　故障与排除

①故障现象:摇动仰角时,数值产生跳变。

可能原因:天线头上仰角电位器进水生锈。

排除方法:打开天线头,更换电位器。

②故障现象:接收机面板显示有探空信号,而计算机软件上无探空脉冲。

可能原因:与计算机连接的串口线断裂。接收机终端板故障。

排除方法:更换串口线。更换终端板。

③故障现象:摇动天线,仰角下限位时,指示的数值不是 0°,上限位时,指示的数值不是 90°。

可能原因:探空通道板上仰角的角度调整不当。

排除方法:重新调整角度指示值。先把仰角转到下限位,用万用表测量分机内电路板上 LM358 的 1 头,看看是否是 0V,如果不是就调整电位器 RP16 到 0V,然后把仰角转到上限位再测量 LM358 的 1 头,调整电位器 RP17 到 5V。

④故障现象:摇动天线,方位下限位时,指示的数值不是 0°,上限位时,指示的数值不是 360°。

可能原因:探空通道板上方位的角度调整不当。

排除方法:重新调整角度指示值。先把方位转到下限位调整电位器 RP18 到 0V,然后把仰角转到上限位,调整电位器 RP19。

⑤故障现象:接收机面板上电压指示正常,方位、仰角不能转动,无探空脉冲。

可能原因:接收机与天线座的连接电缆断开。

排除方法:更换电缆或把断的电缆对应接好。

⑥故障现象:整机不能加电。

可能原因及排除方法:

· 电源开关自锁机构失灵。更换相应电源开关。

· 保险丝烧毁。说明机内有短路现象,应检查各开关电源、变压器等使用交流 220 V 的器件有否损坏、短路的地方,排除后更换保险丝。

3.3　电子式光学测风经纬仪

电子式光学测风经纬仪是通过对气球的跟踪,计算风向、风速的地面气象观测设备,是集光学、机械、电子为一体的精密仪器。

3.3.1　用途与特点

1)经纬仪的用途

GYR1 型电子式光学测风经纬仪是主要用于高空风观测的便携式高空气象观测仪器。

2)经纬仪的特点

(1)经纬仪外观

GYR1 型电子式光学测风经纬仪(以下简称经纬仪)外观如图 3.139 所示,外部结构件说明见图 3.140 和图 3.141。

图 3.139　GYR1 型电子式光学测风经纬仪

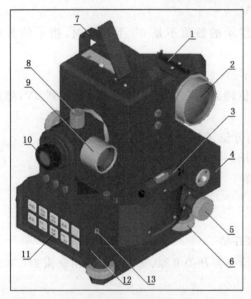

图 3.140　经纬仪结构说明(a)　　　　图 3.141　经纬仪结构说明(b)

1 瞄准器　2 主望远镜　3 水准器　4 电池架　5 方位角手轮　6 水平调整旋钮　7 提手　8 变倍
手轮　9 辅助望远镜　10 目镜　11 操作面板　12 电路板盒　13 照明插座　14 磁针　15 仰角
手轮　16 喇叭　17 通讯插口　18 电池

(2)特点简介

①使用方便

GYR1 型经纬仪能自动存录观测数据,不需人工读数和记录。观测时,观测员只需人工跟踪气球,一人操作便可完成测量工作。不但节省人力,还减轻劳动强度,解决了过去既要跟踪操作又要读数,容易发生丢球的烦恼。因此,使用极为方便。

②自动化程度高

采用先进的光栅编码和计算机技术,能自动定时采集气球的仰角、方位角数据,观测结果不但自动存储,还可用语音播报,也可以通过经纬仪的输出接口用通讯线缆将采集的数据传输到计算机,如图 3.142 所示。连接的通讯线缆长度可达 100 m,数据都可正常传输,不会出现漏码或错码。

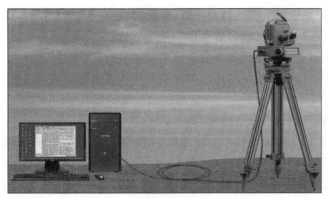

图 3.142　经纬仪与计算机的连接

不仅如此,还可以在通讯线缆从经纬仪输出接口连接到计算机串口的状态下,在观测过程中实时地把观测数据传输给计算机,利用计算机中安装的"GYR1 型光学测风经纬仪数据处理系统"程序,直接根据仰角、方位角等数据计算出风向、风速等高空风资料,并能进行显示,如图 3.143 所示。因此,经纬仪的使用只要观测员人工操作经纬仪跟踪气球,其他从数据采集到数据处理等工作全部实现自动化。

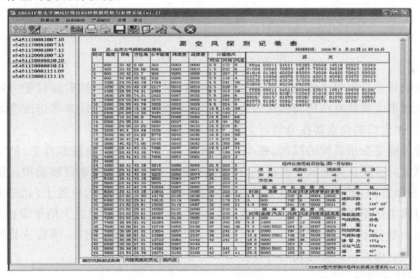

图 3.143　GYR1 型光学测风经纬仪数据处理软件运行界面

③测量准确、快速

使用该经纬仪进行高空风观测,不仅大大减轻观测员的劳动强度,而且可减少观测中的人为读数误差,提高了观测速度和准确度。

3.3.2 组成与原理

1)经纬仪的组成

GYR1 型电子式光学测风经纬仪由光学、机械和电子三大部分组成,即:

①光学部分:主要包括望远镜装置和夜间照明装置。

②机械部分:主要包括机械传动装置和水平调整装置。

③电子部分:主要包括光栅角度传感器和信号采样及数据处理电路板。

2)经纬仪结构

(1)光学望远镜系统

GYR1 型经纬仪光学系统主要由主望远镜(大物镜)、辅助望远镜(小物镜)、大反光镜、小反光镜、目镜和分划板等光学元件组成。其中,主望远镜为 25 倍望远镜头,用于观测远距离的目标;辅助望远镜为 5 倍望远镜头,用于观测较近距离的目标,一般用于气球施放初期的观测。两种倍率的望远镜通过变倍机构转换而共同使用一个目镜组。主、辅望远镜的光路如图3.144 所示。

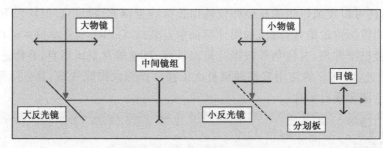

图 3.144   主、辅望远镜的光路

大反光镜将来自主望远镜的光线改变 90°方向,使光线沿水平轴射向目镜方向。主望远镜与中间镜组组合成具有凸透镜作用的光学镜组,调整两者之间的距离可以改变该光学镜组的复合焦距,使光线的焦点落在分划板上刻有十字坐标的位置上。

辅助望远镜受变倍机构的控制,使小反光镜以 45°角收或放,控制来自主、辅望远镜的光线射向目镜方向。小反光镜放下时将来自主望远镜的光线挡住,将来自辅助望远镜的光线改变 90°射向目镜方向,其光线的焦点也落在分划板上刻有十字坐标的位置上,此时由辅助望远镜和目镜组成小倍率望远镜。小反光镜收起时由主望远镜和目镜组成大倍率望远镜。

分划板上刻有十字坐标线,它位于主、辅望远镜和目镜的焦点附近,使得从目镜中可同时看清来自主望远镜或辅助望远镜的目标影像和十字坐标线。

(2)机械传动装置

机械传动装置是在跟踪气球时用来调整望远镜的仰角和方位角的。仰角与方位角传动装置的工作原理是一样的,都是采用摩擦制动和蜗轮、蜗杆轮系传动的原理来实现既能"大动"(用手直接扳动物镜使角度发生大的变化),又能"小动"(调节手轮使角度发生小的变化),如图3.145 所示。

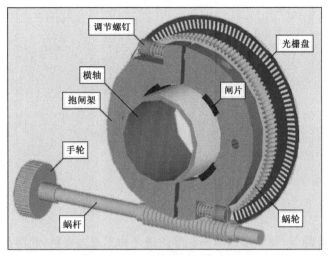

图 3.145　机械传动装置示意图

中心轴套为经纬仪的横轴。左右两块抱闸架通过镶嵌的 4 个闸片抱住横轴,由 2 个调节螺钉控制闸片与横轴间的松紧程度。

蜗轮和抱闸架固定在一起,蜗轮又与蜗杆啮合在一起。转动蜗杆时,蜗轮与抱闸架一同转动,由于闸片与横轴之间的摩擦力,使横轴跟着转动,固定在横轴上的光栅和望远镜便一同转动。这就是经纬仪的"小动"。

由于蜗轮、蜗杆轮系具有只能通过转动蜗杆使蜗轮转动,而蜗轮不能带动蜗杆转动的特性,当用手直接扳动物镜转动时,因蜗杆不能随之转动,使得蜗轮、抱闸都不转动,横轴只有克服与闸片之间的摩擦力使物镜转动。这就是经纬仪的"大动"。

(3)光栅角度传感器

仰角和方位角分别装有由光栅盘、红外发射和接收管等组成的角度传感器,一个水平放置,一个垂直放置,如图 3.146 所示。它们的作用是将仰角、方位角的机械角位移转换为电信号输出,如图 3.147 所示。

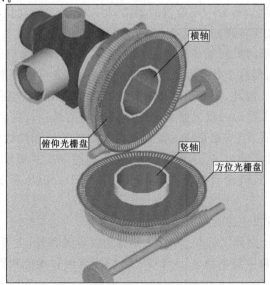

图 3.146　仰角、方位角光栅盘

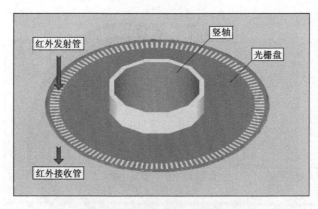

图 3.147　红外发射与接收原理图

光栅盘周边刻有均匀刻线,形成间隔相等的透光和不透光栅格,光栅盘面上下装有不随光栅转动的红外发射和接收管。当光栅盘转动发生角位移时,发射管的光线照射在光栅盘透光和不透光的栅格上,就会从接收管上输出近似正弦波的波形,如图 3.148 所示,从而将光栅盘转动的机械位移转换成了电信号。

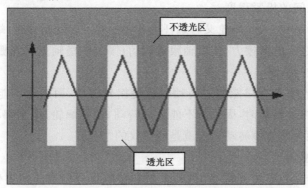

图 3.148　光栅盘信号转换原理

只要将光栅盘 360°周边等分一定数量的栅格,再对光栅盘转动位移产生出的波形进行计数,就可以计算出光栅盘所转过的角度了。

由于光栅盘无论是顺时针转动还是逆时针转动,红外接收管输出的波形都是一样的,虽然这些波形可以用来计数,但这个数实际上是没有意义的,它既可能是顺时针转动产生的,也可能是逆时针转动产生的。因此,光栅角度传感器除了要生成用于计数的波形,还必须具有辨识转动方向的功能。GYR1 型经纬仪光栅角度传感器采用的是相位判别法,即在光栅盘面的上下装有两对红外发射和接收管,在安装位置上使两对红外发射和接收管相差 90°。这样,当光栅盘发生位移时,两接收管输出 A,B 两路信号,波形如图 3.149 所示,正转时 A 相超前 B 相 90°,如图 3.149(a)所示,反转时 B 相超前 A 相 90°,如图 3.149(b)所示,从而实现对光栅盘转动方向的判别。

(4)角度采集与单片机电路板

GYR1 型经纬仪的电路除了仰角、方位角光栅角度传感器外,主要部件还有信号采集板和数据处理板。信号采集板主要由稳压、A/D 转换、脉冲整形和相位判别等电路组成;信号处理

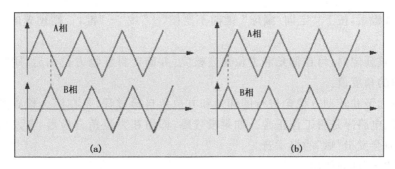

图 3.149　光栅角度传感器相位判别原理

板主要由数据运算、储存以及语音播报等电路组成。

3)电路工作原理

当按下"开机"键开机后,经纬仪的电路就进入了工作状态,使用默认的设置,操作面板上的功能键处于待命状态。

默认设置有采样间隔和预置的方位角偏离正北的角度值(以下简称偏正值)。在开机提示音后,会自动语音播报采样间隔。偏正值可在仰角和方位角自检后,通过按"角度"键用语音播报出。开机后,如果超过 20 min 未对面板各键进行操作,为了保存电池的电力和防止误触发开机,经纬仪会自动关机。

开机后,只要转动经纬仪的仰角和方位角,仰角和方位角的光栅角度传感器就会不断地将其角度位移的信号送出。仰角和方位角角度采集电路分别会对角度传感器输出的信号进行方向判别和计数,随时追踪角度的变化。

经纬仪电路中有存储设备和一个精确的定时器,开始观测后定时器被启动,每到采样时间间隔,经纬仪会自动把当前的仰角和方位角记录录下来,并保存在存储设备中,同时经纬仪还会把采样到的角度值通过输出电缆传给外接计算机,实现自动读数/自动记录。因此,为了保证观测的准确性,在采样时间点,气球必须对准十字线,其他时间没有要求。在采样时间点前若干秒,仪器会提示"准备",采样时间点提示"嘀"。

结束观测后,定时器被关闭,同时也关闭了自动读数/自动记录。观测数据保存在经纬仪内部的存储设备中。

GYR1 型经纬仪提供的主要操作功能有:

①如果想改变采样时间间隔,在按"观测"键的同时按"开机"键开机后,只要按"＋"或"－"键进行选择,选好后,按"关机"键,默认的采样间隔就被更新并存储到经纬仪内部的存储芯片中了。

②在观测结束后如果想将经纬仪内部保存的观测数据发送到计算机,只要连接好经纬仪至计算机之间的通讯线缆,按"开机"键开机后,按"传输"键,存储在经纬仪存储芯片里的观测数据将自动发送给计算机。

③如果是固定台站,建议使用经纬仪的定向记忆功能,但务必在按下"开机"键前先调整好水平,并将主望远镜对准固定目标物。因为存储记忆在经纬仪内部的方位角偏正值是固定目标物与正北之间方位角夹角的角度值,如果开机后再去对准固定目标物,那么这时经纬仪的方位角就成了预置的方位角偏正值加上或减去经纬仪方位角所转过的角度,就不会再是固定目标物与正北之间的方位角夹角的角度值了。

此外,在自检后,按下"定向/漏球"键前不要按"+"或"-"键,否则预置的方位角角度偏正值会被改变。

如果想要重新定向,可在仰角和方位角自检完,并确定目标物方位角后,用"+"或"-"键来调整方位角的角度值。

④扳动望远镜和转动方位角进行的仰角和方位角自检过程,是在综合检查光栅角度传感器输出的波形、电路等是否工作正常。如果没故障,仰角和方位角自检后,会发出"嘀"的提示音,如果有故障会发出"啾"的提示音。

⑤"+"或"-"键的使用:

• 在按下"开机"键后,可以用来选择采样间隔。

• 在仰角和方位角自检后,可以用来调整方位角角度的偏正值。

• 在按下"观测"键后,可以用来调整夜间照明的亮度。

⑥按下"定向/漏球"键,是对方位角角度偏正值进行确认和存储。如果是先对准固定目标物,再按"开机"键开机,又没按过"+"或"-"键,此时存储的仍然是原方位角偏正值。如果经过调整,就会存储新的方位角偏正值,并成为下次开机默认的方位角偏正值。

⑦按下"观测"键后,经纬仪的时钟即被启动,并按选定的采样间隔在采样前3 s发出"准备"提示语音,到采样的正点对仰角和方位角光栅角度传感器给出的角度值进行采集,组成包含有采样时间或次数、仰角和方位角角度值等数据的一组观测数据存入存储芯片中。

如果在观测中发生丢球,可以按"定向/漏球"键,停止数据的采集,待重新抓到球时,再按"定向/漏球"键,恢复对数据的自动采集。

⑧在观测中按"复读"键,可以播报前一采样点的观测时间、仰角、方位角(此功能不支持10 s和15 s的采样间隔)。

⑨按下"终止"键后,程序关闭时钟,停止对仰角和方位角角度值的采集。

⑩按下"关机"键,经纬仪电路停止运行,所有设置和观测数据即被自动锁存无法更改,直到下次开机运行。

3.3.3 使用与操作

1)观测前准备

(1)经纬仪的架设

①架设伸缩式三脚架时,三条支架抽出的长度要适中,架设高度要与观测者的身高相适应。一般情况下,三脚架直立时应与观测者的下巴同高,当三脚架撑开时,架高应位于观测者上衣第三颗扣子上下。

②三条支架抽出后要把固定螺旋拧紧,防止因螺旋未拧紧使支架自行收缩而摔坏经纬仪。三条支架分开的跨度要适中,应成等边三角形,每边约1 m。

若在泥土地面上架设,应将各架脚尖踩入土中,使三脚架稳定,以防下沉。

若在斜坡地上架设,应使两条支架在坡下(可稍放长),一条支架在坡上(可稍缩短),这样架设比较稳当。

若在光滑地面上架设,要采取安全措施,防止脚架滑动,摔坏经纬仪。

当风力较大时,要有一条支架伸向风的去向,以避免被大风吹倒。

③三脚架顶部平台要基本水平,有利于经纬仪的水平调整。

④三脚架架设稳固后,要立即旋紧经纬仪和三脚架间的中心螺旋,预防因忘记拧上连接螺旋或拧得不紧而摔坏仪器。

（2）水平调整

经纬仪水平调整的好坏直接影响其测角的准确度,必须仔细调整。正常情况下,调整经纬仪水平,是通过旋转水平调整旋钮,同时观察水准器中气泡位置来实现的。水平调整旋钮和水准器的结构安装关系见图 3.150 和图 3.151,水准器外形见图 3.152。

①首先用目视法,调整经纬仪的三个水平调整旋钮,使经纬仪基本处于水平位置。调整时,如果水平调整螺旋已调至最高或最低位置后,气泡仍未调到中央,这时不能猛力旋转螺旋,以免将螺旋损坏。此时,应将其他两个螺旋同时降低或升高,然后再按水平调整步骤进行调整。如果仍不能使经纬仪水平,也可先调整一下三角架,使架顶水平,然后再进行调整。

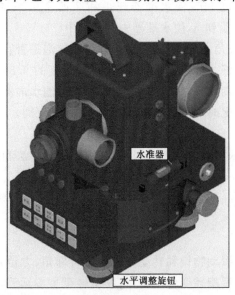

图 3.150　水平调整旋钮与水准器位置

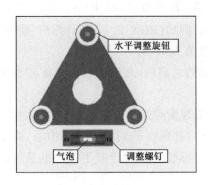

图 3.151　水准器安装位置

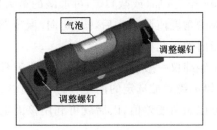

图 3.152　水准器外形

②转动经纬仪方位角,使水准器与任意两个水平调整旋钮的连线平行,如图 3.153a 所示的 1 和 2 水平调节旋钮,同时相向转动 1 和 2 水平调整旋钮,使水准器中气泡居中。

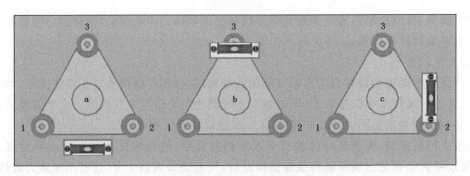

图 3.153　水平调整示意图

③将经纬仪方位角转动 90°，使水准器与 1 和 2 两个水平调整旋钮的连线正交，如图 3.153c 所示，转动水平调整旋钮 3，使水准器中气泡居中。

④缓慢转动经纬仪方位角一周，同时观察水准器的气泡是否有移动不居中现象，如能保持居中，则经纬仪的水平已调好。如有不居中，超过最小刻度的 0.5 个小格，一是可能调整的不够细致，须重复上述步骤仔细调整，直到调好为止；二是可能水准器与水平轴不平行，水准器有器差没有调整好，遇有此情况时，可按水准器校准操作进行校准。

（3）定向

经纬仪方位角定向所采用的方法有北极星法、固定目标物法和磁针法。

①北极星法

北极星定向的操作流程：架设经纬仪—水平调整—开机—自检—对准北极星—调整方位角度值—结束定向。

具体操作方法：

• 按下"开机"键开机，扳动物镜和转动方位角进行仰角、方位角自检后，先用瞄准器将北极星瞄入辅助望远镜内，然后旋转变倍手轮，将物镜转至主望远镜，转动仰角、方位角手轮，使北极星影像落在分划板十字线中心。这时，光学轴的指向即为正北。

• 按"角度"键，让语音播报当前方位角角度值，若不为 0°，则用"＋"或"－"键进行调整，使之为 0°。按住"＋"或"－"键不放，听到一声"嘀"则加（或减）0.1°；听到两声"嘀"则加（或减）1°；听到三声"嘀"则加（或减）10°，可加减的最大数值为 180°。

• 播报的角度值调为 0°后，按"定向/漏球"键结束定向，此时方位角角度传感器的零位即和光学轴指向的正北相一致。

• 由于经纬仪一般在白天使用，为了便于日常观测时的方位角调整，建议在用北极星定向后，随即将望远镜对准选定的固定目标物，使该目标物落在分划板十字线中心，测出目标物与正北之间方位角角度差值，以后就可利用该固定目标物来进行定向了。这也是气象台站大多采用的方法。

②固定目标物法

用固定目标物定向的方法与用北极星定向的方法差不多，因为北极星本身就可以看成是一固定目标物，只不过要在经纬仪里预置一个方位角偏正值。比如，固定目标物的方位角在正北的东边时，如图 3.154 所示，其夹角 α 为方位角偏正值，预置存储到经纬仪后，经纬仪的物镜对准该固定目标物时，测量出的方位角角度值应该就是 α，当回转经纬仪方位角至 0°时，经纬仪物镜的光轴指向应该就是正北。

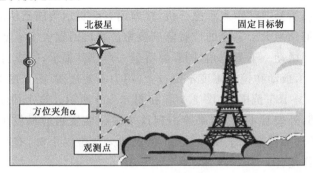

图 3.154　固定目标物法

由于固定目标物的位置既有可能在正北的东边,也有可能在正北的西边,因此要按以下方法获取方位角偏正值:如果固定目标物在正北的东边,则方位角偏正值＝方位角夹角 α 值;如果固定目标物在正北的西边,则方位角偏正值＝360°－方位角夹角 α 值。

选择的固定目标物,必须是显著、固定,距经纬仪 250 m 以外高大建筑物的尖端,如避雷针、塔尖等。为了便于在夜间观测时进行方位角调整,台站还可选择一个孤立的灯光作为夜间观测时的固定目标物,为减小误差,体积应尽量小一些。

选定的固定目标物须用北极星进行方位角的测定,获得该固定目标物与正北之间的方位角角度差值。由于北极星的位置并非固定不动,而是随时绕着天球在北极旋转,在建站初期标定固定目标物时,应在不同时刻进行测定,如 21 时、24 时、03 时、06 时分别测定固定目标物的方位角角度,求其平均值则较为准确。

固定目标物定向的操作流程:架设经纬仪—水平调整—开机—自检—对准固定目标物—调整方位角度值—结束定向—观测。

具体操作方法:

·按下"开机"键开机,扳动物镜和转动方位角进行仰角、方位角自检后,先用瞄准器将固定目标物瞄入辅助望远镜内,然后旋转变倍手轮,用主望远镜对准固定目标物,转动仰角、方位角手轮,使固定目标物影像落在分划板十字线中心。

·按"角度"键,让语音播报当前方位角角度值,若不是已知固定目标物与正北的方位角角度差值,则用"＋"或"－"键进行调整,使语音报出的角度值为固定目标物与正北的方位角角度差值。

·播报的角度值调为角度差值后,按"定向/漏球"键结束定向,此时方位角 0°即为正北。

2)观测

(1)实施观测

实施观测的操作流程:架设经伟仪—水平调整—对准固定目标物—开机—自检—定向—测定参考物坐标—开始观测—结束观测—复测参考物坐标—关机。

具体操作方法:

①按要求架设好经纬仪,调整好水平。

②先用瞄准器将固定目标物瞄入主望远镜内,转动仰角、方位角手轮,使固定目标物影像落在分划板十字线中心。如果是初次架设或固定目标物没经标定,若要进行定向时,则不进行

这一步操作,直接进入下一步。

③按下"开机"键,听到"嘀"声表示已开机,接着语音会提示当前默认的采样间隔。

④扳动物镜,使仰角从大于零度的位置降到负角位置再回到大于零度的位置,直至听到一声"嘀"为止;然后来回微动一下方位角,同样要听到一声"嘀"提示,完成自检。

注意,仰角自检时,扳动物镜的幅度不要过大,用力不要过猛,防止撞击到仰角两侧的极限位置,即不要超出 $-5°\sim185°$ 范围,如图 3.155 和图 3.156 所示。这个控制仰角工作范围的限位装置在经纬仪内部,外表看不到,如果撞击到这个限位装置很容易发生两光轴不一致的故障。自检时的正确手法如图 3.157 所示,这样在扳动大物镜向下时,有手指垫在大物镜的下方,也能起到缓冲的作用。

⑤按下"定向/漏球"键,结束定向。

如果是初次架设或固定目标物没经标定,则按实际情况参阅 3.3.3 中 1)(3)定向一小节中的几种定向方法实施定向调整。

图 3.155　-5°限位　　　　图 3.156　185°限位　　　　图 3.157　自检的手法

⑥选择和测量参考目标物(测量参考目标物是通过将观测前和观测后对同一所测的仰角、方位角进行对比,来分析判定所获得的观测数据是否有效的。如果前后所测的仰角、方位角相同,说明在本次观测中经纬仪没有发生位置变动或电路、程序等故障,所获得的观测数据有效),记下该参考目标物所处的仰角、方位角。如果和计算机联机工作,这参考目标物的仰角和方位角会填写在"每次放球更新信息"对话框里"经纬仪使用前后校验"栏中的"观测前仰角"和"观测前方位角"处,填写时注意转换成"度"。

将物镜转换到辅助望远镜后准备放球。

与计算机联机工作的操作流程:连接通讯线缆—开启计算机并打开应用程序—填写"每次放球更新信息"—点击"确定"—点击"开始接收"。

具体操作方法:

用专用通讯线缆从经纬仪通讯口连接到计算机串口。通讯电缆如图 3.158 所示,其中一头四芯圆插头插入经纬仪的通讯口插座,如图 3.159 所示,另一头九芯 DB9 插头插入计算机的串口插座,如图 3.160 所示。

如果台式计算机或笔记本电脑没有九芯串口插座,可以用 USB-232 转接线与通讯电缆的九芯 DB9 插头对接,如图 3.161 所示,通过 USB 口往台式计算机或笔记本电脑传输数据。

开启计算机电源,点击"开始",将光标移至"程序",再移至被打开的程序目录中的"GYR1型光学测风经纬仪数据处理系统",在打开的"GYR1 型光学测风经纬仪数据处理系统"中点击

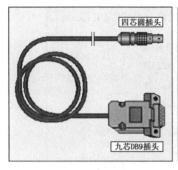

图 3.158　通讯线缆

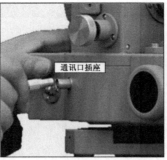

图 3.159　经纬仪通讯插座

图 3.160　计算机串口插座

打开"GYR1 型光学测风经纬仪数据接收系统（加密）"程序（如果是首次运行该程序，应按 GYR1 型光学测风经纬仪的数据处理系统《使用说明书》中"3.2 接收加密数据"的要求，对"台站基本信息"和"串口设置"进行初始信息设置）。程序打开后的界面如图 3.162 所示。

然后点击"数据接收"菜单，会弹出需要填写"每次放球更新信息"对话框的界面，如图 3.163 所示。

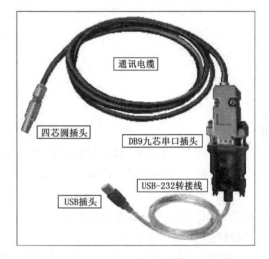

图 3.161　USB-232 转接线

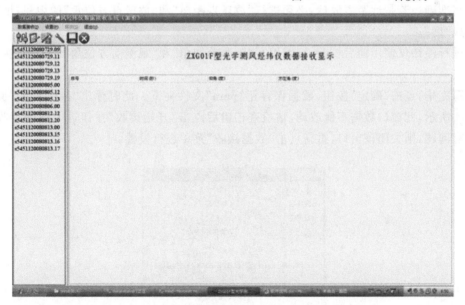

图 3.162　GYR1 型光学测风经纬仪数据处理系统界面

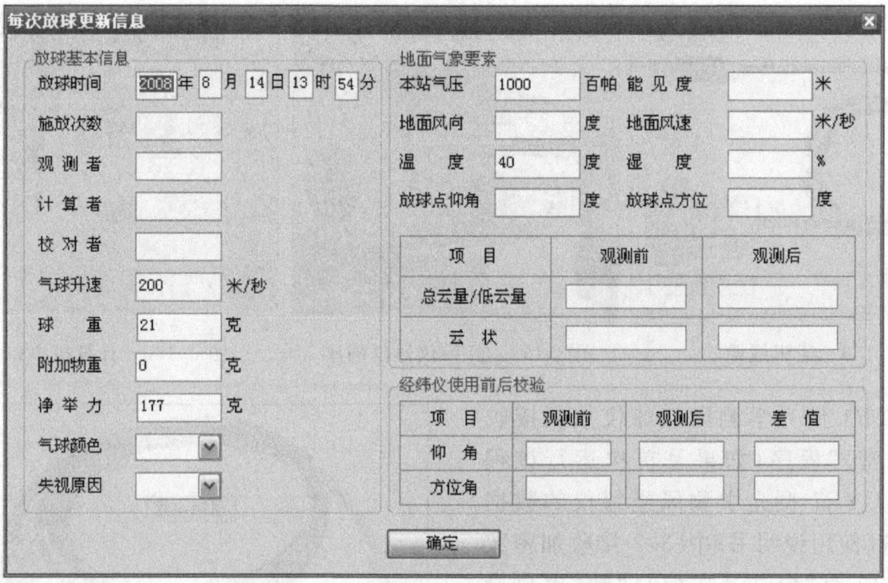

图 3.163　每次放球更新信息对话框

"放球时间"栏将自动获取当前时间,用户可视情况进行修改。

"施放次数"、"观测者"、"计算者"、"校对者",用户可视情况进行填写。

"气球升速"、"球重"、"附加物重"、"净举力"、"本站气压"、"温度"将自动读取计算净举力后存储的结果,用户可视情况进行修改。

"气球颜色"可进行选择。

"能见度"、"地面风向"、"地面风速"、"湿度"、"观测前总云量/低云量"和"观测前云状"请认真填写准确。若是远距离放球,必须进行"放球点距离"和"放球点方位角"的填写,填写时注意转换成"度"。

若进行经纬仪使用前后校验,则需填写"观测前仰角"和"观测前方位角",填写时注意转换成"度"。

填写完毕,点击"确定"按钮,数据保存至"para"文件夹下。此时弹出"接收数据"窗口,如图 3.164 所示,此窗口数据不能改动,请检查正确后点击"开始接收"按钮进入数据接收状态。若检查有问题,则关闭该窗口,重新点击"数据接收"菜单进行设置。

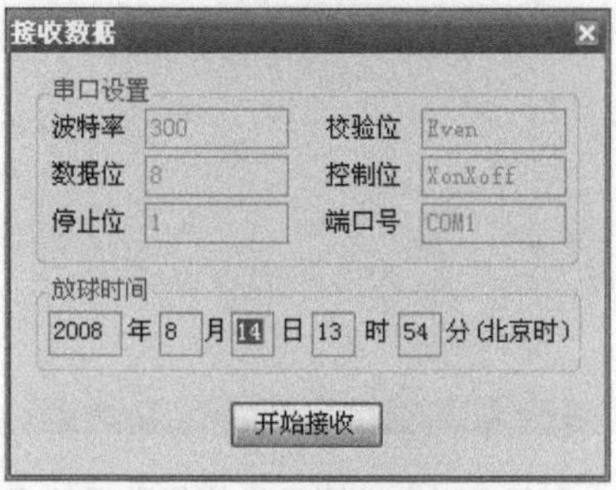

图 3.164　接收数据窗口

⑦在施放气球的同时按下"观测"键即开始观测。放球后每个采样点前 3s,经纬仪会有语音提示"准备",到采样正点,经纬仪自动将此刻的仰角和方位角数据采集下来。

在与计算机联机工作时,数据会自动发送给计算机,并在窗口中将数据实时显示出来。

观测中,如果想获知观测数据,可随时按"复读"键听取前一采样点的观测时间、仰角、方位角(采样间隔设置为 10 s 和 15 s 时没有此功能)。

如果是夜晚观测,应使用照明二极管照亮分划板上的十字线。照明二极管的安装方法是,先将插头插入操作面板右侧面的插座内,再将灯头插在辅助望远镜旁的灯座上,如图 3.165~3.167 所示。

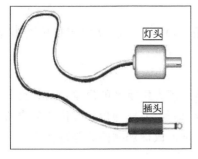
图 3.165　插头和灯头

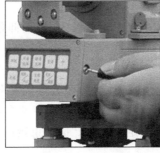
图 3.166　经纬仪上的电源插座

图 3.167　经纬仪上的照明插座

观测中,可通过按"+"键增加照明的亮度,按"一"键减低照明的亮度。

⑧当球影消失或其他原因需要终止观测时,按下"终止"键即可。此时,观测中的数据均已被储存下来。

与计算机联机工作情况下,观测结束屏幕上会弹出"数据接收完毕"窗口。

⑨重新对准参考目标物后按"角度"键,播报当前的仰角和方位角,比较观测前后的角度误差。若误差在允许范围之内,则本次观测数据有效,否则本次观测数据不能使用。

在与计算机联机工作情况下,此时双击窗口左边栏中的观测原始文件,点击"设置"菜单中的"每次放球更新信息",把观测后测量参考目标物的仰角和方位角填在"经纬仪使用前后校验"栏中的"观测后仰角"和"观测后方位角"处,同时填好"放球基本信息"栏中"失视原因"后,点击"确定"。之后,重新双击左边栏中的观测原始文件,点击"保存"菜单,将处理后的原始数据保存至"JMtextdat"文件夹下。若保存失败,则双击左边栏中的观测原始文件,重新进行保存。

⑩按下"关机"键,听到"嘀"一声即可。经纬仪最多允许观测 90 min,超过 90 min 将自动结束观测。

(2)缺测处理

由于 GYR1 型经纬仪是自动对观测过程中的仰角、方位角数据进行采集,观测中因云层遮挡或其他某种原因发生丢球时,如不及时终止自动采集,经纬仪就会采集到错误的数据。因此,在发生丢球时,应立即按下"定向/漏球"键,关闭经纬仪的自动采集功能。

经纬仪自动采集功能被关闭后,到采样点的前 3 s 时,语音会播报"准备"和"缺测"的提示,这就表示经纬仪的自动采集功能已被关闭。整分时采集时,经纬仪会作缺测处理,不记录方位角、仰角的角度数据。

如果丢球后又重新抓到气球,应立刻再次按下"定向/漏球"键,恢复经纬仪自动采集功能。

3)结束观测和资料的保存

经纬仪在结束观测按下"终止"键后,这次观测的全部数据就自动保存在经纬仪的存储器芯片中。保存的观测数据直到下次实施观测,当经纬仪操作按下"观测"键开始观测时,才被自动清除。

4)使用技巧

(1)使用经纬仪的定向记忆功能

GYR1 型经纬仪具有定向记忆功能,特别适用于一次架设、长期使用的气象台站。经首次定向调整设定后,只要不搬动或重新架设经纬仪,无需再进行定向设置和操作。实施放球前,只要按如下操作流程操作即可:对准固定目标物—开机—自检—结束定向—等待放球。

实施放球前的具体操作方法:

①先用瞄准器将固定目标物瞄入主望远镜内,转动仰角、方位角手轮,使固定目标物影像落在分划板十字线中心。

②按下"开机"键开机。

③扳动物镜,使仰角从大于零度的位置降到负角位置再回到大于零度的位置,直至听到一声"嘀"为止,然后来回微动一下方位角,同样要听到一声"嘀"提示,完成仰角和方位角的自检。

④不要做任何调整,直接按下"定向/漏球"键结束定向,进入放球观测前的等待状态。

定向记忆原理:

经纬仪的内部有一个存储单元专门用来存储开机时的方位位置,我们称为"方位定向值"。经纬仪开机时会读出该"方位定向值"作为经纬仪的初始方位,同时经纬仪进入角度测量工作状态,随着方位的机械转动,方位角度值在"方位定向值"的基础上增加或减小。

当使用"+"/"-"键进行定向时,实际是调整"方位定向值"。按下"结束定向"时,当前的方位角度值被保存在"方位定向值"存储单元。但如果没有使用"+"/"-"键进行定向调整,直接按下"结束定向"时,不会修改保存在"方位定向值"存储单元的数值。

(2)使用经纬仪的一键传输功能

实施数据传输的操作流程:连接通讯线缆—开启计算机并打开应用程序—经纬仪开机—传输—保存。

具体操作方法:

①将经纬仪通讯线的四芯插头与经纬仪的通讯口相连,另一端的 DB9 插头与计算机串口相连。

②开启计算机电源,点击"开始",将光标移至"程序",再移至被打开的程序目录中的"GYR1 型光学测风经纬仪数据处理系统",在打开的"GYR1 型光学测风经纬仪数据处理系统"中点击打开"GYR1 型光学测风经纬仪数据接收系统(加密)"程序,然后点击"数据接收"菜单,会弹出需要填写的"每次放球更新信息"对话框,如图 3.163 所示。

相关内容填写完毕,点击"确定"按钮,然后对弹出的"接收数据"窗口内容进行检查,如果正确,点击"开始接收"按钮即进入数据接收状态,如图 3.164 所示。

③如果经纬仪观测后尚未按下"关机"键关机,直接按"传输"键,就可将本次观测的数据传输给计算机。

④如果经纬仪观测后已经按过"关机"键,需按下"开机"键开机。

⑤不要做任何操作,直接按"传输"键,数据即可向计算机传输。计算机接收完毕会弹出"数据接收完毕"窗口,此时双击左边栏中的观测原始文件,点击"设置"菜单中的"放球更新信

息",将"失视原因"和放球后相关信息填好,点击"确定"。之后,重新双击左边栏中的观测原始文件,点击"保存"菜单,将处理后的原始数据保存至"JMtextdat"文件夹下。若保存失败,则双击左边栏中的观测原始文件,重新进行保存。

(3)改变经纬仪的采样间隔

设置采样间隔的操作流程:按住"观测"键—开机—选择采样间隔—关机保存。

具体操作方法:

①先按住"观测"键再按下"开机"键,进入采样间隔设置,语音提示采样间隔。

②用"＋"或"－"键选取所要的采样间隔。有 10 s,15 s,20 s,30 s,60 s 五种采样间隔可选。

③选好采样间隔,按下"关机"键关机。所选定的采样间隔即成为经纬仪开机默认的采样间隔。

(4)电池报警功能

当电池电压降到一定程度,即将影响经纬仪正常工作时,会有语音"请更换电池"的报警提示。放球结束后应及时予以充电。

GYR1 型经纬仪电池的欠压报警,在设计时已留有充分的富余量,在第一次报警后仍有足够的电力维持经纬仪工作数小时,至少可放一次球。

5)电池的使用

(1)电池的检查

一般情况,电池电压降到 5.7 V 以下就会发生不自检的现象;当电池电压降到 5.5 V 以下就可能开不了机。因此,一旦发生不能自检和不能开机的情况,并不说明经纬仪有问题,应首先检查电池是否安装好,然后检查电池的正负极片和经纬仪上的电极触头是否沾有污垢,再检测电池电压是否正常。如果电压不足,必须更换新电池或者充电。

(2)电池的安装和拆卸

①安装。电池外壳的槽口向下,2 个定位销如图 3.168 所示,将其对准电池架上两个定位孔,沿定位销轴方向往里推到底。如果感觉不易推入,可以用一只手的拇指和中指同时将电池架两侧锁扣按钮捏进去,将电池推到底后再松开锁扣按钮,如图 3.168 和图 3.169 所示。

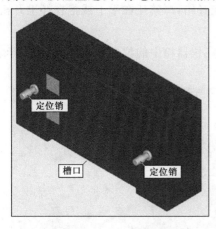

图 3.168　电池的定位销

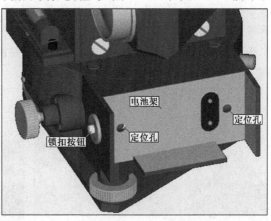

图 3.169　电池的安装示意图

②拆卸。用一只手拇指和中指将电池架两侧锁扣按钮捏下去后,另一只手拿住电池向外拉出即可,如图 3.170 和图 3.171 所示。不要在锁扣按钮尚未按下便强行去拉电池,以免损坏电池。

图 3.170　电池的拆卸示意图(a)　　　　图 3.171 电池的拆卸示意图(b)

(3)电池的充放电

①新电池充电时间为 16～18 小时。电池充满后充电指示灯熄灭,涓流指示灯亮,充电即告结束。

②给电量不足的电池充电,应先按下充电器的放电按钮,以释放剩余电量。充电器在释放剩余电量后会自动转入充电状态,待涓流指示灯亮后,充电即结束。

3.3.4　日常维护

1)机械维护

①经纬仪结构紧凑、精密,架设和操作应轻缓,不要用力过猛。

②经纬仪轴系是测量准确度的保证,使用中要防止磕碰和撞击,避免轴系变形。

③扳动物镜时不要撞击到仰角两侧的限位。

④平时仪器箱应平放在地面上或其他平台上才能开箱,严禁托在手上或抱在怀里开箱,以免失手将仪器摔坏。

⑤开箱后在未取出经纬仪前,应注意经纬仪安放在仪器箱中的位置和方向,以免用毕装箱时,因安放不正确而损伤经纬仪。

图 3.172　手扶经纬仪提把　　　　图 3.173　手扶经纬仪基座

⑥自箱内取出经纬仪时,应一手抓住提把,如图 3.172 所示,另一手扶住基座部分,如图 3.173 所示,轻拿轻放。不要一只手抓经纬仪,要特别注意不要如图 3.174 所示用手那样提拿小/大物镜,也不能用手扳动小物镜转动仰角。出箱后要一手拿提把,一手托底座,如图 3.175 所示。

图 3.174　提拿物镜的错误做法

图 3.175　提拿经纬仪的正确方法

⑦自箱内取出经纬仪后,要随即将仪器箱盖好,以免沙土杂草进入箱内。还要防止搬动时丢失附件。

⑧仪器箱是保护经纬仪安全的保障,不允许蹬、坐仪器箱,以免损坏仪器箱。

⑨经纬仪用毕装箱前,可用软毛刷轻拂经纬仪表面的尘土。及时清点箱内附件,如有缺少,应立即寻找。然后将仪器箱关上,扣紧锁好。

2)光学镜头维护

①光学镜头是经纬仪的重要构件,没有检测调校的仪器、设备和专用工具,没有洁净的操作环境,务必不要自行拆卸,否则会影响正常使用,甚至损坏经纬仪。

②使用中应避免触及物镜和目镜等光学部件,以免沾污,影响成像质量。观测结束后应及时盖上镜头盖,如图 3.176 所示。

图 3.176　盖上镜头盖

图 3.177　洗耳球和毛刷

③当镜片沾有灰尘时,应用医用洗耳球吹去,或用软毛刷刷除,如图 3.177 所示。

④沾上油脂时,应使用长纤维棉球蘸少许纯酒精自镜片中心一圈一圈向外轻轻擦拭。擦拭过一次的棉球会沾上灰尘颗粒,不要再用。绝对不允许用手指或手帕去擦仪器的目镜、物镜等光学部件。

⑤长期不使用时,应在包装箱内放上干燥剂,以防镜片霉变。

3）电器部分维护

①保持清洁

电池的正负电极如图 3.178 所示，经纬仪上的电极触头如图 3.179 所示，如沾上灰尘会降低导电性能，甚至引起断电故障，应经常擦拭清洁。

图 3.178　电池的电极

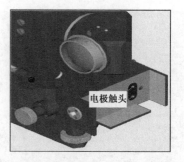

图 3.179　经纬仪上的电极触头

②正确充放电

·电池在充电前，应先做放电处理。

·电池长期不用，应每年做一到两次充放电维护。

③电池寿命

循环充电次数已超过 300 次和储存期达 2 年，未定期维护的电池，其性能已不能保证经纬仪正常工作需要，应更换。

4）水准器校准

在经纬仪水平调整中，如果反复调整始终无法调整好水平，就应考虑到是水准器没调整好造成的（水准器或气泡损坏除外）。

①转动经纬仪方位角，使水准器与任意两个水平调整旋钮的连线平行，如图 3.153a 所示的 1 和 2 水平调节旋钮，同时相向转动 1 和 2 水平调整旋钮，使水准器中气泡居中。

②将经纬仪方位角旋转 180°，如图 3.153b 所示，此时水准器仍与 1 和 2 两个水平调整旋钮的连线平行，但这时气泡会偏离中心而跑向一边，如图 3.180(a) 所示。

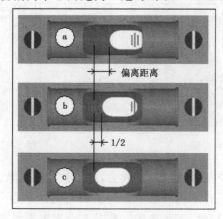

图 3.180　水准器气泡的位置

③用螺丝刀将靠近气泡的调整螺钉顺时针方向旋紧，如图 3.180(a) 的右边，同时观察气

泡向中心移动 1/2 的距离,如图 3.180(b)。如果右侧的调整螺钉很紧,可将左侧调整螺钉逆时针方向旋松一点。调整好后,两个调整螺钉都要尽可能旋紧一些。

④转动 1 和 2 水平调整旋钮,使气泡继续向中心移动至居中,如图 3.180(c)。

⑤转动经纬仪方位角,回到图 3.153a 所示,察看气泡是否居中,如果未居中,按上述办法再仔细调,直至气泡在图 3.153a 和图 3.153b 时均能居中。

⑥回转经纬仪方位角 90°,使水准器与 1 和 2 两个水平调整旋钮的连线正交,如图 3.153c 所示,转动水平调整旋钮 3,使水准器中气泡居中。

⑦缓慢转动经纬仪方位角一周,同时观察水准器的气泡是否有移动不居中现象,如能保持居中,则证明水准器已校准好。

5)两光轴一致性检查

①两光轴是指主、辅望远镜的视轴。

②由于两光轴实际是平行不相交的,借助视觉近大远小的特性,使得从主、辅望远镜中观察远距离目标时,目标影像会聚在一起,如图 3.181 中的两条铁轨在远处相交一样,它们实际上是平行的。因此,要选择尽可能远的目标作为观测对象,一般观测点与目标物间距应大于 300 m。

图 3.181　两条铁轨在远处近似相交

③如果远距目标影像在用主、辅望远镜转换观测时可以同在分划板坐标圆内,则两光轴是基本符合要求的。如果相差过大,影响观测,应返厂校正。

6)仰角和方位角器差检查

仰角和方位角器差主要是光学轴与机械轴之间的位置发生微小变化,造成不重合所致。GYR1 型经纬仪的器差准确度要求是,方位角器差不超过 ±0.5°;仰角器差不超过 ±0.3°。

如果方位角器差超过 ± 0.5°或仰角器差超过 ± 0.3°,应返厂校正。

仰角和方位角器差检查的操作流程:

①架设经纬仪—水平调整—开机—自检—定向—对准固定目标物—读取第 1 次角度值。

②将方位角转动 180°—再次对准同一固定目标物—读取第 2 次角度值。

③计算仰角和方位角器差。

具体检查方法:

①按 3.3.3 中 1)(1)要求架设经纬仪,按 3.3.3 中 1)(2)要求调整好水平。

②按下"开机"键开机,扳动物镜和转动方位角进行仰角、方位角自检。

③按下"定向/漏球"键,结束定向。

④将物镜转至主望远镜(不要使用辅助望远镜),转动仰角、方位角手轮,使固定目标物影像落在分划板十字线中心,最好选圆点或类似十字交叉形状的目标,这样水平和垂直方向都较容易对准十字线中心。

⑤按下"角度"键,读取并记录方位角和仰角的角度值。

⑥将经纬仪方位角转动180°,再转动仰角使固定目标物影像再次落在分划板十字线中心。

⑦按下"角度"键,再次读取并记录方位角和仰角的角度值。

⑧计算:

·仰角器差计算:

$$仰角器差=\frac{180°-(第一次仰角读数+第二次仰角读数)}{2}$$

·方位角器差计算:

当方位角角度值第一次读数小于第二次读数时:

$$方位角器差=\frac{(第二次方位角读数-第一次方位角读数)-180°}{2}$$

当方位角角度值第一次读数大于第二次读数时:

$$方位角器差=\frac{180°-(第一次方位角读数-第二次方位角读数)}{2}$$

7)电池的维护

GYR1 经纬仪采用的专用电池是目前国际上公认的环保型镍氢电池。使用中应注意正确使用和维护,以保持电池的性能。

①电池的充、放电应使用随机配发的专用充电器。

②新电池前三次充电时间要稍长些,一般要达16~18小时。

③经常使用的电池,比如每天或两三天使用一次,充电时待充电器上涓流灯亮即可投入使用。

④如果电池使用频次较低,比如一个月使用一次,应在涓流后再维持1小时。在涓流状态也不可长时间地充电,否则会造成过充而损坏电池。

⑤配发的两块电池应交替使用,不要只使用一块,放置一块。因为电池内部的化学反应是活性的,即使不用,它的化学反应也不会停止。因此,电池正常的寿命指标主要有两个,一个是循环使用次数,经纬仪的电池约为500次;另一个是长期储存的时间,通常在2年左右。

⑥电池长期储存,储存前一定要充满电后再储存。储存的环境要干燥、低湿度、没有腐蚀性气体,以免电池的金属部件被侵蚀。储存地的环境温度不要高于45℃,也不要低于-20℃。此外,一般储存6个月,最长不要超过1年,取出电池充电保养1次。

⑦注意保持充电器电极触头的清洁。

⑧电池充电的最佳温度在10~30℃之间,充电时的环境温度要在5℃以上,在低于这个温度的环境中充电,容易损伤电池,特别不能在0℃以下的环境中充电。如果在室外温度很低的环境中使用过,应在室内放置一段时间,待电池内的温度回升后再充电。

⑨充电时,将电池正负电极对着充电器的电极触头方向(充电器和电池标贴上的箭头方向一致),如图3.182所示,将电池的定位销插入充电器上的定位孔,充电器接上电源,充电指示

灯点亮,才表示电池摆放好了。

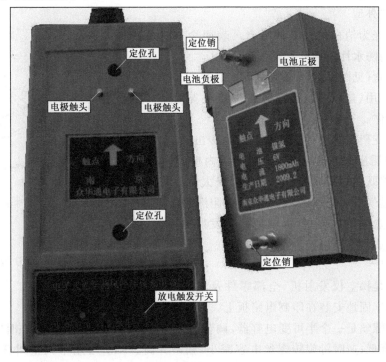

图 3.182　充电器

⑩配发的充电器具有放电功能,这是为了防止电池产生机械记忆而降低电池性能。如经常使用,可以使用两三次后,给予一次放电。

放电时,可用随机配发的专用工具中直径约 1 mm 的钢质改针,将放电指示灯旁圆孔中的开关按一下启动放电,启动后放电指示灯应点亮。电池放电后会自动转换到充电状态。

3.4　GTS1 系列探空仪

GTS1 系列探空仪具有探测准确度高、采样速度快、抗干扰能力强等特点,实现了数字化、模块化,整体性能接近 20 世纪 90 年代中期世界同类产品先进水平。

GTS1 系列探空仪与 GFE(1)型二次测风雷达相配合,可综合观测到地面至 30 km 范围内,不同高度的大气温度、气压、相对湿度和风向风速。

目前,中国气象局使用的型号共有三种,分别是 GTS1 型、GTS1-1 型和 GTS1-2 型。其中,GTS1 型与 GTS1-1 型原理比较相似。

3.4.1　GTS1 型探空仪

1)探空仪结构

GTS1 型数字探空仪采用全电子传感元件和副载波调制的二进制数字代码遥测方法,具有良好的抗同频干扰能力。

探空仪由温度传感元件、湿度传感元件、气压传感器(在智能转换器电路板上)、智能转换器、发射机、电池五部分构成。

（1）探空仪外型

探空仪外壳为洁白色长方体纸盒。表面涂有防雨透明胶，具有良好的防水性能和反射率。

探空仪纸盒（见图 3.183）系安放智能转换器、发射机、湿敏电阻、电池之用（热敏电阻出厂时已焊接在支架上），并把它们组合成整体。

热敏电阻支架在施放时要从盒盖内翻转出来，盒盖前部装有湿敏电阻插座和防辐射黑纸，防雨盖内壁有防辐射黑纸。这样，盒盖既能防雨又避免湿敏电阻受太阳直接辐射影响，同时构成空气流动的通道，减小湿敏电阻滞后误差。

电池从纸盒侧面放入盒内，电池靠近发射机一端，可减少电池热量造成测温度误差。

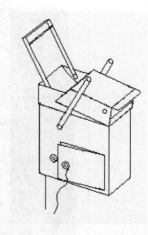

图 3.183　GTS1 型控空仪外型

（2）发射机

图 3.184 是探空仪发射机，全部零件及集成块、晶体管等电子元件均牢固地安装在印制电路板上。

频率调谐螺丝是一个半可变电容器，调节铜螺丝的位置可改变电容量，顺时针旋转螺丝电容增大，频率降低；逆时针旋转螺丝电容减小，频率升高。RP1 可用来调整回答"鼓包"和"缺口"。插头 XP3，用来连接智能转换器。

（3）智能转换板

图 3.185 是探空仪智能转换器，全部电子元件及气压传感器和测量气压传感器的附温热敏电阻均牢固地安装在印制电路板上。

插座 XP1 与探空仪盒盖的传感器插头连接；插座 XP2 与电池连接；插座 XP3 与发射机连接。

测量气压传感器的附温热敏电阻引出导线十分细，使用时注意避免将导线碰断。

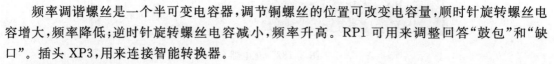

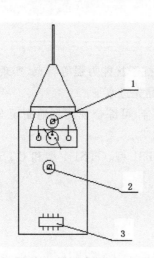

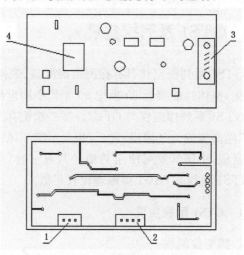

图 3.184 发射机
1. 频率调谐螺丝
2. RP1　3. XP3

图 3.185 智能转换器
1. XP1　2. XP2　3. XP3
4. 气压传感器和附温热敏电阻

（4）湿度传感器

图 3.186 是湿敏电阻出厂时的状态。外玻璃瓶内有干燥剂并加以密封,使湿敏电阻长期处于干燥环境中。一旦取出湿敏电阻必须使用,在空气中暴露时间过长,会影响测湿准确度。

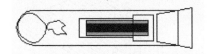

图 3.186　湿敏电阻及玻璃管

（5）探空仪盒盖

图 3.187 是温度、湿度传感器安装在盒盖实样。测温热敏电阻出厂时已焊接在白色支架上,施放前将支架翻出接近 150°。XS1 插头与智能转换器连接。

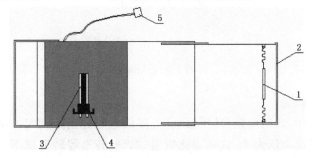

图 3.187　湿敏电阻及盒盖

1. 热敏电阻　2. 测温支架　3. 湿敏电阻　4. 湿敏安装座　5. XS1 插头

（6）保温材料

图 3.188 是探空仪保温塑料件。探空仪出厂时,发射机和智能转换器已经连接并置放在 Γ 型保温盒内,施放前需将电池保温盒打开。注意,发射机置于保温泡沫盒内,必须与底部相接触。

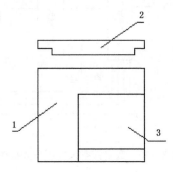

图 3.188　外包装

1. 发射机转换器保温盒　2. 转换器保温盒盖　3. 电池保温盒盖

（7）电池

镁氯化亚铜注水式电池,遇水就会产生化学反应消耗能量,时间越长能量消耗越多。为了避免镁电池在贮存期内发生这种情况,将装在真空包装塑料袋内的电池,再装入密封的铁罐盒内。

图 3.189 是电池外型(XS2 插头与智能转换器连接)。

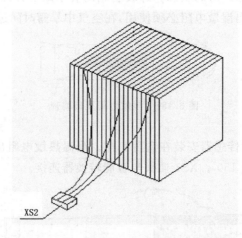

图 3.189　电池

2)探空仪的工作原理

探空仪升空过程中,热敏电阻、硅压敏电桥、湿敏电阻分别随大气的温度、气压、湿度变化而改变阻值大小或输出电压大小,这些变化值通过智能转换器转变成不同的二进制数据。同时,智能转换器将这些探测到的气象资料信息调制到 1675 MHz(1676.5 MHz)发射机上,使其产生不同的工作状态,向地面 GFE(1)型二次测风雷达发射温、压、湿无线电二进制代码和测距应答脉冲,以完成地面至 30 km 垂直高度内的温、压、湿、风向风速的综合探测。

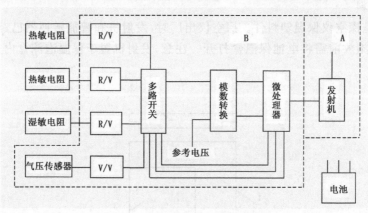

图 3.190　数字探空仪电原理方框图

(1)传感元件

①温度传感元件

气温测量采用 GPW2 型棒状热敏电阻,其在测量范围内(−90～50℃)阻值限定在 9～700 kΩ,阻体长 10 mm,直径 1 mm 左右,表面有高反射率涂层,短波反射率优于 93%,长波吸收率超过 90%。GPW2 热敏电阻出厂时已焊接在探空仪纸盒盒盖内的白色塑料支架上。

气压附温测量采用 GPW3 型棒状热敏电阻,阻体长 6.5 mm,直径 0.65 mm。其安装在气压传感器外壳内,用胶水封固。

③湿度传感元件

湿度测量采用 XGH-02 型高分子湿敏电阻。其具有测湿范围广、互换性好、响应速度快、体积小等优点。

XGH-02 型湿敏电阻是黑色的,感应材料是裸露的,因此手只能接触基片的两边电极,同时它需要防太阳照射和雨淋;需要一定的通风量来保证传感元件正常工作。为此,在探空仪的外壳上设计了防晒、防雨的通风道以放置湿敏电阻。

湿敏电阻是一次性使用的元件,因此 XGH-02 型湿敏电阻出厂时置于密封的玻璃管内,再装入放有干燥剂的玻璃瓶内,以保证湿敏元件长期处于干燥的环境中。

由于湿敏电阻的阻值随时间变化而有所漂移,因此在使用过程中采用湿敏电阻的比阻值来表示相对湿度。所谓比阻值,就是用某一相对湿度(如 0%RH)作为参考值,其他湿度的阻值与其相比。这就是探空仪使用前需要输入参考电阻值的原因。

④气压传感器

气压传感器采用 24PC 型硅阻固态气压传感器。24PC 硅阻固态气压传感器在工作范围(约 1 个大气压)内具有良好的弹性和重复性。

GTS1 型探空仪压力传感器采用软硬件温度补偿方法,补偿动态范围大、测量准确度高、成本低,同时改善了线性度。

气压传感器和温度补偿传感器直接安装在智能转换器的印制电路板上。

(2)智能转换器

智能转换器主要功能是将各类传感器的物理量,按一定格式转换成二进制代码。

①电路

智能转换器由单片机、积分器、比较器、多路开关、放大器、振荡器等电路组成。元器件位置如图 3.191 所示。

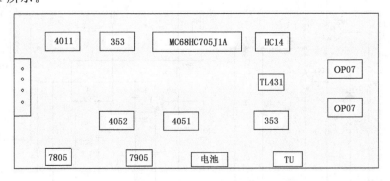

图 3.191　智能转换器主要元器件位置图

②A/D 转换

转换器采用软件双积分 A/D 转换方案,转换分辨力超过 14 位,并对温度影响采取了多种补偿措施,在 −35~50℃ 范围内的实际转换分辨力优于万分之三。为了降低探空仪的成本,提高数据可靠性,各传感器所测量的气象信息要素值转换由地面设备中的计算机根据各个探空仪检定数据进行处理,故智能转换器不带外部 EPROM 芯片。各个探空仪检定数据按规定格式存入移动存储器,随探空仪一起提供给用户。

③单片机

705J1A 单片机的 A 口有 8 位双向端口，B 口有 6 位双向端口。

单片机 PA$_7$ 输出的数据和副载波 32.7 kHz 信号经过处理后，数字"1"为低电平，数字"0"为高电平；副载波 32.7 kHz 信号受到数字"0"调制。

④ 基准电压

基准电压由稳压管 TL431 产生，再经 LF353 功率放大。

⑤副载波振荡器

副载波 32.768 kHz 振荡器由 32.768 kHz 晶体、电阻电容和 LF353 运算放大器产生。

⑥放大器

两单运算放大器 OP07 用来放大 PC24 硅压敏电桥输出电压。

（3）发射机

①超高频发射机

超高频晶体管 V$_9$，高 Q 值微带线，可微调电容 C$_{14}$，鞭状天线 W 与地网及 C$_{12}$，C$_{13}$ 构成超高频发射机。这种超高频发射机金加工少、结构简单、重量轻、频率调谐方便。

C$_{14}$ 是一个半可变电容器，调节铜螺丝的位置可改变 C$_{14}$ 的电容量，顺时针旋转螺丝电容增大，频率降低；逆时针旋转螺丝电容减小，频率升高。

穿芯电容 C$_{12}$，C$_{13}$ 用做超高频滤波。

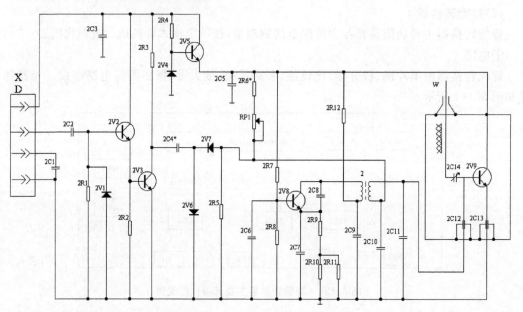

图 3.192　发射机电原理图

②超再生工作状态

GTS1 型数字探空仪的超高频发射机除了发送温、压、湿气象要素信息，还要接收地面雷达发射的询问信号，因此还必须具有接收机的功能。为使同一振荡电路具有收发两种功能，它只能处于超再生工作状态（即间歇工作状态）。

③淬频振荡器

淬频振荡器频率为 800 kHz。淬频振荡器调制在超高频发射机 RC 放电回路中,其正半周的某一部分使放电电压能够达到超高频发射机"起振阀电压",使超高频发射机振荡;而其负半周某一部分必须使超高频发射机停止振荡,也就是超高频发射机受到淬频振荡器 800 kHz 的调制。这是一种特殊的调制,能够保证超高频发射机的振荡处于"欠饱和"状态,这样超高频发射机在遇到地面雷达询问脉冲信号时,就能够达到"饱和"状态,使振荡幅度增大,产生回答"鼓包"和"缺口"。

④探空信号调制电路

智能转换器输出的二进制码,通过放大倒相后,副载波 32.7 kHz 幅度达到 24 V,通过隔直电容负电压直接加至超高频晶体管基极强迫超高频振荡器停止振荡,从而达到了调制目的。

在智能转换器输出二进制码期间内,超高频发射机受 32.7 kHz,800 kHz 和二进制气象代码的多重调制。

⑤发送时间

每帧气象信息发送时间约为 0.2 s,余下的时间(约 1s)发送超再生 800 kHz 同步振荡脉冲,随时等待雷达询问脉冲。

3)探空仪使用方法

(1)湿敏元件 R_0 基值测定(温度为 T_0)

①探空仪检测箱开关 c 置于"ON",接通电源,此时应检查显示屏数码管是否灯亮,轴流马达是否运转。

②按下检测箱开关 b 的 R 键,将湿敏元件插入专用插座并置于潮湿老化瓶内,观察检测箱显示阻值＞400 kΩ 即认为高湿老化完毕。

③将老化后的元件移至干燥剂瓶,将盖盖紧。

④检查 R_0 值。按下检测箱开关 b 的 R 键,4 min 后元件阻值稳定不变时,记录元件的阻值 R_0(合格范围:80kΩ＜R_0＜20kΩ)。

⑤检查 T_0 值。按下检测箱开关 b 的 T 键,开关 d 置于"T_0",10 s 后记录下瓶内温度 T_0,随后将开关 d 置于"T"(检测箱开关 b,c,d 具体位置见 JKZ1 型探空仪检测箱使用说明书)。

(2)温、压、湿传感器施放前的检测

①从干燥瓶内取出湿度元件,插入探空仪盒盖元件插座内,打开检测箱门,将探空仪盒盖放入检测室。把盒盖插头与检测室内插座连接,探空仪盒盖向上打开露出湿度元件,支起温度支架,关闭检测箱门。

②检测箱背面有±12 V 电源的四芯插头及温、湿传感器的三芯插头,将两插头与智能转换器 XP1,XP2 连接,此时探空仪发射机和智能转换器进入工作状态。

③取出检测箱湿球温度表沾上蒸馏水,按下检测箱开关 b 的 U 键,4 min 后即可进行温、压、湿传感器检测。

④检测箱湿球温度表沾水后,将 $1.1 * R_0$,T_0 数据输入计算机,核对湿度元件 $D_0 \sim D_5$ 的系数,确认无误后方可进行比对。

⑤比对应在湿球温度表沾水后 4 min 后的瞬间进行,记录检测箱显示的 U_1 值与计算机屏显示的 U_2 值,$U_1 - U_2$ 不超过±5％RH 即为合格。

⑥U 值比对后按下开关 b 的 T 键,10 s 后记录检测箱显示的 T_1 值与计算机屏显示的 T_2

值，$T_1 - T_2$ 不超过 ±0.4℃ 即为合格。

⑦T 值比对后记录计算机屏显示的 P_1 值与标准气压表 P_2 值，$P_1 - P_2$ 不超过 ±2 hPa 即为合格（P_2 不能用检测箱显示的 P 值）。

（3）发射机检查步骤

①探空仪基测时，要注意观测雷达荧光屏有没有应答"鼓包"和"缺口"，也不能多"缺口"。RP1 可用来调整回答"鼓包"和"缺口"。逆时针旋转"缺口"加深，顺时针旋转"缺口"变浅、变少。

②载波频率检查。如发现载频偏移过大，超过 ±3 MHz，可退回生产方修理。

（4）电池

①技术参数

负载电压 V_a：13.5～12.5 V；V_b：−13.5～−12.5 V。

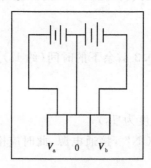

图 3.193　电池插头示意图

②电液配方

配方一：水 100mL，食盐 3g，水温 35℃±3℃。

配方二：清水，水温 35℃±3℃。

③电池准备

外观检查。准备使用时，再从铁盒中取出电池。电池塑料袋如已漏气，观察电池板有霉斑则不得使用。

电池拆封。施放前 25 min 电池拆封后，浸入浓度 3%、温度 35℃±3℃ 的氯化钠溶液中 3～5 min，取出后滴去余水（勿用力摔干，防止电解液太少）。镁电池浸液后，必须进行赋能。

电池赋能。将已浸液电池插入 JKZ1 检测箱上的赋能器插口进行赋能，但电压不能太高，因为该赋能器负载较重。具体赋能后电压可参看表 3.2。

表 3.2　电池电压表

检测箱电压（负载 150Ω）	GTS1 型探空仪电压	GTD1 单测风电压
18 V	23.2 V	24 V
19 V	23.8 V	24.3 V
20 V	24.4 V	24.7 V
21 V	25.3 V	25.5 V
22 V		26 V

根据表 3.2 建议：

• GTS1 型探空仪施放环境温度大于 20℃ 时，电池赋能后在检测箱上的电压为 18～19 V

即可。施放环境温度低于 20℃,电池赋能后在检测箱上的电压为 20 V 左右较好。

　　·GTD1 单测风施放环境温度大于 20℃时,电池赋能后在检测箱上的电压为 20 V 左右即可。施放环境温度低于 20℃,电池赋能后在检测箱上的电压为 22 V 左右较好。

　　探空仪接上电池后,地面作业时间不要太长,以免探空仪升空后,由于电池能量地面消耗太多,影响探空仪发射机工作状态和探测高度。

　　电池活化。用清水活化电池时间需延长,时间长短应视电池吸水层的饱和度,一般是气泡很少时即可。赋能办法同上。

　　④维护

　　注水镁电池是储备式电池,出厂前经密封处理,在正常条件下,有效保存期为 2 年。电池应存放在通风干燥的环境中。

　　(5)施放前工作

　　①将已赋能的镁电池放入电池保温盒,加盖后关闭探空仪纸盒。

　　②将基测合格的发射机、智能转换器连接后,放入 Γ 型保温盒,再放入探空仪纸盒里的保温盒内。

　　③将带有温、湿传感器的插头与 XP1 连接。

　　④将电池插头与 XP2 连接。

　　⑤加保温盒盖后,再将探空仪盒盖与探空仪纸盒闭合,随后翻出热敏电阻支架,用盒盖的细线系牢。

　　⑥用 33 m 绳将探空仪与气球连接起来,即可进行施放。

　　4)GTS1 型探空仪检查方法

　　(1)发射机检查

　　①载波频率调整。探空仪基测时如发现载频偏移过大,超过 ±3 MHz,不得使用。

　　②发射机回答"缺口"的调整。仪器施放前应检查发射机回答"缺口"深度,探空仪接通电池(或检测箱电源),3 min 后开雷达小发射机观察,"缺口"≥1/2 为正常。若太浅,则开雷达高压,如果"缺口"≥1/2 为正常,可以施放。若仍太浅可调整发射机板上靠近发射头附近的电位器(RP1),逆时针调节可使"缺口"变深,调好后用螺丝刀柄对电位器敲击两下,以防松动。调节时不能出现多"缺口";若 3 min 后出现多"缺口",则顺时针调节该电位器,过程同上。

　　(2)温、压、湿记录出现断续

　　探空仪接通电池(或检测箱电源)后,若发现大部分探空仪的温、压、湿记录不连续,而是断断续续,可能是由于雷达中的探空信号解调板工作点太临界,可换一块备份板试用。若仅个别探空仪出现温、压、湿记录断续,是该探空仪发射机的占空比状态与雷达温、压、湿解调器不匹配,可将该探空仪寄回工厂修理。

　　(3)探空仪温、湿检查

　　①地面基测超差的原因和解决方法见表 3.3。

表 3.3　地面基测超差的原因和解决方法

现象	原因	解决方法
1	检测箱内马达停转或转速慢	更换轴流马达
2	检测箱门关闭不好	将箱门关严
3	传感器在箱内稳定时间不够	适当延长检测时间不低于 3 min
4	检测箱干球表有水或水珠	用洁净布块将干球表上水珠擦净
5	传感器引线与支架接点虚焊	用铬铁加焊剂重新焊牢,重做基测
6	传感器断	退回工厂修理
7	插头座虚焊或脱焊	找出故障部位,重新焊牢
8	温度传感器错号	更换传感器或退回工厂修理
9	温度显示值不稳	更换探空仪
10	检测箱干湿表插头座接触不良或引线断	拧紧或更换接插件,引线断则重新焊牢并用胶布包牢

② 地面湿度基测超差的原因和解决方法见表 3.4。

表 3.4　地面湿度超差的原因和解决方法

现象	原因	解决方法
1	干燥剂失效	更换干燥剂
2	干燥剂量过少	干燥剂尽量多放,以不触及湿敏元件为准
3	未按规定时间比对	湿球温度表上水 4 min 后进行比对
4	基值测定后或安装时碰破元件膜层	更换新的元件重新基测
5	长期贮存后元件特性发生变化	更换元件
6	湿球纱布破损、污染或未按使用要求包扎	更换新的专用纱布,按使用要求重新包
7	检测箱内马达停转或转速慢	更换轴流马达
8	"T"/"T0"开关设置错误	将"T"/"T0"选择开关置于"T"的位置

③探测时湿度记录异常的解决方法见表 3.5。

3.5　探测时湿度记录异常的解决方法

现象	解决方法
探测过程中湿度测量值一直保持 80% 以上或随温度降低很少变化	应注意湿敏元件是否可靠插入座内

(4)GTS1 型数字式探空仪湿度片参数的修改方法

GTS1 型数字式探空仪湿度片参数的修改,是通过 GFE(L)1 型高空气象观测雷达的放球软件完成的。

①单击放球软件中探空仪序列号右侧的"设置探空仪参数文件"按钮,如图 3.194 所示。

图 3.194　序列号

②在弹出的对话框中(如图 3.195 所示),输入探空仪的校正年月。

格式:"年"用两位数表示,例如 2004 年输入是 04 ,"月"用实际月份表示。

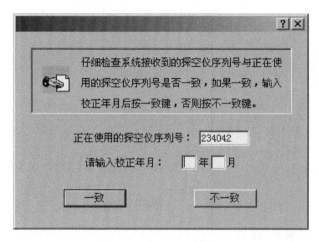

图 3.195 序列号检查

③输入完毕后,单击"一致"按钮。

④在弹出的对话框中(如图 3.196 所示),dD5～dD0 显示的数据就是湿度片参数。

图 3.196 探空仪校正

· 如果更换的湿度片是从同一个瓶子中取出的,则无需修改湿度片参数。

· 如果更换的湿度片是从不同瓶子中取出的,请将 dD5～dD0 文本框中的内容修改为瓶子中纸片上 D5～D0 的数据,如图 3.197 所示。

湿敏电阻器 0% 计算系数

生产批号：2002 年 9 月 23 日

D5: -4.865491E-05
D4: -2.832918E-03
D3: 1.075120E+00
D2: -1.468313E+02
D1: -3.231016E+02
D0: 1.107484E-01

使用前请细心核对计算系数
上海无线电二十三厂

图 3.197 湿度片批号

输入完毕后，单击"确定"按钮。

注意，在瓶子中的湿度片没有全部用完的情况下，请妥善保存瓶中纸片。

3.4.2 GTS1－1 型探空仪

探空仪在升空过程中，温度和湿度传感器的阻值、气压传感器的输出电压，随大气的温度、湿度、气压变化而改变，通过测量电路板采样转换成二进制码，并且调制到 1675 MHz L 波段发射机上，使其产生不同的工作状态，向地面二次测风雷达发射数据和测距应答脉冲。地面计算机接收到经解调的各类气象要素值，根据检定证计算出实际气象要素值，从而完成地面到高空 30 km 大气层温度、气压、湿度、风向风速的综合探测。

1）探空仪结构与工作原理

GTS1－1 型数字探空仪采用全电子传感元件和副载波调制的二进制数字代码遥测方法，具有良好的抗同频干扰能力。

探空仪由温度、气压、湿度传感器，测量电路板，发射机，电池组成。

（1）温度传感器

温度传感器采用负温度系数热敏电阻。它是多种金属氧化物在某些特定条件下烧结而成，获取热敏特性，具有灵敏度高、体积小、响应速度快、使用方便等特点。由于互换性差，每只传感器均具有各自的 $R-T$ 特性曲线。

基本参数：

外形：为棒状，阻体长约为 10 mm，直径约为 1 mm（含涂层），表面涂有高反射率涂层，可以减小长短波辐射的影响。

测量范围：＋50～－90℃。

输出形式：电阻，阻值范围为 9～700 kΩ。

响应时间：＜1 s。

滞后时间：＜1.5 s。

（2）湿度传感器

湿度传感器采用高分子碳湿敏电阻。它是将碳石墨与纤维颗粒按一定比例配方混合，研磨后涂覆在基片上，获取湿敏特性，具有灵敏度高、体积小、响应速度快等特点。每一批传感器具有相同的 R/R_0-U 特性曲线检定证。

基本参数：

外形：为片状。

测量范围：0%～100%RH。

输出形式：电阻，阻值范围为 10 kΩ～1 MΩ。

响应时间：<1 s。

滞后时间：<1.7 s。

滞　差　环：<10%RH。

(3)气压传感器

气压传感器采用的是硅压敏电桥 24PCCFD6A，它具有灵敏度高、尺寸小、横向效应小、滞后和蠕变小等特点。由于其温度系数很大，而探空仪在升空中的温度环境十分恶劣，因此采取了恒流供电方式，以改善灵敏度温漂。每块测量电路板均有各自的 $P = f(V, T)$ 特性曲面检定证，以保证其测量准确度。

外形：模块式。

(4)测量电路板

测量电路板由温、压、湿传感器和单片机，多路模拟开关，积分器，恒流源，差分放大器，电平移动放大电路等组成(见图 3.198)。其作用是将传感器所感应的温度、气压、湿度物理量，按一定的格式转换成二进制代码。

温度、湿度传感器均采用变阻式，即随着温度、湿度的变化传感器的阻值发生相应的变化。压力传感器采用硅压敏电桥，即随着气压的变化传感器的桥路输出电压发生相应的变化。

A/D 转换利用单片机及其内部定时器、内部比较器和积分器采用双积分原理进行电阻量和电压量的测量采集，由单片机控制多路模拟开关的工作时序依次测量各个电量。电阻量测量采用标准电阻比对法进行，通过由运放构成的－5 V 电压对标准电阻在一定时间内正向积分，然后再对待测电阻反向积分，并将积分时间计时保存，在 1 s 时间内每个电阻均测量 3 次，将计时结果取和作为测量代码。压力信号转换过程是，对 24PC 硅压敏电桥采用由高精度单运放构成的恒流源驱动，利用差分放大器对桥路输出电压放大，利用电平移动放大电路以确保转换后的待测电压信号为负值，电压测量就是通过待测电压对一电阻在一定时间内进行正向积分，然后再对该电阻进行反向积分，并将积分时间计时保存，在 1 s 时间内对电压测量三次，将计时结果取和作为测量代码。

为了补偿温度变化对压力传感器的影响，对激励电压进行分压并差分放大输出，来修正温度对气压的影响。

测量电路板由数据口发送温度、气压、湿度及参考等受代码调制的 32.7 kHz 方波数据信号，由控制口发送发射机要求的控制信号，送给发射机。

在数据发送控制电路作用下，发射机处于探空状态，发射机受控于数据信号。测量电路按顺序输出多项数据信号，通过数据发送控制电路作用于发射偏置电路，使超高频振荡器受控于有序的多项数据信号，并按顺序发射出去，供地面雷达接收。经地面终端处理，获得相应的气象数据。

由于测量电路与发射机是处于非共地状态，因此发射机与测量电路的接口端采用了动态电平识别电路，从而保证了信号传输的保真性及稳定性。

(5)发射机

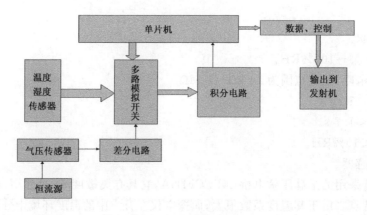

图 3.198 测量板框图

发射机由动态电平识别电路、回答控制电路、超音频振荡电路、数据发送控制电路、间隙振荡偏置电路、超高频振荡电路、限压电路等七部分组成(见图 3.199)。

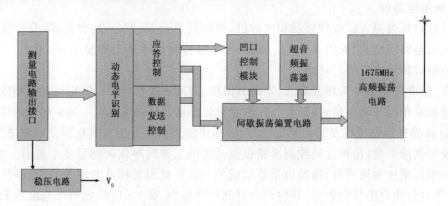

图 3.199 L 波段发射机

发射机在 24 V 电压下,根据超高频晶体管的参数,确定合适的偏置电路。在控制信号(即回答控制信号、数据发送控制信号)的作用下,发射机分别处于探空和回答状态。

在回答控制电路的作用下,发射机处于回答状态,此时发射机的振荡状态是处于"欠饱和"状态。当地面雷达发射询问信号时,发射机通过天线接收到询问信号,振荡强度立即从"欠饱和"达到饱和,使超高频晶体管回路电流增大,负偏压降低,造成淬频"失步",从而产生发射机与地面雷达询问信号相同步的回答波,即"凹口"。雷达根据对回波的跟踪,可确定发射机与雷达之间的仰角、方位、斜距,从而完成对发射机在空中的定位工作。

在数据发送控制电路作用下,发射机处于探空状态,发射机受控于数据信号。测量电路按顺序输出多项数据信号,通过数据发送控制电路作用于发射偏置电路,使超高频振荡器受控于有序的多项数据信号,并按顺序发射出去,供地面雷达接收。经地面终端处理,获得相应的气象资料。

由于测量电路与发射机是处于非共地状态,因此发射机与测量电路的接口端采用了动态电平识别电路,从而保证了信号传输的保真性及稳定性。

2) 探空仪技术条件

采样方式：数字。

调制方式：调幅。

测量范围：温度 $-90\sim+50\text{℃}$；

湿度 $100\%\sim0\%\text{RH}$；

气压 $1050\sim10$ hPa，气压高于或等于 500 hPa 时 $\triangle P\leqslant\pm2$ hPa(RMS)，气压低于 500 hPa 时 $\triangle P\leqslant\pm1$ hPa(RMS)。

基　　点：温度基点 $-0.3\text{℃}\leqslant\triangle T\leqslant0.3\text{℃}$

气压基点：-2 hPa $\leqslant\triangle P\leqslant2$ hPa

电气性能：

(1) 载波中心频率 1675 ± 3 MHz；

(2) 载波稳定性 $1672\sim1679.5$ MHz；

(3) 发射功率 $P\geqslant400$ mW；

(4) 淬频频率 800 kHz ±15 kHz；

(5) 接收灵敏度不大于 20 $\mu\text{W/m}^2$；

(6) 测距缺口与欠饱和振幅比不小于 30%；

(7) 调制频率 32.7 ± 0.5 kHz；

(8) 数字 1 状态，发射机处于回答状态，数字 0 状态，发射机受 32.7 kHz 方波调制，32.7 kHz 在高电平时发射机工作，在低电平时发射机处于关闭状态；

(9) 传输速率 1200 baud；

(10) 采样周期 $t\leqslant1.5$ s；

(11) 数据内容为时间，探空仪编号，测量要素；

(12) 供电电源为直流电压 $\pm12\pm1.0$ V，工作时间 100 min；

(13) 外形尺寸为 165 mm $\times85$ mm $\times215$ mm；

(14) 重量为 $m\leqslant400$ g(含电池)。

包装配套：出厂时，每 10 台探空仪包装成一箱；每箱内配装湿敏电阻 10 个、检定数据光盘 1 个、纸质检定证 1 张、电池 10 个、蜡绳 330 m、电脑打印纸一本 。

3) 数据处理及配套

采用现行 L 波段高空探空系统的处理程序。

计算机与雷达通过标准 RS-232 串口以 1200 波特率的速率联机进行。

波特率：1200 baud。

数据位：8。

停止位：2。

奇偶校验：偶校验。

流量控制：Xoff。

串口：COM1 COM2。

系统逻辑流程。

(1)实时数据处理软件逻辑流程(见图 3.200)。

图 3.200　实时数据处理软件逻辑流程

(2)探测数据处理软件逻辑流程(见图 3.201)。

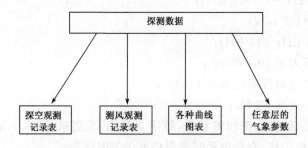

图 3.201　探测数据处理软件逻辑流程

(3)软件系统

高空探测资料处理软件全部模块化设计,这样便于维护和升级。

①放球软件

放球软件主要功能是控制、显示雷达的状态,接收数据、显示数据及各种曲线图表等。

②数据处理软件

数据处理软件主要功能为等压面、特性层、零度层、对流层顶及风的数据处理,生产各种气象产品,打印输出报表等。

(4)电池

准备使用时,再从铁盒中取出电池。电池塑料袋如已漏气,观察电池板若有霉斑则不得使用。

4)施放前工作

(1)放球前 45 min 取出湿度片,在蒸馏水瓶中进行高湿活化($R > 500$ kΩ)、低湿检测(8kΩ $\leqslant R_0 \leqslant 20$kΩ)。

(2)提前 40 min 按要求用 35～50℃清水将电池浸泡 3～5 min,测量其空载电压 > 27 V,负载电压 > 17.5 V 即可待用。

(3)将待放探空仪与基测箱±12 V 电源接通,接通 UPS 电源,开启计算机,校对时间,运行"放球软件",启动雷达,打开小发射机、摄像机,将雷达天线指向放球点,调整方位及仰角使 4 条亮线基本对齐。手调频率(1672～1678 MHz),增益(30～50 db)置自动,看有无脉冲及通信指示。

(4)示波器距离状态手调频率,看"凹口"天控自动状态跟踪。

(5)检查确定探空仪序号,输入探空仪生产年\月,调入仪器参数,核对所有参数数据。

(6)基值测定记下 R_0,T_0 值,湿度片插入盒盖相应的插座内,将盒盖放入基测箱,接上箱内插座,给湿球纱布上水,稳定约 3～5 min 后,分别按下 T1 和 U 键,读 T1 和 U 标准值及气压表读数和附温值,点击"基测""地面参数""基值测定",在相应栏中输入 T、U、P 和附温。基测合格及 $\triangle T \pm 0.4$℃,$\triangle U \pm 5$%RH,$\triangle P \pm 2$ HPa 点"确定"退出,关基测。

(7)读取瞬间数据,点"地面参数""瞬间观测记录",在相应栏输入观测记录。

(8)装配探空仪,悬挂于放球点。

(9)放球前的最后检查:序号一致,增益、天控、距离置自动,频率、"凹口"正确,探空仪的 T,P,U 合格,雷达状态 OK,脉冲通讯指示正常。

(10)正点放球。

3.4.3　GTS1-2 型探空仪

1)探空仪结构

GTS1-2 型数字式电子探空仪具有探测准确度高、操作使用方便、可靠性高、全部器件实现了国产化等特点。2010 年 7—8 月,该探空仪与 GFE(1)型二次测风雷达相配合,作为业务使用探空仪参加了由中国气象局承办的世界气象组织(WMO)第八届国际探空仪系统比对,并取得了比较好的结果。

探空仪由温度传感元件、湿度传感元件、气压传感元件、测量转换器、发射机、注水镁电池、泡沫包装盒七部分构成。

(1)探空仪外型及内部结构

探空仪安放在方形泡沫塑料中,外面由铜版纸包装和固定,包装纸盒具有防水和抗拽拉性能,施放时气球绳捆绑在纸盒上面的孔上。探空仪外形及内部结构如图 3.202 和图 3.203 所示。

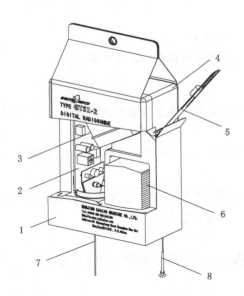

图 3.202　GTS1-2 型探空仪外形
1. 外包装盒;2. 探空仪发射板;3. 探空仪测量盒;4. 泡沫塑料盒;5. 焊有温度和湿度测量元件的传感器支架;6. 注水镁电池;7. 发射机天线;8. 照明灯(夜间放球用)

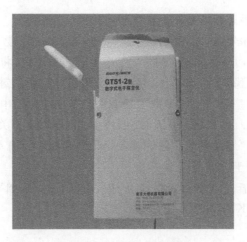

图 3.203　探空仪实际外形

（2）发射机

发射机高频微波部分采用新型微带天线匹配优化设计，结构简洁、效率高。发射板电阻、电容及集成电路器件采用贴片工艺，可靠性高。它由天线、微带印制板、微波振荡管、发射板等组成。其外形如图 3.204 所示。

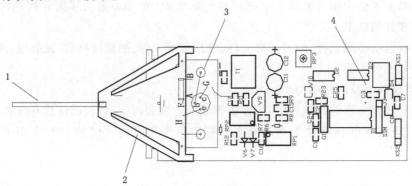

图 3.204　发射机
1. 天线　2. 微带印制板　3. 微波振荡管　4. 发射板

（3）测量转换器

测量转换器由真空膜盒气压传感器，上、下屏蔽罩，温度和湿度传感器支架，印制板，信号插头等组成。其外形结构如图 3.205 所示。

温度和湿度传感器支架采用特殊柔性材料制成，外层采用真空溅铝工艺，呈银白色。内部结构如图 3.206 所示。

注意，使用中禁止用手触摸温度和湿度传感器，施放探空仪时支架弯曲要平缓，有一定弧度，否则会造成内部引线折断，温度和湿度探空曲线异常变化。

（4）电池

探空仪电源采用镁氯化亚铜注水式电池供电。电池外形如图 3.207 所示。

2）探空仪的工作原理

探空仪由气球携带升空，其温度、气压、湿度传感器随大气环境的变化而改变相应物理量。

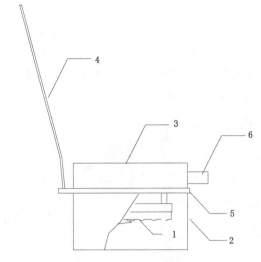

图 3.205　测量转换器

1. 真空膜盒气压传感器　　2. 下屏蔽罩　　3. 上屏蔽罩
4. 温度和湿度传感器支架　　5. 印制板　　　6. 信号插头

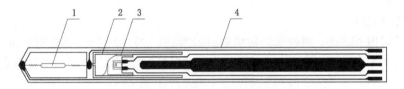

图 3.206　温度和湿度传感器支架

1. 温度传感器温　　2. 湿度传感器防水帽　　3. 湿敏电容传感器　　4. 传感器支架

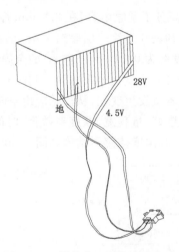

图 3.207　镁氯化亚铜注水式电池

测量转换器把传感器的物理量转换成二进制代码并调制在 32.7 kHz 副载波上,32.7 kHz 副载波再二次调制在探空仪 1675 MHz 载频上,向地面传送实时的气象信息。

GFE(L)1 型二次测风雷达设备通过接收系统接收探空仪发回的温度、气压、湿度气象信息。雷达终端软件根据探空仪生产时得到的传感器标定参数(检定证参数),计算出实时的温、压、湿数据。

　　雷达发射机向探空仪发出询问脉冲（测距）信号，当询问脉冲信号到达探空仪发射机时，探空仪发射机产生应答信号（回波），由此得到雷达与探空仪之间的斜距，从而完成了地面至 30 km 高度内的温、压、湿、风向风速的综合探测。图 3.208 是探空仪原理框图。

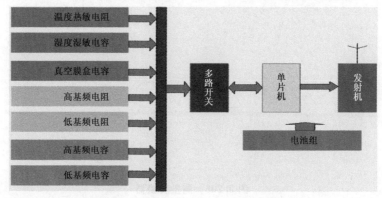

图 3.208　GTS1-2 型探空仪的工作原理

（1）传感元件

①温度传感元件

　　气温测量采用 MF55-3 型棒状热敏电阻，标称阻值 10kΩ±10%，其在测量范围内（−90～50℃），阻体长 8.5 mm，直径 1 mm 左右，表面有高反射率涂层，有极高的短波反射率和长波吸收率。

　　气压附温测量采用 MFB103 型珠状热敏电阻，安装在气压膜盒的外侧。

②湿度传感元件

　　湿度传感器采用 HS-02 型高分子湿敏电容，在 0.5 mm 厚的玻璃基片上真空蒸镀一对下电极，再用化学涂膜法在下电极和基片上涂一层厚约 2 μm 的高分子材料感湿膜作为电介质，在感湿膜上再真空蒸镀一层厚度约为 0.01 μm（100 Å）的金膜作为上电极。其测量原理是，在外界相对湿度变化时，水汽分子可以透过上电极薄膜达到高分子感湿膜表面而被吸附或释放，引起介电常数变化，使元件的电容量发生变化，从而感应出空气湿度的变化。此湿度传感器具有电容值随湿度变化率高、线性度好、量程宽、温度系数低、时间常数和湿滞回差小等特点，满足测量准确度和分辨力的要求。其湿度传感器结构如图 3.209 所示。

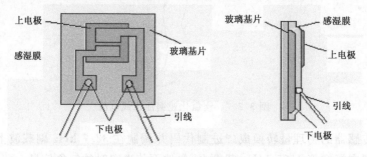

图 3.209　湿度传感元件

③气压传感器

气压传感器直径为 38 mm,厚为 8 mm。膜片材料选用特种弹性合金材料,两膜片为对称的圆心膜片,由电子束封接在一起。电容板两极为交叉引出,经金属玻璃熔封与膜片连接。膜盒内成真空状态。当外界气压变化时,膜盒膨胀或压缩,膜片带动与之相连的电容平板移动。电容两极之间的距离变化,使膜盒的电容量发生变化,测量电路根据电容量变化计算出气压值。其外形结构图如 3.210 所示。

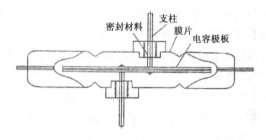

图 3.210 电容式空盒气压传感器结构图

该气压膜盒传感器具有如下特点:

· 电容值随气压变化率大,低气压区电容量变化更为显著。
· 在测量范围内具有良好的稳定度,测量准确度与分辨力高;
· 温度效应低。
· 不含机械传动装置及其他连接物,避免不必要的能量损失,保证了测量的准确度。

(2)测量转换器

测量转换器将传感器随大气环境变化的温度、气压、湿度物理量,转换成规定格式的二进制代码,送给发射机向地面传送实时的气象信息。转换器由单片机、多路开关、多谐振荡器等电路组成。测量转换器电路板如图 3.211 所示。

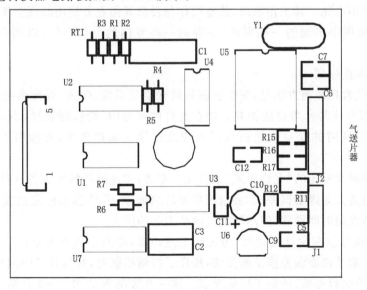

图 3.211 测量转换器

（3）发射机

发射板实物见图 3.204,主振部分有超高频晶体管、高 Q 值微带线、可变电容器、发射天线、地网构成超高频发射机,微带匹配按主振频率 1675 MHz 频点设计。这种超高频发射机结构简单、重量轻、频率调谐方便。

调节铜螺丝的位置可改变可变电容器的电容量。顺时针旋转螺丝电容增大,频率降低;逆时针旋转螺丝电容减小,频率升高。

淬频振荡器频率为 800 kHz。淬频振荡器调制在超高频发射机 RC 放电回路中,其正半周的某一部分使放电电压能够达到超高频发射机"起振阀电压",使超高频发射机振荡;而其负半周某一部分必须使超高频发射机停止振荡,也就是超高频发射机受到淬频振荡器 800 kHz 的调制。这是一种特殊的调制,调节 1675 MHz 主振发射管工作点,能使发射机工作在"欠饱和"状态,也就是超再生状态。超再生状态是相对"稳定状态",受 800 kHz 的调制,一旦受到同一频率信号触发,能使超高频发射机工作状态改变,也就是振荡幅度增强。在这样状态下,探空仪超高频发射机在遇到地面雷达询问脉冲信号时,迅速达到"饱和"状态,使振荡幅度增大,产生应答"鼓包"和"缺口",但询问脉冲结束时发射机又回到相对"稳定状态"。

为保证发射机盒温在 40～－20℃时能正常工作,有应答"鼓包"和"缺口",设计了温度补偿电路,对 1675 MHz 发射管主振进行温度补偿。高温时降低发射管工作点,不至于出现没"缺口",低温时提高发射管工作点,不至于出现多"缺口"现象。

每帧气象信息发送时间约为 0.2 s,余下的时间发送超再生 800 kHz 同步振荡脉冲,随时等待雷达询问脉冲。

3）探空仪的使用方法

GTS1-2 型数字探空仪正式投入业务使用以来,从全国使用该型探空仪的探空站反馈的信息来看,整体情况良好。GTS1-2 型数字探空仪基值测定采用的方法新颖,简化了基测步骤,操作简单易行。软件采用了中国气象局新的 3.0 版升级软件。其采用了新材料、新工艺,全部器件实现了国产化。其工作原理、放球操作与目前其他业务使用的探空仪有较大的差别。现根据台站在使用中出现的一些现象,本篇做一些专门的分析介绍,以利台站今后更好地使用。

（1）探空仪基测原理

目前,探空仪常用基测方法是,对将要施放的探空仪温度、气压、湿度参数进行基值测定,测出被基测的探空仪与参考值的误差。如在允许的范围内,则基测通过,不对其误差进行修正,可以放球。但这时的探空仪地面点误差往往比较大而被忽视,并被引入到放球的全过程中。

探空仪基测时被检出的"允许误差"来自几个方面:①传感器校准设备自身误差;②操作人员在数据采集时的人为因素误差;③测量板数据转换误差;④传感器标定曲线的拟合误差;⑤探空仪传感器特性随时间漂移、使用环境的改变引起的误差。

GTS1-2 型探空仪在设计定型时,考虑到上述因素,参照了国外探空仪厂家做法,在探空仪基测软件中采取了地面误差修正的方法,提高了探测准确度,并通过了中国气象局组织的静态、动态测量误差试验考核,达到了指标要求。这一方法在 2010 年 7—8 月第八届国际探空仪系统比对中,得到了进一步认证。

（2）探空仪基测方法

　　准备施放的 GTS1-2 型探空仪采用 XED-1 型数字式探空仪基测箱进行检测、基测。基测箱配有高准确度的温湿探头和数字式气压传感器，作为温度、气压和湿度的参考标准。

　　基测状态，雷达接收机接收并解调出探空仪发出的温度值、湿度值和气压值（仪器值）。基测时，操作人员读取并输入基测箱测量出的温度值、气压值和湿度值作为参考标准值，雷达数据处理软件对标准参考值和探空仪测量的温度值、湿度值、气压值进行比较。如在允许误差范围内，给出探空仪基测合格的结论，温、湿、压其中一项超出允许误差范围，基测将不能通过，必须更换探空仪。

　　基测合格并退出基测状态时，软件会自动把探空仪测量值修正到参考标准值，以消除由于探空仪漂移而引起的测量误差。

　　（3）探空仪基测的准备

　　①每箱探空仪为 10 套，包括电池、放球绳和检定证的光盘。开箱时应按照装箱单进行检查。

　　②包装箱内有一张光盘，每批探空仪的检定参数存在此光盘上，文件名为 id.dat，该文件包括该批探空仪的所有检定证书。从箱中取出后，在 lradar 主目录下，把 id.dat 文件考入 lradar/para 目录中（图 3.212）。

图 3.212　dat 文件

　　③施放前从包装箱中取出探空仪，剪开铝箔袋，脱去传感器保护罩，展开传感器支撑臂。注意，只去掉温度和湿度测量元件外面的保护罩，不要把湿度测量元件的防护罩取下，湿度测量元件的防护罩应保持原来的状态施放。

　　④泡电池。配置 3% 浓度的氯化钠（NaCl）水溶液，水温保持在 20～30℃ 之间。打开电池的塑料袋，将电池浸泡到盐溶液中，电池插头放在容器盒外面，过 3～5 min 取出，滴去多余的水。注意，不要甩干，而是自然滴出。

　　电池赋能。将电池与基测箱电池检测电缆连接，按下基测箱电源按钮，基测箱工作。"检测/赋能"按钮在弹起状态,基测箱显示屏显示探空仪电池电压,将"检测/赋能"按钮按下,显示屏显示探空仪电池赋能电流。检测状态,电池电压达到 26 V,赋能状态电流达到 300 mA(电流不能超过 600 mA),赋能检测完成,将电池放入泡沫塑料盒的舱内。

⑤打开基测箱检测舱门,放入配制好的硫酸钾(K_2SO_4)饱和溶液的专用塑料盒(图3.213),盖好舱门,开启基测箱电源。

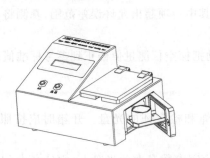

图 3.213　基测箱

⑥打开基测箱舱顶盖,将探空仪温湿测量元件的支架放入(图 3.214),然后盖好顶盖,观察 3～5 min,让湿度保持在 60%～85%RH 之间的一个较为稳定的数值。如果箱内湿度偏高,那证明硫酸钾饱和溶液浓度偏高,可加水稀释,反之适当添加硫酸钾,使之达到规定的湿度范围。但湿度达到 95%RH 以上时,将饱和溶液塑料盒取出,将抽屉关上使基测舱密封,再通风,利用自然湿度进行基测。

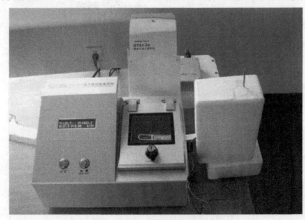

图 3.214　基测箱实际外形

⑦施放时,探空仪温度和湿度测量元件的支撑臂应向上弯曲,当探空仪天线向下时,使支撑臂与水平面的交角为 15°～45°,以防止下雨天雨水通过传感器杆进入仪器舱内。

(4)探空仪基测操作

目前,L 波段二次测风雷达—电子探空仪探空系统安装的是 3.10 版 GFE(L)1 型二次测风雷达高空气象观测系统软件。下面以此版本软件的操作为例进行介绍。(软件版本升级后,按升级后软件的使用说明进行操作)。

①安装 GFE(L)1 型二次测风雷达高空气象观测系统软件。

②在 lradar 主目录下,进入 lradar/datap 目录(图 3.215)。

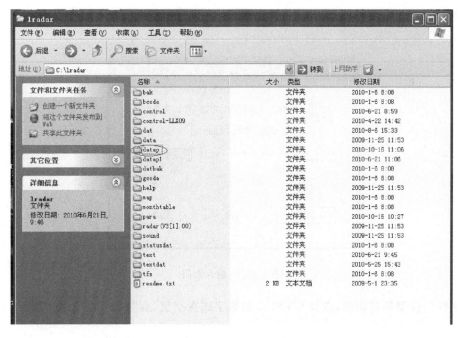

图 3.215　datap 目录

③打开 V3.10 数据处理软件(图 3.216)。

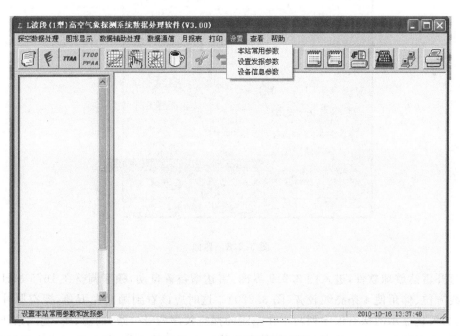

图 3.216　V3.10 数据处理软件

④设置本站常用参数,输入密码,点"确定"按钮(图 3.217)。

图 3.217 输入密码

⑤在探空仪型号对话框,选择 GTS1-2 型数字式探空仪,点"确定"按钮退出(图 3.218)。

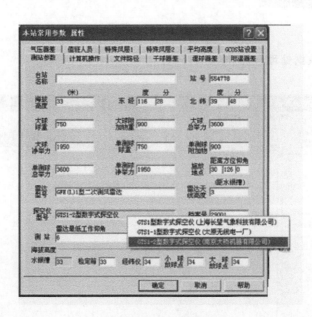

图 3.218 界面

⑥打开雷达放球软件,进入图 3.219 界面,雷达增益置自动,频率调整在 1675 MHz 左右,调整天线方位、仰角使 4 条亮线较齐(图 3.220)。这时应该看到画面左下角,探空脉冲指示在不停变化,雷达显示的探空仪序列与正在基测的探空仪序列号一致,而温、压、湿三条线分别是温度 25℃、气压 1000 hPa、湿度 30% 软件默认值。表明雷达工作正常,可以进入基测程序。

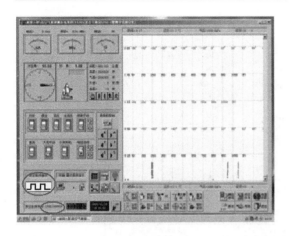

图 3.219　软件界面

图 3.220　4 条亮线

⑦首先确定序列号(图 3.221),点击"确定序号"按钮,进入图 3.222 界面。

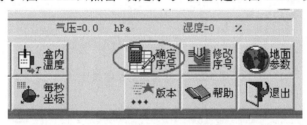

图 3.221　确定序列号

⑧检查显示的探空仪序列号是否与当前正在基测的探空仪序列号一致,如果一致,点击"确定"按钮,进入图 3.223 界面。

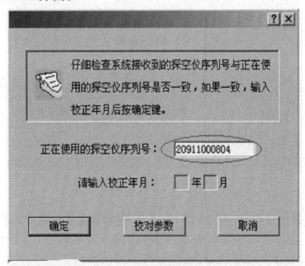

图 3.222　基测探空仪序列号一致

⑨图 3.223 右下角显示的是探空仪序列号,其余显示的是 47 位检定证参数(不可以空白),检查正确后,点"确定"键退出。打开基测开关(图 3.224),点击"地面参数"按钮(图

3.225)进入基值测定界面(图 3.226)。

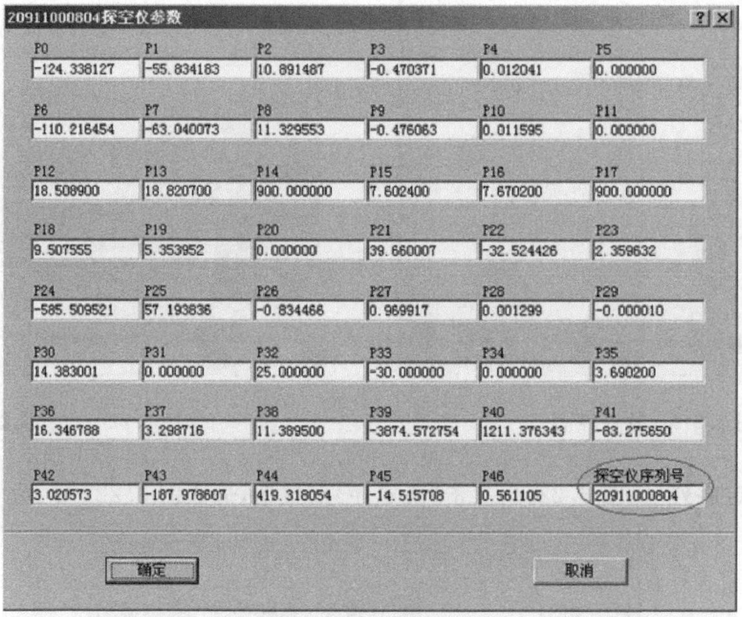

图 3.223　基测探空仪序列号

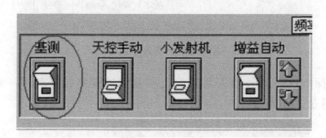

图 3.224　基测

图 3.225　地面参数

⑩为保证基测数据的正确性,探空仪的温度和湿度传感器支架放入基测箱后开始计时,目的是等待数据稳定。大约 3~5 min 后读取基测箱的数据,在图 3.226 中红色区域内输入基测箱的标准参考值,探空仪进入检测程序,检测软件对雷达送过来探空仪数据进行检测。检测到数据与基测箱数据(人工手输)进行比较,如果检测程序检测到的温、压、湿数据不在允许误差之内,这时检测程序会给基测软件返回一个检测不合格标记,基测不能通过。检测数据如在允许误差之内,检测通过,软件自动进入基测程序。

基测软件提示合格后点"确定"键退出，关闭基测开关，退出基测程序。基测软件会自动地把探空仪测量值修正到参考标准值，以消除由于探空仪漂移而引起的测量误差。整个基测完成。

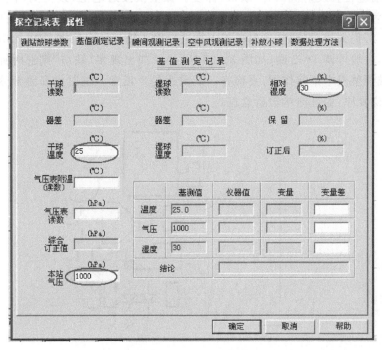

图 3.226　人工输入

⑪将探空仪小心地从基测箱取下来，按图 3.227 安放。A 点提示温度和湿度支架与泡沫盒之间的夹角在 15°～45°之间，雨天推荐采用夹角的下限放球。B 点提示温度和湿度支架弯曲要有一定弧度，避免内部引线折断，造成温度和湿度探空曲线异常变化。

将探空仪拿到放球点，升起来后检查下探空仪回波，温、压、湿数据（参考瞬间值），雷达状态一切是否正常，正常后进入放球待命状态。

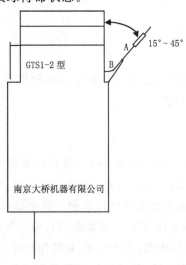

图 3.227　探空仪安放

（5）探空仪使用中故障处理

①发射机检查

仪器施放前应检查发射机回答"缺口"深度。探空仪接通电池（或检测箱电源），3 min后打开雷达小发射机观察，"缺口"≥1/2为正常。若太浅，则开雷达高压，如果"缺口"≥1/2为正常，可以施放。若仍太浅，可调整发射机板上靠近发射头附近的电位器（RP2），顺时针调节，可使"缺口"变深，一般可调1～2圈（如图3.228所示）。如出现多"缺口"则逆时针调回，如根本看不到缺口，或调整根本不起作用，要检查一下雷达是否正常。发射板高频部分不要动，调好后发射板按原样复原，盖好泡沫塑料盒盖。

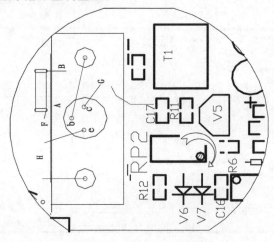

图3.228　探空仪发射机检查

②对基测过程中出现T,P,U某一项不合格的探空仪，可把lradar/data目录中对应探空仪序号的2xxxxxxxxxxx.frq文件通过邮箱发给工厂。分析确有故障的探空仪，返厂调换。

③在放球过程中发现T,P,U某一项有问题，可与生产厂家联系，把lradar/data目录中2xxxxxxxxxxx.frq文件和lradar/dat目录中S5xxxxxxxxx.dat文件一起发给生产厂家。厂家会根据探空仪实时工作代码，对数据进行分析，给出正确的结论。

3.5　探空仪检测箱

根据目前探空仪的种类，高空气象观测业务上使用的检测箱主要有JKZ1型探空仪检测箱和XED-1型数字式探空仪基测箱。

3.5.1　JKZ1型探空仪检测箱

JKZ1型探空仪检测箱是为GTS1型数字探空仪在施放前提供温度、湿度标准值的检测设备，用于判定探空仪传感器测量结果是否合格，同时给出温度、气压和湿度的修正值。检测箱配有热敏电阻通风干湿表，提供温度和湿度的标准值。数字显示窗口受下面的开关控制可以显示湿度传感器的阻值（R）、镁电池电压（V）、干球温度（T）、相对湿度（U）、气压（P）；按循环开关可循环显示干球温度、相对湿度、气压附温、湿球温度、基测箱高度气压。

检测箱还配有直流输出稳压电源，供探空仪施放前调机使用。

必须注意,JKZ1 型探空仪检测箱所显示的"基测箱高度气压",所采用的硅压阻传感器与被检探空仪的气压传感器属于同一准确度等级,不能作为探空仪所测气压的标准值使用。该气压值是检测箱本身由干球温度、湿球温度计算相对湿度的需要而设置的。其中的"气压附温"是所采用气压传感器本身的温度,用于气压传感器的温度系数修正,与被检探空仪的基测没有关系。

探空仪基测所用的气压值,按照《常规高空观测规范》规定,应采用探空站的水银气压表或同等级数字气压计。

1)整机组成

(1)结构

JKZ1 检测箱机箱采用金属铝翻砂铸成,结构牢固、密封性好、外表面喷塑、漆膜色泽鲜美耐用。结构分为图 3.229 与图 3.230 两种型式,用户可根据使用的方便性进行选用。

整机共由三部分组成:

a. 湿敏元件基测瓶;

b. 电器箱;

c. 检测室。

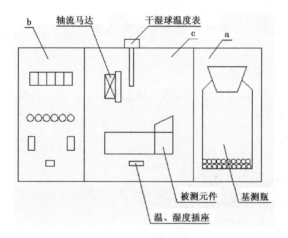

图 3.229　JKZ1 检测箱结构示意图一

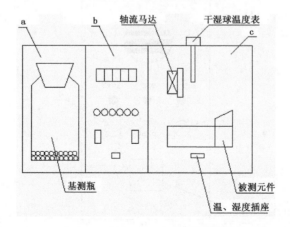

图 3.230　JKZ1 检测箱结构示意图二

（2）湿敏元件基测瓶

在检测箱内安装了供湿敏元件高湿老化用的硫酸钾饱和溶液瓶，及供基值测定用的干燥剂瓶。密闭在瓶内的硫酸钾饱和溶液其相对湿度可控制在95%～99%RH，密闭在瓶内的干燥剂可控制相对湿度在0～3%RH。

（3）电器箱

电器箱由前面控制板、后盖板及箱体部分组成。

①前面控制板（如图3.231）：

·a——各参数显示窗口，它受控于各参数开关b。

·开关b的选择功能如下：

R——按下此键显示被测湿敏元件的阻值（kΩ）；

V——按下此键显示被测镁电池电压；

T——温度键，按下此键显示检测室内环境温度；

U——湿度键，按下此键显示检测室内相对湿度；

P——气压键，按下此键显示基测箱高度气压；

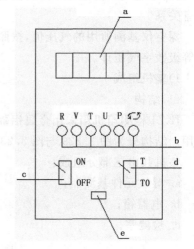

图3.231　电器箱前面控制板示意图

🗘——循环显示键，按下此键将按序循环显示：干球温度、相对湿度、气压附温、湿球温度及基测箱高度气压。

·c——AC 220 V电源开关。

·d——温度选择开关，开关位于（T）为干球温度；位于（T₀）为硅干燥瓶内温度。

·e——镁电池插座。

后盖板（如图3.232）：

·a——通风窗口。

·b——XS1，六芯凹座，色标为红色。

·c——XS2，五芯凹座，色标为黄色。

·d——XS3，六芯凸座，色标为白色。

·e——电源插座。

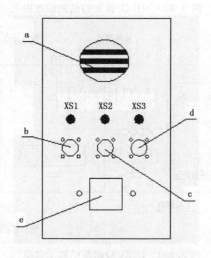

图3.232　电器箱后盖板示意图

③后盖板连接示意如图 3.233 所示。插座 XS1，XS2，XS3 与插头 XP1，XP2，XP3 的连接：

RT1——基测瓶内热敏电阻。

RT2——干球温度表。

RT3——湿球温度表。

RU——湿敏电阻。

S——风扇。

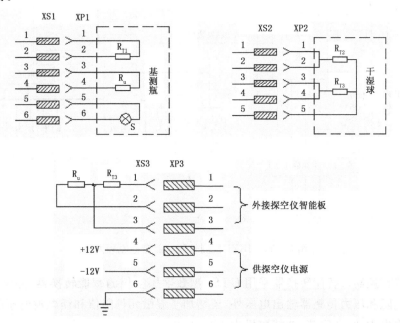

图 3.233　电器箱后盖板接线示意图

④电器箱体。在电器箱内安装了数据采集智能处理电路板、稳压电源板及参数显示板等。

(4)温度和湿度检测室

在检测室内装有通风干湿表、轴流马达及探空仪温度和湿度元件专用插座。探空仪温度和湿度元件与标准器的对比在检测室内进行。

①轴流马达及温度和湿度元件专用插座。轴流马达的特点是风量大、风速稳定、温升小、使用寿命长。其作用一方面是通过恒速运转后向干湿球温度表输送恒定的风量，提高 A 系数的稳定性，另一方面通过马达大风量的搅拌，检测室内的温度、湿度的均匀性得到了改善。检测室内的插座是为探空仪温度和湿度元件设计的一种专用插座，该插座与后盖板 XS3 插座连接。

②通风干湿表。通风干湿表由干球温度表、湿球温度表、轴流马达组成。干湿球温度表的温度阻值特性完全一致，测量误差不超过±0.1℃，具有长期稳定性，年漂移小于 0.03℃。湿球温度表与干球温度表的区别是湿球温度表的表面包有一层脱脂纱布。

2)工作原理

(1)电路构成

① 电器箱电原理方框如图 3.234 所示。

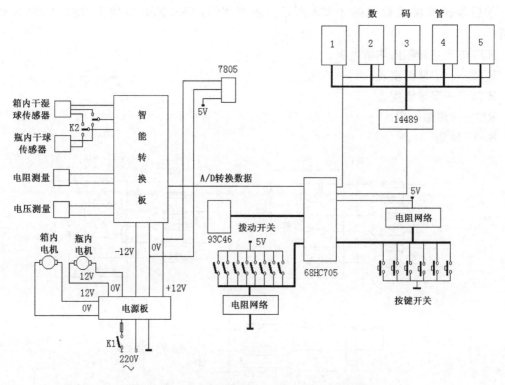

图 3.234　JKZ1 检测箱的电器箱电原理方框图

②智能转换器。智能转换器采用 GTS1 型数字探空仪的智能转换器,除干球、湿球、气压附温热敏电阻和压力传感器输出电压外,还增加了湿敏元件阻值和镁电池电压的 A/D 转换功能。转换输出为 25 个字节,波特率仍为 1200 bps。

③ 数据处理与显示。68HC705 单片机的主要功能是存贮各测量要素的计算公式;通过 14489 译码电路控制位显示数码管;根据按键开关位置控制显示要素值;根据拨动开关位置修正气压显示值。

④存储器。93C46 存储器是 EPROM 电路,存贮各测量要素的检定参数。

⑤显示管。显示管为 GK-5101A5-1

⑥K2 为温度选择开关。

⑦电源板。电源板采用 MSPS 微型开关电源模块;输出三路电压:＋5 V,＋12 V,−12 V;K1 为电源开关。

(2)结构布置

① 电器箱硬件结构

图 3.235 是电器箱前控板结构示意图。

②拆卸步骤

·卸掉前面板 4 个螺钉。

·卸掉后面板 4 个螺钉。

·从后面卸掉板"装卸"螺钉。

·从前面取出电器箱。

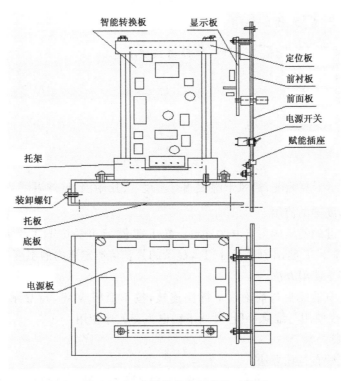

图 3.235 电器箱前控板结构示意图

3)使用方法

(1)湿敏元件高湿老化瓶的用法

① 硫酸钾饱和溶液的配制及用途

将 50 g 左右的硫酸钾(K_2SO_4)晶体倒入瓶内,再倒入适量的蒸馏水,使其完全溶解达到饱和状态,待用。硫酸钾饱和溶液在密闭容器内能产生 95%~99% 的相对湿度,该湿度环境供湿敏元件高湿老化之用。饱和溶液经长期使用水分逐渐蒸发减少最后成为结晶体盐,此时可按配制方法向容器内再次加入适量蒸馏水即可。

② 使用方法

·开启电源开关 c,按下 R 键。

·将湿敏元件置于专用插座上,放入瓶内盖紧瓶盖,这时显示窗口便显示被测元件在高湿环境内的阻值,老化完毕后取出元件盖紧瓶盖。

(2)基值测定瓶的用法

基值测定是指湿敏元件在干燥剂容器内,即湿度为 3%RH 以下环境内进行元件阻值的测量。

·向瓶内缓慢倒入干燥剂,离湿敏元件底部 5 mm 处即可,盖紧瓶盖待用。

·经潮湿老化后,传感器转移至基值测定瓶内,盖紧瓶盖,通风搅拌时间约 4 min,待元件阻值稳定不变时便可记录。干燥剂极易吸潮,每次测试完毕后应立即盖紧瓶盖,防止失效。建议一星期更换 2~3 次,以保证元件基值测定的准确性。

(3)各功能键的使用

①R,V,T,U,P,↻ 键的使用

分别按下 R,V,T,U,P,↻ 键时,仪器将会显示:

R:湿敏元件的电阻值;

V:镁电池电压;

T:干球温度;

U:相对湿度;

P:环境气压;

↻:循环显示干球温度、通风干湿表相对湿度、气压附温、湿球温度、基测箱高度气压。

②T 干湿球温度键的使用

T 干湿球温度键的使用应与 d 开关连动。按下 T 键,d 开关位于 T,这时显示的是通风干湿表的干球温度;按下 T 键,d 开关位于 T_0,显示的是基值测定瓶内的温度。

③镁电池插座 e 使用方法

将注水后的镁电池插头与前面板 e 插座连接,按下面板 V 键,待显示器达到额定值(见 GTS1 型数字探空仪使用与维修手册)时取下镁电池待放球使用。

(4)通风干湿表

①湿球温度表纱布包扎方法

将脱脂纱布剪成 20 mm×40 mm 长方形状,包扎前纱布沾上蒸馏水,使其完全湿润,纱布绕温度表表面转动⅓圈,且紧密贴住湿球表,用脱脂棉线将纱布在湿球温度表的凹陷处及底部扎紧,然后剪去底部多余纱布。

②通风干湿表的使用方法

通风干湿表是用来测量检测室内环境温度 T 及相对湿度 U 的一种标准器。干球温度表安放在检测箱中央偏后方,湿球温度表则位于干球温度表的前面。当需要测量检测室内的标准温度、湿度时,按以下步骤进行:

· 开启电源开关,此时显示窗口灯亮,轴流马达转动。

· 关紧检测室门,取出湿球温度表沾上蒸馏水,然后插入原孔内,等 3 min 后在第 3～5 min 内录取温度和湿度的标准值。录取或显示方式有二种:

选择显示:按下 T 键,d 开关位于 T,此时显示干球温度;按下 U 键,d 开关位于 T,此时显示相对湿度。

循环显示:按下 ↻ 键,d 开关位于 T,此时循环显示、干球温度、相对湿度、气压附温、湿球温度、地面环境气压。

(5)温度、湿度检测

探空仪温度、湿度传感器与检测箱内温度、湿度标准器的比较:

· 开启电源开关 c,按下 R 键。

· 探空仪湿敏元件插入专用插座并置于潮湿老化瓶内,元件阻值>400 kΩ,即认为高湿老化完毕。

· 老化后的元件移至干燥剂瓶,将盖盖紧,稳定时间约 3 min。元件阻值稳定不变时,记录元件的阻值 $1.1 * R_0$(8 kΩ< R_0<20 kΩ)及瓶内温度 T_0,并输入计算机。

- 取下湿敏元件,插入探空仪盒盖元件座上,连同盒盖置于检测箱内,插入检测室专用座上,关紧检测室门。
- 接通探空仪温度、湿度传感器与整机的连线,此时在计算机屏幕上能显示出探空仪 T,P,U 参数的测量值。
- 在进入正式比对前湿球温度表沾上蒸馏水,稳定 3 min,在 3～5 min 内录取标准器的温度、湿度值。取标准器的温度、湿度值与计算机录取的探空仪温度、湿度值进行比对,合格与否参照技术指标要求。

(6)探空仪气压与标准器的比对

检测箱提供的气压显示值只作为相对湿度计算时进行气压修正用,不作为气压的标准。气压标准由使用规范选用的气压测试仪表进行确定。

在进行温度、湿度传感器比对时,计算机屏幕同时也录取了气压值,该气压值与标准仪表的气压值进行比对即可。合格与否参照技术指标要求。

(7)注意事项

- 检测箱应在室内环境使用,备份检测箱的储存室应尽可能保持干燥、不能存放腐蚀性气体,无强烈振动、冲击和强电磁场作用。
- 开箱应按标记正面向上,避免用力撞击。

4)维修方法

(1) 故障与排除

JKZ1 型操空仪故障及解决方法见表 3.6。

表 3.6　JKZ1 型操空仪故障及解决方法

故障现象	原因	解决方法
1. 数码管不亮、轴流马达停转	a. 保险丝断 b. 电源开关坏 c. 稳压源坏 d. 轴流马达坏	a. 更换保险丝 b. 更换电源开关 c. 更换电器箱内稳压源 d. 更换轴流马达
2. 数码管亮,轴流马达停转或转速明显偏慢	轴流马达坏	更换轴流马达
3. 个别数码管不亮	数码管坏	更换数码管
4. 温度显示出现−20℃以下值	a. 干湿球温度表断路 b. 引线脱焊或断线	a. 检查温度表插头是否旋紧 b. 检查插头内接线是否正确(接点 1,2 是干球;3,4 是湿球;5 是共地点)
5. 相对湿度始终显示 99% 或 100%	干湿球引线接反	将干湿球引线对换重焊
6. 湿度显示值有疑问	a. 湿球纱布没有完全湿润 b. 沾水后读数时间不正确 c. 温度选择开关错位 d. 轴流马达坏	a. 将全部纱布沾水后重新测量 b. 沾水 3 min 后读数 c. 温度选择开关置于"T"位置 d. 更换轴流马达
7. 湿敏元件误差检测结果连续出现不合格	a. 干燥剂失效 b. 干燥剂量不够多 c. 湿敏元件特性变	a. 勤换干燥剂 b. 按使用要求尽量多放干燥剂 c. 及时向生产方反映更换元件

续表

故障现象	原因	解决方法
8. 高湿活化时元件阻值超差	a. 活化瓶内水分已蒸发 b. 瓶内外温差大 c. 太阳直射或离热源太近	a. 向瓶内加适量的蒸馏水 b. 向瓶内适量加热水 c. 远离热源
9. 无±12 V输出	a. 引线断 b. 电气箱内插头松 c. 电源板坏	a. 重新焊接 b. 卸出电气箱检查相应插头 c. 退回工厂修理
10. 赋能失效	赋能电阻脱落	a. 卸出电气箱 b. 重新焊接前面板赋能插座的赋能电阻

(2)检查与检定

①温度检测范围的试验方法

替代法。依据热敏电阻干球、湿球温度的计算系数分别计算出 0℃,20℃,40℃所对应的电阻值,用电阻箱替代热敏电阻值接入电路的输入端,其数字显示的温度范围及各被测点温度误差应不超过±0.2℃(标准差)。

实测法。仅限于测量冰点温度。在保温瓶内盛装洁净碎冰块,将干球、湿球的热敏电阻轻轻插入冰块内,待温度稳定后读取干球、湿球温度的显示值,应在 0±0.2℃以内。

②湿度检测范围的试验方法

用热球式电风速计探头测量检测箱,干球、湿球热敏电阻垂直风口位置的风速应在 2～2.5 m/s。

替代法。

按温度检测范围的试验方法,计算出干球温度 20℃所对应的电阻值,并用电阻箱替代干球热敏电阻,其温度示值误差应不超过±0.2℃。按温度检测范围的试验方法,分别计算出湿球温度 8.4℃,13.8℃,19.4℃所对应的电阻值如表 3.7 所示。用电阻箱分别替代各测试点电阻值,其相对湿度的数字显示值与标准相对湿度之差应不超过±2%RH(标准差)。

表 3.7　干球温度 20℃时,各湿球温度对应的电阻值

	干球温度 20℃		
湿球温度	8.4℃	13.8℃	19.4℃
湿球电阻值	kΩ	kΩ	kΩ
标准湿度值	14%	50%	95%
仪表读数	%	%	%

③气压检测范围的试验方法

将检测箱置于大型气压箱内,通电 30 min 左右进行检测,检测点为 1060 hPa,1000 hPa,700 hPa,500 hPa。气压标准器为振筒气压表,检测后气压数字显示值与标准气压值之差应不超过±1.5 hPa。

3.5.2　XED-1 型探空仪检测箱

作为地面气象的温度、湿度、气压标准,XED-1 型数字式探空仪基测箱对准备施放的数字探空仪进行检测,完成探空仪的基测工作。

XED-1 型数字式探空仪基测箱配有高准确度的温湿探头和数字式压力传感器,数字显示窗口可显示 T(温度)、P(气压)、U(相对湿度)。提供直流稳压电源输出供探空仪检测、基测使用,并有匹配探空仪电池赋能功能。具有整机结构牢固、设计新颖、使用简单方便、基测数据稳定可靠的特点。

1) 功能与结构

(1) 机箱采用金属铝翻砂铸成,结构牢固、密封性好、外表面喷塑、漆膜色泽鲜美耐用。结构示意如图 3.236 所示。

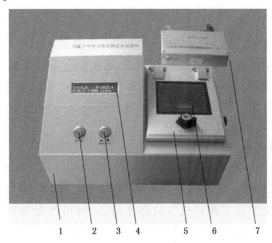

图 3.236　XED-1 型检测箱外观示意图

1. 电器箱;2. 电源开关;3. 赋能开关;4. 显示屏;5. 基测舱盖;6. 温度、湿度探头;7. 基测箱电源

(2) 基测箱显示屏(图 3.237)显示基测箱温、压、湿数据。T 为温度,单位为摄氏度(℃);P 为气压,单位为百帕(hPa);U 为相对湿度,单位为百分数(%RH);V 为电压,单位为伏特(V);I 为电流,单位为毫安(mA);最后的是开机时间(分:秒)。

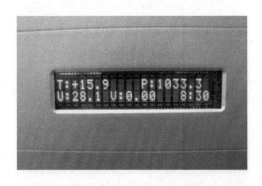

图 3.237　XED-1 检测箱显示屏

（3）基测箱后面板功能插座如图3.238所示。

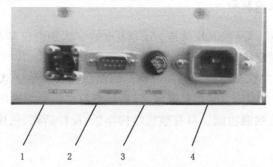

图 3.238　XED-1 检测箱后面板功能插座示意图

1. 直流电源输出和电池赋能插座；2. RS232 接口（保留）；3. 保险丝座；4. 220 V 交流电源插座

（4）基测箱具有以下功能：

①适用于 GTS1-2 型电子探空仪的地面检测和基值测定；

②提供探空仪地面检测和基值测定时的温度、湿度和气压标准值并显示其数值；

③提供探空仪地面检测和基值测定时的电源。

④具有对探空仪专用电池赋能和电压测量的功能。

2）操作方法

（1）硫酸钾饱和溶液的配制及用途

将 50 g 左右的硫酸钾（K_2SO_4）晶体倒入高湿盒内，再倒入适量的蒸馏水，使其完全溶解达到饱和状态，待用。硫酸钾饱和溶液在基测箱内能产生 90%RH 以上的相对湿度。饱和溶液经长期使用水分逐渐蒸发减少最后成为结晶体盐，此时可按配制方法向容器内再次加入适量蒸馏水即可。

（2）使用方法

①打开基测箱右侧门，将装有硫酸钾溶液的高湿盒（产生高湿）放入高湿盒抽屉，放好后推上侧门。如图 3.239 所示。

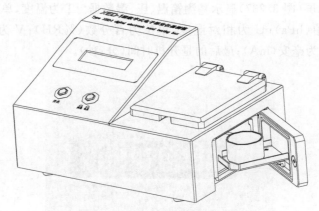

图 3.239　XED-1 检测箱侧门开关示意图

②探空仪基测操作，参照第 3 章第 3.4.2 节中使用方法要求。

（3）探空仪电池赋能

探空仪电池赋能,参照第 3 章第 3.4.1 节中有关方法要求。

(4)注意事项

①在正式录取数据前,应开启基测箱电源预热 3~5 min。

②开启基测箱后观察基测室内的风扇是否运转正常,风扇的搅拌能改善基测室内的温度、湿度的均匀性。

③探空仪传感器支架的放置要小心谨慎,以防舱盖卡坏。

④高湿盒在使用时打开放入基测箱;使用完毕后,应及时取出,并将盒盖盖紧。

⑤禁止触碰温度、湿度敏感元件。湿敏电容罩不要取下。

3.6　探空气球

常规高空气象观测主要是依靠施放气球进行,因此气球在高空观测中占有重要的地位。在进行高空风观测时,由于气球在升空的过程中其坐标随着风向风速的变化而不断发生变化,因此采用跟踪测量设备或卫星导航定位的方法,可获得气球不同时刻的坐标或速度,通过计算就可以得到高空风向风速。同时,气球又是探空仪升空的运载工具,探空仪升空使气象要素传感器感应到空中气象参数的变化。

3.6.1　规格型号

气球可以分为膨胀型和非膨胀型两类。高空探测通常采用胶乳膨胀型气球。依据气球的外形、运动状况、载荷重量、可以达到的高度以及颜色等有多种规格型号。

气球在空中飘浮可以有三种方式:

(1)气球以一定的速度上升。

(2)在空中某一高度(等密度面)上平移。

(3)气球升到某一高度再以一定的速度降落。

第一种方式为目前常规高空探测常用的方式。

按照使用目的,膨胀型气象气球通常可分为三类:

(1)探空气球。可以携带无线电探空仪,载荷重量为 1~2 kg,升速在 300~500 m/min,探测高度在 0~40 km 左右,在测风的同时测量空中温度、气压和湿度。

(2)测风气球。固定升速为 100 m/min 或 200 m/min,用光学经纬仪跟踪,测定气象可视高度和距离范围内的高空风。

(3)测云气球。又称为云幂气球,与测风气球基本相同,通常采用 100 m/min 升速,用光学经纬仪跟踪,或用望远镜、人眼直接观察并计时的方法获得云底高度。

非膨胀型气球通常为平移气球,能够保持在某一高度随风飘移,对特定高度大气参数进行水平探测。有一种作为运载工具的平移气球,最大体积有数十万立方米,载荷重量在 1000 kg 以上,可以环球飞行探测。非膨胀型气球所充氢气通常是开放的,到特定高度即可自动放出氢气,使气球保持在一定高度上,也可采用遥控方法对气球放气,以保持在规定高度而不至于爆破。

①系留气球。由地面绳索牵引,停留在大气某一高度上。系留气球多为流线型,升空高度一般小于 2 km,通常为非膨胀型气球。

②洛宾气球。随火箭升空弹出后向下降落时进行探测的气球,它是用聚酯薄膜制作的非膨胀型球形超压气球。球皮内装有戊烷液体,利用其气化充气,充气后直径约 1 m,球内超压为 10～20 hPa,球内还装有八面体的角反射器作为雷达的反射靶。

③棘面气球。其直径约 2 m 的非膨胀型气球,在球面上有数百个底直径为 7.6 cm,高为 7.6 cm 的突出角锥物,由表面电镀金属的聚酯薄膜制作而成,用作雷达追踪的反射靶。

目前,高空气象观测业务上通常使用的气球规格和用途如表 3.8 所示。

表 3.8　气球的主要参数和用途

规格(g)	重量(g)	长度(mm)	柄宽(mm)	柄长(mm)	用途
10	10±4	180±30	≤37	≥40	测云
20					测风
30	30±5	340±40	≤52	≥60	测风或测云
50	50±5	450±50	≤60	≥60	测风
100	100±15	600±60	≤70	≥80	测风
200	200±30	950±100	≤100	≥100	测风
300	300±30	1300±100	≤100	≥100	单测风
400	400±40	1380±100	≤100	≥100	探空
500	500±50	1800±100	≤100	≥100	探空
600	600±50	2100±120	≤100	≥100	探空
750	750±50	2300±200	≤100	≥110	探空
950	950±70	2500±200	≤100	≥110	探空
1200	1200±100	2850±200	≤130	≥110	探空
1600	1600±$^{50}_{80}$	3300±250	≤130	≥120	探空

测风和测云气球通常有红、白、黑三种颜色,以适于不同的天空背景。探空仪气球通常为白色。

3.6.2　升速及误差

对于测风气球和云幂气球,控制其上升速度是极为重要的。利用测风气球和云幂气球进行高空风测量或者测定云高时,需要气球匀速上升,以便根据时间计算气球高度。气球升速的准确性和均匀性直接影响风速测量结果和云高的误差。

在用雷达单测风或用双经纬仪基线测风时,气球上升速度的控制并不严格,但要达到规定的高度也要以充气的多少进行控制。通常情况下,气球的升速越小爆破高度越高,可以探测较高处的高空风,但气球的飞行距离就会增加,气球的仰角可能变低而不便于跟踪,因此要根据实际情况和需求确定气球上升速度。

在气球悬挂探空仪时,由于探空仪传感器的时间常数限制,必须保持规定的速度探测数据才是有效的,气球升速不能太高也不能太低,必须保持在《常规高空气象观测业务规范》高空气象观测规定的范围内。对于目前业务使用的探空仪,气球的平均升速应接近 400 m/min。当气球升速小于 150 m/min 或大于 600 m/min 时,探空数据不再进行处理,即气球升速太大或太小的数据都是没有用处的。因此,高空探测业务人员应具备气球升速计算及调整的基本知识。

1)气球的基本性质

在讨论气球的基本性质时,通常只考虑膨胀型气球。以三个方面的指标考虑,即透气性能、膨胀性能和弹性性能。

透气性能对于膨胀型气球而言,目前橡胶气球漏气率通常为 2‰/h~5‰/h。当温度降低时,漏气率按指数率减小,当气球体积增大时,漏气率增大。

膨胀性能是膨胀型气球的重要特性。球皮爆裂时的直径与球皮未充气时的直径之比称为膨胀率。目前,橡胶气球的膨胀率最通常为 6.5~8.5,平均为 7.0。

由于气球的弹性性能使球内外压力差不等于零,其压差为 ΔP。由芬兰 Vaisala 公司实验得出如公式(3.2)所示的关系:

$$\Delta P = \frac{2d_0}{r_0} f(e) \tag{3.2}$$

其中:

$$f(e) = \frac{a}{e^3} e^{\left[b(e-1) - \frac{c}{e-1} \right]}$$

式中,d_0 为球皮厚度;r_0 为球皮未充气的厚度;$f(e)$ 是膨胀率 e 的函数;a,b,c 是与气球材料有关的常数。

$e \sim f(e)$ 的关系曲线如图 3.240 所示。当 $e = 1.2$ 时,即刚开始充气,$f(e)$ 达到最大值;随着充气量的增加,当 $e = 3.8$ 时,$f(e)$ 达到最小值;之后略有增加。一般而言,ΔP 约为 7~20 hPa。

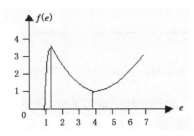

图 3.240　气球膨胀率与球内外压差之间的关系

2)气球对环境风场的响应特性

气球测风是把气球看作随气流移动的质点,用仪器测量气球相对于观测点的空间坐标位置,确定气球的空间位置与运动的轨迹;根据气球在某时段内位置的变化,计算出它的水平位移,从而计算出相应大气层中的平均风向和风速。那么,气球的运动能否客观反映气流的流动呢?因此,必须研究施放时气球对大气环境风场的响应特性。

气球系统在大气中受到的浮力和重力分别为

$$\vec{f} = m_a \vec{g} \tag{3.3}$$

$$\vec{F} = -m_b \vec{g} \tag{3.4}$$

式中,m_a 为气球系统排开的大气质量;$\vec{g}$ 为重力加速度;m_b 为气球系统总质量。

$$\vec{A} = \vec{f} + \vec{F} \tag{3.5}$$

式中,$\vec{A}$ 为气球所受到的净举力。

当气球在大气中运动时将受到空气的黏性阻力。由实验可得,当气球与气流的相对速度在 2~100 m/s 时,空气的黏性阻力可表示为公式(3.6)所示:

$$\vec{f}_n = -\frac{\rho s c_d |\vec{V}_r| \vec{V}_r}{2} \tag{3.6}$$

式中，ρ 为空气密度；s 为气球截面积；c_d 为阻力系数；$\vec{V_r}$ 为气球与气流的相对速度，$\vec{V_r} = \vec{V_a} - \vec{V_b}$，$\vec{V_b}$ 为气球的速度，$\vec{V_a}$ 为气流的速度。

空气阻力系数 c_d 是雷诺数 Re 的函数，雷诺数的表达式如公式（3.7）所示：

$$Re = \frac{\rho V_r D}{\eta} \tag{3.7}$$

式中，D 为气球直径；η 是空气的黏性系数。

阻力系数与雷诺数的函数关系如图 3.241 所示。由图可见，在 Re 值较低及较高区间时，c_d 值基本不变，可视为常数；当 Re 处于区间 $[1 \times 10^5, 3 \times 10^5]$ 时，c_d 随 Re 增大而减小，该区间称为临界区间。对于云幂气球而言，Re 值处于临界区之外，c_d 可视为常数。对于测风气球和探空气球来说，Re 值处于临界区以内，c_d 不是常数。

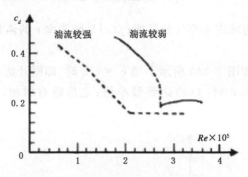

图 3.241　阻力系数与雷诺数的关系

当气球相对于大气进入运动状态或作变速运动时，则不仅气球被加速，而且周围的流体也以越来越大的速度运动，相当于在大气流场中诱导出一个新的流场。因此，推动物体运动的力不仅增加物体的动能，而且增加流体的动能，从而产生变速运动附加力，如公式（3.8）所示：

$$\vec{f_c} = m_c \frac{\mathrm{d}\vec{V_r}}{\mathrm{d}t} \tag{3.8}$$

式中，m_c 为变速运动附加质量。对于气球相对于大气流场作不定常运动时，可以证明：

$$m_c \approx m_a \tag{3.9}$$

根据气球在运动过程中的受力情况，得到运动方程为

$$m_b \frac{\mathrm{d}\vec{V_b}}{\mathrm{d}t} = \vec{f} + \vec{F} + \vec{f_c} + \vec{f_n} \tag{3.10}$$

$$m_b \frac{\mathrm{d}\vec{V_b}}{\mathrm{d}t} = (m_a - m_b)\vec{g} + m_a \frac{\mathrm{d}(\vec{V_a} - \vec{V_b})}{\mathrm{d}t} - \frac{\rho s c_d |\vec{V_a} - \vec{V_b}|(\vec{V_a} - \vec{V_b})}{2} \tag{3.11}$$

设 U_b, U_a 分别为气球的水平速度和风速，W_b, W_a 分别为气球的升速与气流的垂直速度。

当 $W_a = 0$ 时，将公式（3.11）分解为气球水平运动方程式（3.12）和气球垂直运动方程式（3.13）：

$$m_b \frac{\mathrm{d}U_b}{\mathrm{d}t} = m_a \frac{\mathrm{d}(U_a - U_b)}{\mathrm{d}t} - \frac{\rho s c_d |\vec{V_a} - \vec{V_b}|(U_a - U_b)}{2} \tag{3.12}$$

$$m_b \frac{\mathrm{d}W_b}{\mathrm{d}t} = (m_a - m_b)g - m_a \frac{\mathrm{d}W_b}{\mathrm{d}t} + \frac{\rho s c_d |\vec{V_a} - \vec{V_b}| W_b}{2} \tag{3.13}$$

假定 $W_b = $ 常数，则由公式（3.13）整理得公式（3.14）：

$$\frac{\rho s c_d}{2} \left| \overrightarrow{V_a} - \overrightarrow{V_b} \right| = (m_b - m_a) \frac{g}{W_b} \tag{3.14}$$

将公式(3.14)代入公式(3.12)，经整理后得：

$$\frac{\mathrm{d}U_b}{\mathrm{d}t} - \frac{1}{T}U_b - K\frac{\mathrm{d}U_a}{\mathrm{d}t} + \frac{1}{T}U_a = 0 \tag{3.15}$$

式中，$T = \frac{m_b + m_a}{m_b - m_a} \cdot \frac{w_b}{g}$；$K = \frac{m_a}{m_b + m_a}$。

设环境风场 U_a 随高度 z 的变化为正弦风场，即：

$$U_a = u_a \cdot \sin\left(\frac{2\pi}{L}z\right) \tag{3.16}$$

式中，L 是风场在垂直方向的扰动波长；u_a 为扰动振幅。当采用圆频率 $\omega = \frac{2\pi}{L}W_b$ 表示时，公式(3.16)可改写成：

$$U_a = u_a \sin(\omega t) \tag{3.17}$$

将公式(3.17)代入公式(3.15)，可解得气球水平运动速度为

$$U_b = Mu_a \cdot \sin(\omega t + \delta) \tag{3.18}$$

其中：
$$\begin{cases} M = \left(\dfrac{1 + \omega^2 T^2 K^2}{1 + \omega^2 T^2}\right)^{1/2} \\ \delta = \mathrm{tg}^{-1}\left[\dfrac{(1-K)\omega T}{1 + \omega^2 T^2 K}\right] \end{cases} \tag{3.19}$$

式中，M 为气球对环境风场的响应函数；δ 为相位角。显然，$0 < M \leqslant 1$；$\delta \geqslant 0$。

比较公式(3.17)和公式(3.18)可知，当 $M \to 1$，$\delta \to 0$ 时，说明气球能充分响应风场。

假设风场振动波长 $L = 300$ m，根据目前使用的 35 g 测风气球和 750 g 探空气球，将这两种气球的有关数据代入公式(3.19)，则测风气球的响应函数 $M_{35} \approx 0.999$，探空气球 $M_{750} \approx 0.950$；而相位角 $\delta_{35} \approx 0.37°$，$\delta_{750} \approx 8.97°$。由此可见，当气球的负载不大时，气球的惯性滞后可忽略不计，气球能较好地响应环境风场的变化，即可将气球的运动看作随高空风场气流的流动。这是气球测风的重要理论依据。

3)气球的一般上升速度

由公式(3.5)可知，气球系统的总重量可以用氢气重量与球皮及附加物重量之和表示，因此气球的净举力可表示为如公式(3.20)所示：

$$A = m_a g - m_b g = m_a g - m_H g - B \tag{3.20}$$

式中，m_H 为充入气球内的氢气质量，B 为球皮及附加物重量之和。

设气球为正球体，其体积为 V，ρ 和 ρ_H 分别表示空气密度和氢气密度，则用密度表示的净举力表达式如公式(3.21)所示：

$$A = (\rho - \rho_H)Vg - B \tag{3.21}$$

由公式(3.21)可知，净举力与充入的氢气量、密度有关，与球皮和附加物的重量之和的大小有关。

如果假设气球在上升过程中，球内外的温度、气压保持相等，球内氢气质量保持不变，球皮及附加物的重量保持不变，则在初始状态的净举力 A_0 与气球上升到某一高度时的净举力 A_n 分别可以表示为：

$$A_0 = (\rho_0 - \rho_{H_0})V_0 g - B \tag{3.22}$$

$$A_n = (\rho_n - \rho_{Hn})V_n g - B \tag{3.23}$$

根据空气和氢气的状态方程,可以证明

$$\rho_0 V_0 = \rho_n V_n \tag{3.24}$$

$$\rho_{H0} V_0 = \rho_{Hn} V_n \tag{3.25}$$

则

$$A_0 = A_n \tag{3.26}$$

由此可见,在假设条件下,净举力随高度是不变的。

气球在垂直方向上的运动方程由公式(3.13)可知:

$$m_b \frac{\mathrm{d}W_b}{\mathrm{d}t} = A - m_a \frac{\mathrm{d}W_b}{\mathrm{d}t} - \frac{\rho s c_d W_b^2}{2} \tag{3.27}$$

$$(m_b + m_a) \frac{\mathrm{d}W_b}{\mathrm{d}t} = A - \frac{\rho s c_d W_b^2}{2} \tag{3.28}$$

由于 $m_b \gg m_a$,且 $\frac{\mathrm{d}W_b}{\mathrm{d}t} = \frac{\mathrm{d}W_b}{\mathrm{d}z}\frac{\mathrm{d}z}{\mathrm{d}t} = W_b \frac{\mathrm{d}W_b}{\mathrm{d}z}$,$s = \frac{\pi}{4}D^2$,代入公式(3.28)经整理后得

$$\frac{\mathrm{d}W_b^2}{\mathrm{d}z} + \frac{2\rho k D^2}{m_b}W_b^2 - \frac{2A}{m_b} = 0 \tag{3.29}$$

式中,$k = \frac{\pi}{8}c_d$;D 为气球的直径。

方程(3.29)为 W_b^2 的一阶齐次线性常微分方程。如果取一薄层大气,k,D,ρ 变化很小,可视为常数。取初始条件 $z = 0$ 时,$W_b = 0$,则积分上式可得到

$$W_b^2 = \frac{A}{k\rho D^2}(1 - e^{-\frac{2k\rho D^2}{m_b}z}) \tag{3.30}$$

式中,$e^{-\frac{2k\rho D^2}{m_b}z}$ 是一暂态项。计算表明,气球大约上升到 1m 高度时,该项已减小到可略而不计的程度,于是公式(3.30)可表示为

$$W_b = \frac{1}{\sqrt{k\rho}}\frac{\sqrt{A}}{D} \tag{3.31}$$

公式(3.31)称为气球的一般升速公式。由于空气阻力与 W_b^2 成正比,气球施放后短时加速上升,阻力迅速增大,很快与净举力 A 达到平衡,气球基本作匀速上升运动。

4)确定气球升速的方法

应用一般升速公式计算 W_b 很不方便,而实际工作中是已知 W_b 求 A。

由公式(3.21)可知:

$$V = \frac{A + B}{(\rho - \rho_H)g} \tag{3.32}$$

当气球为正球体时,气球的体积可表示为

$$V = \frac{1}{6}\pi D^3 \tag{3.33}$$

令 $\rho - \rho_H = n\rho$,代入公式(3.32),由公式(3.33)可得

$$D = \sqrt[3]{\frac{6(A + B)}{\pi g n\rho}} \tag{3.34}$$

式中, $n = 0.931$。将公式(3.34)代入公式(3.31)得

$$W_b = b\rho^{-\frac{1}{6}} \frac{\sqrt{A}}{\sqrt[3]{A+B}} \tag{3.35}$$

式中, $b = \frac{1}{\sqrt{k}} \sqrt[3]{\frac{n\pi g}{6}}$ 。

取标准密度 $\rho_0 = 1.205 \ \text{kg/m}^3 (P = 1013.25 \ \text{hPa}, t = 20℃)$, 用 $\rho_0^{\frac{1}{6}}$ 除公式(3.34)两边得

$$W_b (\frac{\rho}{\rho_0})^{\frac{1}{6}} = b\rho_0^{-\frac{1}{6}} \frac{\sqrt{A}}{\sqrt[3]{A+B}} = b_1 \frac{\sqrt{A}}{\sqrt[3]{A+B}} = W_0 \tag{3.36}$$

式中, $b_1 = b\rho_0^{-\frac{1}{6}}$ 。由此可得

$$W_0 = W_b (\frac{\rho}{\rho_0})^{\frac{1}{6}} \tag{3.37}$$

$$W_0 = b_1 \frac{\sqrt{A}}{\sqrt[3]{A+B}} \tag{3.38}$$

式中, W_0 为标准密度升速值。由实验可得 b_1 与 A 的关系如表 3.9 所示。

表 3.9　b_1 与 A 之间的关系

A	≤140	150	160	170	180	190	200	210	220	230	≥240
b_1	82.0	82.5	83.6	84.9	87.0	89.6	92.2	94.9	95.4	95.9	96.2

实际工作中,预先给定气球的升速 W_b,测定气压和气温,根据公式(3.37)制表查算或计算出 W_0;再由公式(3.38),给定一个 A 值,从表 3.9 中查出 b_1,作 $W_0 \sim B$ 的变化曲线,如图 3.242 所示。根据该曲线图, W_0 和 B 分别内插出 A 值;依据 A 进行充球可得预定的气球升速 W_b。

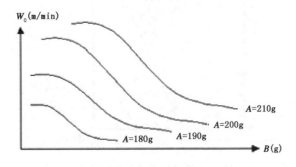

图 3.242　W_0 与 B 的关系

5) 气球升速的误差

由公式(3.35)可知,设 z_1, z_2 高度气球的升速分别为公式(3.39)、(3.40),两式之比为公式(3.41)所示:

$$W_{z1} = b\rho_{z1}^{-\frac{1}{6}} \frac{\sqrt{A}}{\sqrt[3]{A+B}} \tag{3.39}$$

$$W_{z2} = b\rho_{z2}^{-\frac{1}{6}} \frac{\sqrt{A}}{\sqrt[3]{A+B}} \tag{3.40}$$

$$\frac{W_{z2}}{W_{z1}} = (\frac{\rho_{z1}}{\rho_{z2}})^{\frac{1}{6}} \tag{3.41}$$

由公式(3.41)可以计算得到气球升速随高度变化的数据,列于表3.10中。

表 3.10 气球升速随高度的变化数据

高度(km)	0	2	4	6	8	10
W_{z2}/W_{z1}	1	1.04	1.08	1.11	1.15	1.19

由表3.10可知,由于空气密度是随高度的增高而减小的,气球在5 km高度的升速比地面值大10%,10 km处约大20%。气球由于空气密度的变化使升速随高度增加,但由于气球的渗漏现象,综合结果还是使气球基本匀速上升的。

气球的实际升速与理论计算值常存在着一些偏差,这是因为气球升速公式中的假设条件不能完全符合实际情况的结果。如图3.243所示的气球升速误差随高度的变化,是用双经纬仪基线观测法所得风速与理论风速的误差统计结果,其中横坐标为气球升速的相对误差,纵坐标为高度。

由图3.243可见,在0~2 km高度范围内,即在近地面气球的实际平均升速与理论计算值偏差最大,达20%以上,且随高度的增加偏差迅速减小,引起该层偏差大的主要原因是大气湍流的影响;在2~12 km高度范围内,气球升速偏差随高度的增高而增大,该层引起偏差的主要原因是空气密度随高度减小的影响;在12 km高度以上,实际升速值低于理论计算值,且随高度增高而偏差加大,该层引起偏差加大的主要原因是氢气的渗漏现象影响。

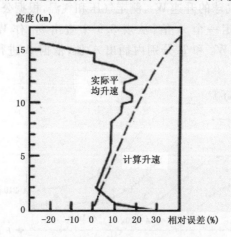

图 3.243 定速气球升速误差随高度的变化

除此之外,在出现强对流天气时,垂直气流的数量级可与气球升速相当,在出现强烈的下沉气流时,会使气球升速为负值。气球的形状与球内外的温、压不相等都会使气球升速产生误差。

气球的升速误差只对定速气球测风方法产生影响,因此在要求的风向风速测量误差较小时,通常不要采用定速气球测风方法。

3.6.3　气球充灌

1)气象球皮

(1)球皮的分类

把尚未充气的气球称为球皮。气象球皮分为两大类:

①探空气球。该气球携带探空仪和回答器,可升至 0～40 km 的高度,与测风雷达配合进行探测。

探测时,除了把气球作为气流运动的示踪物,测定高空风随高度的分布情况外,还要将气球作为携带高空气象探测仪器升空的运载工具,探测高空温、压、湿随高度的分布情况。飞升时,具有一定的上升速度(400 m/min 左右),以保证探测仪器各感应元件的通风量,使探测到的温、压、湿结果具有一定的精确度。

②测风气球。按探测手段又分为大球和小球。

大球。携带回答器的气球,可升至 30 km 的高度,升速为 400 m/min,与测风雷达配合进行探测,只能作为气流运动的示踪物,测定高空风随高度的分布情况。

小球。充灌氢气后与测风经纬仪配合,不携带附加物升空(夜间观测携带灯笼和蜡烛),升速为 200 m/min,只作为气流运动的示踪物,测定高空风随高度的分布,探测高度受天气条件的限制。

(2)球皮的性能和选用

球皮均由天然乳胶或合成橡胶制成,具有良好的弹性。

球皮质量判断方法:

①形状。气球近似有圆形和椭圆形,相比之下椭圆形气球施放高度高一些。

②弹性。可用手轻轻拭拉球皮,感觉柔软而松弛,说明气球质量较好,感觉弹性较差,则说明气球质量不太好。

③大小。从球嘴到球顶的距离越大,说明气球较大,施放高度较高。

④均匀度。展开球皮,无大的皱折和明显的薄厚差别则较好。

(3)球皮使用与保管注意事项

①尽量避免球皮被风吹、日晒、雨淋。

②保存时,应保留球皮内外的滑石粉,使用时将其倒掉抖净。

③不得接触锋利或粗糙的物体。

④勿与油类或酸类物质放在一起。

⑤保存在温度为 10～20℃之间、相对湿度为 70% 左右的环境中。

2) 气球的充灌

(1) 小球的充灌

平衡器重 150 g。

充气时,将球嘴套在平衡器的杯口上扎紧,当进气嘴插入输气管道时,顶杆活门被顶开,氢气通过进气孔进入球内;当插头拔下时,顶杆活门在弹簧的作用下,将进气嘴关闭,使充入球内的氢气密闭。当需要将球内的氢气放出一部分时,可用手推开顶杆活门进行放气。

①选球。选定 20 号或 30 号球皮,将球内滑石粉倒掉,初步检查一下是否完好。

②灌球。将球嘴用线绳扎紧在平衡器的杯口上,用手推开顶杆活门,排除球内空气,然后

将与制氢缸相连接的插头进气嘴插入平衡器上的出气孔,打开制氢缸头部的开关轮柄进行充气。注意,充气速度不宜太猛、太快。

③检查平衡与扎球。当气球可将平衡器带起时,则应关闭制氢缸的开关轮柄,拔出插头进气嘴,松手观察气球的平衡状况(注意此时不能有风的影响),若气球下沉,则应继续充入氢气;若气球上升,则应放出氢气,直到气球松手后既不上升也不下沉时,才可扎球。扎球时一定要扎紧、扎牢,不可漏气。

(2)大球的充灌

大球平衡器重 1500 g。

①灌球前,应先将球内的滑石粉抖净,将球嘴扎在平衡器的杯口上,排除球内的空气,并用橡皮管将平衡器进气嘴与制氢缸头部的出气嘴相连接。

②灌球。打开制氢缸头部的开关轮柄充气,在充气过程中应不断检查球皮有无漏气的小孔或沙眼,如果有应将其补好。

③检查平衡及扎球。用手托着橡皮管,此时气球不升也不降,即可扎球。

(3)灌球注意事项

①灌球前应先将氢气室的门窗打开,认真检查制氢设备是否完好。

②灌球时应严格按照灌球操作规程进行。

③灌球时间应在放球前的 15 min 内进行,以避免气球充好后与施放时间的间隔太久而影响气球的升速。

④充气速度不宜过急,以防静电起火,发生事故。

⑤充气过程中,一旦起火,应迅速关闭储氢设备的开关轮柄,然后再灭火。

⑥切记不要在氢气房内点燃蜡烛,也不要在气球下面点燃蜡烛。

3.7　制氢

常规高空气象观测,主要还是依靠施放气球进行,而气球又是由氢气在其中产生的浮力而升空的。因此,氢气在高空观测中占有重要的地位。

在常温下,纯净的氢气是无色、无味的气体。在气温为 0℃、气压为 1013.25 hPa 时,1 m³ 的纯氢气的重量为 0.08987 kg,而同体积的空气重量为 1.2928 kg。因此,1 m³ 氢气在空气中具有 1.203 kg 的浮力。通常自制的氢气纯度要差一些,1 m³ 氢气的浮力约为 1.1 kg。

氢气是一种易燃、易渗透的气体。它与空气中氧气混合达到一定比例时,便成为爆炸性气体,极易发生燃烧或爆炸。实验证明,空气中混有 25%～96%氢气时,一遇火花就会引起爆炸。因此,在制氢、储氢或运输氢气时,必须防止泄漏以免引起爆炸。

(1)氢气房必须与其他建筑相距 50 m 以上,要求通风良好,严禁烟火,室外要有明显的警示标志,并有健全的安全措施。化学制氢用的苛性钠、矽铁粉必须分别存放。

(2)按照易燃易爆物设施防雷标准设计安装雷电防护设施。

(3)氢气在生产、运输和使用过程中要特别注意劳动保护和生产安全,严格执行操作规程。

采用化学制氢方法时,工作人员制氢时必须穿戴工作服、手套和防护眼镜,以防在制氢中苛性钠或其溶液灼伤皮肤和眼睛。同时,还应备有 10%浓度的柠檬酸或酒石酸溶液,以备苛性钠灼伤时冲洗使用。

在制氢和储存氢气的场所,严禁将烟火带入,并不准敲击铁、石等物,以免产生火花。制氢原料和水温,必须经过称量,不应凭推测估计,严禁使用水温过高的水制氢,应严格按照配料规定操作。

制氢时,因化学反应使筒身温度升高,不得用冷水冲筒强制冷却。反应缓慢时,严禁用火烘烤筒身。

由于某种原因引起制氢筒保险片破裂,当制氢液从保险塞处喷出时,应避开溶液喷射范围并立即打开放气轮柄,工作人员应躲避,让溶液、氢气自然逸出,严禁采取堵塞方法。

采用水电解制氢方法时,应经常检查氧气和氢气的平衡情况,若将氧气放空,应用专用导管导出室外。应经常检查电解槽的电压和槽液的情况,经常分析氢气纯度。

无论是采用化学制氢方法还是水电解制氢方法,或者是到工业部门购买瓶装氢气,工作或储存的房间都必须有天窗。制氢前应打开门窗,使室内空气流通。

3.7.1　化学制氢

1)制氢设备及原料

化学制氢采用制氢筒,包括筒体、头部和支架,其外形如图 3.244 所示。

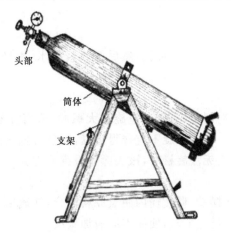

头部

筒体

支架

图 3.244　制氢筒的外形结构

化学制氢的原料氢氧化钠($NaOH$)、硅铁粉($SiFe_2$)和水(H_2O),在制氢筒内产生化学反应,生成硅化钠、氧化亚铁和氢气。其化学反应方程式为

$$3SiFe_2 + 6NaOH + 11H_2O \rightarrow 3Na_2SiO_3 + 2Fe_3O_4 + 14H_2 \uparrow \tag{3.42}$$

2)准备工作

使用制氢筒制氢,应按以下方法步骤先做好准备工作:

(1)洗筒

将筒身斜搁在筒架的铁棒上,旋松开关轮柄,放尽筒内的残余氢气,旋松大螺帽上的制动螺旋,卸下头部,倒出筒内渣滓,用水将筒洗净。

若筒内渣滓结成硬块难以清除,可先用热水倒入筒内浸泡,使渣滓变软,然后用铜头木棒捣碎。必要时,可用制氢原料配量的¼进行重复制氢,靠化学反应使结块溶解。切忌用铁棒硬捣,以免发生意外事故。

（2）擦拭和检查

将头部各部件和筒口的螺纹擦拭干净。检查出气口、保险塞和空心螺栓之间的通气情况，如有堵塞现象，应将堵塞物清除。检查筒口塞上的橡皮垫圈是否良好，如已变形，应立即更换。

（3）更换保险片和纸垫圈

纸垫圈、保险片每次均应更换新品。安放时，用少量黄油依次将纸垫圈、保险片、铜垫圈粘在一起，平放在安装保险塞的孔内（铜垫圈在外），拧上保险塞。保险片只准放一个，不准几个重叠使用，也不准用其他金属片代替。

（4）配料

通常用的 65 式一次制氢的配料为苛性钠 2.0 kg、硅铁粉 1.6 kg 和水量 12 L。在夏季，可直接用凉水制氢；在冬季，应当测定制氢房的气温，水温按照下述算式确定：

使用片状苛性钠时，水温＝53－气温（℃）。

使用棒状苛性钠时，水温＝60－气温（℃）。

3）制氢步骤

（1）试装制氢筒头部

将制氢筒头部安放在制氢筒上，旋紧大螺帽，检查是否有不正常的现象，若有异常现象时立即予以排除。

（2）装料

将漏斗装在制氢筒口上，先倒入苛性钠，然后倒入¾的水，再将硅铁粉倒入制氢筒内。用余下的¼水，冲洗漏斗和制氢筒筒口螺纹。

（3）安装制氢筒头部

将制氢筒头部立即安装在制氢筒上，迅速旋紧大螺帽，适当拧紧制动螺旋。一般情况下，制动螺旋处只要不漏气即可。制动螺旋不宜拧得过紧，而且待氢气筒内产生压力后，拧松制动螺旋。若出现由于拧得太紧而无法旋松时，该头部作报废处理。

（4）摇筒

用手推动筒身，使它来回摆动，促使筒内制氢原料混合，加速化学反应。如反应不快，可握住筒底铁柄，用力提起和推动筒底多次，使筒内原料加快反应。

摇筒时应注意，不能手扶出气系统；不能站立在保险塞和出气口对面；筒身倾斜不能超过45°；原料开始反应时，先放出筒内的残余空气，再把开关轮柄拧紧；当压力表指示将要超过 12 MPa 时，应停止摇筒，慢慢拧松开关轮柄，放出部分氢气，使筒内压力保持在 12 MPa 或其以内，保证安全。

制氢结束后应检查各螺旋衔接处是否漏气，若有漏气可用扳手将漏气地方的螺旋拧紧。如拧紧螺旋后漏气反而严重，则应停止拧动，打开开关轮柄，让氢气自然释放后再予以排除。

3.7.2　水电解制氢

1）制氢设备及配液

典型的水电解制氢设备主要包括三部分：电源和电解槽、控制部分、储氢罐，如图 3.245 所示。

水电解配套仪表和设备通常包括水离子交换器（用于制作无离子水）、氢气纯度分析仪等。

控制柜和电解槽通常安置在一个房间内，储氢罐要求安置在有一定距离的另一个房间，通

控制柜　　　　　　　　电源和电解槽　　　　　储氢罐

图 3.245　水电解制氢设备的外形结构和组成

过管道相连。

　　由于水不导电,纯净的水是很难被电解分离出氢气和氧气的,通常采用氢氧化钠(NaOH)或氢氧化钾(KOH)水溶液。在电解槽内通以直流电,水分子在电极上发生电化学反应,在阳极上产生氧气(O_2),在阴极上产生氢气(H_2)。反应方程式如下:

阴极反应:$2H_2O + 2e \rightarrow H_2 \uparrow + 2OH^-$ (3.43)

阳极反应:$4OH^- - 4e \rightarrow O_2 \uparrow + 2H_2O$ (3.44)

总反应式:$2H_2O \rightarrow 2H_2 + O_2 \uparrow$ (3.45)

　　实际的化学反应是,氢氧化钠或氢氧化钾在水中电离成金属离子(Na^+或K^+)和氢氧根(OH^-),氢氧根被电解为氢和氧,而金属离子再从水中夺取氢氧根(OH^-),同时又将水中多余的氢析出。NaOH 或 KOH 在水中的作用在于增加水的电导,本身不参加反应,理论上是不消耗的。

　　氢气和氧气的产量体积比为 2:1,气体产量与电流成正比,与其他因素无关。单位气体产量的电耗取决于电解电压。电解槽的工作温度越高,电解电压越低,同时也增加了对电解槽材料的腐蚀。电解压力的选择主要是根据用氢的需要。气体纯度决定于制氢机的结构和操作情况,在设备完好、操作正常的情况下,纯度是稳定的。

　　通常,在我国北方电解液用 30% 的 KOH,南方用浓度为 25% 的 NaOH。

　　配制电解液前,应将配制的专用水碱桶(通常为直径 400 mm,高 800 mm)用蒸馏水清洗干净。若配制浓度为 25% 的 NaOH 溶液,应先在水碱桶内加入 51 L(50 kg)蒸馏水,然后逐渐倒入 17 kg 的 NaOH,边倒边用木棍搅拌,加碱的速度以碱不结块为准,直到碱全部溶解后,再加入 100 g 五氧化二钒(V_2O_5),搅拌后静置 4 h,待溶液中的气泡全部析出,且没有异常沉淀物,即可输入电解槽内。

　　若配浓度为 30% 的 KOH 溶液,先在水碱桶中加 51 L(50 kg)蒸馏水,再倒入 22 kg 固态 KOH,方法及要求与配制 NaOH 溶液相同。

　　气象台站应对新配制的或制氢机在用的电解液,及时用比重计检查其浓度。在用的电解液每月检查一次浓度,每年更换一次。用比重计检查电解液浓度按照下述方法和步骤进行:

　　(1)在停机并使系统压力降到零的情况下,打开排碱阀取出一些电解液放在容器或量筒中,其深度在 200 mm 左右。

　　(2)待电解液冷却后,将比重计轻轻放入电解液中,使其保持自然悬浮状态,记下比重计的读数,然后查表算出电解液的浓度。读数时,眼睛要平视,读取液面最低处对应的比重计的刻度。

(3)电解液的比重除了与浓度有关外,还与电解液温度有关,必须在电解液冷却至常温时才能测定比重。当电解液的温度低于4℃或高于20℃时,一般不应进行浓度测量。

2)制氢方法

用水电解设备制氢时,应有专门的值班人员,并要严格遵守操作规程。这里以 XQQ04 型水电解设备为例,说明水电解制氢设备的主要操作步骤和需要注意的问题。

(1)开机步骤

开机应首先接通电源,然后启动整流控制器,调节整流控制器面板上的电位器,逐渐调高直流输出电压。在电解槽首次使用或停机时间较长时,开始电压不要调得太高,先调到55～60 V 左右,观察设备运行情况,一切正常后再升高电压。

制氢机开始工作,工作气压逐渐升高。当工作气压升到所需气压时,关闭增压阀,气压不再升高,保持恒定。

(2)储氢

制氢机首次使用或者停机较长时间时,应当先进行充氮检漏,并且必须开机运行15～30 min 后才能储氢,以排放不纯的气体。

当制氢机工作压力超过储氢罐压力 0.05 MPa 以上时,方可储氢。先打开储氢罐的进气阀,然后打开储氢阀,再关闭氢放空阀,氢气进入储氢罐。

当储氢罐第一次使用时,应先将储氢罐充满自来水,排出罐内空气。当氢气进入储氢罐内后,由氢气将水压出,水从储氢罐底部的排污阀排出。当水排净并从排污阀中喷出气体时,关闭排污阀,开始储氢,储氢罐气压逐渐升高。当储氢罐气压升到额定气压时,关闭储氢阀,打开氢放空阀,停止储氢。

(3)关机

关机时应首先转动整流控制器面板上的电位器,将整流器输出电压调至零,然后再切断整流器的电源。

缓慢打开减压阀,使槽压逐渐降至零。降压时应注意观察液位变化,不允许液位超出液面计的设计范围,如液位相差过大,应停止减压,待液位自动恢复平衡后,再缓慢减压。也可借助氢、氧放空阀来控制液位变化,但必须注意不要太快,以防氢、氧气体在主机内混合。

(4)压力报警的调整

在制氢机正常工作状态下,打开增压阀,使制氢机工作气压升到 1.15 MPa 时,打开气压控制器的塑料堵头,调节气压控制器的控制值,使之刚好报警,此时气压控制器的控制点就是1.15 MPa。为了准确,可反复几次调试。

(5)槽体温度报警的调整

制氢机正常工作,槽温逐渐升高,当升到 85～90℃时,调节温度控制仪旋钮,使之刚好报警。可反复几次调整。

(6)电接点压力表报警的调整

将上限针(红针)用专用工具拨到所需的控制值,在储氢状态下当储氢罐气压上升到该设定值时,电接点气压表的示值指示针与上限针的触点相接触,接通控制电源而报警。如报警压力误差较大,可进行调整。因气压表本身有一定的误差,几个气压表的指示有时不尽相同,少量误差是允许的,不影响制氢机的工作。也可以预先用氮气从充球口进气,调整电接点气压表的报警值。

(7)工作温度的调整

制氢机正常运行状态下,电解槽的工作温度逐渐上升,当升到额定工作温度 75~80℃时,打开自来水阀门进行冷却,并根据槽温变化调节冷却水流量,使槽温保持在 75~80℃ 范围内。

槽温的高低,取决于工作电流的大小,电流越大,槽体发热越多,槽温升得越快。当没有冷却水降温时,可把工作电流调到 100A 以下,减少发热量,使槽温自然平衡,保持在额定范围内。

(8)工作电流的调整

工作电流随着电解液的温度升高而增大,当温度达到 75~80℃时,应调节整流控制器的输出,使之在额定工作电压 60~66 V 之间工作,此时的工作电流可达到 150~170 A。

产氢量的大小取决于工作电流的大小,而工作电流取决于工作电压、工作温度和电解液浓度。在额定条件下,电压为 63~66 V,温度为 75~80℃,电解液浓度 NaOH 为 25% 或者 KOH 为 30%,工作电流可达 161 A 以上,此时产氢量通常为 2 m^3/h。

在小电流工作条件下,产氢量减少,功耗也小,发热小,不需加冷却水,同时提高设备寿命。因此,在保证产氢量满足使用的前提下,小电流运行是有积极意义的。尤其在北方寒冷的冬季,小电流不停机工作,是防止设备管道结冻的有效措施。该设备工作电流可在 0~165A 范围内任意调节。

(9)工作压力的调整

电解槽工作压力的高低可根据需要选定。该设备在 0.1~1 MPa 范围内均可正常工作,但不得超过额定工作压力。

当需要向储氢罐充气时,储氢罐充到的最高压力比电解槽的工作压力低 0.05 MPa 左右。当不需要向储氢罐充气时,可直接由制氢机的氢出口提供氢气使用。

(10)液位控制

电解槽在工作过程中,氢、氧分离器中的液位应当保持在液面计的 1/4~3/4 范围内,低于 1/4 时,应当补充加水,使液位达到液位计的 3/4 处。

电解槽正常工作状态下,氢、氧压差控制是通过氢、氧平衡阀自动调节达到液位平衡。液位差允许在 150 mm 以内,该设备的液位差可控制在 100 mm 之内。

(11)小室电压的测试

电解槽工作一段时间后,应当进行小室电压的测试。在额定条件下,用万用表或 3 伏电压表测量每个小室的电压,每个小室电压应在 2.0~2.4 V 之间,平均小室电压不应超过 2.2 V,个别小室电压不应超过 3 V,如有个别小室电压超过 3 V 时,应停机清洗电解槽或大修。

(12)氢气纯度分析

在每次开机,工作压力稳定后,应当进行氢气纯度分析。氢气纯度分析分为以下 4 个步骤:

①从制氢主机氧分析阀出口取样。

②用 SQ-0/3 型氢分析仪进行分析,进气口流量 234 mL/min。

③氢气路的氢纯度计算公式为(100-X_H/4)%,X_H 为仪器读数,如仪器读数为 1.2,则氢纯度为(100-1.2/4)%=99.7%,以此类推。

④对计算结果进行判断是否合格,氢气纯度不小于 99.7%,SQ-0/3 型氢分析仪显示数

据不大于 12.0。对于新电解槽,可间隔定期进行氢气纯度分析。

(13)电解槽槽体的清洗

先将电解液放出、排净,再泵入蒸馏水,使槽体内充满水,浸泡 24 h 以上,然后打开排水阀,将水放出、排净。如此反复 2~3 次,可将槽体内杂质、异物清洗掉,排出的蒸馏水不再使用。

(14)减压排气

在电解槽正常工作状态下,使制氢机工作气压升到 0.5~1.0 MPa,增压阀关闭,突然开大减压阀,使排气量瞬时大增,气压急剧下降,很快关闭减压阀。如此反复多次进行减压排气。这样,由于气压急剧下降,槽体内的气液流速突然增大,从而冲开槽体内的小孔,冲走杂物,排除小孔堵塞的故障。同时,由于排气量突然大增,平衡阀阀杆大幅度上下运动,在大流量高流速的冲洗下,可将平衡阀内、管道内、阀门内及整个排气系统内的杂物冲走,从而使平衡阀恢复正常,排除阀门关不严及管道堵塞等故障。进行以上操作时,操作者必须注意液位保持在液面计的可见范围内,开关减压阀必须动作迅速,快开快关,一旦液位超过液面计的可见范围,必须待液位恢复平衡后再进行,决不能让液位冲出。

(15)电解液的更换

电解液的更换与电解槽体的清洗大致相同。将电解槽内的脏电解液从槽体下面的排水阀中排放干净,再泵入蒸馏水清洗槽体,待槽体清洗干净后,泵入新配制的电解液,加到液面计中间位置停泵,制氢机可进行正常的工作。注意,放出的电解液不能再用。

3.7.3 制氢设备大修年限、标准

制氢设备大修年限为 6 年。

制氢设备大修标准详见中国气象局气象业务规章制度《GX-2 型水电解制氢装置大修规范》、《QDQ2-1 型水电解制氢装置大修规范》。

3.8 水银气压表

气压是作用在单位面积上的大气压力,即单位面积上向上延伸到大气上界的垂直空气柱的重量。气压以百帕(hPa)为单位,取 1 位小数。

气象站常用的测量气压的仪器有动槽式水银气压表和定槽式水银气压表两种。它是利用作用在水银面上的大气压力,与以之相通、顶端封闭且抽成真空的玻璃管中的水银柱对水银面产生的压力相平衡的原理而制成的。

3.8.1 动槽式水银气压表

动槽式(又名福丁式)水银气压表由内管、外套管与水银槽三部分组成(见图 3.246)。在水银槽的上部有一象牙针,针尖位置即为刻度标尺的零点。每次观测必须按要求将槽内水银面调至象牙针尖的位置上。

1)安装

气压表应安装在温度少变、光线充足、既通风又无太大空气流动的气压室内。气压表应牢固、垂直地悬挂在墙壁、水泥柱或坚固的木柱上,切勿安装在热源(暖气管、火炉)和门窗、空调

器旁边,以及阳光直接照射的地方。气压室内不得堆放杂物。

安装前,应将挂板牢固地固定在准备悬挂气压表的地方。再小心地从木盒(皮套)中取出气压表,槽部向上,稍稍拧紧槽底调整螺旋约1~2圈,慢慢地将气压表倒转过来,使表直立,槽部在下。然后,先将槽的下端插入挂板的固定环里,再把表顶悬环套入挂钩中,使气压表自然下垂后,慢慢旋紧固定环上的3个螺丝(注意不能改变气压表的自然垂直状态),将气压表固定。最后,旋转槽底调整螺旋,使槽内水银面下降到象牙针尖稍下的位置为止。安装后要稳定4 h,方能观测使用。

2)移运

移运气压表的步骤与安装相反。先旋动槽底调整螺旋,使内管中水银柱恰达外套管窗孔的顶部为止,切勿旋转过度。然后,松开固定环的螺丝,将表从挂钩上取下,两手分持表身的上部和下部,徐徐倾斜45°左右,就可以听到水银与管顶的轻击声音(如声音清脆,则表明内管真空良好;若声音混浊,则表明内管真空不良),继续缓慢地倒转气压表,使之完全倒立,槽部在上。将气压表装入特制的木盒(皮套)内,旋松调整螺旋1~2圈(使水银有膨胀的余地)。在运输过程中,始终要按木盒(皮套)箭头所示的方向,使气压表槽部在上,并防止震动。

3)观测和记录

(1)观测附属温度表(简称"附温表"),读数精确到0.1℃。当温度低于附温表最低刻度时,应在紧贴气压表外套管壁旁,另挂一支有更低刻度的温度表作为附温表,进行读数。

(2)调整水银槽内水银面,使之与象牙针尖恰恰相接。调整时,旋动槽底调整螺旋,使槽内水银面自下而上地升高,动作要轻而慢,直到象牙针尖与水银面恰好相接(水银面上既无小涡,也无空隙)为止。如果出现了小涡,则须重新进行调整,直至达到要求为止。

(3)调整游尺与读数。先使游尺稍高于水银柱顶,并使视线与游尺环的前后下缘在同一水平线上,再慢慢下降游尺,直到游尺环的前后下缘与水银柱凸面顶点刚刚相切。此时,通过游尺下缘零线所对标尺的刻度即可读出整数,再从游尺刻度线上找出一根与标尺上某一刻度相吻合的刻度线,则游尺上这根刻度线的数字就是小数读数。

(4)读数复验后,降下水银面。旋转槽底调整螺旋,使水银面离开象牙针尖约2~3 mm。

观测时如光线不足,可用手电筒或加遮光罩的电灯(15~40 W)照明。采光时,灯光要从气压表侧后方照亮气压表挂板上的白磁板,而不能直接照在水银柱顶或象牙针上,以免影响调整的正确性。

4)维护

(1)应经常保持气压表的清洁。

(2)动槽式水银气压表槽内水银面产生氧化物时,应及时清除。对有过滤板装置的气压表,可以慢慢旋松槽底调整螺旋,使水银面缓缓下降到"过滤板"之下(动作要轻缓,使水银面刚好流入板下为止,切忌再向下降,以免内管逸入空气),然后再逐渐旋紧槽底调整螺旋,使水银

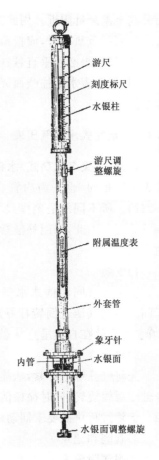

游尺
刻度标尺
水银柱

游尺调整螺旋

附属温度表

外套管

象牙针
内管 水银面

水银面调整螺旋

图3.246 动槽式水银气压表

面升高至象牙针附近。用此方法重复几次,直到水银面洁净为止。无"过滤板"装置的气压表,若水银面严重氧化时,应报请上级业务主管部门处理。

(3)气压表必须垂直悬挂,应定期用铅垂线在相互成直角的两个位置上检查校正。

(4)气压表水银柱凸面突然变平并不再恢复,或其示值显著不正常时,应报请上级业务主管部门处理。

3.8.2 定槽式水银气压表

定槽式(又名寇乌式)水银气压表的构造与动槽式水银气压表大体相同,也分为内管、外套管、水银槽三个部分(见图3.247)。所不同的是刻度尺零点位置不固定,槽部无水银面调整装置。因此,采用补偿标尺刻度的办法,以解决零点位置的变动。

1)安装

安装要求同动槽式水银气压表,安装步骤也基本相同。不同点是当气压表倒转挂好后,要拧松水银槽部上的气孔螺丝,表身应处在自然垂直状态,槽部不必固定。

2)移运

先将气孔螺丝拧紧,从挂钩上取下气压表,将气压表绕自身轴线缓缓旋转,同时徐徐倒转使槽部在上,装入木盒(皮套)内。运输过程中的要求同动槽式水银气压表。

3)观测和记录

①观测附温表。

②用手指轻击表身(轻击部位以刻度标尺下部、附温表上部之间为宜)。

③调整游尺与读数记录。

4)维护

定槽式水银气压表的水银是定量的,所以要特别防止漏失水银。其余同动槽式水银气压表维护中(1)、(3)、(4)条。

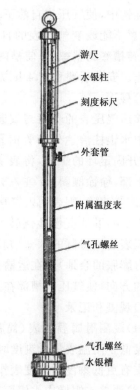

图3.247 定槽式水银气压表

游尺
水银柱
刻度标尺
外套管
附属温度表
气孔螺丝
气孔螺丝
水银槽

3.9 通风干湿表

3.9.1 结构原理

通风干湿表主要用于野外考察或自动气象站在气温或湿度采集出现故障时进行补测时使用。它由干湿球温度表、通风装置、金属套管、双层保护管和上水滴管等组成(见图3.248)。

通风干湿表的作用、原理与百叶箱干湿球温度表基本相同。主要不同处是,温度表球部装在与风扇相通的管形套管中,利用机械或电动通风装置使风扇获得一定转速,球部处于≥2.5 m/s(电动通风可达3 m/s以上)的恒定速度的气流中。由于球部双层金属护管表面镀有镍或铬,是良好的反射体,能防止太阳对仪器的直接辐射。

3.9.2　观测记录

观测前,先把仪器悬挂在百叶箱或观测场内,感应部分高度 1.50 m。在读数前 4~5 min 用滴管湿润湿球纱布,然后上好风扇发条(或接通电源),上发条切忌过紧。观测时应注意不要让风把观测者自身热量带到通风管中去。当气温低于 0℃时,为使温度表充分感应外界情况,应于观测前半小时,湿润纱布并上好发条,然后在观测前 4 min 再通风一次,但不再湿润纱布。观测时应注意湿球是否结冰,示度是否稳定。

当风速大于 4 m/s 时,应将防风罩套在风扇迎风面的缝隙上,使罩的开口部分与风扇旋转方向一致,这样就不会影响风扇的正常旋转。

记录处理方法同干湿球温度表。

3.9.3　维护与检查

仪器的金属部分,特别是下端保护管的镀镍面应细心保护,使其不要受到任何损伤。每次观测后,应用纱布擦净外壳,并放回盒中。从盒中取出仪器时,应拿着风扇帽盖下的颈部,不要捏在金属护板处,也不能用手触摸防护管。

需要定期检查风扇旋转是否正常,可以用风扇中央的发条盒旋转速度来判断。在发条盒上绘有短划或箭头,从圆顶上小窗孔可以看到。上发条后,发条盒每转一周的时间,如果与检定证上所给的时间相差不到 5 s,则可认为风扇转速正常。如果转速显著降低则应进行修理。

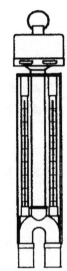

图 3.248　通风干湿表

湿球纱布应经常保持清洁。

复习思考题

(1)GFE(L)1 型二次测风雷达如何进行仰角、方位角及距离零点的标定?

(2)简述雷达的组成及各分系统的作用。

(3)如何理解雷达的假单脉冲体制?

(4)GYR1 型电子式光学经纬仪观测前的准备工作有哪些?

(5)如何检查经纬仪的仰角和方位角的器差?

(6)GTS1 探空仪由哪几个部分组成?

(7)水电解制氢时如何配制电解液?

第4章 数据处理方法

+++

内 容 提 要

本章主要介绍高空气象观测探空和测风记录的整理,规定等压面、零度层、对流层顶、特性层的选取条件,各个规定等压面和规定高度各气象要素值的计算方法。

本章有关内容主要引自《高空气象观测规范》(2010),《高空压、温、湿、风报告电码(GD—04Ⅲ)》,《高空风报告电码(GD—03Ⅲ)》,《新一代高空气象探测系统综合业务观测手册》(中国气象局)等。

4.1 数据的属性

软件使用多种类型的数据,这些数据所采用的单位、分辨力如表 4.1 所示。

表 4.1 软件使用的数据名称、单位、类型及分辨力

数据名称	单位	数据类型	显示分辨力
时间	s	浮点	1
	min	浮点	0.1
温度	℃	浮点	0.1
气压	hPa	浮点	地面:0.1 高空:1
相对湿度	%	浮点	1
仰角	°	浮点	0.01
方位	°	浮点	0.01
距离	m	浮点	1
高度	m	浮点	1
露点	℃	浮点	0.1
温度露点差	℃	浮点	0.1
风向	°	浮点	1
风速	m/s	浮点	1
经度差	(°)	浮点	0.001
纬度差	(°)	浮点	0.001
探空仪参数		双精度浮点	

　　由于数字式探空仪数据观测准确度和采样率的提高,以及数据在计算机内基本上是按浮点(小数点后 6 位)来运算的,而大部分数据的显示只要求精确到整数位或小数点后一位,因此在软件中出现下列情况,均属于正常。

　　(1)某一特性层的气压与规定等压面的某层气压相等,但该特性层上的温度、湿度等要素值与规定等压面对应层上的要素值有一项或多项有微小出入。

　　(2)特性层上出现温度等于零度,但该特性层上的气压与零度层上的气压可能不相同。

　　(3)某一对流层顶的气压与规定等压面的某层气压相等,但该对流层顶的温度、湿度等要素值与该规定等压面上的要素值有一项或多项有微小出入。

4.2　探空数据的处理方法

4.2.1　规定等压面的计算

　　规定等压面层为地面,1000 hPa,925 hPa,850 hPa,700 hPa,600 hPa,500 hPa,400 hPa,300 hPa,250 hPa,200 hPa,150 hPa,100 hPa,70 hPa,50 hPa,40 hPa,30 hPa,20 hPa,15 hPa,10 hPa,7 hPa,5 hPa,3 hPa,2 hPa,1 hPa。当某规定等压面在测站海拔高度以下时不参与计算。

　　1)各规定等压面上的要素值的查取和计算方法

　　按照《常规高空气象观测业务规范》的规定,各规定等压面提供的要素为时间、位势高度、温度、湿度、露点温度、温度与露点差、风向、风速、经度差和纬度差。

　　(1)在时压曲线上找到各规定等压面,并得到规定等压面所对应的时间。

　　(2)在时温、时湿曲线上的相同时刻处查出温度、湿度。

　　(3)由温度和湿度计算露点温度。

　　露点温度的计算应采用对饱和水汽压公式求逆的方法,最精确的露点温度值应采用4.9.2 节中的公式(4.20)求逆。由于采用公式(4.20)求逆较为复杂,通常采用世界气象组织《气象仪器和观测方法指南》第六版推荐的公式:

$$t_d = \frac{243.12\ln[e/6.112f(p)]}{17.62 - \ln[e/6.112f(p)]} \tag{4.1}$$

式中,t_d 为露点温度(℃);e 为实际水汽压(hPa);$f(p)$ 为气压修正系数,$f(p) = 1.0016 + 3.15 \cdot 10^{-6}p - 0.074/p$,其中 p 为大气压(hPa),由于气压修正项很小,通常予以忽略。该公式实际上是 4.9.4 节中公式(4.22)的求逆。

　　在高空探测中,由探空仪得到的湿度参数通常是相对湿度,实际水汽压 e 应采用温度对应的饱和水汽压乘以相对湿度计算,饱和水汽压可采用 4.9.3 节中的公式(4.21)或 4.9.4 节中的公式(4.22)计算。

　　中国气象局发布的《常规高空气象观测业务规范》规定采用的露点温度计算公式为

$$t_d = \frac{243.12(\frac{7.65t}{243.12+t} + \log U - 2)}{7.65 - (\frac{7.65t}{243.12+t} + \log U - 2)} \tag{4.2}$$

式中,t_d 为露点温度(℃);t 为气温(℃);U 为相对湿度(%RH)。

必须注意,式(4.2)中相对湿度 U 应为相对湿度直接去掉%的值。例如,相对湿度为 90% RH,则 $U=90$,即 U 为相对湿度值乘以 100。

据计算比较,式(4.2)与式(4.1)计算的露点温度只有很小的差异,在高空探测的允许误差范围内是适用的。

(4)将规定等压面上的气温值减去该规定等气压面上的露点温度,即得到温度露点差:

$$\Delta T = t - T_d \tag{4.3}$$

式中,t 为气温(℃);T_d 为露点温度(℃)。

(5)等压面的空间定位数据,根据每分钟球坐标数据得到的经纬度偏差内插得到。

目标相对于测点的纬度偏移:

$$\Delta \varphi = \frac{S \times \cos\beta}{2\pi(R+Z)/360} \tag{4.4}$$

式中,$\Delta\varphi$ 为相对纬度偏移(°);β 为目标物方位角(°);R 为地球平均半径;Z 为目标物海拔几何高度(m);S 为目标物在测站高度离测站的水平距离(m)。

目标相对于测点的经度偏移:

$$\Delta \delta = \frac{S \times \sin\beta}{2\pi(R+Z)\cos\varphi/360} \tag{4.5}$$

式中,$\Delta\delta$ 为相对经度偏移(°);β 为目标方位角(°)。

(6)等压面的时间定位数据,根据等压面时间与放球时间计算得到。

①计算放球时间与报文中时间编报的时差,当放球时刻分钟数小于 30 min 时,时差为正,反之为负,该时差也即地面层资料时差。

②等压面、特性层、对流层、大风层、规定高度层等资料的时差为该层次记录时间加地面层资料时差。

2)各规定等压面上的位势高度的计算方法

各规定等压面上的位势高度是用本站位势高度和各规定等压面层间的位势厚度累加得到。

(1)计算两个规定等压面之间的平均温度、平均湿度。

(2)根据两规定等压面计算平均气压 $\overline{P}$。

由于大气压随高度按指数递减,有关大气压的平均、内插等计算都按其对数值进行,如:

$$\overline{P} = \exp[(\ln P_1 + \ln P_2)/2] \tag{4.6}$$

式中,P_1,P_2 分别为相邻两高度上的气压。

(3)根据公式计算各规定等压面的厚度。

由大气静力学公式推导而来的相邻两气压层间的厚度计算公式:

$$\Delta H = \frac{R_d}{G} \overline{T_v}(\ln P_1 - \ln P_2) \tag{4.7}$$

式中,ΔH 为厚度(gpm);R_d 为干空气比气体常数,取值 287.05 J·kg^{-1}·K^{-1};G 为标准重力加速度,取值 9.80665 m/s^2;$\frac{R_d}{G}=29.27096$;$\overline{T_v}$ 为层间平均虚温(K)。

$$\overline{T_v} = \overline{T}(1 + 0.00378 \frac{\overline{U} \cdot \overline{E}}{\overline{P}}) \tag{4.8}$$

式中,$\overline{T}$ 为层间平均绝对温度(K);$\overline{U}$ 为平均相对湿度(%RH);$\overline{E}$ 为对水面的平均饱和水汽压

(hPa)；$\overline{P}$ 为平均气压(hPa)。

　　层间平均绝对温度 $\overline{T}(K)$ 与层间平均摄氏温度 $\overline{t}(℃)$ 的关系：

$$\overline{T} = 273.15 + \overline{t} \tag{4.9}$$

对水面平均饱和水汽压 $\overline{E}$ 用新系数的马格努斯公式计算：

$$\overline{E} = 6.112\exp(17.62 \times \frac{\overline{t}}{243.12 + \overline{t}}) \tag{4.10}$$

　　(4)根据测站位势高度分别累加各规定等压面间的位势厚度,即可得到各规定等压面的位势高度。

　　各气压层的 H 由式(4.7)从地面开始自下而上累加得到,计量单位为位势米(gpm)或位势千米(kgpm)。位势高度处于地心坐标系,是从探空仪的空间位置指向地心的,其起始点处于测站气压表测量点的位置。因此,在提供规定海拔高度和规定等压面海拔高度时,按照《常规高空观测规范》的要求应再加上一个测站的海拔高度。

　　由于测站的海拔高度是由测绘部门提供的,通常为几何高度(m),为使其与计算得到的位势高度具有相同的计量单位和量纲,应将该海拔高度变为位势高度。几何高度转换为位势高度采用下式：

$$H = \frac{g_{\varphi, h}}{g_n} \cdot \frac{RZ}{(R + Z)} \tag{4.11}$$

式中,$g_{\varphi, h}$ 为测站的重力加速度(m/s^2),用 4.9.1 节中公式(4.19)计算；g_n 为标准重力加速度,取 9.80665 m/s^2；Z 为海拔高度对应的几何高度(m)；R 为平均地球半径,取 6371229 m。

　　几何高度与位势高度间的差值因测站所在的地理位置不同而不同,但即使在海拔 3000 m 以上的高原相差也是很小的。因此,将测站海拔高度(m)直接与由温度、气压和湿度计算的位势高度(gpm)相加,也不会造成较大的误差。但必须了解两者的计量单位和概念不同,在需要精确计算探测的海拔高度时,应将测站海拔高度对应的几何高度(m)用公式(4.11)换算为位势高度(gpm)。

4.2.2　零度层的选取和计算

1)零度层的选取条件

　　零度层只选一个。当出现几个零度层时,只选高度最低的一个。地面层瞬间温度低于零度时,不选零度层。施放瞬间的温度为零度时,地面层即为零度层。

2)零度层的气象要素值计算方法

(1)在时温曲线上找到温度等于零度的点,并得到温度等于零度所对应的时间。

(2)在时压、时湿曲线上的该时刻处得到零度层的气压、相对湿度。

(3)露点温度按规定等压面的露点温度求取方法得到。

(4)将零度层的气温值减去该层的露点温度,即得到温度露点差。

(5)在时高曲线上采用线性内插法内插得到零度层所对应的位势高度。

(6)零度层的空间定位数据根据每分钟球坐标数据得到的经纬度偏差内插得到。

(7)零度层的时间定位数据根据零度层时间与放球时间计算得到。

4.2.3　对流层顶的选取

　　按以下顺序和条件选择第一(极地类)、第二(热带、副热带类)对流层顶：

1)第一对流层顶(气压≤500 hPa 至气压>150 hPa 之间)的选取。

温度垂直递减率≤2℃/km 气层的最低高度,若此高度以上 2 km(可跨越 150 hPa)及其以内的任何高度与此高度间的平均温度垂直递减率也都≤2℃/km,则此最低高度应选为第一对流层顶。第一对流层顶只能有一个,如有几个气层都符合第一对流层顶条件,则选取高度最低的一个。

2)第二对流层顶(气压≤150 hPa 至气压>40 hPa 之间)的选取。

情况一:如果不存在第一对流层顶。

温度垂直递减率≤2℃/km 气层的最低高度,若此高度以上 2 km 及以内的任何高度与此高度间的平均温度垂直递减率也都≤2℃/km,则此最低高度应选为第二对流层顶。

情况二:如果存在第一对流层顶。

在第一对流层顶以上存在一个厚度至少达 1 km,平均温度垂直递减率>3℃/km 的气层,在该气层以上又出现温度垂直递减率≤2℃/km 的最低高度,假如此高度以上 2 km 及其以内的任何高度与此高度间的平均温度垂直递减率也都≤2℃/km,则此最低高度也应选为第二对流层顶。

第二对流层顶也只能有一个,如有几个气层都符合对流层顶条件,则选高度最低的一个。

3)因记录终止,拟选的对流层顶处以上的厚度不足 2 km 时,将记录终止时的温度以干绝热温度递减率(1℃/100 m)递减到 2 km 厚度的位置处,其平均温度垂直递减率≤2℃/km 时,选为对流层顶,否则不选取。

4)对流层顶附近遇有记录做缺测处理时,则不选取该对流层顶。

5)计算对流层顶的时间、海拔高度、气压、温度、湿度、露点温度、温度露点差、风向、风速和空间定位经纬度偏差数据等。

4.2.4 特性层的选取

1)选取温、湿特性层

温、湿特性层是指温度或湿度层结曲线的显著转折点。

(1)选择温、湿特性层的条件

①地面层、终止层和对流层顶。

②对流层顶以下,大于 400 m 的等温层或大于 1℃的逆温层的起始点和终止点。

③温度失测层的起始点、中间点(任选)和终止点。

④凡在 $T-\ln P$ 坐标上,温度变化曲线与已选温、湿特性层间的温度线性内插差值在第一个对流层顶以下超过 1℃,在第一个对流层顶以上超过 2℃者,则在差值最大处补选一温、湿特性层。

⑤凡在 $U-\ln P$ 坐标上,湿度变化曲线与已选温、湿特性层间的相对湿度线性内插差值超过 15%者,则在差值最大处补选一温、湿特性层。

⑥在 110~100 hPa 之间,如果没有温、湿特性层,则应在此范围内加选一层;

满足以上条件之一者,即选为温、湿特性层。

(2)选温、湿特性层的方法

选择温、湿特性层时,不考虑规定等压面的位置,而是按照条件照实选取,选择顺序如下:

①先选出地面层、对流层顶、观测终止层,对流层顶以下的等温、逆温的起始点和终止点,

失测的起始点、中间点和终止点。

②再选出温度梯度的显著转折点,并重复该方法直至相邻两层间确实没有特性层为止。

③最后选出相对湿度梯度的显著转折点,并重复该方法直至相邻两层间确实没有特性层为止。

④完成以上选择后,如遇 110～100 hPa 之间没有温、湿特性层时,在 110～100 hPa 之间加选任意一层。

⑤完成以上选择后,如两特性层的上层气压与下层气压比值小于 0.6 时,该两特性层之间任意加选一层。

计算温、湿特性层的时间、海拔高度、气压、温度、湿度、露点温度、温度露点差、空间定位经纬度偏差数据等。

2)选取高空风特性层

高空风特性层是指风速、风向变化曲线的显著转折点。

(1)风特性层选择条件

①先选出地面层、最大风层、施放终止层作为风特性层。

②凡在 S(风速)$-\ln P$ 坐标上,风速变化曲线与已选风特性层间的风速线性内插差值超过 5 m/s 者,则在差值最大处补选一风特性层。

③凡在 D(风向)$-\ln P$ 坐标上,风向变化曲线与已选风特性层间的风向线性内插差值超过 10°者,在差值最大处补选一风特性层。

④选择风失测的起始点、中间点和终止点为风特性层。

(2)风特性层选择方法

①先选出地面层、最大风层、观测终止层作为风特性层。

②再分别在风向和风速的变化曲线上,根据已选两层之间线性内插值的偏差量超差值确定另一特性层。反复使用上述方法选择,直至该区域内线性内插值无超差点。

③选择风失测层的起始点、中间点和终止点为风特性层。

计算风特性层的气压、温度、湿度、露点温度、温度露点差、空间定位经纬度偏差数据等。

3) 特性层气象要素值的计算方法

特性层的气象要素值包括温度、气压、相对湿度、露点温度、温度露点差。

(1)气压与零度层的气压求取方法相同。

(2)温度与规定等压面的温度求取方法相同。

(3)相对湿度与规定等压面的相对湿度求取方法相同。

(4)露点温度与规定等压面的露点温度求取方法相同。

(5)温度露点差与规定等压面的温度露点差求取方法相同。

(6)特性层空间定位数据根据每分钟球坐标数据得到的经纬度偏差内插得到;

(7)特性层时间定位数据根据特性层时间与放球时间计算得到。

4.3　测风数据的处理方法

4.3.1　量得风层的计算

量得风层是指两个规定高度间的平均风层,按照《常规高空气象观测业务规范》的规定,每个量得风层的风向风速都是用规定时间间隔相邻两个整分钟的气球坐标计算的。各个量得风层风向风速对应的时间为规定间隔相邻两个整分钟时间的平均值,量得风层不提供风向风速与气球高度间的对应关系。在实际应用时,规定高度和规定气压层对应的风向风速值是根据施放时间与规定高度或规定气压层之间的关系,用其对应的时间在量得风层的时间对应风向风速的关系中内插得到的。基于气象学应用考虑,规定高度通常采用地心坐标中的位势高度。

1)量得风层的计算公式

量得风层风向风速的计算都是在站心坐标中进行的。该坐标以观测点为原点,南北方向为 X 轴,东西方向为 Y 轴,从观测点垂直向上为 Z 轴。

无论采用何种测风方法,都必须将跟踪设备(包括雷达、无线电经纬仪和光学经纬仪等)所测气球(探空仪)空间位置投影在站心坐标的水平面上(以观测点为中心的地球切面)。通过跟踪设备所测气球方位、仰角和距离(高度)计算得到观测点至站心坐标水平面垂直投影点间的水平距离和方向角。然后,通过相邻两投影点坐标计算量得风层的风向风速值。

设相邻两个投影点的坐标分别为 $d(x_i,y_i)$ 和 $d(x_{i+1},y_{i+1})$,则

$$\begin{cases} \Delta x = x_{i+1} - x_i \\ \Delta y = y_{i+1} - y_i \end{cases} \tag{4.12}$$

式中, x_i 为前一个投影点在 X 轴上的距离分量; x_{i+1} 为后一个投影点在 X 轴上的的距离分量; y_i 为前一个投影点在 Y 轴上的距离分量; y_{i+1} 为后一个投影点在 Y 轴方向上的距离分量。

风速 v 的计算公式为

$$v = \frac{1}{\Delta t} \sqrt{\Delta x^2 + \Delta y^2} \tag{4.13}$$

式中, Δt 为两次观测间的时间间隔; $\Delta x = x_{i+1} - x_i$; $\Delta y = y_{i+1} - y_i$ 。

风向的计算,应先计算气球在站心水平面上垂直投影点至观测点的连线在某一象限的夹角 θ :

$$\theta = \text{arctg} \frac{\Delta y}{\Delta x} \tag{4.14}$$

然后作以下判断,求出实际风向 D :

$\Delta x > 0$ 时, $D = 180° + \theta$;

$\Delta x < 0$ 时, $\Delta y \geqslant 0$, $D = 360° + \theta$;

　　　　　　　$\Delta y < 0$, $D = \theta$;

$\Delta x = 0$ 时, $\Delta y = 0$, D 为静风(C);

　　　　　　　$\Delta y > 0$, $D = 270°$;

　　　　　　　$\Delta y < 0$, $D = 90°$ 。

2)测风分钟数据计算量得风层的时间间隔

21 min 及其以前的计算分钟数据间隔为 1 min;相应的量得风层时间为 0.5,1.5 …19.5,20.5。

22～42 min 的计算分钟数据间隔为 2 min;相应的量得风层时间为 21.0,22.0 …40.0,41.0。

43 min 及其以后的计算分钟数据间隔为 4 min;相应的量得风层时间为 42.0,43.0 …。

因 39—43 min,40—42 min 都可计算 41 min 的量得风层。在正常情况下用 39 min 与 43 min 计算 41.0 min 的量得风层;当测风数据 42 min 为结束分钟时,采用 40 min 与 42 min 计算 41.0 min 的量得风层。

当仰角大于 90°时,　　仰角=180°-仰角读数;

方位=方位读数±180°。

方位读数大于 180°时用"-"号;小于 180°时用"+"号。

3) 记录的计算分钟连续失测时的处理方法

记录的计算分钟连续失测时按表 4.2 的规定处理,并采用变更计算方法进行计算。

表 4.2　计算分钟连续失测的处理规定

时间间隔	0—20 min		20—40 min		40 min 以上	
失测分钟	=1	≥2	≤2	≥3	≤4	≥5
处理方法	记录照常整理	作失测处理	记录照常整理	作失测处理	记录照常整理	作失测处理

注:当 20—21 min,39—41 min,40—43 min 记录失测时,相应量得风层作失测处理。

4.3.2　各规定层风的计算

计算各规定层(各规定层包括规定等压面层、规定高度层及对流层顶)的风向、风速。

各规定高度层有,距测站雷达天线高度 300 gpm,600 gpm,900 gpm;距海平面位势高度 500 gpm,1000 gpm,1500 gpm,2000 gpm,3000 gpm,4000 gpm,5000 gpm,5500 gpm,6000 gpm,7000 gpm,8000 gpm,9000 gpm,10000 gpm,10500 gpm,12000 gpm,14000 gpm……其后每隔 2000 gpm 为一层。

在计算距雷达天线高度的风向、风速时,使用的实际高度要加上测站海拔高度和雷达天线距地面的高度(雷达天线海拔高度)。

1) 综合观测

(1)规定等压面及对流层顶的时间直接从探空记录中录取,规定高度层时间从探空时高线上内插求取。

(2)根据求取的各规定层的时间,计算出与其相邻最近的上(或下)一量得风层的时间差 $\triangle t$。

(3)根据时间差 $\triangle t$ 以及各规定层所在时间的相邻两量得风层间的风向、风速代数差,用内插方法求取各规定层的风向、风速值:

$$V = V_{下} + (V_{上} - V_{下}) \frac{T - T_{下}}{T_{上} - T_{下}} \tag{4.15}$$

$$D = D_{下} + (D_{上} - D_{下}) \frac{T - T_{下}}{T_{上} - T_{下}} \tag{4.16}$$

式中，D，V，T 分别为规定风层（需内插层）的风向、风速、时间；$D_下$，$V_下$，$T_下$ 分别为最接近规定风层的下层量得风层的风向、风速、时间；$D_上$，$V_上$，$T_上$ 分别为最接近规定风层的上层量得风层的风向、风速、时间。

（4）补放升速为 200 m/min 的小球测风时，根据雷达测风缺测的各规定层的高度在相应的小球测风记录中，用内插方法求取其风向、风速值，并补入观测记录中。

2）雷达单独测风

雷达单独测风是指气球不携带探空仪，由雷达跟踪应答器进行高空风观测的方法。雷达单独测风的量得风层计算方法与综合观测相同。

（1）通过雷达获取的仰角、斜距值求取高度计算分钟距测站平面的几何高度，对所得的几何高度进行大气折射修正、地球曲率修正和位势米与几何米换算，得到高度计算分钟距海平面的位势高度。通过高度计算分钟和位势高度，绘制时间－高度曲线图。规定等压面的时间根据最接近时次综合观测的等压面高度（若距本时次 24 h 内综合观测缺测或其终止高度低于本次雷达单独测风终止高度，则使用表 4.3 的各规定等压面相应的平均高度），在时高线上内插求取；规定高度层的时间也在时高线上内插求取。

（2）根据求取的各规定层的时间，计算出与其相邻最近的上（或下）一量得风层的时间差 $\triangle t$。

（3）根据时间差 $\triangle t$ 以及各规定层所在时间的相邻两量得风层间的风向、风速代数差，用内插方法求取各规定层的风向、风速值。

（4）补放升速为 200 m/min 的小球测风时，根据雷达测风缺测的各规定层的高度在相应的小球测风记录中，用内插方法求取其风向、风速值，并补入观测记录中。

表 4.3　各规定等压面相应的平均高度规定

规定等压面 (hPa)	平均高度 (m)	规定等压面 (hPa)	平均高度 (m)
1000	0	100	16000
925	750	70	18000
850	1500	50	20000
700	3000	40	22000
600	4000	30	24000
500	5500	20	26000
400	7000	15	28000
300	9000	10	30000
250	10500	7	33000
200	12000	5	35000
150	14000		

4.3.3　最大风层的选取

最大风层在高空风观测记录中实有的量得风层中选取。

（1）在量得风层中，高度在 500 hPa（海拔 5500 gpm）以上，从某一高度开始至某一高度结束,出现风速连续均大于 30 m/s 的区域为"大风区"。在该"大风区"中,风速最大的层次,则选为最大风层(海拔 5500 gpm 是指经纬仪小球测风)。同一"大风区"中,同一风速最大的层次有两层或其以上时,则选取高度最低一层为最大风层。

(2)在某"大风区"以上,又出现另一"大风区",且其最大风速与前一"大风区"后出现(≤30 m/s 的"大风闭合区")的最小风速之间的差值≥10 m/s 时,则后一"大风区"中风速最大的层次,也选为最大风层。

(3)当大风区跨越 500 hPa 时,该大风区内无论风速最大的层次出现在 500 hPa 以上或以下(包括 500 hPa),作为特殊情况,该风速最大的层次也选为最大风层。

(4)当某一"大风区"中的最大风速与前一大风区后的"大风闭合区"中出现的最小风速之间的差值虽小于 10 m/s,但该最大风速值比前一"大风区"中选得的最大风层的风速值大,且该最大风速层次为整份记录中"大风区"所有量得风层的风速最大值,作为特殊情况,该风速最大的层次补选为最大风层。

(5)"大风区"的开始和终止都已观测到,为"闭合大风区"。反之,只观测到"大风区"的开始,而没有观测到终止,则为"非闭合大风区"。

(6)观测记录表及编发的报文中,最大风层的次序以风速从大到小排序;当两层风速相等时,则以高度从低到高的次序排序。

(7)当测风终止高度高于探空终止高度时,在高表-14 中的最大风层只选到探空终止时刻,用于实时编发报文;高表-13 的最大风层仍按以上(1)~(4)选择条件选取,但探空终止高度后的最大风层不参与编发报文。

(8)计算最大风层的时间、海拔高度、气压、风向、风速、空间定位经纬度偏差数据等。

4.4　探空终止层的处理

终止层气压值保留小数 1 位,用于计算厚度。高表-14 中规定,等压面的终止层气压显示值,100 hPa 或其以下取整数位,100 hPa 以上保留小数 1 位。

4.5　特殊情况的处理

4.5.1　温、压、湿的失测处理

遇有温、压、湿数据连续失测或可信度差的情况,按表 4.4 的规定处理。

表 4.4　温、压、湿的失测处理

要素	500 hPa 及以下		500 hPa 以上	
	缺测或可信度差时间 $\triangle t$(min)	规　定	缺测或可信度差时间 $\triangle t$(min)	规　定
气压	$\triangle t \leqslant 5$	按前后趋势拟合连线	$\triangle t \leqslant 7$	按前后趋势拟合连线
	$\triangle t > 5$	重放球	$\triangle t > 7$	不管温度记录是否正常,位势高度只计算到可靠气压记录为止。如后面同时又有可靠的气压、温度记录出现,可继续整理规定等压面温度、湿度记录(缺测位势高度),气压缺测段加补缺测特性层
温度	$\triangle t \leqslant 2$	按前后趋势拟合连线	$\triangle t \leqslant 3$	按前后趋势拟合连线
	$2 < \triangle t \leqslant 5$	按前后趋势拟合连线,供计算厚度和系统误差修正用,温度数据作缺测处理	$3 < \triangle t \leqslant 7$	按前后趋势拟合连线,供计算厚度和系统误差修正用,温度数据作缺测处理
	$\triangle t > 5$	重放球	$\triangle t > 7$	不管气压记录是否正常,位势高度只计算到可靠温度记录为止。如后面同时又有可靠的气压温度记录出现,可继续整理规定等压面温度、湿度记录(缺测位势高度),温度缺测段加补缺测特性层
湿度	$\triangle t \leqslant 2$	按前后趋势拟合连线	$\triangle t \leqslant 3$	按前后趋势拟合连线
	$2 < \triangle t \leqslant 5$	按前后趋势拟合连线,供计算厚度和系统误差修正用,湿度数据作缺测处理	$3 < \triangle t \leqslant 7$	按前后趋势拟合连线,供计算厚度和系统误差修正用,湿度数据作缺测处理
	$\triangle t > 5$	重放球(若缺测层无云且前次同等高度平均相对湿度低于30%时,可不重放球。按前后趋势拟合连线,供计算厚度和系统误差修正用,湿度记录作缺测处理)	$\triangle t > 7$	湿度记录只整理到有可靠湿度记录为止,其他照常整理(相对湿度按1%计算)

注:当连续失测或可信度差处在 500 hPa 层上、下时,按 500 hPa 以下的规定处理。

4.5.2　量得风层特殊情况处理

内插规定等压面层、规定高度层、对流层顶的风遇到下述情况时,可用最接近的量得风层的风代替。

(1)规定层风的上(或下)一量得风层为静风时;

(2)规定层的上、下两量得风层风向相差为 $180°(\pm 3°)$,又不能判断其顺时针还是逆时针变化时。

但在距地≤900 gpm 范围以内(摩擦层)不适用。在摩擦层内遇到下述情况时,则按表

4.5 的代替范围就近代替,若超出代替范围,则按失测处理。

表 4.5　规定层风向、风速代替范围

规定高度范围	≤900 gpm(距地)	>900 gpm(距地)且 ≤6000 gpm(海拔)	>6000 gpm(海拔)
规定高度替代范围	±100 gpm	±200 gpm	±500 gpm

量得风层风向变化的判别方法:

当上、下量得风层风向差 180°(±3°)时,用上、下各两个量得风层的风向变化进行规律判别。

(1)若四个量得风层的风向自上而下依次增大,如 120°,200°;17°,56°,则认为风向为顺时针变化(过北);若四个量得风层的风向自上而下依次减小,如 230°,200°;17°,356°,则认为,风向为逆时针变化(过南)。这两种情况都被认为可判别风向变化方向,按正常方法内插规定层风。

(2)若上、下各两个量得风层的风向变化不一致,无规律可循,如 120°,200°;17°,356°,则被认为不能判断风向变化方向,规定层风则用最接近的量得风层风向、风速代替(在距地≤900 gpm 范围内不适用,按失测处理)。

4.5.3　测风终止时间大于探空终止时间的处理

综合观测在计算规定高度层风或选取最大风层时,若测风量得风层时间大于探空终止时间,则探空终止高度以上的规定层风或最大风层的高度、气压用雷达单独测风方法进行计算。该部分规定高度层的风或最大风层不参与编发报文,只作为月报表、气象资料存盘。

4.5.4　综合观测雷达无斜距的处理

综合观测因某种原因部分或全部测风分钟数据无斜距时,选择"文件属性"中的无斜距方式计算量得风层的风向、风速,报文编码中的设备代码 a4 值为无线电经纬仪方式"2"。若部分测风分钟数据出现错误时,选择"高度代替斜距",则相应部分采用无斜距方式,报文编码中的设备代码 a4 值为雷达方式"3"。软件采用无斜距方式,计算量得风层的风向、风速。

4.5.5　气球下沉记录的处理

1)探空数据的处理

由人工确定气球下沉的起始点时间和下沉的终止点时间,并作删除。计算机会自动将气球下沉和回升到下沉起始时刻之间的数据删除,下沉终止点以后的时间、数据记录往前移,即下沉终止时间后的各数据时间减去气球下沉期间的时间,以后记录照常整理。

2)测风数据的处理

气球下沉开始时间到下沉终止时间之间数据、时间(包括相对应的每秒数据),随探空数据删除而自动删除,下沉终止点以后的时间、数据下移。下沉处理后的整分数据从每秒球坐标数据中读取对应的整分钟数据,上下衔接点间的量得风层不计算,落在该层的规定层风,符合内插条件按线性内插计算,不符合则按靠近法代替。

计算举例:

（1）气球从 7.5 min 开始下沉，10.7 min 回升至下沉位置，则测风从 8 min 到 10 min 之间的数据舍去不用。从经过下沉记录处理后的每秒球坐标上读取第 8 min 的数据作为整 8 min 的数据，第 9 min 的数据作为整 9 min 的数据，以此类推。第 7 min 和第 8 min 的量得风层不计算（如表 4.6 所示）。

表 4.6　测风数据处理举例一

时间(min)	计算分钟
1	0.5
2	1.5
3	2.5
4	3.5
5	4.5
6	5.5
7	6.5
8	
9	8.5

（2）气球从 22.7 min 开始下沉，26.3 min 回升至下沉位置，则测风从 23 min 到 26 min 之间的数据舍去不用。从经过下沉记录处理后每秒球坐标上读取第 23 min 的数据作为整 23 min 的数据，第 24 min 的数据作为整 24 min 的数据，以此类推。第 22 min 和第 23 min 的量得风层不计算（如表 4.7 所示）。

表 4.7　测风数据处理举例二

时间(min)	计算分钟
20	19.5
21	20.5
22	21.0
23	
24	
25	24.0
25.0	
27	26.0

4.5.6　仰角低于测站雷达最低工作仰角的处理

（1）当仰角从某分钟开始低于测站雷达最低工作仰角，而后又回升到此值以上，测风记录照常处理。

（2）当仰角从某分钟开始低于测站雷达最低工作仰角直至球炸分钟，测风记录则只处理到等于或大于测站"雷达最低工作仰角"之时。

4.5.7　放球软件或系统死机后的处理方法

施放过程中如遇有放球软件或系统死机现象，可重新启动计算机并运行放球软件。重新运行放球软件时，计算机会检查时间，并自动搜索是否存在本时次的数据文件。如现在的时刻为 07 时，软件将搜索 06 时、07 时、08 时硬盘上的文件，若发现有该时刻的文件，软件将弹出对话框（如图 4.1 所示），按"是"软件将调入该数据文件，并在该文件基础上继续接收观测数据；按"否"则不调入本时次探空数据文件，进行下一次放球的准备与接收。重放球遇有相同时次数据文件也会有该操作提示。

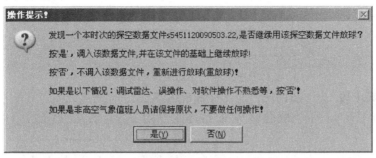

图 4.1　放球软件弹出对话框图

为了使因死机造成观测数据丢失减小到最低程度,最好将本站常用参数中计算机操作页的"保存数据时间间隔"设置为 1 min。

4.6　编制常规报文及高空气候月报的规定和方法

高空气象报告电码根据中国气象局《高空风报告电码》(GD—03Ⅲ)、《高空压、温、湿、风报告电码》(GD—04Ⅲ)和《高空气候月报表》(FM75—Ⅵ)及其有关的补充规定编报。

4.6.1　高空温、压、湿报告电码

1)电码格式

A,C 部　第一段 TTAA　　　　　　$YYGGI_d$　　　　　　IIiii

　　　　　第二段 $99P_0P_0P_0$　　　　$T_0T_0T_{a0}D_0D_0$　　　$d_0d_0f_0f_0f_0$

　　　　　$P_1P_1h_1h_1h_1$　　　　　$T_1T_1T_{a1}D_1D_1$　　　$d_1d_1f_1f_1f_1$

　　　　　……　　　　　　　　……　　　　　　　　……

　　　　　$P_nP_nh_nh_nh_n$　　　　　$T_nT_nT_{an}D_nD_n$　　　$d_nd_nf_nf_nf_n$

　　　　　第三段 $88P_tP_tP_t$　　　　$T_tT_tT_{at}D_tD_t$　　　$d_td_tf_tf_tf_t$

　　　　　第四段　$77P_mP_mP_m$

　　　　　　　　　或$\left.\rule{0cm}{0.8cm}\right\}$$d_md_mf_mf_mf_m$

　　　　　$66P_mP_mP_m$

　　　　　或

　　　　　77999

　　　　　第十段　61616　　　　$S_nS_{r0}S_{r0}S_{r0}S_{r0}$

　　　　　　　　　62626　　　　$P_1P_1L_{ar}L_{ar}L_{ar}$　　　$L_{ar}L_{or}L_{or}L_{or}L_{or}$　　　$S_nS_rS_rS_rS_r$

　　　　　　　　　　　　　　　……　　　　　　　　　　……　　　　　　　　　……

　　　　　　　　　　　　　　　$P_nP_nL_{ar}L_{ar}L_{ar}$　　　$L_{ar}L_{or}L_{or}L_{or}L_{or}$　　　$S_nS_rS_rS_rS_r$

　　　　　　　　　63636　　　　$88 L_{ar}L_{ar}L_{ar}$　　　　$L_{ar}L_{or}L_{or}L_{or}L_{or}$　　　$S_nS_rS_rS_rS_r$

　　　　　　　　　64646　　　　$77 L_{ar}L_{ar}L_{ar}$

　　　　　　　　　　　　　　　或$\left.\rule{0cm}{0.8cm}\right\}$$L_{ar}L_{or}L_{or}L_{or}L_{or}$　　　$S_nS_rS_rS_rS_r$

　　　　　　　　　　　　　　　$66 L_{ar}L_{ar}L_{ar}$

B,D 部	第一段	TTBB	YYGGI$_d$	IIiii	
	第五段	$n_0 n_0 P_0 P_0 P_0$	$T_0 T_0 T_{a0} D_0 D_0$		
		$n_1 n_1 P_1 P_1 P_1$	$T_1 T_1 T_{a1} D_1 D_1$		
		……	……		
		$n_n n_n P_n P_n P_n$	$T_n T_n T_{an} D_n D_n$		
	第十段	61616	$S_n S_{r0} S_{r0} S_{r0} S_{r0}$		
		65656	$n_1 n_1 L_{ar} L_{ar} L_{ar}$	$L_{ar} L_{or} L_{or} L_{or} L_{or}$	$S_n S_r S_r S_r S_r$
			……	……	……
			$n_n n_n L_{ar} L_{ar} L_{ar}$	$L_{ar} L_{or} L_{or} L_{or} L_{or}$	$S_n S_r S_r S_r S_r$

2)编报说明

(1)本电码用来编报陆地测站高空温、压、湿和风的资料。

(2)各部必须按所列电码格式编成单独的一份报告,识别组和编报内容如表4.8所示。

表 4.8 陆地测站高空温、压、湿和风识别组和编报内容

部	识别组	编报的资料
A	TTAA	100 hPa 层及其以下各规定等压面层、对流层顶和最大风层的资料
B	TTBB	100 hPa 层及其以下特性层的资料
C	TTCC	100 hPa 层以上各规定等压面层、对流层顶和最大风层的资料
D	TTDD	100 hPa 层以上特性层的资料

(3)只要观测到应该编报的资料,就必须按照规定进行编报,不得省略。

(4)探测终止高度以上和低于测站规定高度的发报层,应省略不报。

(5)如果没有探测到某部规定编报的探测资料,该部省略不报。

3)编报方法

(1)第一段

①TTAA,TTBB,TTCC,TTDD 分别编报探空报告电码 A,B,C,D 的识别组。

②yyGGI$_d$

yy 为分别编报观测日期的十位数和个位数。

GG 为实际放球时间的世界时,以最接近的整时数编报。

I$_d$ 为规定等压面有风组终止层指示码。编报有风组的最后一层规定等压面气压值的百位数(A 部)或十位数(C 部)。

③IIiii 编报内容与高空风报告电码相同。

(2)第二段

①99P$_0$P$_0$P$_0$

99 为地面层资料的指示码。

P$_0$P$_0$P$_0$ 编报地面气压,以 hPa 为单位,编报其百位、十位和个位数,小数四舍五入,如有千位数,千位数省略不报。

②T$_0$T$_0$T$_{a0}$D$_0$D$_0$

T$_0$T$_0$ 编报地面气温,以摄氏度为单位编报。

T$_{a0}$编报地面气温的正负号及其小数的近似值,如表 4.9 所示。

表 4.9　T_{a0} 编报规则

温度的小数	编报的电码	
	温度为正	温度为负
0	0	1
1		
2	2	3
3		
4	4	5
5		
6	6	7
7		
8	8	9
9		

$D_0 D_0$ 编报地面的温度露点差。

温度露点差的编报方法为 0.0~4.9 放大 10 倍编报；5.0~5.5 编报 50；5.6~49.4 小数四舍五入后放大 10 倍加 50 编报。

③ $d_0 d_0 f_0 f_0$ 编报地面风的资料。编报方法与高空风报告电码相同。

④　$P_1 P_1 h_1 h_1 h_1$　　$T_1 T_1 T_{a1} D_1 D_1$　　$d_1 d_1 f_1 f_1 f_1$

　　……　　　　　……　　　　　……

　　$P_n P_n h_n h_n h_n$　　$T_n T_n T_{an} D_n D_n$　　$d_n d_n f_n f_n f_n$

$\left. \begin{array}{c} P_1 P_1 \\ …… \\ P_n P_n \end{array} \right\}$ 规定等压面的气压，A 部气压以 10 hPa 为单位编报，1000 hPa 层编报为 00；C 部气

压以 1 hPa 为单位编报。例如，925 hPa 层编报 92，700 hPa 层编报 70，70 hPa 层也编报 70。

$\left. \begin{array}{c} h_1 h_1 h_1 \\ …… \\ h_n h_n h_n \end{array} \right\}$ 规定等压面的位势高度，500 hPa 层以下的位势高度以 gpm 为单位编报（位势千

米省略不报）；500 hPa 层及其以上的等压面的位势高度，以 dgpm 单位（个位四舍五入，万位省略不报）。

$\left. \begin{array}{c} T_1 T_1 \\ …… \\ T_n T_n \end{array} \right\}$ 规定等压面的气温编报方法同地面温度。

$\left. \begin{array}{c} T_{a1} \\ …… \\ T_{an} \end{array} \right\}$ 规定等压面的正负号及其小数的近似值，编报方法同地面温度。

$\left. \begin{array}{c} D_1 D_1 \\ …… \\ D_n D_n \end{array} \right\}$ 规定等压面的温度露点差编报方法同地面温度。

$$d_1 d_1 f_1 f_1 f_1$$
······　　　编报规定等压面风的资料。编报方法与高空风报告电码相同。
$$d_n d_n f_n f_n f_n$$

（3）第三段　　$88 P_t P_t P_t$　　　　$T_t T_t T_{at} D_t D_t$　　　　$d_t d_t f_t f_t f_t$

88 为对流层顶指示码。

$P_t P_t P_t$ 编报对流层顶的气压。在 100 hPa 层及其以下的对流层顶（A 部），其气压以 1 hPa 为单位编报；在 100 hPa 以上的对流层顶（C 部），其气压以 0.1 hPa 为单位编报。$T_t T_t T_{at} D_t D_t$ 编报对流层顶的气温和温度露点差。方法同地面层。

$d_t d_t f_t f_t f_t$ 为对流层顶风的编报。方法同地面层。

（4）第四段

$$77 P_m P_m P_m$$
或　　　　　$d_m d_m f_m f_m f_m$　　（$4 v_b v_b v_a v_a$）
$$66 P_m P_m P_m$$

77 或 66 为最大风层指示码。

$P_m P_m P_m$ 编报最大风层的气压。编报方法同对流层顶。

$d_m d_m f_m f_m f_m$ 编报最大风层风的资料。编报方法与高空风报告电码相同。

4.6.2　高空风报告电码

1）电码型式

A，C 部　第一段　　PPAA　　$YYGGa_4$　　IIiii
　　　　　第二段　　$55 n P_1 P_1$　　ddfff　　ddfff　　ddfff
　　　　　　　　　　······　　······　　······　　······
　　　　　　　　　　$55 N P_n P_n$　　ddfff　　ddff　　ddfff
　　　　　第三段　　$7 H_m H_m H_m H_m$
　　　　　　　　　　或　　　　　　　　$d_m d_m f_m f_m f_m$
　　　　　　　　　　$6 H_m H_m H_m H_m$
　　　　　第六段　　61616　　$S_n S_{r0} S_{r0} S_{r0} S_{r0}$
　　　　　　　　　　62626　　$P_1 P_1 L_{ar} L_{ar} L_{ar}$　　$L_{ar} L_{or} L_{or} L_{or} L_{or}$　　$S_n S_r S_r S_r S_r$
　　　　　　　　　　　　　　······　　　　　······　　　　　······
　　　　　　　　　　　　　　$P_n P_n L_{ar} L_{ar} L_{ar}$　　$L_{ar} L_{or} L_{or} L_{or} L_{or}$　　$S_n S_r S_r S_r S_r$
　　　　　　　　　　63636　　$7 \times L_{ar} L_{ar} L_{ar}$　　$L_{ar} L_{or} L_{or} L_{or} L_{or}$　　$S_n S_r S_r S_r S_r$
　　　　　　　　　　　　　　或
　　　　　　　　　　　　　　$6 \times L_{ar} L_{ar} L_{ar}$　　$L_{ar} L_{or} L_{or} L_{or} L_{or}$　　$S_n S_r S_r S_r S_r$

B，D 部　第一段　PPBB　$YYGGa_4$　IIiii
　　　　　第四段　$8 t_n u_1 u_2 u_3$　　ddfff　　ddfff　　ddfff
　　　　　　　　　······　　　　······　　······　　······
　　　　　　　　　$8 t_n u_1 u_2 u_3$　　ddfff　　ddfff　　ddfff
　　　　　第六段　61616　　$S_n S_{r0} S_{r0} S_{r0} S_{r0}$
　　　　　　　　　64646　　$8 t_n u_1 u_2 u_3$　　$L_{ar} L_{ar} L_{ar} L_{ar} \times$　$L_{or} L_{or} L_{or} L_{or} \times$　$S_n S_r S_r S_r S_r$

$$L_{ar}L_{ar}L_{ar}L_{ar}\times \quad L_{or}L_{or}L_{or}L_{or}\times \quad S_nS_rS_rS_rS_r$$
$$L_{ar}L_{ar}L_{ar}L_{ar}\times \quad L_{or}L_{or}L_{or}L_{or}\times \quad S_nS_rS_rS_rS_r$$
$$\cdots\cdots \quad \cdots\cdots \quad \cdots\cdots \quad \cdots\cdots$$
$$8t_nu_1u_2u_3 \quad L_{ar}L_{ar}L_{ar}L_{ar}\times \quad L_{or}L_{or}L_{or}L_{or}\times \quad S_nS_rS_rS_rS_r$$
$$L_{ar}L_{ar}L_{ar}L_{ar}\times \quad L_{or}L_{or}L_{or}L_{or}\times \quad S_nS_rS_rS_rS_r$$
$$L_{ar}L_{ar}L_{ar}L_{ar}\times \quad L_{or}L_{or}L_{or}L_{or}\times \quad S_nS_rS_rS_rS_r$$

2）编报说明

(1)本电码用来编报陆地高空气象站的高空风资料。

(2)进行综合探测时,高空风报告电码只编报 B 部和 D 部,A 部和 C 部省略不报。进行单独测风时,高空风报告电码应编报 A,B,C,D 四部。各部的识别组和编报内容如表 4.10 所示。

(3)只要观测到应该编报的资料都必须按照规定进行编报,不得省略。

表 4.10　高空风识别组和编报内容

部	识别组	编报的资料
A	PPAA	100 hPa 层及其以下各规定等压面层、最大风层的资料
B	PPBB	100 hPa 层及其以下各规定拔海高度的资料
C	PPCC	100 hPa 层以上各规定等压面层、最大风层的资料
D	PPDD	100 hPa 层以上各规定拔海高度层的资料

(4)探测终止高度以上和低于测站规定高度的发报层,应省略不报。

(5)如果没有探测到某部规定编报的任何资料,该部可省略不报。

(6)当已发出的报文中发现错误时,应在规定的时间内,将整部报文重发更正报。若某部拍发过一次更正报后又发现该部有错,不再拍发第二次更正报。

3）编报方法

(1)第一段

①PPAA,PPBB,PPCC,PPDD 分别是高空风报告电码的 A,B,C,D 的识别组。

②YYGGa₄

YY 分别编报观测日期的十位数和个位数,如 1 日编报 01,15 日编报 15,其余类推。

GG 为实际放球时间的世界时,以最接近的整时数编报。由于北京时比世界时早 8 h,编报时应将实际放球时间减 8 h。如放球时间在北京时的 7 时 15 分至 7 时 30 分,则 GG 编报 23,日期 YY 减一天;如放球时间在北京时的 7 时 31 分至 8 时 30 分,则 GG 编报 00,日期不变。

a₄ 编报测风方法:0 表示探空球测风;1 表示小球测风;2 表示雷达无斜距(无线电经纬仪测风);3 表示雷达测风

③IIiii

II 为测站区号。

iii 为测站站号。

IIiii 按中国气象局编印的《国内气象台站区站号表》中规定的站号编报。

(2)第二段

①55nPP

55 为规定等压面指示码。

n 最大报 3,从 PP 所指的等压面层算起,每三层规定等压面为一组,当最后一组不足三层时,n 也可以报 2 或 1。

PP 在 A 部编报该组最低高度规定等压面气压的百位和十位,在 C 部 PP 编报该组最低高度规定等压面气压的十位和个位。

应编报规定等压面:

A 部 925 hPa,850 hPa,700 hPa,500 hPa,400 hPa,300 hPa,250 hPa,200 hPa,150 hPa,100 hPa。

B 部 70 hPa,50 hPa,30 hPa,20 hPa,10 hPa。

②ddfff

dd 编报规定等压面风向的百位和十位。

fff 编报规定等压面风速的百位、十位、个位,其百位数同时也编报风向的个位。风向的个位数编报按表 4.11 处理,如果风向的个位数是 8 或 9,编报为 0 时,十位电码应进位。

表 4.11　风向个位数编码规则

风向个位数	编报电码	风向个位数	编报电码
8		3	
9		4	
0	0	5	5
1		6	
2		7	

③各规定等压面应按其高度自下而上顺序编报。在探测范围内,如果某规定等压面风的资料缺测,则与之对应的 ddfff 风组应编报为×××××,不得省略。

④55 nPP 组可以重复编报,在一个 55 nPP 之后,最多只能编报三个连续的规定等压面的资料。

⑤当规定高度的风向为静风时,ddfff 应编报为 00000。

⑥当规定高度的风速小于 0.5 m/s 时,仍应照常发报。

(3)第三段

①7 或 6 为最大风层指示码。

当最大风出现在"闭合大风区"时,用"7"作指示码;

当最大风层出现在非"闭合大风区"时,用"6"作指示码;

闭合大风区是指大风区的开始和终止都观测到的风区。

非闭合大风区是指只观测到大风区的开始,没有观测到大风区终止的大风区。

②当 A,C 部中没有观测到最大风层时,则该部的第三段必须编报一组"77999",不得省略。

③$H_m H_m H_m H_m$ 为最大风层的拔海高度,以 dgpm 为单位编报,即编报最大风层拔海高度的万位、千位、百位、十位。

$d_m d_m f_m f_m f_m$ 的编报方法与规定等压面的编报方法相同。

④在 A 部或 C 部中,若观测到一个以上的最大风层时,应按风速由大到小的顺序重复编报。

⑤在 A 部或 C 部中,若观测到一个以上的最大风层且风速相等时,应按高度由下到上顺序重复编报。

（4）第四段

①8 为规定高度指示码。

②$t_n u_1 u_2 u_3$ 组可以重复编报。在一个 $8t_n u_1 u_2 u_3$ 组之后,最多只能编报三个规定高度层风的资料。

t_n 编报规定海平面高度除以 500 以后的十位数。

$u_1 u_2 u_3$ 分别编报规定海平面高度除以 500 以后的个位数。

$t_n u_1 \times 500$ 表示 $8t_n u_1 u_2 u_3$ 报文中的第一个 ddfff 风组的海平面规定高度。

$t_n u_2 \times 500$ 表示 $8t_n u_1 u_2 u_3$ 报文中的第二个 ddfff 风组的海平面规定高度。

$t_n u_3 \times 500$ 表示 $8t_n u_1 u_2 u_3$ 报文中的第三个 ddfff 风组的海平面规定高度。

③当连续的三个海平面规定高度除 500 以后的十位数不同时,不能在同一个 $8t_n u_1 u_2 u_3$ 组之后编报风的资料。

④如果在 $8t_n u_1 u_2 u_3$ 组之后只编报一个或二个 ddfff 风组时,$8t_n u_1 u_2 u_3$ 中的 $u_2 u_3$ 应分别编报为×。

应编报的距海平面规定高度。

⑤如某规定海平面高度风的资料缺测时,该高度可省略不报。

⑥各规定高度层应按其高度自下而上顺序编报。

（5）第六段

①　　61616　　$S_n S_{r0} S_{r0} S_{r0} S_{r0}$

61616 为气球实际施放相对时间的指示码。

S_n 为相对时间的符号。

0 代表相对时间为正值或零,表示气球实际施放时间或各层资料的实际探测时间等于或晚于 YYGG 表示的时间。

1 代表相对时间为负值,表示气球实际施放时间或各层资料的实际探测时间早于 YYGG 表示的时间。

$S_{r0} S_{r0} S_{r0} S_{r0}$ 编报气球实际施放时间与第一段中 YYGG 之差,单位为 s。$S_{r0} S_{r0} S_{r0} S_{r0}$ 可以表示的相对时间范围是 ±9999 s。

②　　62626　　$P_1 P_1 L_{ar} L_{ar} L_{ar}$　　　$L_{ar} L_{or} L_{or} L_{or} L_{or}$　　　　　$S_n S_r S_r S_r S_r$

　　　　　　　……　　　　　　……　　　　　　……

　　　　　　　$P_n P_n L_{ar} L_{ar} L_{ar}$　　　$L_{ar} L_{or} L_{or} L_{or} L_{or}$　　　　　$S_n S_r S_r S_r S_r$

62626 为规定等压面数据探测点的相对经纬度数据指示码。

$P_1 P_1$,……$P_n P_n$ 与第二段编报方法相同。

$L_{ar} L_{ar} L_{ar} L_{ar}$ 编报相对纬度。设 $X = $（探测点纬度 − 测站纬度）× 1000,当 $0 \leqslant X < 5000$ 时,$L_{ar} L_{ar} L_{ar} L_{ar} = X$;当 $X < 0$, 且 $|X| < 5000$ 时,$L_{ar} L_{ar} L_{ar} L_{ar} = |X| + 5000$。其中,探测点的纬度和测站纬度单位均为（°）,精度为 0.001°。（探测点纬度 − 测站纬度）的绝对值必须小于 5,因此 $L_{ar} L_{ar} L_{ar} L_{ar}$ 可表示的相对纬度范围是 ±4.999°。

$L_{or}L_{or}L_{or}L_{or}$ 编报相对经度。设 X ＝（探测点经度 － 测站经度）×1000，当 $0 \leqslant X < 5000$ 时，$L_{or}L_{or}L_{or}L_{or} = X$；当 $X < 0$，且 $|X| < 5000$ 时，$L_{or}L_{or}L_{or}L_{or} = |X| + 5000$。其中，探测点的经度和测站经度单位均为（°），精度为 0.001°。（探测点经度 － 测站经度）的绝对值必须小于 5，即 $L_{or}L_{or}L_{or}L_{or}$ 可表示的相对经度范围是 ±4.999°。

S_n 为相对时间的符号。

$S_rS_rS_rS_r$ 编报各层资料的实际探测时间与放球时间 YYGG 之差的绝对值，单位为 s，相对时间编码范围是 ±9999 s。

③ 　63636 　 $7 \times L_{ar}L_{ar}L_{ar}$ 　 $L_{ar}L_{or}L_{or}L_{or}L_{or}$ 　 $S_nS_rS_rS_rS_r$

　　　　　　　　　　　or

　　　　　　　　　 $6 \times L_{ar}L_{ar}L_{ar}$ 　 $L_{ar}L_{or}L_{or}L_{or}L_{or}$ 　 $S_nS_rS_rS_rS_r$

63636 为最大风数据探测点的相对经纬度数据指示码。

7 或 6，当最大风出现在"闭合大风区"时，用"7"作指示码；当最大风层出现在"非闭合大风区"时，用"6"作指示码，

$L_{ar}L_{ar}L_{ar}L_{ar}$，$L_{or}L_{or}L_{or}L_{or}$，$S_nS_rS_rS_rS_r$ 编报方法同前所述。

④ 　64646 　 $8t_n u_1 u_2 u_3$ 　 $L_{ar}L_{ar}L_{ar}L_{ar} \times$ 　 $L_{or}L_{or}L_{or}L_{or} \times$ 　 $S_nS_rS_rS_rS_r$

　　　　　　…… 　　　 …… 　　　　　…… 　　　　 ……

　　　　　　 $8t_n u_1 u_2 u_3$ 　 $L_{ar}L_{ar}L_{ar}L_{ar} \times$ 　 $L_{or}L_{or}L_{or}L_{or} \times$ 　 $S_nS_rS_rS_rS_r$

64646 为海平面规定高度数据探测点的相对经纬度数据指示码。

8 为海平面规定高度的指示码。

$t_n u_1 u_2 u_3$ 编报海平面规定高度。

$L_{ar}L_{ar}L_{ar}L_{ar} \times$，$L_{or}L_{or}L_{or}L_{or} \times$，$S_nS_rS_rS_rS_r$ 分别编报与 $t_n u_1 u_2 u_3$ 相对应的各规定海平面相对纬度、相对经度和气球实际施放时间与第一段中 YYGG 之差。

4.6.3 陆地测站高空气候月报电码

1）电码型式

(CU)IIiii 　　　　　　 $1\overline{P_0P_0P_0T_0}$ 　　　　 $\overline{T_0T_0D_0D_0D_0}$

$\overline{H_1H_1H_1H_1n_{T1}}$ 　　　　 $n_{T1}\overline{T_1T_1T_1D_1}$ 　　 $\overline{D_1D_1n_{V1}r_{f1}r_{f1}}$ 　　 $\overline{d_{V1}d_{V1}d_{V1}f_{V1}f_{V1}}$

………… 　　　　　　 ………… 　　　　　 ………… 　　　　　 …………

$\overline{H_nH_nH_nH_nn_{Tn}}$ 　　　 $n_{Tn}\overline{T_nT_nT_nD_n}$ 　 $\overline{D_nD_nn_{Vn}r_{fn}r_{fn}}$ 　 $\overline{d_{Vn}d_{Vn}d_{Vn}f_{Vn}f_{Vn}}$

2）编报总则

（1）本电码用来编报陆地测站的高空气候月报。

（2）高空气候月报首先编报地面层的资料，然后依次编报 850 hPa，700 hPa，500 hPa，300 hPa，200 hPa，150 hPa，100 hPa，50 hPa，30 hPa 等压面的资料。其中，低于测站高度的等压面层编报为

×××××　×××××　………………。

（3）只用 08 时（北京时）观测记录的月平均值进行编报。

（4）地面气压、气温、温度露点差的月平均值应以施放探空仪时的观测记录来计算。

（5）各层各要素的月平均值均按该月实有记录计算，气温和风的缺测日数分别在 n_T 和 n_V 中编报。

(6)某要素的月平均值没有时,编报为×× ×××或××××。

3)符号内容及编报规定

(1)报类指示组(CU)

(CU)为陆地测站高空气候月报的报类指示组,发报时必须加括号。

(2)区站号组　　IIIiii

II 为区号。

iii 为站号。

(3)地面资料

1 $\overline{P_0P_0P_0T_0}$　　　$\overline{T_0T_0D_0D_0D_0}$

1 为指示码,表示报告中编发的月平均值资料是 08 时(北京时)观测记录的。

$\overline{P_0P_0P_0}$ 表示月平均地面气压,以 hPa 为单位编报。月平均地面气压等于或大于 1000 hPa 时,千百帕数省略不报。

$\overline{T_0T_0T_0}$ 表示月平均地面气温,以 0.1℃ 为单位编报。月平均气温为负值时,在其绝对值上加 500 编报。例如-5.3℃,编报为 553;-10.6℃,编报为 606。

$\overline{D_0D_0D_0}$ 表示月平均地面温度露点差,以℃ 0.1℃ 为单位编报。

(4)高空资料

$\left.\begin{array}{l}\overline{H_1H_1H_1H_1}\\ \cdots\ \cdots\ \cdots\\ \overline{H_nH_nH_nH_n}\end{array}\right\}$ 各规定等压面月平均位势高度,以 gpm 为单位编报。位势高度等于或大于 1000 gpm 时,万位数省略不报。

$\left.\begin{array}{l}n_{T1}n_{T1}\\ n_{T2}n_{T2}\\ \cdots\cdots\cdots\\ n_{Tn}n_{Tn}\end{array}\right\}$ 各规定等压面本月气温缺测的日数。

$\left.\begin{array}{l}\overline{T_1T_1T_1}\\ \overline{T_2T_2T_2}\\ \cdots\cdots\\ \overline{T_nT_nT_n}\end{array}\right\}$ 各规定等压面月平均气温,编报方法同 $\overline{T_0T_0T_0}$。

$\left.\begin{array}{l}\overline{D_1D_1D_1}\\ \overline{D_2D_2D_2}\\ \cdots\cdots\\ \overline{D_nD_nD_n}\end{array}\right\}$ 各规定等压面的月平均温度露点差,以℃ 0.1℃ 为单位编报。

$\left.\begin{array}{l}n_{V1}\\ n_{V2}\\ \cdots\cdots\\ n_{Tn}\end{array}\right\}$ 各规定等压面本月风缺测的日数,缺测日数等于或大于 9 时,均编报为 9。

$\left.\begin{array}{l}r_{f1}r_{f1}\\ r_{f2}r_{f2}\\ \cdots\cdots\\ r_{fn}r_{fn}\end{array}\right\}$ 各规定等压面风的稳定度,即月平均矢量风风速与月平均标量风风速的百分比,以整数编报。

$$\left.\begin{array}{l}\overline{d_{V1}\,d_{V1}\,d_{V1}}\\[4pt]\overline{d_{V2}\,d_{V2}\,d_{V2}}\\[4pt]\cdots\cdots\cdots\cdots\\[4pt]\overline{d_{Vn}\,d_{Vn}\,d_{Vn}}\end{array}\right\}$$ 各规定等压面月平均矢量风的风向。以度为单位编报。

$$\left.\begin{array}{l}\overline{f_{V1}\,f_{V1}}\\[4pt]\overline{f_{V2}\,f_{V2}}\\[4pt]\cdots\cdots\\[4pt]\overline{f_{Vn}\,f_{Vn}}\end{array}\right\}$$ 各规定等压面月平均矢量风的风速。以 m/s 为单位编报。

4.7　高空气象观测空间、时间定位报告电码

4.7.1　各层资料相对经度、纬度偏差量和时间定位的计算

1)各层资料相对经度、纬度偏差量的计算

利用雷达测得的球坐标数据获取每分钟气球所处位置距测站的相对经度、纬度偏差量,用等压面、特性层、对流层、大风层、规定高度层的时间进行线性内插得到各层次资料的相对经纬度偏差。

2)时间定位的计算

(1)计算放球时间与报文中时间编报的时差,当放球时刻分钟数小于 30 min 时,时差为正,反之为负,该时差也即地面层资料时差。

(2)等压面、特性层、对流层、大风层、规定高度层等资料的时差为该层次记录时间加地面层资料时差。

4.7.2　高空气象观测空间、时间编码方案

根据中国气象局《国内探空报、测风报编码扩充方案》,将探空、测风资料空间和时间定位信息进行标准化编报。主要编码规则为

(1)相对经纬度编码

$L_{ar}\,L_{ar}\,L_{ar}\,L_{ar}$ 为相对纬度编码。

编码方法:$X=($观测点纬度$-$测站纬度$)\times1000$

$L_{ar}\,L_{ar}\,L_{ar}\,L_{ar}=X$　　　　　　　$0\leqslant X<5000$

$L_{ar}\,L_{ar}\,L_{ar}\,L_{ar}=|X|+5000$　　　　$X<0$ 且 $|X|<5000$

其中,观测点的纬度和测站纬度单位均为度(°),误差不超过$\pm0.001°$。(观测点纬度$-$测站纬度)的绝对值必须小于 $5°$,也即 $L_{ar}\,L_{ar}\,L_{ar}\,L_{ar}$ 可表示的相对纬度范围是$\pm4.999°$。

$L_{or}\,L_{or}\,L_{or}\,L_{or}$ 为相对经度编码。

编码方法:$X=($观测点经度$-$测站经度$)\times1000$

$L_{or}\,L_{or}\,L_{or}\,L_{or}=X$　　　　　　　$0\leqslant X<5000$

$L_{or}\,L_{or}\,L_{or}\,L_{or}=|X|+5000$　　　　$X<0$ 且 $|X|<5000$

其中,观测点的经度和测站经度单位均为度(°),误差不超过$\pm0.001°$。(观测点经度$-$测站经

度)的绝对值必须小于 5°,也即 $L_{or}L_{or}L_{or}L_{or}$ 表示相对纬度范围是±4.999°。

(2)相对时间编码

Sn 为相对时间的符号。

编码方法:当相对时间为正值或零时,Sn=0,表示气球实际施放时间或各层资料的实际观测时间等于或晚于 YYGG 表示的时间;当相对时间为负值时,Sn=1,表示气球实际施放时间或各层资料的实际观测时间早于 YYGG 表示的时间。

$S_rS_rS_rS_r$ 编报各层资料的实际观测时间与放球时间 YYGG 之差的绝对值,单位为 s,相对时间编码范围是±9999 s;

4.7.3　空间、时间定位编报特殊情况处理

1)探空终止时间大于测风终止时间气球定位的计算方法

(1)当探空终止时间与测风终止分钟时间差大于等于 5 min,该层探空资料定位数据作失测处理。

(2)当探空终止时间与测风终止分钟时间差小于 5 min 时,采用外延方法计算定位数据。

2)球坐标数据缺测时对应的各层资料定位的计算方法

当某一层的资料落在球坐标数据缺测之内时,按以下方法进行定位计算:

(1)当测风数据无论在任何位置连续缺测大于 5 min 时,气球定位按缺测处理,该层资料定位数据作缺测处理。

(2)当测风数据连续缺测小于等于 5 min 时,用上下最近球坐标定位数据内插计算定位数据。

3)当系统工作在无线电经纬仪方式时的计算方法

先将位势高度转换成几何高度(计算公式见公式(4.12)),再求取水平投影。

4.7.4　空间、时间编码举例

某次观测规定等压面的记录如下(施放时间为 07 时 15 分 09 秒):

气压	时间	海拔高度	温度	湿度	露点	温露差	风向	风速	纬度差	经度差
1012	0.0	77	3.3	89	1.7	1.6	315	1	0000	0000
1000	0.3	173	5.1	76	1.2	3.9	241	1	5000	5000
925	2.2	813	6.3	63	−0.3	6.6	243	6	0001	0004
850	4.4	1505	5.0	90	3.4	1.6	248	12	0005	0016
700	9.0	3078	3.7	2	−41.4	45.1	274	11	0005	0029
600	12.4	4315	−3.3	12	−28.5	25.2	259	20	0008	0062
500	16.4	5732	−12.8	42	−22.9	10.1	278	30	0007	0129
400	20.6	7399	−24.5	13	−44.9	20.4	288	31	5010	0209
300	25.7	9416	−42.7	11	−61.0	18.3	285	33	5036	0300
250	28.8	10620	−50.9	11	−68.0	17.1	281	42	5050	0370
200	32.4	12032	−61.8	10			280	61	5066	0479
150	36.9	13804	−61.5	10			282	57	5102	0666

100	42.7	16292	−67.4	9		275	40	5112	0833
70	47.8	18420	−67.5	9		282	27	5122	0942
50	52.4	20456	−65.7	9		276	17	5125	0997
40	55.7	21820	−61.9	9		291	14	5136	1027
30	59.5	23589	−60.1	9		281	17	5143	1063
20	64.8	26165	−48.9	10		261	26	5142	1129
15	68.6	28072	−46.7	9		258	29	5129	1195
13	70.7	29041	−47.4	8				5125	1231

```
TTAA  14231  58633  99012  03216  31501  00173  05039  24001  92813
      06257  24506  85505  05016  25012  70078  03695  27511  50573  12960
      28030  40740  24570  29031  30942  42768  28533  25062  50967  28042
      20203  619//  28061  15380  615//  28057  10629  675//  27540  88178
      635//  28075  77181  28075  77520  27532  61616  00909  62626  00500
      05000  00927  92000  10004  01041  85000  50016  01173  70000  50029
      01449  50000  70129  01892  40501  00209  02145  30503  60300  02451
      25505  00370  02636  20506  60479  02853  15510  20666  03123  10511
      20833  03471  63636  88507  90555  02961  64646  77507  70545  02949
      77000  80112  01839
```

其中,下划线部分为空间、时间定位报文。61616 为气球实际施放的相对时间指示码。00909 是气球实际施放时间与第一段中 YYGG 之差,单位为 s,00909 中的第一个字符表示相对时间的符号,“0”表示为正值,“1”表示为负值,本观测中 YYGG 的时间为 07 时(北京时),因此气球实际施放时间与 YYGG 的差=(7−7)×3600+15×60+9=909 s,编码为 00909;1000 hPa 的时间为 0.3 min,实际观测时间与 YYGG 的差=(7−7)×3600+(15+0.3)×60+9=927 s,编码为 00927;925 hPa 的时间为 2.2 min,实际观测时间与 YYGG 的差=(7−7)×3600+(15+2.2)×60+9=1041 s,编码为 01041。1000 hPa 的纬度、经度差是 5000,5000,则 1000 hPa 的空间定位编码是 00500　05000 其中第一组中的第一、二个字符为规定等压面的指示码“00”,第三、四、五字符编报纬度差的前三位“500”,纬度差的第四位编到下一组中的第一位“0”,剩下的四位编经度差“5000”。925 hPa 的纬度、经度差是 0001,0004,则 925 hPa 的空间定位编码是 92000　10004,其中第一组中的第一、二个字符为规定等压面的指示码“92”,第三、四、五字符编报纬度差的前三位“000”,纬度差的第四位编到下一组的第一位“1”,剩下的四位编经度差“0004”。

其他组的报文编写方法与上述大同小异,详情请参考中国气象局《国内探空报、测风报编码扩充方案》。

4.8　高空记录月报表的编制与统计

根据常规综合观测的时次,编制高空风记录月报表(高表-1)和高空压温湿记录月报表(高表-2)。根据常规雷达单独测风的时次,编制高空风记录月报表(高表-1)。月报表编制格式按中国气象局规定。

　　根据高空压温湿记录月报表(规定层)的地面层、规定等压面、零度层、对流层顶中的各项进行旬平均、月平均和月总次数、月最高值、月最低值的统计;高空风记录月报表、高空压温湿记录月报表(特性层),只制作不作统计。

　　根据高空月平均矢量风、风的稳定度,温度露点差计算表中地面层、规定等压面的各项分别进行月平均和矢量风、风的稳定度的统计,并用于编发高空气候月报报文。

　　月报表时间栏(GG)的编制是根据放球的实际时间,以北京时为准,分钟数/60,第二位小数四舍五入。例如,7 时 25 分放球,时间栏编制 74;19 时 15 分放球,则时间栏编制 193。

　　遇有观测记录缺测、失测数据时,月报表的相应栏编制空白。

　　只要观测记录表中有的资料,不论其资料多少,均编制到月报表相应栏中。遇有观测记录不到 500 hPa 或不足 10 min 重放球,但又超过规范规定的放球最迟限制时间,已获得 500 hPa 或不足 10 min 的记录也要在月报表相应栏编制。

　　月报表打印一式三份,打印、校对、审核者均应签名,台站应加盖公章,以示负责。其中一份留存台站,另外二份应在次月 10 日之前报送上一级资料主管部门。

4.8.1　高空风记录月报表(高表-1)的编制

　　高空风记录月报表(高表-1)中的区站号、档案号、台(站)名、年月、经纬度和雷达天线海拔高度等照实编制。

　　地面、距雷达天线高度、距海平面高度、最大风层栏,编制相应的高度和风向、风速。其中,ddd 编制风向,以 1° 为单位,小数四舍五入。ff 编制风速,以 1 m/s 为单位,小数四舍五入。遇有静风时,风向编制为 C;风速编制为 0。hhhhh 为海拔高度,以 1 m 为单位。最大风层的第一、第二最大风层栏,遇有观测记录中出现三个或其以上最大风层时,则挑选记录中风速最大的两层编制,风速最大的填在第一栏。当第一、第二最大风层的风速相等时,则高度低的填入第一最大风层栏,高度高的填入第二最大风层栏。

4.8.2　高空压温湿记录月报表(高表-2)编制和统计

　　高空压温湿记录月报表(高表-2)中的区站号、档案号、台(站)名、年月、经纬度的编制与 4.4.17 相同。海拔高度为测站海拔高度。探空仪型号照实编制。

　　地面层、各规定等压面层、零度层、对流层顶及特性层各栏,编制相应的气压、高度、温度、露点、风向、风速。其中:

　　PPPP(或 PPP)编制气压,以 hPa 为单位,小数四舍五入;

　　HHHH(或 HHHHH)编制位势高度,以 gpm 为单位;

　　TTT 编制温度,以摄氏度为单位,取一位小数;

　　TdTd 编制露点,以摄氏度为单位,取一位小数;

　　DDD 编制风向,单位及其他与 4.17.1 中的 ddd 相同;

　　FF 编制风速,单位及其他与 4.17.1 中的 ff 相同;

　　旬平均栏统计该旬实有观测记录的代数和的平均值;

　　月平均栏统计 1 个月实有观测记录的代数和的平均值;

　　月总次数栏统计 1 个月中该要素实有观测记录的次数;

月最高值栏、月最低值栏统计 1 个月中实有观测记录各层的气压、高度、温度、露点的最高值和最低值;

旬平均栏、月平均栏的平均值,除温度、露点取一位小数(第二位小数四舍五入)外,其他要素均不取小数(小数四舍五入);

地面层气压的旬平均值、月平均值分别根据每日观测记录地面瞬间气压值(一位小数)统计。

高表-2(规定层)中的各栏,一般情况只要有资料(包括只有一次),都应在统计栏中统计次数、计算平均值,并选取最高、最低值。但遇特殊情况时,按以下规定统计:

(1)当地面气压刚好处在某一规定等压面附近,遇有地面气压低于该规定等压面值(包括只有一次)时,则该规定等压面只挑选高度的月最高值,其余各项(包括旬平均、月平均、月总次数、月最高值、月最低值,下同)均不作统计。

(2)当地面气温刚好处在 0℃ 附近,遇有地面气温低于 0.0℃(含只有一次)时,则零度层只挑取气压的最低值和高度的最高值,其余各项均不作统计。

(3)当某规定等压面的温度刚好处在 −60℃ 附近,遇有该规定等压面温度等于或低于 −60℃(含只有一次)时,则该规定等压面的露点只统计月最高值,露点的旬平均、月平均、月总次数、月最低值均不作统计,但高度、温度的各项仍应作统计。

4.9 其他计算公式

4.9.1 本站气压

用单管水银气压表计算本站气压的公式:

$$P_h = (P + C) \times \frac{g_{\varphi,h}}{g_n} \times \frac{1 + \lambda t}{1 + \mu t} \tag{4.17}$$

式中,P_h 为本站气压(hPa);P 为水银气压表读数(hPa);C 为器差修正值(hPa);$g_{\varphi,h}$ 为测站重力加速度(m/s²);g_n 为标准重力加速度(m/s²),其值为 9.80665 m/s²;μ 为水银膨胀系数,其值为 0.0001818/℃;λ 为铜标尺膨胀系数,其值为 0.0000184/℃;t 为经器差修正后的水银气压表附属温度表示值(℃)。

式(4.18)中 $g_{\varphi,h}$ 用下式计算:

$$g_{\varphi,h} = g_{\varphi,0} - 0.000003086h + 0.000001118(h - h') \tag{4.18}$$

这里,$g_{\varphi,0}$ 为纬度 φ 处的平均海平面重力加速度(m/s²);h 为测站海拔高度(m);h' 为以站点为圆心,半径为 150 km 范围内的平均海拔高度(m)。在 150 km 范围内地形较平坦的台站,设 $h' = h$。否则,$g_{\varphi,h}$ 应该采用实测值。

式(4.18)中的 $g_{\varphi,0}$ 用下式计算:

$$g_{\varphi,0} = 9.80620 \times [1 - 0.0026442 \times \cos 2\varphi + 0.0000058 \times (\cos 2\varphi)^2] \tag{4.19}$$

4.9.2 纯水平面饱和水汽压

$$\mathrm{Log}E_w = 10.79574\left(1 - \frac{T_0}{T}\right) - 5.028\mathrm{Log}\frac{T}{T_0}$$

$$+ 1.50475 \times 10^{-4}[1 - 10^{-8.2969(\frac{T}{T_0}-1)}]$$

$$+ 0.42873 \times 10^{-3}[10^{4.76955(1-\frac{T_0}{T})} - 1] + 0.78614 \quad (4.20)$$

式中，E_w 为纯水平面饱和水汽压(hPa)；T_0 为水的三相点温度，$T_0 = 273.16$ K；T 为绝对温度，$T = 273.15 + t$ (K)；t 为摄氏温度(℃)。

4.9.3　纯冰平面饱和水汽压

$$\mathrm{Log}E_i = -9.09685(\frac{T_0}{T} - 1) - 3.56654\mathrm{Log}(\frac{T_0}{T}) + 0.87682(1 - \frac{T}{T_0}) + 0.78614$$

$$(4.21)$$

式中，E_i 为冰面饱和水汽压(hPa)；T_0 为水的三相点温度，$T_0 = 273.16$ K；T 为绝对温度，$T = 273.15 + t$ (K)；t 为摄氏温度(℃)。

4.9.4　饱和水汽压的简化公式

在国内湿度测量领域，饱和水汽的简化公式有很多种，气象部门通常采用世界气象组织《气象仪器和观测方法指南》第六版推荐的公式。对于纯水面为

$$E_w = 6.112\exp(\frac{17.6t}{243.12 + t}) \quad (4.22)$$

对于纯冰面为

$$E_i = 6.112\exp(\frac{22.46t}{272.62 + t}) \quad (4.23)$$

4.9.5　使用通风干湿表计算空气中水汽压

使用通风速度为 2.5 m/s 的通风干湿表计算空气中水汽压的公式：

$$E = E_{tw} - A \times P(t - t_w) \quad (4.24)$$

式中，E 为空气中的水汽压(hPa)；E_{tw} 为湿球温度所对应的饱和水汽压，当湿球结冰时用式(4.21)计算，当湿球未结冰时用式(4.20)计算；A 为通风干湿表系数(℃$^{-1}$)，湿球未结冰时 $A = 0.000662$，湿球结冰时 $A = 0.000584$；P 为测站气压(hPa)；t 为干球温度(℃)；t_w 为湿球温度(℃)。

4.9.6　空气相对湿度的计算

$$U = \frac{e}{E_t} \times 100\% \quad (4.25)$$

式中，U 为相对湿度(%RH)；e 为空气中的水汽压(hPa)；E_t 为空气温度(或干球温度)所对应的饱和水汽压(hPa)。E_t 采用水面饱和水汽压时，U 为相对于水面的相对湿度，E_t 为冰面饱和水汽压时，U 为相对于冰面的相对湿度。

按照世界气象组织《气象仪器和观测方法指南》的要求，在高空探测领域，即使在 0℃ 以下也采用水面相对湿度，而不用冰面相对湿度。

值得指出的是，计算纯水平面饱和水汽压的公式(4.21)的适用温度范围为 -50～100℃，公式(4.23)的温度适应范围为 -45～60℃，而在高空探测中，饱和水汽压的计算温度低温可达 -90℃。在 -50℃ 及其以下，由于公式不适用可能有较大的误差。

4.9.7 平均升速

平均升速用探空终止高度除以探空的总时间来计算,见公式(4.26)。探空终止高度应为地心坐标中的几何高度,若为位势高度应用式(4.11)进行转换。

$$V = \frac{Z_{终} - Z_{海}}{60t} \tag{4.26}$$

4.9.8 规定等压面间升速

规定等压面气球的平均升速值,用两等压面间的高度差计算。应先将规定等压面的地心坐标位势高度 H 变换为地心坐标几何高度 Z,用式(4.11)进行转换。升速计算公式如下:

$$V = \frac{Z_i - Z_{i-1}}{60(t_i - t_{i-1})} \tag{4.27}$$

式中,V 为两等压面间的平均风速值(m/min);Z_i 和 Z_{i-1} 分别为相邻两个等压面上层和下层高度,t_i 和 t_{i-1} 分别为相邻两个等压面上层和下层对应的时间。

4.9.9 矢量风

矢量风风向:

$$V_{东n} = V_n \sin D_n \tag{4.28}$$

$$V_{北n} = V_n \cos D_n \tag{4.29}$$

$$V_{东平} = \frac{V_{东1} + V_{东2} + V_{东3} + \cdots + V_{东n}}{n} \tag{4.30}$$

$$V_{北平} = \frac{V_{北1} + V_{北2} + V_{北3} + \cdots + V_{北n}}{n} \tag{4.31}$$

$$\tan\alpha = \frac{V_{东平}}{V_{北平}} \qquad 得:\alpha = \arctan\frac{V_{东平}}{V_{北平}} \tag{4.32}$$

式中,n 为读数分钟;D 为风向;V 为风速;α 为矢量风风向。

矢量风风速由下式计算得到:

$$V = \sqrt{V_{东平}^2 + V_{北平}^2} \tag{4.33}$$

《大气科学词典》有风矢量,没有矢量风的定义。风矢量与风向一致,不减 180°。

4.9.10 综合观测雷达测量位势高度

用雷达测定的斜距和仰角计算位势高度,需要进行大气折射修正。

1)大气折射引起的仰角测量误差修正

大气折射引起的测角误差由 τ,δ 两部分角度误差组成:

$$\tau = \frac{n_0 - n}{\tan E_0} \quad (单位:rad) \tag{4.34}$$

$$\delta = \arctan(\frac{\dfrac{n_0}{n} - \cos\tau - \sin\tau\tan E_0}{\sin\tau - \cos\tau\tan E_0 + \dfrac{n_0}{n}\tan E}) \tag{4.35}$$

式中,n,N 分别为目标所在高度的折射指数和折射率;n_0 为地面折射指数;E_0 为地面实测目标仰角；E 为目标射线在目标高度的仰角。

而

$$n = 1 + N \times 10^{-6} \tag{4.36}$$

$$N = \frac{77.6}{T}(P + 4810 \frac{e}{T}U) \tag{4.37}$$

式中，T 为目标所在位置大气的温度(K)；P 为目标所在位置大气的气压(hPa)；U 为目标所在位置大气的湿度(%)；e 为目标所在位置大气的水汽压(hPa)。

根据折射余弦定理：

$$E = \arccos(\frac{n_0}{n} \cdot \frac{R + Z_0}{R + Z_0 + Z_{测}} \cos E_0) \tag{4.38}$$

式中，R 为地球平均半径 6371000(m)；Z_0 为测站的海拔几何高度(m)；$Z_{测}$ 为气球离测站的几何高度(m)。

准确仰角值 E' 为

$$E' = E_0 - (\tau - \delta) \tag{4.39}$$

实际计算表明，由于目标仰角高于 6°，大气折射误差 $\tau - \delta$ 一般小于 0.2°。

2）测距误差修正

由于电波在大气中的实际传播速度小于光速，由此引起的测距误差：

$$\Delta r \cong (\bar{n} - 1) \cdot r \cong (\frac{n_0 + n}{2} - 1) \cdot r \tag{4.40}$$

式中，n 为目标所在高度的折射指数；n_0 为地面折射指数；r 为雷达测得的斜距读数。

3）球坐标中的几何高度计算公式

球坐标中的几何高度计算公式如下：

$$Z_{拔} = Z_0 + (R + Z_0) \cdot (\sqrt{1 + \frac{r^2}{(R + Z_0)^2} + \frac{2r}{(R + Z_0)} \sin E} - 1) \tag{4.41}$$

式中，$Z_{拔}$ 为目标海拔几何高度(m)；Z_0 为测站海拔几何高度(m)；R 为地球平均半径，为了和数值分析网格点计算方法取得一致，取值 6371000 m；r 为目标物斜距(m)；E 为目标物仰角(°)。

4.9.11　用雷达测高计算气压

用雷达测高计算气压应采用雷达所测方位、仰角和距离，探空仪所测温度和湿度的秒数据逐层计算。其起点气压应采用探空站的气压表实测值，应计算到雷达探测的基点高度上。

用雷达所测高度计算气压，应先按照 4.9.10 节的要求和方法计算雷达测得地心坐标位势高度，用式(4.42)计算气压值：

$$P_2 = \exp(\ln P_1 - \frac{H_2 - H_1}{R_d/g_n \cdot \overline{T_V}}) \tag{4.42}$$

式中，P_2 为上层气压(hPa)；P_1 为下层气压(hPa)；H_2 为上层位势高度(gpm)；H_1 为下层位势高度(gpm)；R_d 为空气的比气体常数，取 $\overline{T_V}$ 为层间平均虚温，用式(4.8)计算。

4.9.12　热敏电阻温度元件的误差

探空仪热敏电阻的温度元件存在着长波辐射误差、太阳辐射误差及滞后误差，对这些误差需要进行修正。热敏电阻温度元件不同其误差大小不同,为此其误差修正方法应由厂家提供,经国务院气象主管机构组织审定后使用。现以中国气象科学研究院开发的直径为 1mm 的白色杆状热敏电阻为例加以说明。

1)长波辐射误差

温度元件的长波辐射误差 $PDTL$ 的计算公式:

$$PDTL = 0.287 \times 10^{-8} \times \frac{(F - T^4)}{Nu} \tag{4.43}$$

式中,F 为温度元件接收到的长波辐射;T 为温度元件绝对温度(K);Nu 为努塞特数:

$$Nu = 1.14 + 0.01433\sqrt{PW} \tag{4.44}$$

式中,PW 为通风量:

$$PW = 10200 \times [P(I-1) - P(I)] \tag{4.45}$$

式中,$P(I-1)$,$P(I)$ 为相继 2 min 相应的气压(hPa),I 为施放后的分钟数。

2)太阳辐射误差

(1)日高角计算

施放到第 I 分钟时的日高角 $h(°)$:

$$h = \arctan(\frac{x}{\sqrt{1-x^2}}) \tag{4.46}$$

式中,参数 $x = \sin(h)$。当参数 $x = 1$ 时,h 为 90°。

$$x = \sin(\delta)\sin(LTT \cdot FD) + \cos\delta \cdot \cos(LTT \cdot FD) \cdot \cos(ETT) \tag{4.47}$$

式中,FD 为度转化为弧度的系数,其值为 $\frac{2\pi}{360}$;LTT 是测站纬度(°);δ 为太阳视赤纬 (rad)。

$$\delta = 0.006918 - 0.399912\cos\theta + 0.070257\sin\theta - 0.006758\cos2\theta + 0.000908\sin2\theta \tag{4.48}$$

式中,θ 为以弧度计的施放日期角:

$$\theta = (DAYN + DAY) \cdot \frac{360}{365} \cdot FD \tag{4.49}$$

式中,$DAYN$ 为全年累计到上月底的总天数;DAY 为当月施放日期。

式(4.48)中的 ETT 为时角(rad)计算公式如下:

$$ETT = [(BT - 12) \times 15 + (LGT - 120) + \frac{E_q}{4}] \times FD \tag{4.50}$$

式中,BT 为施放到第 I 分钟的北京时(h),LGT 是测站经度(°),E_q 为时差(min),是真太阳时与平太阳时之差。

BT 计算法:

$$BT = HOUR + MIN/60 + I/60 \tag{4.51}$$

式中,$HOUR$ 为施放瞬间(北京时)小时数;MIN 为施放瞬间分钟数;I 为施放后的分钟数。

E_q 计算法:

$$E_q = 0.0172 + 0.4281\cos\theta - 7.3515\sin\theta - 3.3495\cos2\theta - 9.3619\sin2\theta \tag{4.52}$$

式中,θ 为以弧度计的日期角,用式(4.49)计算。

(2)太阳辐射误差计算公式

太阳辐射误差 PDT 为

$$PDT = (0.85 + REF \cdot \sin(h)) \cdot \frac{A}{Nu} \tag{4.53}$$

式中，h 为日高角（°）；REF 为地气系统（特别是云顶）的反射率：

$$REF = 2.43 \times \left[0.286 + 0.6N_c(1 - \frac{1}{CH+1}) + 0.2\right] \tag{4.54}$$

式中，CH 为云层厚度（km）；N_c 为云量，满天有云时为 1。

A 为太阳辐射强度随气压和日高角变化的削减因子：

$$A = \frac{1}{1 + \frac{0.11}{0.038 + \sin(h)} \times \frac{P(I)}{P(0)}} \tag{4.55}$$

式中，$P(0)$，$P(I)$ 分别为地面及施放 I 分钟后的气压（hPa）；h 为日高角（°）；Nu 为努塞特数，计算方法同式（4.44）。

如探空仪在云层以下，则式（4.44）应再除云层削减因子，即

$$PDT = PDT \div (1 + 1.11 \times \frac{DH}{0.1 + \sin(h)}) \tag{4.56}$$

式中，DH 为上面各层云的总厚度（km）。

（3）热敏电阻温度元件的滞后误差

热敏电阻的滞后系数 $\lambda(s)$ 经理论计算和实验测试验证为

$$\lambda = \frac{4.824}{KNu} \tag{4.57}$$

式中，Nu 为努塞特数，计算方法同式（4.44）；K 为空气的导热系数，可用式（4.58）和（4.59）近似计算。

$$K = 0.2 + (10000 - H)/213000 \qquad H < 10000 \text{ m} \tag{4.58}$$

$$K = 0.2 \qquad H \geqslant 10000 \text{ m} \tag{4.59}$$

式中，H 为探空仪高度。

滞后误差 DT_λ 为

$$DT_\lambda = -\lambda \frac{DT}{D\tau} \tag{4.60}$$

式中，$\frac{DT}{D\tau}$ 为探空仪测得的大气温度变化率。

4.9.13　基测检定箱和水银气压表水银槽面不在同一海拔高度的气压修正公式

基测时，如果基测检定箱与水银气压表水银槽面不在同一海拔高度，需将探空仪测得的气压仪器值按公式（4.17）修正到水银气压表水银槽面的海拔高度上。

$$P = P_0 + H \times \Delta P \tag{4.61}$$

式中，P_0 为探空仪测得的气压仪器值（hPa）；H 为基测检定箱与水银气压表水银槽面海拔高度差的绝对值（m）；ΔP 为气压修正值，修正值根据气压仪器值从表 4.12 中查取（hPa/m）；

表 4.12　单位高度气压修正值

气压仪器值(hPa)	单位高度气压修正值(hPa/m)
$P_0 \geqslant 1010$	0.13
$910 \leqslant P_0 < 1010$	0.12
$800 \leqslant P_0 < 910$	0.11
$690 \leqslant P_0 < 800$	0.09
$590 \leqslant P_0 < 690$	0.08
$480 \leqslant P_0 < 590$	0.07

当基测检定箱海拔高度高于水银气压表水银槽面海拔高度时,修正值为正,否则为负。

4.9.14　雷达单独测风位势高度计算公式

1)高度计算方法

高度计算公式为

$$H = S \times \sin\delta \tag{4.62}$$

式中,H 为气球距测站平面的高度(m);S 为斜距(m);δ 为仰角(°)。

2)大气折射修正

大气折射修正公式为

$$\Delta H_1 = \frac{L^2 \cos\delta}{8R} = \frac{S^2 \cos^3\delta}{8R} \tag{4.63}$$

式中,ΔH_1 为大气折射修正值(m);L 为水平距离(m);R 为地球半径(取值同上)。

3)地球曲率修正

地球曲率修正公式为

$$\Delta H_2 = \frac{L^2}{2R} = \frac{S^2 \cos^2\delta}{2R} \tag{4.64}$$

式中,ΔH_2 为地球曲率修正值(m)。

4)几何高度—位势高度转换

几何高度—位势高度转换公式见公式(4.11)。

4.9.15　经纬仪测风(小球)计算公式

1)测风气球升速计算公式

测风气球升速计算公式如下:

$$W = b_1 \left(\frac{\rho_0}{\rho}\right)^{\frac{1}{6}} \frac{\sqrt{A}}{\sqrt[3]{A+B}} \tag{4.65}$$

式中,W 为气球升速(m/min);b_1 为升速系数;ρ_0 为气压 760 mmHg 标准大气密度(kg/m³);ρ 为实际大气密度(kg/m³);A 为净举力(g);B 为球皮及附加物重量(g)。

升速系数 b_1 随净举力 A 而改变,b_1 与 A 之间的关系见表 4.13。

表 4.13 b_1 与 A 之间的关系

A (g)	≤140	150	160	170	180	190	200	210	220	230	≥240
b_1	82.0	82.5	83.6	84.9	87.0	89.6	92.4	94.3	95.5	96.0	96.2

2)标准密度升速值计算公式

标准密度升速值的计算公式如下:

$$W_0 = 0.8531\left(\frac{P}{T}\right)^{\frac{1}{6}} W = b_1 \frac{\sqrt{A}}{\sqrt[3]{A+B}} \tag{4.66}$$

式中,W_0 为标准密度升速值(m/min);W 为气球升速(经纬仪小球测风时,30 g 气球其升速为 200 m/min);P 为气压(hPa);T 为温度(℃)。

通过上式可计算出气球的净举力。

气球排开同体积的空气重量,减去同体积的氢气重量称为气球的总举力。总举力等于净举力加上球皮和附加物重量。利用测风平衡器充灌气球时,所加砝码等于净举力与附加物重量之和减去平衡器重量。

4.10 测站质量保证

探空仪在施放之前要根据技术操作手册的规定做相应的校准和检查,施放以后的记录要进行认真预审。观测设备要按规定进行定期标校,以保证观测质量。

1)观测设备的标校

测风雷达和无线电经纬仪的水平、仰角、方位角、距离零点及其相关机械、光、电轴等项目应按规定进行定期标校;定期开展雷达与经纬仪对比观测。卫星导航定位系统测风和探空接收机灵敏度、解调器等要进行定期检查。

2)获取气压、温度、湿度、风向、风速等气象要素的相对标准设备要按气象计量规定进行定期的标校,保证其误差在规定范围内。

3)基值测定设备和各标准传感器的准确性要进行定期的标校,使之达到规定的要求。

4)测站要对获取的观测资料进行校对,确保观测资料无误后,上传各类数据文件。

复习思考题

(1)对流层顶的选取条件是什么?

(2)特性层的选取条件是什么?

(3)测风终止时间大于探空终止时间如何处理?

(4)最大风层如何选取?

(5)遇有温、压、湿数据连续失测或可信度差的处理规定如何?

(6)气球下沉记录以及探空终止层气压的处理方法是什么?

第5章 高空气象观测软件

--+--

内 容 提 要

本章主要介绍了高空气象观测操作系统软件的安装和特点、放球软件和处理软件的使用、软件所使用的计算方法、业务操作流程、台站常量参数设置、文件命名规则、产品生成方法等内容,并对系统软件使用中的常见问题进行了解答,以指导高空探测业务人员解决使用中遇到的技术问题,提高人员素质;规范探测人员技术操作,提高高空气象观测质量和测量准确度,统一技术流程,保障系统的正常运行,使 L 波段高空气象观测操作系统更好地发挥建设效益。

本章有关内容引自《L 波段(1)型高空气象探测系统业务操作手册》、《新一代高空气象探测系统综合业务观测手册》、《L 波段高空气象探测系统常见技术问题综合解答》(中国气象局)等。

5.1 概述

L 波段(1 型)高空气象探测系统软件(以下简称系统软件,目前最新的版本是 V3.10)是与 L 波段(1 型)高空气象探测系统配套使用的组合软件。此组合软件主要由放球软件、数据处理软件、模拟训练软件、文件备份软件和若干工具软件组成。放球软件主要用于完成高空实时探测的雷达控制、监测、数据录取工作;数据处理软件用于完成处理数据和生成各种气象产品、报表等任务;模拟训练软件主要用于业务培训,以便操作员尽快掌握本系统的操作和使用;文件备份软件主要用于数据文件备份。

5.1.1 软件组成

高空气象探测系统软件由放球软件、数据处理软件、文件备份软件组成。

5.1.2 软件环境要求

安装和使用系统软件,所用计算机须具备如下条件:
(1)操作系统:Windows9X/Window2000/ WindowXP 中文版。
(2)CPU:奔腾 200 MHz 及其以上。
(3)硬盘容量:不小于 20 G。

（4）内存：32 MB 以上扩展内存。

（5）CD-ROM 驱动器。

（6）鼠标：要求与 Windows 兼容。

（7）显示器：17 吋，分辨力不低于 1024×768@256 色。

（8）打印机。

5.1.3　软件安装

系统软件安装之前，用户应确保计算机满足第 4.2 条的要求。软件安装步骤如下：

（1）启动计算机及操作系统。

（2）将安装光盘插入光盘驱动器内。

（3）启动资源管理器。

（4）运行安装光盘文件中的 setup. exe 文件。

（5）待屏幕上出现图 5.1 所示画面后，选择"下一步"。

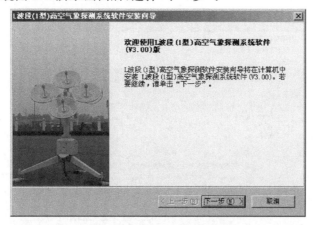

图 5.1　安装系统软件界面

（6）在图 5.2 中选择软件即将被安装的位置。推荐将软件安装在计算机的非系统盘中。若需将软件安装到其他盘中，可以在图 5.2 中选择"浏览"按钮，在弹出的"选择文件夹"对话框（图 5.3）中选择其他盘符。需要提醒的是，软件只会安装在所选盘符的根目录下，即使选择了盘符下的其他子目录（如选中 D:\net 目录），软件也不会在该子目录下安装，只会安装在所选盘符的根目录（即 D 盘）下。

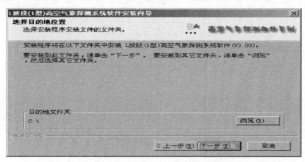

图 5.2　安装系统软件界面

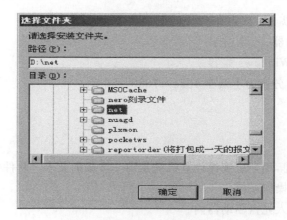

图 5.3　安装系统软件路径设置图

（7）仔细阅读图 5.4 所示的内容，然后按"下一步"按钮。

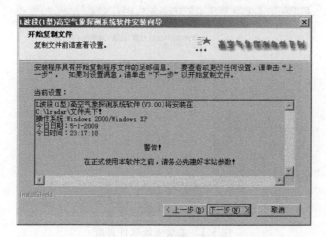

图 5.4　安装系统软件界面

（8）出现图 5.5 所示的安装状态窗口，显示安装进程。

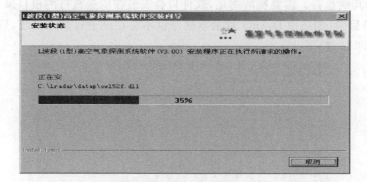

图 5.5　安装系统软件界面

(9)如果一切顺利,将出现图 5.6 所示的安装完成对话框,按下"完成"按钮。

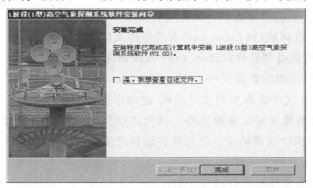

图 5.6　安装系统软件界面

在图 5.6 中,如果选择了"是,我想查看自述文件。"软件会用记事本格式显示 readme.txt 自述文件,如图 5.7 所示。

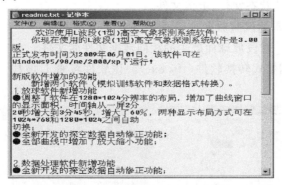

图 5.7　安装系统软件文档显示图

在图 5.8 中,选择"是,立即重新启动计算机。"按下"完成"按钮,即完成软件的安装。

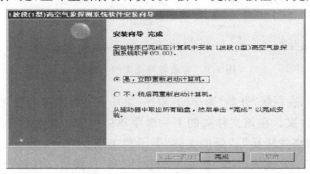

图 5.8　安装系统软件完成界面

软件安装完成后,安装程序将在计算机用户选择的盘符上建立名为 lradar 的文件夹。在 lradar 文件夹下分别创建 bcode,control,dat,datap,datbak,gcode,help,map,monthtable, para,sound,statusdat,textdat,bak,tfs 等 15 个子文件夹,用于存放各种类型的文件,如图 5.9 所示。

各文件夹作用分别是：

(1)bcode：存放常规探测规定以外的所需各种气象产品，如特殊风等。

(2)control：存放放球软件(radar.exe)及所需库文件等。

(3)datap：存放数据处理软件(datap.exe)及所需库文件等。

(4)dat：存放每次探测的数据文件。

(5)datbak：与 dat 文件夹存放的文件相同，通常作为备份文件夹使用。

(6)para：存放待施放探空仪参数文件。该文件由探空仪生产厂家以光盘的形式提供，使用时须保证待施放的探空仪参数文件已存放在该目录里。

(7)gcode：存放待发报文文件。

(8)help：存放帮助文件和业务操作手册。

(9)map：存放背景地图文件。

(10)monthtable：存放增加月报表内容后的数据文件。

(11)sound：存放雷达工作时所需的各种声音、波形文件。

(12)statusdat：存放状态文件、上传文件。

(13)textdat：存放雷达试验数据，以及各类数据的文本文件。

(14)bak：存放同一时段放球而产生的相同数据文件名文件。

(15)tfs：存放数据格式转换软件(tfs.exe)。该软件可将 L 波段二进制数据文件转换为文本文件。

图 5.9　存放各种类型的文件图

软件安装完成后，在系统"开始"菜单的"程序"菜单下一级菜单内建立一个"L 波段高空气象探测雷达软件"文件夹。在该文件夹的下一级菜单中包含"放球软件"、"数据处理软件"、"净举力计算"、"数据格式转换"、"帮助文件"等子菜单项。同时，Windows 桌面将增加了"L 波段(1 型)放球软件"、"L 波段(1 型)数据处理软件"和"L 波段文件备份软件"快捷方式图标（如图 5.10 所示）。

图 5.10　软件快捷方式图标

5.1.4　设置显示器的分辨力和颜色数

系统软件要求计算机显示分辨力最低为 1024×768，颜色数最低为 256 色。推荐使用增强色（16 位）以取得最佳显示效果。若计算机的显示分辨力低于 1024×768，运行系统软件中的放球软件时，将会出现图 5.11 所示的对话框以提示操作者更改计算机系统分辨力。

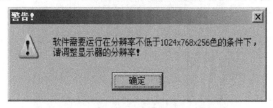

图 5.11　更改计算机系统分辨力提示图

若计算机显示分辨力不满足系统软件运行的最低要求，请按以下步骤进行调整：

(1)将鼠标移到桌面空白处，按鼠标右键，在图 5.12 所示的菜单中选"属性"菜单项。

图 5.12　"属性"菜单项

(2)在显示属性对话框中（图 5.13），用鼠标选中"设置"页，在"颜色质量"选项中选"256 色"或"增强色（16 位）"。"增强色（16 位）"为系统软件推荐使用的颜色方案，"256 色"也能够满足软件要求，但在某些特定的情况下，显示效果不如"增强色（16 位）"。

(3)在"屏幕分辨率"中区域选中"1024×768 像素"，然后按"确定"键。

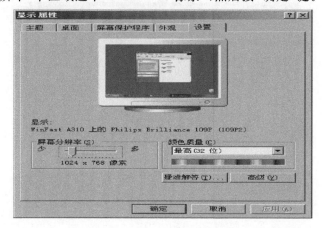

图 5.13　显示属性对话框

（4）若计算机操作系统为 WindowsXP/Vista/Win7，为保证系统软件的正常使用，请在显示属性对话框中（图 5.13），用鼠标选中"外观"页，在"窗口和按钮（W）"选项中将默认的"Windwos XP 样式"改为"Windwos 经典样式"，如图 5.14 所示。

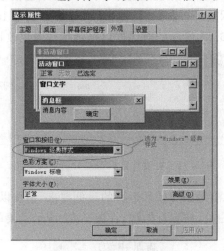

图 5.14 Windwos 经典样式

5.1.5 软件卸载

卸载 L 波段（1 型）高空气象探测系统软件有两种方法。第一种是在"开始"菜单中找到"L波段软件"程序组，选"卸载 L 波段雷达软件"菜单项（图 5.15），按此项即可卸载。第二种是重新运行安装软件，在安装向导对话框（图 5.16）中选"删除（R）"项，就可将软件卸载。如果用软件产生过新的数据、参数、报文等文件，那么卸载软件将不删除这些文件及这些文件所在的文件夹，操作者根据需要可自行手动删除这些文件及文件夹。

虽然卸载软件或使用软件安装程序升级软件时不会对原已有数据文件和台站参数等造成任何破坏，但为了安全起见，在删除或升级前必须将数据文件和台站参数文件进行备份（\datap\parameter.dat，\dat〔.＊和\datbak〔.＊中的所有数据文件）。

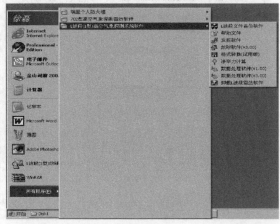

图 5.15 "卸载 L 波段雷达软件"菜单项

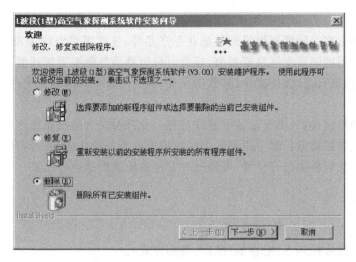

图 5.16　对话框中选"删除(R)"项

5.2　特点与功能

L 波段(1 型)高空气象探测系统软件是基于 Windows 中文版操作系统的 32 位应用软件。

5.2.1　设计思想

(1)设计一种通用的高空气象探测系统软件,使其不仅适用于 L 波段(1 型)高空气象观测系统,经过接口修改也能适用于其他型号的高空气象观测系统。

(2)采用面向对象编程技术,致力于提高软件的可靠性、稳定性、兼容性、容错能力。

(3)严格遵循中国气象局《常规高空气象观测业务规范》。

(4)用户界面力求完美,直观。

(5)操作简便、直观、人性化。

5.2.2　主要特点

(1)集雷达操作、控制、故障检测及数据处理显示为一体,减少了硬件设备;智能化程度高,能自动处理各种复杂天气条件下的特殊情况,确保了高空气象观测资料的准确性、比较性、代表性;在接收探测数据的同时,可随时处理、显示、输出各类报表、报文、图形等内容。

(2)界面美观、通用性强(可运行在 Windows9X/Windows2000/WindowsXP/Vista/Win7 平台上)、实用性高、参数配置方便;解决了高空气象观测系统在人员培训、资料管理、保存、交换、数据共享等方面的诸多问题,可显著提高数据处理质量,减低系统维护、升级及技术支持的成本,经济效益明显。

(3)利用新型湿度元件具有的辨别云层的性能,采用大气长波辐射传输宽带计算模式,动态地对电子探空仪温度元件进行辐射修正,提高了探测准确度。

(4)能兼容综合探测、补放大(小)球测风、无线电经纬仪、单测风、探空接收机等工作方式。

(5)容错功能强。在雷达和探空仪发生部分故障的情况下,系统软件仍能正常工作并输出正确结果。

(6)气象产品丰富。除能提供常规气象业务产品外,还能提供空间加密观测资料、航空特殊风层资料、任意等间隔高度气象要素值、任意时段边界层气象要素统计值、埃玛图、飞行轨迹图、升速曲线、月值班日志、监控文件、基数据文件、高空气象资料信息化文件等产品,有利于提高预报的准确性。

(7)可靠性和稳定性高,可保证整个放球过程中软件对雷达的可靠操作及数据录取。

(8)具有多重数据质量控制手段和强大的数据恢复与备份功能,能对错误数据自动判别剔除,能使用各种算法对数据进行平滑,可随时对文件或原始数据进行恢复。

5.2.3 主要功能

(1)显示雷达方位、仰角值(图形、数据方式)。

(2)显示雷达接收机频率、增益值(图形、数据方式)。

(3)对雷达状态进行全面控制(天线手动/自动、增益手动/自动、频率手动/自动、发射机开关控制),雷达状态用图形和数据方式直观地显示出来。

(4)显示待施放探空仪序列号。

(5)监视雷达与计算机之间的通信状态。

(6)故障显示、报警、定位(声音、图形方式)。

(7)具备雷达高度和气压计算高度数据实时显示功能(并具备当两者相差一定数值时的报警功能)。

(8)具备在放球过程中显示温、压、湿曲线及数据能力。

(9)具备在放球过程中显示球坐标曲线及数据能力。

(10)具备在放球过程中自动修改和人工修改各种数据的能力。

(11)具备在放球过程中显示风廓线的能力。

(12)具备录取每秒球坐标数据的能力。

(13)具备显示气球飞行轨迹的能力。

(14)具备显示升速数据的能力。

(15)放球过程中自动定时备份数据。

(16)保存未经处理的所有原始数据。

(17)具备浏览任意次所探测的温、压、湿和球坐标数据的能力。

(18)具备删除、修改、平滑、恢复数据的能力。

(19)具备在探测过程中对下沉记录处理的能力。

(20)具备补放测风球的能力。

(21)具备施放过程中系统死机在重新启动后继续接收信号的能力。

(22)具备放球时间修正功能。

(23)显示处理前后探空曲线对比图。

(24)显示处理前后球坐标曲线对比图。

(25)计算规定等压面气象要素值。

(26)计算任意气压层气象要素值。

(27)计算任意时刻、任意气压、任意高度上的气象要素值。

(28)选择对流层顶。

(29)选择零度层。

(30)选择特性层。

(31)计算量得风层。

(32)选择最大风层。

(33)计算规定高度上(距雷达、距海平面)的风。

(34)制作 TTAA,TTBB,TTCC,TTDD,PPAA,PPBB,PPCC,PPDD 报文。

(35)显示风随高度的变化曲线。

(36)制作探空、测风月报表(高表-13、高表-14、高表-16、高表-21、高表-1、高表-2)。

(37)显示埃玛图。

(38)显示风随高度变化曲线。

(39)显示气球升速曲线。

(40)显示雷达和气压高度误差曲线。

(41)显示处理前后探空曲线对比图。

(42)显示处理前后球坐标曲线对比图。

(43)制作上报月资料软盘。

(44)提供 TEMP,PILOT 数据。

(45)具备通过局域网和互联网传输数据的能力。

(46)兼容无斜距测风(气压高度测风)和雷达单独测风工作方式。

(47)打印所有必须的气象产品。

(48)从原始数据中提取各种资料并以文本格式保存。

(49)计算气球的空间、时间定位数据并编制报文。

(50)在线帮助。

5.3　参数设置

在软件正式投入业务使用前,需要将台站常量参数输入到计算机内保存。这些常量参数包括"本站常用参数"页中的台站名称、海拔高度、区站号、经度、纬度、干湿球器差修正值、气压表器差修正值、值班人员代码等;"设置发报参数"页中的站名代号、报文标志。台站常量参数设置正确与否,直接影响着探测数据处理的准确性,须认真仔细选择、填写。参数只需在第一次运行软件时输入一次,以后日常工作中应注意及时修改发生变动的参数项,并经常检查其正确性。

5.3.1　本站常用参数设置

设置参数有密码保护(第一次安装软件时默认密码为 123456),只有得到授权的人员才能设置、修改。设置方法是,运行数据处理软件,进入"设置"菜单,选"本站常用参数",在弹出的对话框(图 5.17)中输入密码后,将会弹出如图 5.18 所示的对话框,该对话框是一个以功能划分的含多个属性页的对话框。这些属性页包括测站参数,计算机操作,文件路径,干球器差,湿球器差,附温器差,气压器差,值班人员,特殊风层 1,特殊风层 2、平均高度、GCOS 站设置等

12 项内容。下面分别加以叙述。

图 5.17　密码输入对话框

1)测站参数

"测站参数"页所显示的内容如图 5.18 所示,每项内容的填写方法如下:

· 台站名称:填写测站所在地的省、区、市、气象台站名称。

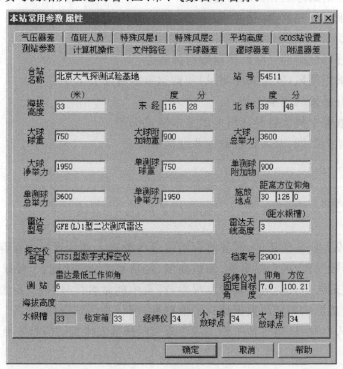

图 5.18　测站参数设置

· 站号:即区站号,是每个台站的惟一编号。

· 海拔高度:指测站水银气压表槽面的海拔高度,亦为测站海拔高度,以 m 为单位填写。

· 东经:测站所在地的经度,以度、分为单位填写。

· 北纬:测站所在地的纬度,以度、分为单位填写。

· 大球球重:施放探空气球的球重,以 g 为单位填写。

- 大球附加物重:施放探空气球的附加物重量(单位同上)。
- 大球总举力:施放探空气球的总举力(单位同上)。
- 大球净举力:施放探空气球的净举力(单位同上)。
- 单测球球重:雷达单测风时施放气球的球皮重(单位同上)。
- 单测球附加物重:雷达单测风时施放气球的附加物重(单位同上)。
- 单测球总举力:雷达单测风时施放气球的总举力(单位同上)。
- 单测球净举力:雷达单测风时施放气球的净举力(单位同上)。
- 施放地点:气球施放时距雷达天线的距离、方位和仰角(单位分别为米、度和度)。
- 雷达型号:填写雷达型号。如 L 波段(1 型)二次测风雷达。
- 探空仪型号:填写与雷达配套使用的探空仪型号。用鼠标右键根据本站使用的探空仪型号选取。
- 雷达天线高度:填写雷达天线光电轴中心点距测站水银槽的高度,即仰角等于 90°时,摄像头平面距测站水银槽的高度,以米为单位填写。
- 档案号:填入本站的档案号,以便制作月报表使用。
- 水银槽:以测站海拔高度为准,用户无需填写(以 m 为单位)。
- 检定箱:填入探空仪检定箱所在地的海拔高度(以 m 为单位)。
- 经纬仪:填入小球测风时经纬仪所在地的海拔高度(单位同上)。
- 小球放球点:填入小球施放所在地海拔高度(单位同上)。
- 大球放球点:填入大球施放所在地海拔高度(单位同上)。
- 经纬仪固定目标物的仰角:填入经纬仪对固定目标物的仰角(单位为度,保留小数两位)。
- 经纬仪固定目标物的方位:填入经纬仪对固定目标物的方位(单位为度,保留小数两位)。
- 雷达最低工作仰角:填入测站雷达最低工作仰角值(单位为度)。

注:

(1)基测时,基测检定箱和水银气压表水银槽面不在同一海拔高度,程序会按两高度差对仪器所发的气压值进行修正,自动填入基值测定记录框的"仪器值"栏中。

(2)测站雷达最低工作仰角值的确定方法是,根据资料查出本站高空风最多的下风方向(观测中出现低仰角较多的几个方向上),选一个离雷达 500 m 以远的放球点,在静风晴朗的白天,由 3~4 人携带气球、回答器、绳子、绞车和联络工具等到放球点。回答器接成探空工作状态,频率调在 1675 MHz,挂在气球下数米处固定好,尽量减少摆动;利用绞车均匀而缓慢地上升回答器(大约控制在 15 m/min 的速度至雷达仰角 20°~30°),然后以同样的速度下降(可反复几次)。在气球开始上升时,一人在雷达天线瞄准镜里观测回答器;与雷达操作者同时读取天线仰角值并记录。根据两种数据绘出系统误差曲线;若仰角较高,系统误差为零,则在仰角值的轴两边各划一条偏差 0.08°的横线,选择震荡波形系统误差曲线与偏差相交的最高仰角值,即为雷达最低工作仰角。

2)计算机操作

"计算机操作"页所显示的内容如图 5.19 所示,每项内容的填写和选择方法如下:

- 与雷达通信用串行口:选择计算机与雷达通信所用的串行口,默认使用的串行口是

"COM1"。

•保存数据时间间隔：设定在放球时放球软件每隔多长时间将录取的球坐标和温、压、湿数据存盘一次，默认值是 1 min。

•操作提示：选择与否可决定软件运行中当鼠标移至某个按钮时，是否显示解释该按钮操作意义的提示窗口。

•工作正常声：决定当雷达工作正常时，计算机所发的声音，默认是无声方式（推荐方式）。

•跟踪报警声：决定当雷达出现丢球、测距出错等现象时，计算机所发的声音，默认是无声方式。

•故障报警声：决定当雷达出现故障时，计算机发什么样的声音，默认是无声方式。

图 5.19　计算机操作设置

要使用声音功能，必须保证计算机已经安装了声卡，并且尽量挑选短促的声音。

3）文件路径

"文件路径"页所显示的内容如图 5.20 所示，每项内容的填写和选择方法如下：

•数据只保存到服务器：将每天探测所录取的数据文件保存到网络服务器的指定位置上。

•数据只保存到本地机：将每天探测所录取的数据文件保存到本地计算机的指定位置（即与雷达相连的计算机），路径为 C:\lradar\dat\,C:\lradar\datbak\。

•数据同时保存到本地机和服务器：将每天探测所录取的数据文件同时保存到本地计算机和网络服务器的指定位置。

•存放文件的路径位置可在"服务器路径"和"数据文件路径（本地机）"框内填写。推荐使用右侧的"游览"按钮，以避免由于文件路径填写错误，造成数据文件无法存盘。当按下"游览"按钮后，计算机会弹出如图 5.21 所示的路径选择对话框，在对话框中分别选数据文件所保存的位置。

"数据只保存到本地机"为默认状态，除非有特殊需要，否则不要修改数据文件路径。

•摄像机位置：填写摄像机文件的存放位置，放球软件将在这里寻找摄像机文件并运

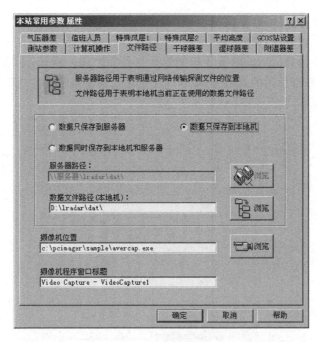

图 5.20　文件路径

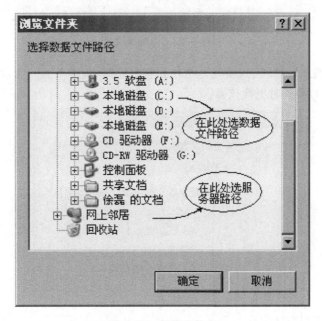

图 5.21　浏览文件夹

行它。

　　·摄像机程序窗口标题:填入摄像机程序标题条内的字符,这样软件可使摄像机程序窗口总是置于其他窗口之上,而不会让别的程序窗口挡住摄像镜头显示窗口。

　　4)干球器差

　　"干球器差"页所显示的内容如图 5.22 所示。

该页上共有 8 行,每行上有 3 个输入框,如第一行 3 个框内的数据分别是-50.0,-15.0,0.2,代表的意义是干球温度表在-50~-15℃范围内的器差是 0.2℃。各台站可根据仪器检定结果分段输入。仪器修正后的值等于仪器读数与器差之和。例如,干球表读数为 3℃,干球温度表在-14.9~5℃范围内的器差是 0.1℃,那么修正后的数值为 3.1℃。

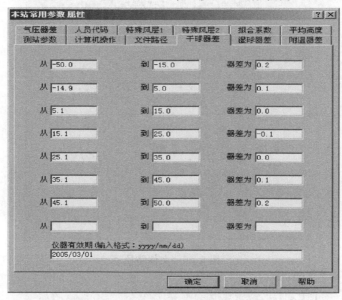

图 5.22　干球器差

仪器有效期请按图 5.22 格式填写。当快到有效期时(提前 6 天),每次运行数据处理软件都将提示(如图 5.23)需及时更换仪器。

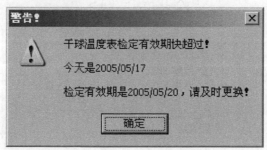

图 5.23　仪器有效期警告

5)湿球器差

与干球器差的填写方法完全一致。

6)附温器差

填写气压表附温器差修正值,与干球器差的填写方法完全一致。

7)气压器差

填写气压表器差修正值,与干球器差的填写方法基本相同。只是气压值要从大到小排序按气压段填写,如从 1100 hPa 到 850 hPa 器差为 0.1;从 849.9 hPa 到 500 hPa 器差为 0.0,如图 5.24 所示。否则,程序无法读取气压表器差值。

图 5.24　气压器差

8)值班人员

"值班人员"页所显示的内容如图 5.25 所示。该功能是为方便值班人员输入自己姓名而设的,共可输入 24 名工作人员的代码。填写方法如下:

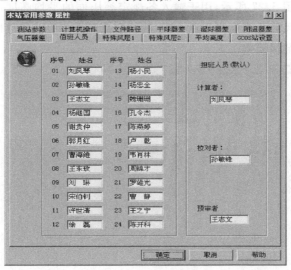

图 5.25　值班人员

在"姓名"框中输入值班人员的真实姓名。担班人员有三个输入框,当担班人员为不固定时,三个输入框空白即可;若输入三个担班人员姓名,则每次运行放球软件时,都会自动在瞬间页将这些姓名调出。

9)特殊风层 1

"特殊风层 1"页所显示的内容如图 5.26 所示,主要提供除规定高度层风外的任意高度风层要素。在该页的各个框中输入所需风的高度值,数据处理软件将会根据这些输入值,计算出这些特殊风层的风向、风速值。高度的输入值没有任何大小和顺序的限制。

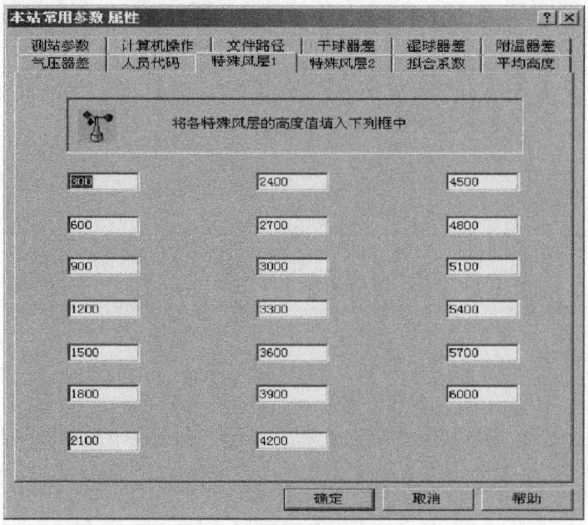

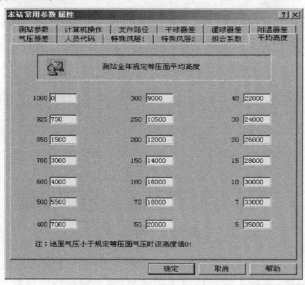

图 5.26　特殊风层 1

10)特殊风层 2

与特殊风层 1 的使用方法完全一致。

11)平均高度

"平均高度"页如图 5.27 所示,用于输入各规定等压面的平均高度,主要用于雷达单独测风方式下。如果单测风终止高度高于前 24 h 的综合探测探空终止高度时,使用其平均高度计算各规定等压面层的测风要素。

图 5.27　平均高度

12)GCOS 站设置

非 GCOS 站可略过本节内容。

"GCOS 站设置"页分三部分,分别是"规定等压面层选项"、"编报、发报选项"、"数据显示规定",图 5.28 为系统软件安装完成后的默认设置(非 GCOS 站设置)。如果是 GCOS 站,则应根据业务规定,对图 5.28 中的"GCOS 站设置"进行设置,设置完成后如图 5.29 所示。

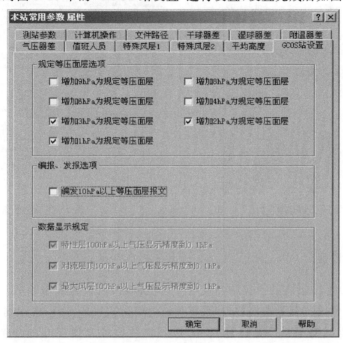

图 5.28　GCOS 站设置

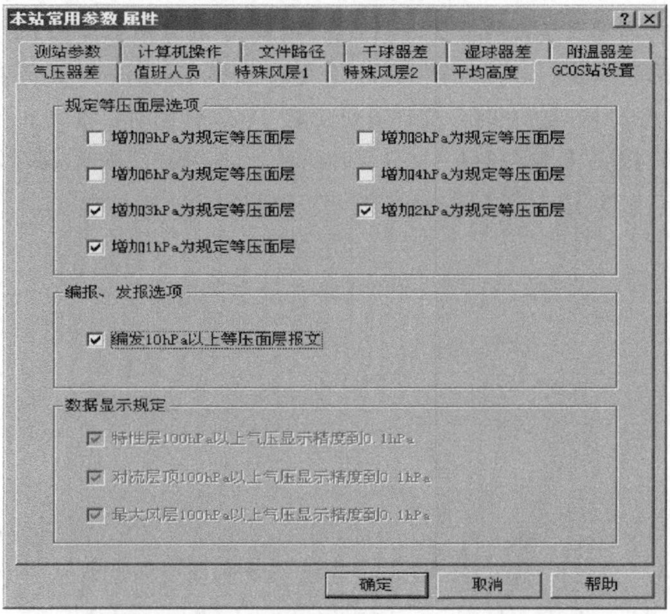

图 5.29　GCOS 站编发 10 hPa 以上报文设置

13)修改密码

为了避免未经授权人员随意修改本站参数,影响记录的正确性,可通过修改密码保护参数设置。在如图 5.30 所示的对话框中输入已知旧密码,然后按"修改密码"键,在弹出的如图 5.31 所示的对话框中输入新的密码和确认新密码后,按"确定"键,新的密码即可生效使用。

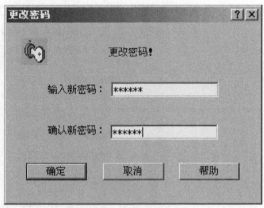

图 5.30　修改密码　　　　　　　　　　图 5.31　变更密码

5.3.2　发报参数设置

为了发出符合本站报文的报头站名代号与类型标志,需设置发报参数。运行数据处理软件,进入"设置"菜单,选"设置发报参数"菜单项,在弹出的"密码"对话框中输入密码后(密码同本站常用参数密码),按"确定"按钮,会弹出"发报参数设置属性"对话框,选择"报文类型"页(如图 5.32 所示),根据《气象通讯工作手册》的台站发报通信规程,"站名代号"输入本站的 4 位大写英文字母代号。台站要发的报文类型由中国气象局下达,参加国际交换的报文,在"标志"中输入"10";只参加国内交换的报文,在"标志"中输入"40";不参加编发的报文,在"标志"中可输入"0"或空白不填。报文保存位置可通过旁边的"浏览"键来改变,由于报文同时与通信相关,请勿随意改变。软件同时提供报文文件备份功能,只要将"同时将报文文件备份"选项勾上即可,输入"站名代号"、报文"标志"和报文文件保存路径后,按"确定"按钮,保存发报参数的设置。

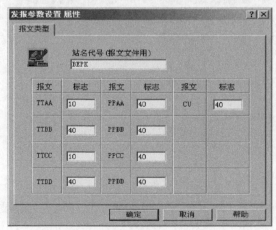

图 5.32　发报参数设置属性

5.3.3　设备信息参数设置

设置有关 L 波段高空气象探测系统设备信息，这些信息会被录入到每天的探空文件中。此项不是必填项。运行数据处理软件，进入"设置"菜单，选"设置发报参数"菜单项，在弹出的设备信息对话框中（图 5.33）填入相关的设备信息，按"确定"键即可。

图 5.33　设置信息

5.4　放球软件的使用

放球软件主要用于放球过程中控制监测雷达状态、输入地面各种参数、接收并初步整理各种数据、存储观测数据文件。

5.4.1　启动放球软件

操作员可先用鼠标单击"开始"按钮，从"程序"菜单中选择"L 波段（1 型）高空气象观测系统软件"项，然后再单击"放球软件"或直接在桌面上用鼠标左键双击"放球软件"图标，即可运行放球软件。

5.4.2　实时放球软件的画面组成

放球软件运行后，将在显示器的屏幕上显示一个用于完成各种高空气象观测任务的主界面（如图 5.34 所示，计算机显示器分辨力不同，显示界面可能不同）。主界面分为两大部分，左边为雷达的状态监视、控制区；右边为探空数据和球坐标数据录取、显示、处理区。

5.4.3　方位角、仰角显示功能

方位角、仰角显示区（如图 5.35 所示）以数字或指针形式显示雷达天线所指的实时方位角、仰角数据。

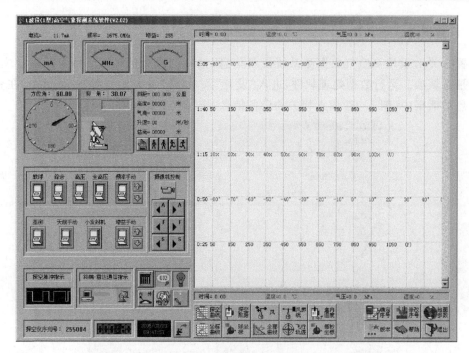

图 5.34 放球软件主界面

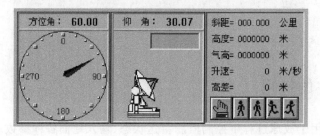

图 5.35 方位角、仰角数据

5.4.4 距离显示控制

距离显示控制的画面如图 5.35 所示,主要用来显示探空仪距雷达的斜距和离地面的高度。"斜距"显示的是探空仪此刻离雷达天线的距离,单位是 km;"高度"显示的是探空仪距地面的高度,单位是 m,此高度是根据雷达仰角、斜距计算而得(加上了地球曲率补偿);"气高"显示的也是探空仪距地面的高度,单位为 m,但此高度是根据探空仪发回的温、压、湿数据计算出来的。在雷达处于正常工作状态时,这两个高度数据应基本一致,当这两个高度相差较大时,软件会通过声音和图像的方式发出报警,提醒操作员注意此时可能出现雷达丢球、距离跟踪、雷达译码、瞬间地面气压值输入错误等方面的问题。操作员应及时根据计算机上所显示的信息将雷达恢复到正常工作状态。"升速"显示的是施放气球以 m/s 为单位的即时升速值。"高差"显示的是气压高度与雷达高度的差值(高差=气压高度-雷达高度)。下侧的五个按钮用于距离控制,左边的第一个按钮是距离手动/自动切换开关。距离自动跟踪失控时,可切换到距离手动跟踪状态,根据示波器上显示的距离跟踪情况,分别用鼠标按动四个距离跟踪按钮,从而移动距离跟踪波门,使其跟踪到回答脉冲的前沿。左边两个按钮分别是慢速减少、慢速增加追踪按钮;右面两个按钮分别是快速减少、快速增加追踪按钮。

5.4.5　雷达发射机、接收机控制

如图 5.36 所示是雷达发射机、接收机控制等画面。它采用形象的三维开关,以便操作员直观地控制和改变雷达发射机、接收机的各种参数。下面详细解释各种开关的功能。

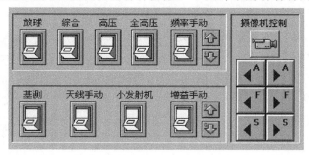

图 5.36　雷达的发射机、接收机控制开关

· "放球"开关

"放球"开关用于在施放气球的瞬间确定气球施放。按下"放球"开关,计算机将复位放球软件计时器,将各种状态清零,正式开始探测。

· "综合"开关

"综合开关"用于探测方式在"综合探测"和"单测风"方式间切换,默认状态为"综合探测"方式。按下"综合"开关时,探测方式改为"单测风"方式(即雷达单独测风方式)。

· "基测"开关

监视、控制区的"基测"开关用于探空仪基值测定。打开"基测"开关,探空仪发出的温、压、湿数据将被采集,并显示在图 5.52 所示的"基值测定记录"页的"仪器值"框内。

· "频率手动"开关

当开关关闭时,接收机处于频率手动状态,操作员可通过此开关右侧的两个小按钮,手动调节接收机的本振频率;当开关打开时,接收机处于频率自动控制状态。监视、控制区上方的频率表(如图 5.37 所示),在手动或自动控制状态时,会形象地显示接收机频率所发生的变化。

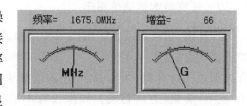

图 5.37　接收机频率、增益指示表

· "天线手动"开关

当开关关闭时,天线处于手动控制状态,此时可手动操作雷达天线控制盒手柄转动雷达天线;当开关打开时,天线处于自动跟踪控制状态,雷达天线将自动跟踪信号。

· "增益手动"开关

当开关关闭时,接收机处于增益手动状态,操作员可通过开关旁边的两个小按钮手动调节接收机的增益;当开关打开时,接收机处于增益自动调节状态。监视、控制区上方的增益指示表(如图 5.37 所示),在手动或自动控制状态时,会形象地显示雷达接收机增益所发生的变化。

・"小发射机"开关

用于地面探空仪调试和放球初期近距离测距。远程后,雷达会自动将小发射机切换成发射机其他工作状态。

・"摄像机控制"按钮

用于摄像机及所摄画面的开启,并可利用它下面 6 个按钮调整其亮度(A)、焦距(F)、景深(S)。

・"高压"开关

探空仪距雷达 1 km 后,发射机自动切换为高压状态,具体含义可参看雷达操作手册。

・"全高压"开关

探空仪距雷达 10 km 后,发射机自动切换为全高压状态,具体含义可参看雷达操作手册。

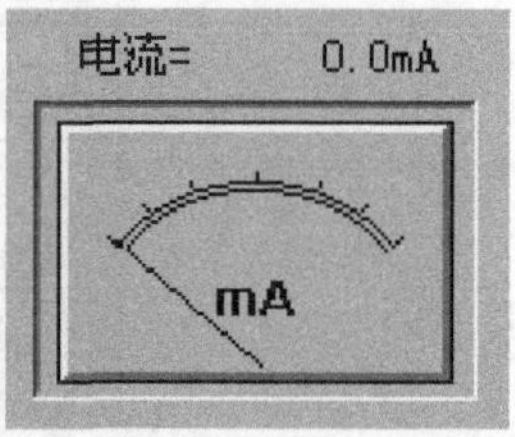

图 5.38　发射机电流指示表

・发射机电流指示表

当发射机处于"小发射机"、"高压"、"全高压"各种状态时,监视、控制区上方的"发射机电流指示表"会有不同量的显示(图 5.38)。

以上各开关呈红色显示时为开启状态(综合开关除外)。

5.4.6　探空电码监测

探空脉冲监测功能用来帮助操作员判断雷达的气象译码是否正常。在正常观测过程中,雷达会不断地向计算机发送其所接收到的温、压、湿脉冲,这时如图 5.39 所示的电码脉冲将会不断地从右向左移动,反之脉冲会停止移动。脉冲移动与否指示探空仪发送信号是否正常。

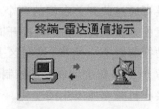

图 5.39　探空电码监测

5.4.7　计算机雷达通信指示

计算机、雷达通信指示功能用来指示雷达与计算机之间的通信状态(如图 5.40 所示)。正常工作时,由于雷达不断有数据送往计算机,可以看到有蓝色箭头、数字不断从"雷达"向"计算机"方向移动。如果没有不断移动的蓝色箭头,那么可以判定雷达发生了故障。只有当计算机向雷达发送某指令时(例如给天控手动指令),才会有指令数据送往雷达,可以看到红色箭头从"计算机"向"雷达"方向移动一次。

图 5.40　微机雷达通信指示

操作员可根据通信指示器,判断雷达和计算机之间的连接、传送工作是否正常。

5.4.8　雷达故障报警监测

雷达故障报警监测用来监测雷达是否发生故障。当雷达发生故障或天线仰角达到上、下限位时,"雷达故障报警"图标会由正常状态的"OK"变为闪烁的"HELP",并可伴随报警声。按"雷达故障显示开关"键(如图 5.44 所示),将会弹出一个如图 5.43 所示的对话框,对话框上有三个标签,分别是"故障类型"、"故障位置图"和"印制板号",可察看其中内容。在"故障类型"中,可能出现故障的地方用红×表示,正常用绿√表示;用鼠标点击"故障位置图"页,可标出发生故障的印制板在雷达机柜中所处的位置;在"印制板号"中显示发生故障的印制板号。

5.4.9　天线跟踪旁瓣的处理

当雷达天线陷入旁瓣跟踪或丢球状态时,如图 5.41 所示"高度报警指示灯"会闪烁,这时可根据雷达测高和气压高度的数值差来判别雷达是否处于旁瓣跟踪状态。如果按动"天线扇扫控制"按钮(如图 5.42 所示),雷达会在一定范围内自动调整天线位置,尽力恢复到主瓣跟踪状态。

图 5.41　高度报警指示灯　　　　　图 5.42　天线扇扫控制按钮

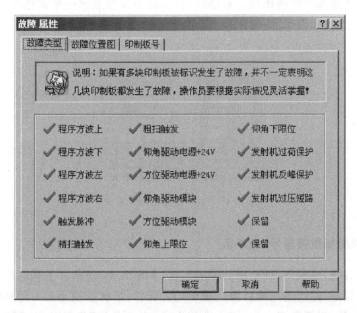

图 5.43　故障

5.4.10　示波器距离、角度及天线内、外控制切换开关

图 5.44a 所示的一组切换开关,第一排左起第一个按钮为示波器显示切换开关,图中状态示波器处于 4 条亮线的角度跟踪显示方式,示波器上显示仰角、方位各 2 条亮线(4 条亮线从左到右分别代表上、下、左、右)。打开小发射机,按下该按钮后(如图 5.44b 所示),示波器将处于距离显示方式,其中显示着 2 条扫描粗横线,下面的横线代表 16 km 范围,中间突起部分代表其中 2 km 范围;上面的横线就是该 2 km 的放大显示。当雷达天线对准探空仪时,上面横线中可以看到一个向上的距离回波凹口(即探空仪的回波信号,简称凹口或缺口)。距离跟踪正确时,凹口将对准下面横线中 2 条暗色竖线(距离跟踪点瞄准线)。

第二、第三个按钮形状的图形分别是雷达故障、跟踪报警指示灯。

图 5.44a　示波器处于角度跟踪显示　　　图 5.44b　示波器处于距离显示
　　　　方式的一组切换开关　　　　　　　　　　方式的一组切换开关

第二排左起第一个按钮用于选择天线的内、外控制方式,默认为内控方式;按下该按钮后,天线将处于外控方式,操作人员可用手柄控制天线的转动。第二个按钮为故障显示按钮,按下该按钮就会显示图 5.43 所示的对话框,第三个按钮为天线扇扫按钮。

5.4.11　操作提示

当鼠标在雷达的各个控制按钮上移动时,在鼠标下方会显示一个黄色小窗口,该窗口会显示该按钮的操作意义(如图 5.45 所示)。该功能可在"数据处理软件"的"本站常用参数"中设定或取消。

图 5.45　显示按钮的操作意义

5.4.12　探空、球坐标数据显示、处理区

在主画面的右侧,是探空、球坐标数据处理区,如图 5.46 所示。上状态栏显示当前时刻下的温、压、湿探空数据,左边是放球后温压湿所用计时钟;下状态栏是某一时刻的温、压、湿探空数据或仰角、方位角、斜距数据。在"探空曲线"或"坐标曲线"显示状态,鼠标指向某一时刻,此栏会显示此时刻探空或测风数据。

下面左侧两排 10 个按钮分别用于在数据图像显示区中显示不同的数据和图形。

(1)"探空曲线"

按下"探空曲线"按钮时,显示区显示的是温、压、湿坐标曲线。通常状态下,可监视、修改、删除探空点。显示区中按鼠标右键,在弹出的对话框上,可选择"放大"、"缩小"功能。

(2)"探空数据"

按下"探空数据"按钮时,显示区显示的是时间及探空数据、探空仪盒内温度。

(3)"坐标曲线"

按下"坐标曲线"按钮时,显示区显示的是仰角、方位角、距离坐标曲线。此状态下,可对测风数据进行修改、删除。显示区中按鼠标右键,在弹出的对话框上,可选择"放大"、"缩小"

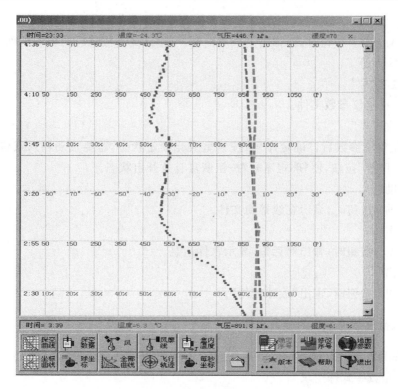

图 5.46　探空曲线显示

功能。

（4）"球坐标"

按下"球坐标"按钮时,显示的是时间、仰角、方位、距离球坐标数据以及量得风层的风向、风速,用来监视测风数据状态。

（5）"风"

按下"风"按钮时,用风羽图形式显示量得风层的风向、风速。

（6）"全部曲线"

按下"全部曲线"按钮时,显示温、压、湿、仰角、方位、距离坐标曲线。

（7）"风廓线"

按下"风廓线"按钮时,以曲线的形式显示风向、风速廓线。

（8）"飞行轨迹"

按下"飞行轨迹"按钮时,显示的是气球飞行轨迹的水平投影。显示区中按鼠标右键,在弹出的对话框可选择"放大"、"缩小"功能。

（9）"盒内温度"

按下"盒内温度"按钮时,以曲线形式显示探空仪盒内温度的变化。显示区中按鼠标右键,在弹出的对话框可选择"放大"、"缩小"功能。

（10）"每秒坐标"

按下"每秒坐标"按钮时,显示计算机每秒录取的雷达球坐标数据。

右侧两排 6 个按钮的意义如下:

(11)"地面参数"

按下"地面参数"按钮时,会弹出一个对话框,可输入此次放球时的各种地面参数,进行基测、瞬间值的输入等。

(12)"确定序号"

用于调入探空仪参数文件。

(13)"修改序号"

当调入探空仪参数后,"确定序号"按钮呈灰化锁定状态,若要重新调入或修改探空仪参数,可按"修改序号"按钮,使"确定序号"按钮恢复有效开启状态。

(14)"帮助"

按下"帮助"按钮时,显示在线帮助文件。

(15)"版本"

按下"版本"按钮时,弹出对话框,显示软件信息。

(16)"退出"

按下"退出"按钮时,退出"放球软件"。

5.4.13　调入待施放探空仪的参数文件

此项工作为放球及基值测定前的准备工作,应在放球前 45 min 左右开始进行。

1)GTS1 型数字式探空仪

GTS1 型数字式探空仪由上海长望气象科技有限公司生产。

每次放球前,首先应该保证工厂提供的待放探空仪光盘参数文件已经拷贝到 lradar\para 文件夹中,然后将待放探空仪的参数文件调入程序。调入方法是:

(1)将基测箱的电源线、信号线分别接在待放探空仪的电源、信号接口上。

(2)将湿度片插入基测瓶瓶盖的湿度片插槽内,放入高湿活化瓶中并压紧瓶盖,开启基测箱开关,进行高湿老化。

(3)把测量开关放在 T_0 挡、按下功能 R 键,当基测箱显示窗口显示被测元件在高湿环境内的阻值 $R>400\text{k}\Omega$ 时(约需 1 min 以上),即认为高湿老化完毕。

(4)老化完毕后,将带有湿度片的瓶盖迅速盖在干燥瓶上,测量开关仍在 T_0 挡位置。当瓶内温度、元件阻值稳定不变时(约 3 min 后),可分别按下功能 R 键和 T 键,读取 T_0,R_0 值(测量湿度片 R_0 的标准范围是 8 k$\Omega \leqslant R_0 \leqslant$ 20.0 kΩ)。

(5)打开雷达电源、电机开关及示波器开关。

(6)运行放球软件,打开摄像机,即选择摄像机控制按钮。摄像机不清晰时,可分别调整其亮度(A)、焦距(F)、缩小和放大(S)按钮(如图 5.36 所示)。

(7)将"天控"开关置于手动,摇动雷达天线,使其尽量对准探空仪,调整雷达接收机增益和频率,观察实时放球软件雷达状态监视、控制区左下角显示的探空仪序列号(如图 5.47 所示)。当探空仪序列号显示稳定并且与所要施放的探空仪序列号一致时(当雷达天线与探空仪位置不在同一高度,且无法对准探空仪,显示的探空仪序列号与所要施放的探空仪序列号无法一致时,可打开"基测"开关),用鼠标按右边处理区下方的"确定序号"按钮,这时软件会弹出如图5.48 所示的对话框,要求操作员输入探空仪的校正年月。输入正确的探空仪校正年月后,按对话框上的"确定"按钮,放球软件会根据探空仪序列号和校正年月,自动到\lradar\para 文件夹,找到该探空仪参数文件,并将该探空仪参数显示出来,可对其进行校对、修改,如图 5.49 所示。其中,dT0 和 dR0 根据基测箱的 T_0 与 R_0 值(一位小数)输入;dD0~dD5 要根据湿度片所装瓶内纸张上的数据校验。当所有参数经检查无误后,dR0 值的范围在 8~20 之间,按"确定"键后,此参数文件被存入内存,供施放探空仪探测数据所用。此时为防止误操作,"确定序号"按钮呈灰化锁定,之后如要再次校对、修改此参数文件,则需先按"修改序号"按钮,再按"确定序号"按钮,并在图 5.48 所示的对话框中选择"查看参数",存入内存的参数文件将被调出,即可校对、修改。

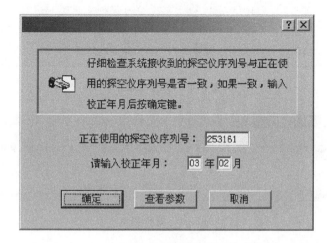

图 5.47 探空仪序列号

图 5.48 序号鉴定

如果在调入探空仪的参数文件时,软件未找到该探空仪的参数文件,则会提示找不到该探空仪的参数文件。此时,要根据厂家提供的数据(探空仪箱内的参数纸上所示)手动输入(如图 5.50 所示),按"确定"按钮后,在图 5.49 相应位置中输入参数。

如果输入了错误的校正年月,导致调入了错误参数文件或更换探空仪时,也需先按"修改序号"按钮,再按"确定序号"按钮,选择图 5.48"确定"按钮,重新调入新的参数文件。

如果 dR0 值的范围不在 8~20 之间,软件会提示操作员注意,见图 5.51。

2)GTS1-1 型数字式探空仪

GTS1-1 型数字式探空仪由太原无线电厂生产。

GTS1-1 型数字式探空仪基测方法与 GTS1 型数字式探空仪基本一致(除了探空仪的参数个数不同以外),可以参考 GTS1 的方法对 GTS1-1 型数字式探空仪进行基测。

3)GTS1-2 型数字式探空仪

GTS1-2 型数字式探空仪由南京大桥机器有限公司生产。

探空仪基测前,要保证工厂提供的光盘内的探空仪检定参数 id. dat 文件,已拷入计算机\lradar\para 文件夹之中,然后将待放探空仪的参数文件调入程序。调入方法是:

(1)将基测箱的电源插头连接在待放探空仪的电源接口上。

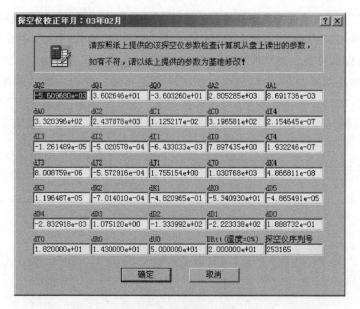

图 5.49　探空仪校正

图 5.50　操作提示

图 5.51　警告

　　(2) 打开基测箱顶盖,小心拿掉传感器保护罩,将探空仪温、湿探头放入基测箱基测室,并盖好顶盖。

　　(3) 打开基测箱电源开关,探空仪呈通电状态。

　　其后调入探空仪的参数文件方法与 GTS1 型数字式探空仪参数文件调入程序方法(5)(6)(7)基本相同。只是没有(7)中校正年月、dT0 和 dR0 的输入。

5.4.14　基测和瞬间值的输入

　　基值测定环境要稳定,避免阳光直射。探空仪和标准仪表都要充分感应,才能进行比较。

　　此项工作是检查待放探空仪是否合格的一个重要步骤,必须以实事求是、仔细认真的态度对待,不得施放不合格的探空仪。

1)GTS1 和 GTS1-1 型探空仪的基值测定

基测时,首先将干燥瓶中已测量 T_0,R_0 的湿度片取出,插入探空仪盒盖湿度元件座内,再把此盒盖放入基测箱内,并使盒盖插头与箱内插座相连,关闭基测箱门,给基测箱湿球温度表上蒸馏水。基测箱开关呈开启状,测量开关放在 T 位置,等放球软件右边显示、处理区上方状态栏雷达接收的温、压、湿数据稳定后约 3～5 min 即可分别按基测箱的功能 T,U 键,读取标准温度、湿度值进行基测值 T,U 的对比。打开状态监视、控制区的"基测"开关,按"地面参数"按钮,软件会弹出一个对话框(如图 5.52 所示),该对话框包含 6 页,分别是"测站放球参数"、"基值测定记录"、"瞬间观测记录"、"空中风观测记录表"、"补放小球数据"、"数据处理方法"。选择"基值测定记录"页,输入一位小数的干球温度和整数位相对湿度(基测箱读取)、一位小数的气压表附温和气压表读数(由水银气压表读取),放球软件会自动计算水银气压表综合修正值和本站气压,并自动将三基测值按给定的探空仪合格标准(基值测定的合格标准为温度变量 $-0.4℃≤\Delta t≤0.4℃$,湿度变量 $-5\%≤\Delta u≤5\%RH$,气压变量 $-2\ hPa≤\Delta p≤2\ hPa$)与雷达所接收到的温、压、湿仪器值进行探空仪基值测定比较判定。探空仪合格后,按下对话框下面的"确定"键。之后,切记关闭放球软件的"基测"开关。如未关闭或再次开启计算机上"基测"开关时,当再按动"地面参数"按钮时,会出现警告提示(见图 5.53)。按"是"按钮,软件将重新接收探空仪所发温、压、湿数据进入基值测定记录"仪器值"中,需进行新的基测值输入。否则,按"否"按钮,之后需关闭"基测"开关,再进行其他"地面参数"的输入或检查。

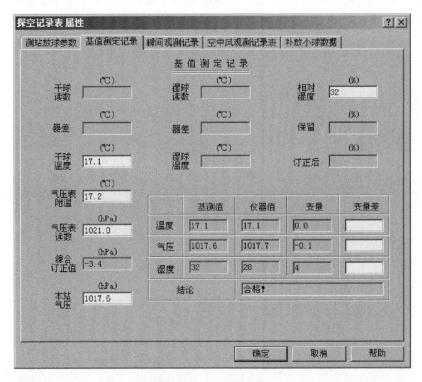

图 5.52　探空记录表属性

2)GTS1-2 型数字式探空仪的基值测定(详见 3.4.2 节中(3)、(4)探空仪基测操作相关内容)

　　基测前,打开基测箱侧舱门,放入配制好的硫酸钾溶液器盒,并关闭侧舱门,使箱内湿度维持在 60%RH～80%RH 之间。基测箱开关呈开启状,等放球软件右边显示、处理区上方状态栏雷达接收的温、压、湿数据稳定后(约 3～5 min,即可分别读取基测箱的标准温度、湿度值进行基测值 T,U 的输入。

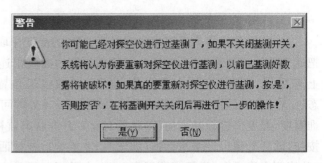

图 5.53 　警告

　　打开放球软件状态监视、控制区的"基测"开关,按"地面参数"按钮,在弹出的"探空记录表"对话框中,选择"基值测定记录"页,输入一位小数的干球温度和整数位相对湿度(基测箱读取)、一位小数的气压表附温和气压表读数(水银气压表读取),软件会自动计算出水银气压表综合修正值和本站气压值,并自动将三基测值按给定的探空仪合格标准(基值测定的合格标准为温度变量$-0.3℃≤\Delta t≤0.3℃$,相对湿度变量$-5\%≤\Delta u≤5\%$,气压变量-1.5 hPa$≤\Delta p≤1.5$ hPa)与雷达所接收到的温、压、湿仪器值进行探空仪基值测定比较判定。

　　探空仪合格后所需操作,参照 GTS1,GTS1-1 型探空仪的基值测定相关内容。

　　在"测站放球参数"页中(如图 5.54 所示),一般不需要手动输入任何数据,这些数据都将由计算机根据"本站常用参数"自动产生。若临时更改了球型,与台站常用参数中设置的数据不一致时,可在球重、附加物重、净举力、总举力栏中填改本次数据。

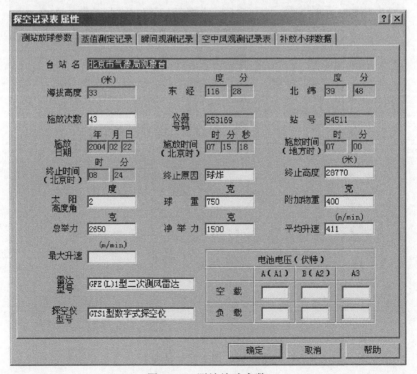

图 5.54 　测站放球参数

　　地面瞬间各气象数据由地面标准仪器获取,并应在放球前或后 5 min 内进行,在"瞬间观测记录"页中(如图 5.55 所示),需要输入一位小数的干球温度、湿球温度、气压表附温、气压表读数和云量、云状、地面风向风速、天气现象、能见度、计算者、校对者、预审者等项内容。计算机会自动根据台站参数中设定的参数对干球温度、湿球温度、气压表读数进行器差修正,并计算出地面温度、相对湿度、本站气压综合修正值及本站气压(在规范允许的条件下,在"本站气压"处,可直接输入不需修正的地面标准气压测量器读取的气压值)。

　　当冬季湿球温度表结冰时,在湿球温度值后输入一个字符"b",即:

	湿球温度
未结冰输入	−1.5
结冰输入	−1.5b

　　冬季温度低于−10.0℃时,可只读取、输入干球温度,并将探空仪在施放点测得的湿度值作为湿度瞬间值直接输入"湿度值(温度<−10℃)"栏中,软件会自动使用此湿度值。

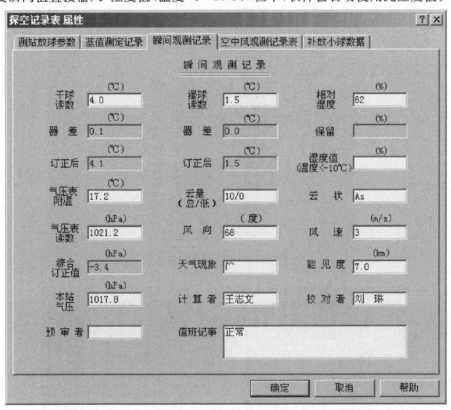

图 5.55　瞬间观测记录

　　天气现象可用键盘输入汉字、符号。为了减轻值班员的工作负担,也可用软件提供的天气现象符号输入方法,先将光标点入图 5.55"天气现象"空格中,再按鼠标右键,就会弹出"天气现象符号"菜单(如图 5.56 所示),用鼠标选中相对应的天气现象符号后,此天气现象符号将自动填入"天气现象"栏中。"云量"栏中的总云量与低云量用"/"分开。"云状"栏输入云属符号,第一个字母应大写,多种云状间应留空格;将光标点入"云状"空格中,按鼠标右键,也会弹出"天气现象符号"菜单(如图 5.56 所示),点击所需天气现象符号,该符号将填入"云状"空格中。

风向、风速整数位输入,静风时风向输入英文大写字母"C",风速输阿拉伯数字"0"。能见度保留一位小数输入,单位为 km。"计算者"、"校对者"、"预审者"栏的输入,使用"本站常用参数"中"人员代码"页设定的人员姓名调入方法,将光标点入计算者、校对者、预审者输入空格中,按鼠标右键,在弹出的"操作人员"菜单中用鼠标选取相应的人名。

　　在"空中风观测记录表"页中(如图 5.57 所示),一般也不需手动输入数据,但当放球点临时变动,与"台站常用参数"中设定的数据不一致时,可在"远距离放球"栏中,修改雷达天线与本次放球点的距离、方位角、仰角(单位分别为 m,度,度)。

图 5.56　天气现象记录

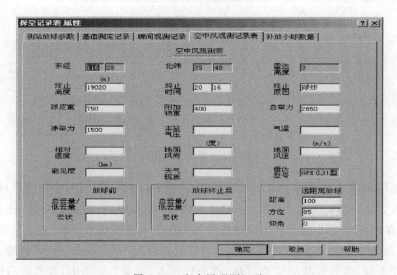

图 5.57　空中风观测记录

以上工作完成后,按"探空记录表"对话框下面的"确定"键,以便进入正式的观测工作状态(输入瞬间观测值时,请不要开启基测开关)。

如果在某时次大球施放过程中,测风资料需补放小球,可在"补放小球数据"页中(如图5.58 所示)输入小球测风(200 m/min 固定升速)资料。输入"球皮及附加物重",在"净举力"栏中会显示用正点瞬间地面气压、温度计算出的净举力数值,用于充灌小球(单测风时,正点记录需输入瞬间气压表附温、气压表读数、干湿球温度)。施放前仰角、方位角数据是根据"本站常用参数"中"经纬仪固定目标角度"设置而来,输入施放后仰角、方位校验数据后,自动显示误差值,用于修正小球数据。在"施放时、分"栏输入施放小球的时和分。输入小球测风数据(整数位或带 1~2 位小数输入均可)后,按"确定"键,小球资料将保存到探测数据文件中,雷达探测的测风数据需要小球资料的地方,软件将自动代替处理。若要删除此次小球测风记录,需将所有小球测风的仰角、方位角数据删除后,按"确定"按钮即可。

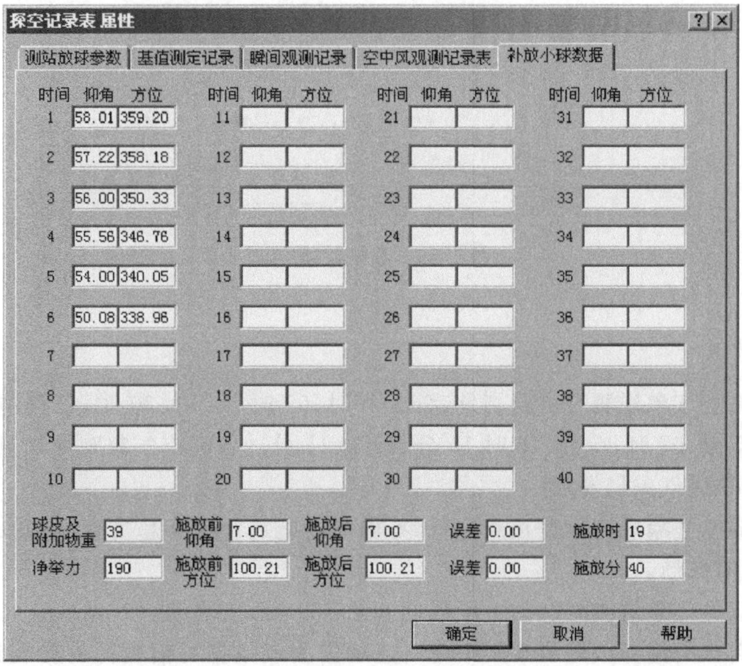

图 5.58　补放小球

5.4.15　设置放球过程中数据处理方法

在"地面参数"对话框中,选"数据处理方法"页,如图 5.59 所示。在该页处理方法中,有三项选项,分别是"保留接收到的原始数据,不进行任何处理";"当数据超过给定范围时用拟合值代替";"当数据超过给定范围时直接删除该数据"。当选择第一个选项时(也即默认值),软件对数据不进行任何处理。当选择第二个选项时(也即推荐值),软件将对接收的数据质量进行实时监控,一旦发现异常数据,软件将根据上下数据情况,对异常数据进行拟合代替,此处理在放球过程中每分钟进行一次。当选择第三个选项时,软件将对数据中的异常数据进行直接删除处理。

需要说明的是,当选择第二个选项时,数据处理的效果取决于整个系统接收数据的质量。

如果在放球过程中由于信号弱、干扰等造成连续异常数据时,数据功能将失效,此时应及时选择第一个选项,通过人工介入处理数据。

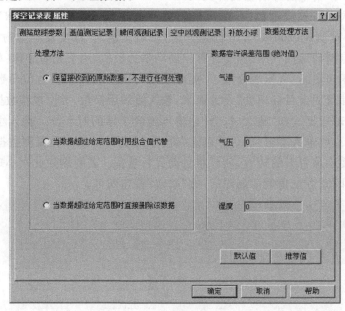

图 5.59　数据处理方法

5.4.16　开始放球

　　常规定时高空气象观测时次是指北京时 02 时、08 时、14 时、20 时;正点施放时间分别为北京时 01 时 15 分、07 时 15 分、13 时 15 分、19 时 15 分。各高空气象观测站具体进行的探测时次及方式,由中国气象局规定。

　　常规定时高空气象观测应在正点进行,不得提前施放。遇有恶劣天气或其他原因不能正点施放时,可延时放球。

　　常规定时高空气象观测时次的可用数据未达 500 hPa 或不足 10 min,应重放球。

　　综合探测时次的温、压、湿要素其中之一连续失测或数据可信度低的处理方法,按中国气象局《常规高空气象观测业务规范》相应规定。综合探测或雷达单独测风时,遇有近地层高空风失测,应在规定时限内补放测风球,但因某种原因在放球的规定时限内未能补放测风球,且在 500 hPa 以下测风分钟数据连续失测大于 5 min,也应在放球的规定时限内重放球。

　　施放前的一切准备工作就绪后,进入放球步骤。为了防止在放球过程中的误操作,当按"放球"开关时(综合探测时次应确保探空仪序列号已经确定),计算机并不是立即响应,而是弹出一个对话框(如图 5.60 所示),要求操作员确认是否开始放球。如果是放球开始,放球开始瞬间按下"确定"按钮,如果是误操作,按"取消"键即可。进入放球状态后,如果软件检测到在放球之前未输入地面瞬间值,软件会弹出如图 5.61 所示的提示框,提醒操作员是否忘记输入瞬间值,该信息框只起提示作用,不影响下一步放球的操作(也可以在放球后再输入瞬间观测值)。

　　球放出以后,就可利用放球软件提供的各种功能进行雷达监测及数据的录取、处理。按下放球"确定"按钮后,软件会在硬盘\lradar\dat 子目录及\lradar\datbak 子目录中分别产生一

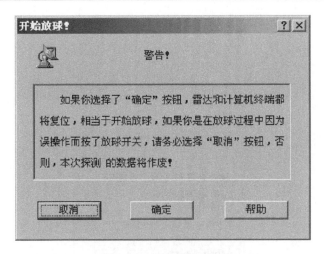

图 5.60　开始放球界面

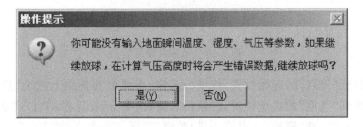

图 5.61　操作提示

个探空数据文件,前者在数据中有任何改动将被修改保存,后者将保存为原始数据。

施放地点应根据天气情况、场地环境,选在便于雷达天线自动跟踪、不易丢球的位置。施放探空仪高度应尽量与本站气压表在同一水平面上,高差不超过 4 m。施放探空仪位置与瞬间观测仪器的水平距离不超过 100 m。

按下"放球"键后,软件会立即在计算机内形成一个包含放球前 5 min 探空、测风、基值测定、瞬间观测等数据的文件。

5.4.17　自动修改探空曲线

放球过程中,探空曲线出现"飞点"时,首先需使用自动修改探空曲线功能。按图 5.46 所示的"探空曲线"按钮,呈温、压、湿曲线状态,按鼠标右键,在弹出的菜单(如图 5.62 所示)中选"自动修改温、压、湿曲线"项,软件会启用自动纠错模块,根据曲线正常趋势,纠正明显的错误码。

5.4.18　删除、恢复探空数据点

对于自动修改功能无法纠正的温、压、湿"飞点",操作员又无法判断正确位置时,可用此功能作删除处理。在探空曲线状态下,删除某一时刻"飞点"时,先将鼠标线移到要删除的探空点上,按鼠标右键,在弹出的菜单(如图 5.62 所示)上选中"删除(一点或一段)数据"项,即可删除此时刻温、压、湿点(显示为空白)。若要恢复被删的温、压、湿点,可再将鼠标线移到此点位置,按鼠标右键,在弹出的菜单上选中"恢复(一点或一段)数据有效"项即可。要删除一段"飞点"

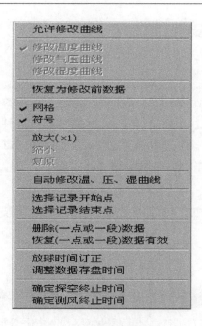

图 5.62 鼠标右键菜单

时,先将鼠标线移到"飞点"的起始位置,按鼠标右键,在弹出的菜单上选中"选择记录开始点"项,再将鼠标线移到"飞点"的终止位置,按鼠标右键,选中"选择记录结束点"项,此时被选区域反白显示,按鼠标右键,选"删除(一点或一段)数据"项即可删除这段"飞点"。恢复一段被删的温、压、湿点,选择起始、终止位置方法同上,再按鼠标右键,选"恢复(一点或一段)数据有效"项即可恢复。删除、恢复的探空点在探空数据状态下,被记为无效(打×)或有效(打√)。

5.4.19 人工修改探空曲线

放球过程中,在探空曲线状态下,对于曲线上的"飞点",在可判断正确位置前提下,谨慎使用人工修改的方法来修正这些曲线。在图像显示区中,按鼠标右键,在弹出的菜单(如图 5.62 所示),先选择"允许修改曲线";再按鼠标右键,选中要修改的曲线菜单项,如选"修改温度曲线"后,在显示区选择认为正确的位置上,按鼠标左键,温度曲线上相应的点就会移到此位置。相同的方法可修改气压、湿度曲线。为了提高精确度,以上修改也可在放大的探空曲线状态下进行,按鼠标右键,选图 5.62 所示的"放大"即可。

5.4.20 恢复探空曲线点

如果在操作中,人工不慎修改了不需要修改的探空点,则可使用该功能进行恢复。将鼠标移到要恢复的探空点上,或选中要恢复的一段探空点,按鼠标右键,然后在弹出的菜单(如图 5.62 所示)上选中"恢复为修改前数据"项,该点或该段的数据将自动恢复到修改以前的位置。

放球后,若瞬间气压值输入错误,且该值小于正确的瞬间气压值时,会出现接收到的一段气压数据值被软件强制低于错误瞬间气压值的现象(气压曲线呈直线状)。这时,应将错误的瞬间气压值改为正确值,然后使用该功能将直线段内的数据进行恢复处理。

5.4.21　放球时间修正

施放气球时,若早按了放球"确定"键(气球晚放)或迟按了放球"确定"键(气球早放),可使用该功能进行放球时间修正。根据瞬间地面气压值与按了放球"确定"键后收到的第一个气压值判断出早按或迟按放球键时间(s);在探空曲线状态下,按鼠标右键,在弹出的菜单(如图 5.62 所示)上选中"放球时间修正"菜单项,在弹出"放球时间修正"对话框(如图 5.63 所示)中,选择早按或迟按了放球键项,再选时间修正秒数,按"确定"按钮,程序会自动在探空、测风秒数据中减或加相应时间,并会自动修改放球时间。单测风时,也可根据早按或晚按放球键的时间,按上述方法处理。

若作"放球时间修正"前,已对某测风分钟数据进行过修改性的删除(记为无效数据),在"放球时间修正"后,新的测风整分秒数据与原分钟数据出现错位现象,应检查无效测风分钟选择是否正确。不正确时,重新确定无效测风数据的分钟。

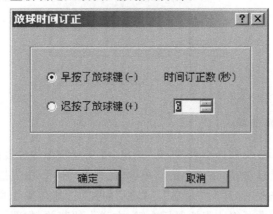

图 5.63　放球时间修正

迟按了放球"确定"键,选择修正时间大于 120 s 时,探空记录会出现失测现象;选择修正时间等于或大于 120 s 时,测风应补放小球;选择修正时间大于 300 s 时,应重放球。在此软件中,进行此项操作应谨慎处理,尤其是选择"早按了放球键(一)"减去时间后,减去的秒数据不可恢复。

5.4.22　删除、恢复球坐标数据点

放球过程中,因信号不好造成球坐标数据点不正确,又无法判断正确位置时,可用此功能删除错误值。按图 5.46 所示的"坐标曲线"按钮,呈仰角、方位角、斜距坐标曲线状态,将鼠标移到要删除点位置,按鼠标右键,在弹出的菜单(如图 5.64 所示)上选"删除(一点或一段)数据"项,此分钟仰角、方位角、斜距球坐标数据点被删除(显示为空白)。若要恢复被删除的数据点,将鼠标移到要恢复点位置,按鼠标右键,选"恢复(一点或一段)数据有效"项,即可恢复数据点。删除或恢复一段球坐标数据点,参照 5.4.18 删除、恢复探空数据点中删除、恢复一段数据点的方法。删除、恢复的球坐标数据点在球坐标状态下,被记为无效(打×)或有效(打√)。

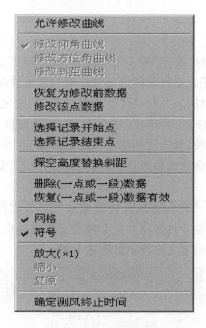

图 5.64　删除数据操作

5.4.23　人工修改球坐标曲线

　　放球过程中,球坐标曲线数据点有"跳变"现象,可在判断正确位置前提下,谨慎进行修改。在坐标曲线状态下,按鼠标右键,在弹出的菜单(如图 5.64 所示)中先选"允许修改曲线",再按鼠标右键,可分别选择修改"仰角"、"方位"、"斜距"曲线项,其余操作参照 5.4.19。当有个别斜距不准时,可用鼠标对准要修改点按鼠标右键,在弹出的菜单(如图 5.64 所示)上选中"探空高度替换斜距"即可。某一段斜距不准时,可用鼠标对准要修改的起始点,按鼠标右键,选"选择记录开始点",再将鼠标对准要修改的结束点,按鼠标右键,选"选择记录结束点",选择区域反白显示;按鼠标右键,选"探空高度替换斜距"即可。

5.4.24　恢复球坐标曲线点

　　如果在操作中误修改了不需修改的球坐标曲线点,可使用该功能进行恢复。将鼠标移到要恢复的球坐标点上,按鼠标右键,在弹出的菜单(如图 5.64 所示),选中"恢复为修改前数据"菜单项,该点的数据将自动恢复到修改以前。

5.4.25　人工修改球坐标数据

　　在球坐标曲线状态,上下数据点子很密时,由于显示分辨力的问题,修改坐标点会显得准确度不够,此时可改用人工修改球坐标数据的方法。将鼠标移到要修改的球坐标曲线上的一点,按鼠标右键,在弹出的菜单项中选"修改该点数据"菜单项(如图 5.64 所示),此时软件会弹出一个对话框(如图 5.65 所示),在对话框上显示该点的时间、仰角、方位、距离数据等,其中时间为不可修改量,仰角、方位、距离数据在可判断正确位置前提下,根据情况酌情修改,修改完成后,按"确定"键即可。

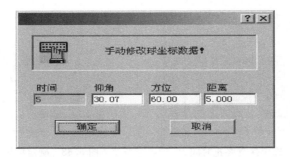

图 5.65　手动修改球坐标数据

5.4.26　消除显示区的背景网格和刻度

在显示区中显示曲线状态时,按鼠标右键,在弹出的菜单中选中"网格"或"符号"项,可消除显示区内的网格线或符号;再次选择这些项,可恢复显示其网格线或符号。

5.4.27　数据存盘时间的调整

放球过程中,放球软件依照"本站常用参数"—"计算机操作"—"保存数据时间间隔"所设定的分钟定时存储数据,若某次施放中放球软件和数据处理软件同时启用时,在"数据处理软件"中需要充分的时间作某些修改(如下沉记录处理),可在放球软件中调整数据存盘时间。探空曲线状态下,按鼠标右键,选择弹出的对话框(如图 5.64 所示)的"调整数据存盘时间"项后,在"调整数据存盘时间间隔"选择框上(如图 5.66 所示)设定所需时间。数据处理软件中修改工作完成后,还可再次调整数据存盘时间。

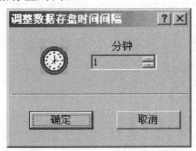

图 5.66　调整数据存盘时间间隔

5.4.28　确定探空和测风终止时间

当探空终止或测风终止时,在探空曲线或坐标曲线状态,需利用此功能确定探空和测风的终止时间。终止时间以后录取的数据,计算机将认为是无效的数据,这些数据虽然也能录取,但不参与后期的数据处理。在探空曲线或坐标曲线显示区中将鼠标线移动到终止数据点上,按鼠标右键,在弹出的菜单中(如图 5.62)选中"确定探空终止时间"或"确定测风终止时间",在弹出的"确定探空终止时间"或"确定测风终止时间"对话框上(如图 5.67 和图 5.68 所示)选"取消",则重新选终止点;选"确定"则完成终止点时间的确定。观测终止点确定后,若发现选择有误,可重新选择确定终止时间。

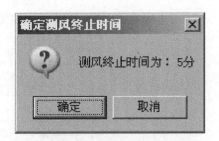

图 5.67　确定探空终止时间　　　　　图 5.68　确定测风终止时间

5.4.29　退出放球软件

放球结束确定终止时间后,按"退出"按钮(如图 5.69 所示),会弹出如图 5.70 所示对话框,分别选择探空、测风终止原因,按"确定"按钮后,放球软件将最后一次存储观测数据到硬盘指定位置,并退出放球软件。

图 5.69　"退出"按钮

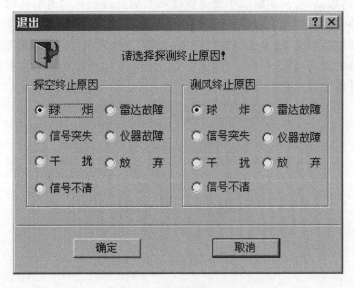

图 5.70　选择探测终止原因

5.4.30　安全提示

由于放球软件对整个观测工作质量的好坏至关重要,因此请仔细阅读以下内容:

(1)放球过程中,不要随意退出该软件;不要再按"放球"按钮,以免数据丢失。

(2)放球前,调入、修改探空仪参数确定后,必须再次核对参数,特别要校对输入、修改项,以免造成施放不合格仪器。

(3)放球结束后,应当按"退出"按钮正常退出。不能直接关闭计算机,以免造成数据丢失。

(4)基测结束后或放球过程中,不要再开启"基测"开关,以免造成数据不准确。

(5)放球过程中,探空仪载波频率变化较大或出现"跳频"现象,需大范围手动调整频率时,应先将"天控"键转为手动方式,以免雷达天线失控。频率正确后,及时将"天控"键转为自动方式。

(6)放球过程中,放球软件和数据处理软件同时启用时,若在数据处理软件中作了某些修改(包括下沉记录处理),而在放球软件未作相同处理,则放球软件数据存盘时(默认状态为 1 min 存储一次),将把在"数据处理软件"所作修改覆盖。

(7)放球过程中,不要再按"综合探测"开关。若误按了此开关,务必在弹出的警示框中选择"取消"按钮,以免造成数据存储混乱。

(8)某次探测未达 500 hPa,需进行重放球时,应先退出放球软件,然后关闭雷达主控箱发射高压开关、电机驱动箱开关、主控箱总开关。之后,再按照与关闭相反的顺序开启以上各开关,并运行放球软件,进行下一次的放球工作。否则,下一次的放球工作将无法正常进行。

(9)在放球前手动调整增益后,务必将其开关置于开启状态,且放球后应保持自动状态,不要轻易按动此开关。

(10)放球前"天控"开关应置于打开状态,以方便天线自动跟踪。

(11)放球过程中不要用鼠标点击"放球"开关。如不小心点击了"放球"开关。软件会弹出询问对话框(如图 5.71 所示),务必按"取消"按钮。否则,实时接收的观测数据将出现错误。

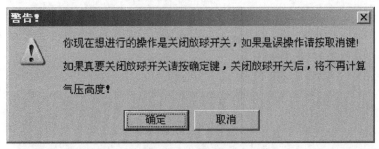

图 5.71　警告

5.4.31　常见问题诊断及处理

(1)在探测过程中校对基测数据时发现,气压基测值为 672.5,仪器值为 671.1,变量值应为 1.4,显示却为 45.3;湿度基测值为 70,仪器值为 70,变量值应为 0,显示却为 18,合格判断"合格"。

处理方法:这种情况是操作失误引起的,当基测完成后,一定要将"基测"开关关闭,否则再次打开基测中的仪器数据会随之改变。

(2)放球后,误按了"综合/单测风"按键,变成单独测风,其中单独测风时段的压、温、湿记录都没有了。

处理方法:如果一直处于单独测风状态,虽然温、压、湿数据照常接收,但存盘时的压、温、湿记录是不保存的,在退出放球软件之前,只要将单测风改为综合,所有的温、压、湿记录都会保存。

(3)瞬间气压输错,由于未及时发现,结果以后接收的气压数据都是错的数据。

处理方法：将瞬间气压改回正确值，见图 5.72，随后接收的气压值将会恢复正常；将之前不正常的气压数据用"段选"的功能选中，选"恢复为修改前的数据"即可，见图 5.73。

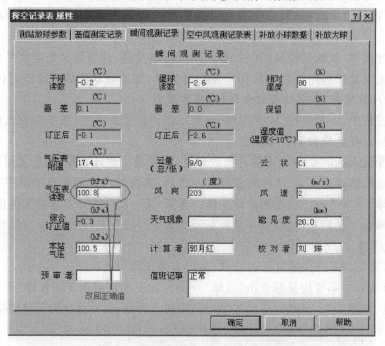

图 5.72　将错误的瞬间气压该为正确值

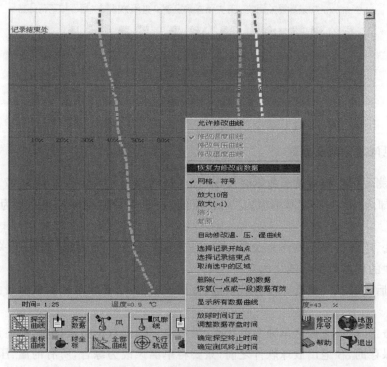

图 5.73　恢复为修改前数据

（4）用鼠标对摄像机进行操作时,极易造成计算机死机或放球软件崩溃,放球前的所有基础数据全部丢失从而导致重放球。

处理方法:在使用鼠标对摄像机进行操作时,不要连续点击摄像机,这样会造成计算机死机的假象,实际并未死机,要等一段时间计算机才会恢复响应,时间长短与点击的次数有关。

（5）气球施放时间与计算机启动放球时间不同步。

处理方法:应在数据处理软件里对记录作时间订正,如用放球软件进行放球时间订正,将会失去原始数据。

（6）放球过程中斜距不自动跟踪。

处理方法:如果雷达是正常的,在仰角方位变化不很大的时候可以进行如下操作:

①迅速关闭雷达再开启。

②迅速把放球软件中的"天控"开关打开,以免造成丢球。

③打开雷达发射机开关和斜距自动跟踪开关,待 3 min 后即正常。

5.5　数据处理软件

数据处理软件利用放球软件获取的原始观测数据,加工出各种实用的气象一、二次产品,并具有对原始数据进行平滑、修正、查询、恢复等操作的功能。

5.5.1　启动运行数据处理软件

操作员可先用鼠标单击"开始"按钮,从"程序"菜单中选择"L 波段（1 型）高空观测系统软件"程序组,然后再单击"数据处理软件"或在桌面上直接用鼠标左键双击"处理软件"图标,即可运行该软件。

5.5.2　数据处理软件窗口组成

图 5.74 为数据处理软件的主窗口。

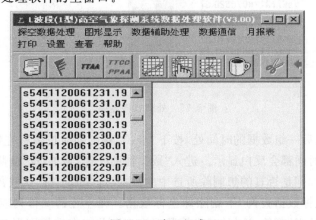

图 5.74　窗口组成

数据处理软件窗口由以下几个部分组成:

（1）菜单栏:窗口的菜单栏集中了各种数据处理功能。

（2）工具栏：将常用的数据处理功能设计成快捷按钮，其功能与菜单中相应项一致，用于快速执行一些常用的数据处理命令。

（3）文件列表区：位于窗口左侧，用于显示各时次观测的数据文件名，最新的文件排在最上层。

（4）数据图形显示区：窗口右侧的空白区用于显示所有气象产品、数据。

（5）状态栏：显示与当前处理有关的信息。

5.5.3　数据处理的一般步骤

观测开始 1 min 后，即可启动数据处理软件处理观测数据。为了获得正确的处理结果，操作员一般应按照以下步骤，对原始数据进行检查和处理。

1）删除终止后所录取的数据

观测终止后，如果在放球软件中已经确定了终止时间，则这一步骤可以省略。如果退出放球软件时，没有确定探空或测风的终止时间，则退出放球软件之后，需用数据处理软件将录取的终止或球炸后的探空、球坐标数据删除掉，否则将得不到正确的处理结果。在左边的文件列表中选定要处理的文件，然后进入"数据辅助处理"菜单，选"探空数据查询"，此时在数据图形显示区将显示该文件的探空数据（如图 5.75 所示），按滚动条将结束时的数据显示出来。根据温、压、湿数值找到终止开始点，用鼠标在时间处点击一下，这时该时间会被反白显示，表明已

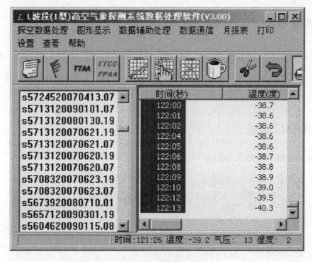

图 5.75　处理软件界面

被选中，然后再到最后一组数据的时间处，按下"Shift"键的同时按鼠标左键。这时，从终止处到结束之间的所有时间都会反白显示。进入"数据辅助处理"菜单，选"删除探空测风数据"后，会弹出一个对话框询问是否真的想删除所选中的数据，选"确定"键，这些数据将被删除。用同样的方法可在"球坐标数据查询"下删除球坐标数据。在左边的文件列表中选定要处理的文件，进入"数据辅助处理"菜单，选择"球坐标数据查询"，此时在数据图形显示区将显示该文件中的每分球坐标数据，删除方法同探空数据。需要说明的是，数据随时可通过本软件提供的数据恢复功能恢复。

2）自动修正探空数据错误

选择"自动修正探空数据错误"功能，软件可自动检查探测数据，并可修改探测数据中的明显错误。在左边的文件列表中选定要进行自动修正错误的文件，然后进入"数据辅助处理"菜单，选择"自动修正探空数据错误"，此时在数据图形显示区将显示修正前和修正后的曲线。

一般情况，特别是发 TTAA 报文之前，都应执行这一功能。

3）删除（恢复）探空数据

对于自动修改功能无法纠正的温、压、湿"飞点"，操作员又无法判断正确位置时，可进行"飞点"删除（恢复）。第一种方法是进入"数据辅助处理"菜单，选"探空数据查询"，删除（恢复）一点或一段探空数据点。第二种方法是选择"手动修正探空曲线"状态，也可删除（恢复）一点或一段探空数据点。

4）手动修正探空曲线错误

对于用自动修正探空数据错误功能没有修正的错误，在可判断正确位置前提下，能够用"手动修正探空曲线"功能来人工修正。在左边的文件列表中选定要进行人工修正错误的文件，然后进入"数据辅助处理"菜单，选"手动修正探空曲线"，此时在数据图形显示区将显示 3 条以离散点所组成的温、压、湿曲线，这些点都可由鼠标移动位置。移动方法是按鼠标右键，弹出一菜单，如图 5.76 所示，选"允许修改曲线"项；按鼠标右键，选中要修改的曲线类型菜单项（如修改温度曲线），在显示区选择认为正确的位置上，按鼠标左键，曲线上相应的点就会移到此位置，用同样的方法可修改气压、湿度曲线。在"放大"状态下也可进行上述修改。如移错位置，可用鼠标选定移错点位置，按鼠标右键，在如图 5.76 所示的菜单中选"恢复为修改前数据"功能，选错的点就会回到原位置。

若不能确定探测数据的正确位置，不得随意使用"手动修正探空曲线错误"功能修改数据，应对错误数据作删除处理。

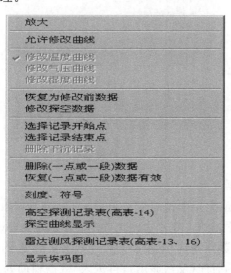

图 5.76　允许修改曲线 1

5）修改探空数据

为了更精确地修改探空数据点，本软件提供"修改探空数据"方法。选择"手动修正探空曲线"状态,使光标线对准要修改的探空点,按鼠标右键,在弹出的菜单上(如图 5.76 所示)选择"修改探空数据"项,在弹出的对话框(如图 5.78 所示)上,酌情、谨慎地修改其中温度、气压、湿度数据即可。

若不能确定探测数据的正确位置,不得随意使用"修改探空数据"功能修改数据,应对错误数据作删除处理。

6)删除(恢复)球坐标数据

遇有球坐标数据点不正确,又无法判断其正确位置时,应对可疑数据点进行删除(恢复)处理。第一种方法是进入"数据辅助处理"菜单,选"球坐标数据查询",删除(恢复)方法参见5.4.24 节相关内容;第二种方法是选择"手动修改球坐标曲线"状态,也可删除(恢复)一点或一段球坐标数据点。

7)手动修改球坐标曲线

球坐标曲线数据点有"跳变"现象,在可判断正确位置的前提下能够进行手动修改。在左边的文件列表中选定要修改的文件名,进入"数据辅助处理"菜单,选"手动修改球坐标曲线"菜单项,将球坐标曲线显示出来,按鼠标右键,在弹出对话框中(如图 5.77 所示)先选"允许修改曲线"项,再按鼠标右键,分别选修改"仰角曲线"、"方位角曲线"、"斜距曲线"项,如果对修改后的数据不满意,可用"恢复为修改前数据"项恢复。当有个别斜距不准时,可用鼠标对准要修改点,按鼠标右键,在弹出的菜单上选中"探空高度替代斜距"即可。部分斜距不准时,可人工修改球坐标曲线。

图 5.77 允许修改曲线 2

8)手动修改球坐标数据

由于显示分辨力的问题,上下数据点很紧密时,用手/自动修改球坐标曲线功能不够精确,可采用手动修改球坐标数据方法。在左边的文件列表中选定要修改的文件名,然后进入"数据辅助处理"菜单,选"球坐标数据查询"菜单项即可在数据图形显示区中显示出整分钟的球坐标数据。用鼠标选中要修改的时间(反白显示),再进入"数据辅助处理"菜单,选"手动修改球坐标数据"菜单项,此时软件会弹出如图 5.78 所示的对话框,在对话框中,时间为不可修改量灰化显示,其余仰角、方位角、距离在判断正确位置前提下,可酌情谨慎修改。

9)删除下沉记录

当遇气球出现下沉后又上升的记录,可用数据处理软件作下沉记录删除处理,一次探测最

图 5.78　手动修改球坐标数据

多可处理 10 次下沉记录。在左边的文件列表中选定要处理的文件名,进入"数据辅助处理"菜单,选"手动修正探空曲线",在数据图形显示区显示的温、压、湿曲线上找到下沉的起始点和终止点。先把鼠标线移到下沉起始点,按鼠标右键,在弹出的对话框(如图 5.76 所示)上选"选择记录开始点",然后再将鼠标线移到下沉终止点,按鼠标右键,在弹出的对话框上选"选择记录结束点",此时所选定的下沉记录区域会反白显示(如图 5.79 所示)。若要取消本次选择的下沉记录区域,再选"手动修正探空曲线"或其他功能即可。若确定要删除此段记录,在显示区按鼠标右键,在弹出的对话框上选"删除下沉记录",则所选下沉记录被删除。删除后的记录按秒自动衔接,软件自动处理记录,不用人工干预。测风记录不再作单独删除处理,在作下沉探空曲线删除的同时,测风记录也按秒作删除处理,并自动衔接,按重新排序的秒时间读取分钟球坐标数据,计算量得风层的风要素值。例如,某次记录 11 分 14 秒气压值为 691.5 hPa,其后 11 分 15 秒气压值为 691.6 hPa 开始下沉,到 18 分 45 秒气压值回到 691.5 hPa,其后 18 分 46

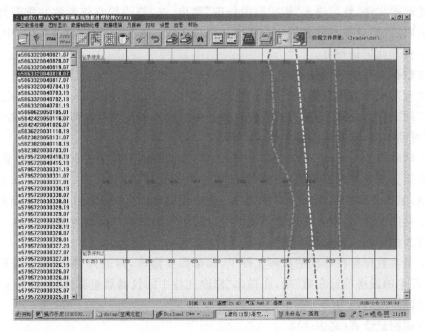

图 5.79　选择探空数据

秒气压值为 691.4 hPa。删除此段下沉记录的方法是,先将鼠标线移至 11 分 15 秒气压值为 691.6 hPa 处,作下沉起始点的确定;再将鼠标线移至 18 分 45 秒气压值为 691.5 hPa 处,作下沉结束点的确定;11 分 15 秒至 18 分 45 秒区域反白显示;然后作"删除下沉记录"处理。处理前的时间 18 分 46 秒气压值为 691.4 hPa 变为处理后的 11 分 15 秒气压值为 691.4 hPa,其后的时间也相应变化。

对已作下沉记录处理的记录,会在高表中显示"经过下沉记录处理"字样。若需要恢复到删除前的状态,可进入"数据辅助处理"菜单,选"恢复数据文件"即可。

放球过程中,若作下沉记录处理,需注意放球软件还在接收数据并存盘(每 1～5 mim 存盘一次),会将下沉记录处理清除。

5.5.4 探空数据处理

1)修改地面观测记录表

在放球时,如果没有输入正确的瞬间观测值及地面参数等,都可通过该功能进行弥补。在左边的文件列表中选定要进行修改观测记录表的文件,然后进入"探空数据处理"菜单,选"修改地面观测记录表"菜单项,即可在弹出的对话框中进行修改。

2)显示地面观测记录表

用表格形式显示本时次观测的地面观测记录表及所用探空仪参数。在左边的文件列表中选定要进行显示观测记录表的文件,然后进入"探空数据处理"菜单,选"地面观测记录表"菜单项即可显示该表。

3)修改探空仪参数

在校对、审核探空记录时,发现某次探空仪参数输入有误,则需在本程序左边的文件列表中选定要处理的文件,然后进入"探空数据处理"菜单,选"修改探空仪参数并重新计算探空数据",输入密码后(同台站参数密码),会弹出一个对话框,修改之后按"保存"(其中校正年、月不填),重新整理此记录即可。

4)修改数据文件中的仪器器差

如果发现某次观测数据错用了"本站常用参数"中气压表附温器差、气压表器差、干湿球器差,可进入"探空数据处理"菜单,选择"修改文件中的仪器器差"项,在弹出"修改文件中的仪器器差属性"对话框上,修改错误器差值,按"确定"即可。

使用放球软件 radar.exe(V2.01)之前版本产生的数据文件中没有施放时器差值的存储。若要修改此类探测数据的器差值,选择"修改文件中的仪器器差值"项,会弹出"该文件不包含仪器器差值,是否创建?"选择框,按"是"按钮,会弹出以此时"本站常用参数"中设置的各仪器器差值为底本的对话框,输入正确器差值即可;按"否",则放弃仪器器差值的创建。

5)修改文件中的设备信息参数

设备信息参数保存在每次的探测文件里,如果需要修改,可进入"探空数据处理"菜单,选择"修改文件中的设备信息参数"项,在弹出"修改文件中的仪器器差属性"对话框上,修改错误器差值,按"确定"即可。

6)高空观测记录表(高表-14)

高空探测记录表(高表-14)输出高空温、压、湿等资料,有规定标准气压层记录,零度层记录,对流层顶记录,特性层,最大风层,探空报文,探空仪参数,空间、时间定位值等项。输出方法是,在左边的文件列表中选定要输出(高表-14)的文件,进入"探空数据处理"菜单,选"高空探测记录表(高表-14)"菜单项,即可在数据图形显示区中显示高表-14,并可打印。

7)任意时刻、高度、等压面的气象要素值

进入"探空数据处理"菜单,选"任意时刻、高度、等压面的气象要素值"项,在弹出的对话框上输入任意时间(min,s)、海拔高度(m)、气压(hPa)数据,按"确定"后,可显示、打印输入数据所对应的气象要素值,并可保存为文本格式文件。

8)高空加密观测记录表

为了特殊需要,高空加密探测记录表包括了高空探测记录表(高表-14)的所有内容,并在规定标准气压层中增加了 975 hPa,950 hPa,900 hPa 三个等压面的气象要素值。在左边的文件列表中,选定要显示某时次的文件,然后进入"探空数据处理"菜单,选"高空加密探测记录表"菜单项,即可在数据图形显示区中输出高空加密探测记录表。在显示高空加密探测记录表状态下,选择"发报"菜单项或"发报"快捷按钮,即可在\lradar\textdat\目录下生成某时次加密探测的文本格式的报文文件。

9)等间隔高度上的各气象要素值

进入"探空数据处理"菜单,选"等间隔高度上的各气象要素值"项,会弹出"请选择高度间隔"的对话框,按选择按钮或输入 30 以上任意数值,再按"确定"后,可显示、打印所输入等间隔高度上的各气象要素值,并可保存为文本文件。

10)计算逆温、等温层气象要素值

进入"探空数据处理"菜单,选"计算逆温、等温层气象要素值"项,可显示选中文件中的逆温、等温层各气象要素值。

11)雷达测风观测记录表(高表-13 或高表-16)

雷达测风探测记录表(高表-13 或高表-16)输出高空探测的测风资料,有量得风层,规定高度层的风,规定标准气压层上的风,最大风层,测风报文,空间、时间定位值等项。输出方法是,在左边的文件列表中选定要输出(高表-13 或高表-16)的文件,然后进入"探空数据处理"菜单,选"雷达测风探测记录表(高表-13、16)"菜单项,即可在数据图形显示区中输出以上内容(如果软件检测到的是单测风资料,将自动输出高表-16),并可打印。

12)计算固定高度上的风(特殊风层)

根据"本站常用参数"中"特殊风层 1"、"特殊风层 2"设定的高度值,计算出这些高度上的风向、风速值。在左边的文件列表中选定要输出的文件,然后进入"探空数据处理"菜单,选"计算任意高度上的风(特殊风层)",即可在数据图形显示区中显示以上内容,并可打印,同时以文本格式保存到\lradar\bcode 文件夹下。

13)补放小球、雷达测风数据、经纬仪数据输入

遇有补放小球、雷达故障而使用经纬仪跟踪大球、雷达与经纬仪对比观测等时,使用该功能。在左边的文件列表中选定要输出的文件,然后进入"探空数据处理"菜单,选"补放小球、雷达测风数据、经纬仪数据输入"菜单项,软件将会弹出一个如图 5.80 所示的对话框,该对话框有 4 个单选项,分别是:

选项 1:补放小球(用经纬仪单独补放 200 m/s 升速小球);

选项 2:补放大球(使用另一部雷达采用单测风方式);

选项 3:经纬仪仰角、方位数据(与雷达或探空接收机同时跟踪大球);

选项 4：雷达、经纬仪对比观测；

其中，选项 2 补放大球功能已被屏蔽，不能使用！

选项 1 的作用是，在施放大球时发生丢球造成测风资料缺失时，另外用经纬仪施放一个小球来补足缺失的风资料。

选项 3 的作用是，雷达发生故障不能获取球坐标数据，或使用探空应急接收机时，同时用电子经纬仪跟踪大球，获取气球的方位、仰角数据。

选项 4 的作用用于雷达、经纬仪对比观测，当经纬仪的数据读入后，软件会自动计算雷达、经纬仪所测得的同一目标仰角差、方位差，并自动判断误差是否符合要求。

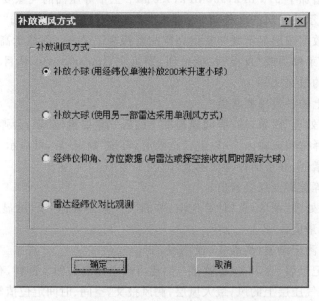

图 5.80　补放小球、雷达测风数据、经纬仪数据输入

按"确定"键后，软件弹出如图 5.81 所示的对话框，在该对话框上输入"球皮及附加物重"，在"净举力"栏中会显示用正点瞬间地面气压、温度计算出的净举力数值，用于充灌小球（单测风时，正点记录需输入瞬间气压表附温、气压表读数、干湿球温度）。施放前仰角、方位角数据是"本站常用参数"中"经纬仪固定目标角度"值，输入施放后仰角、方位角数据，软件自动显示误差值，用于修正小球数据。在"施放时、分"框内输入补放小球的时、分。输入小球测风数据（整数位或带 1～2 位小数输入均可）后，按"确定"键，小球资料将保存到探测数据文件中，雷达测风数据需要小球资料的地方，软件将自动代替处理，并在高表上显示"有补放测风记录"字样。若要删除此次小球测风记录，需将所有输入的小球测风仰角、方位角数据删除后，按"确定"按钮即可。补放数据既可手动输入方位、仰角数据，也可利用对话框上的"读入文件"按钮，一次将符合图 5.82 所示格式的文本文件数据自动读入，其中第一组数据从第一分钟开始，数据排列顺序是时间、仰角、方位。小球测风数据文件可以是任意文件名和放置在任何位置，因为软件提供了文件浏览功能，如图 5.83 所示（按下"读入按钮"后）。一次探测过程中，选项 1 和选项 4 不能同时使用。

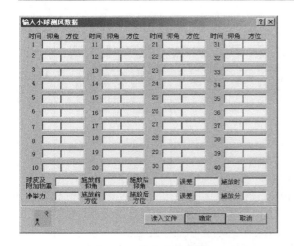

图 5.81　输入小球数据

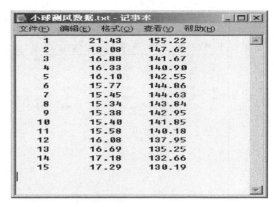

图 5.82　小球测风数据

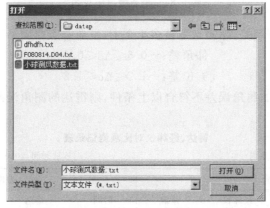

图 5.83　打开文件

使用选项 3 后要将数据文件改为无斜距测风。

大球正在施放时，不可在数据处理软件中输入小球测风数据，而应在放球软件"地面参数"/"补放小球数据"中进行。数据处理软件中"小球测风数据输入"一般用于大球施放结束后小球测风数据的修改。

14）小球测风观测记录表

若某时次输入了小球测风资料，选择此功能可显示、打印小球测风记录表。在左边的文件列表中选定要输出小球测风观测记录表的文件名，进入"探空数据处理"菜单，选"小球测风观测记录表"，即可显示、打印某时次的小球测风记录表（如图 5.84 所示）。

15）雷达、经纬仪对比观测结果（记录表）

选中含有雷达、经纬仪对比观测数据的文件，选菜单项"雷达、经纬仪对比观测结果（记录表）"，软件会显示雷达、经纬仪对比观测记录表（图 5.85）。表中显示第 $11 \sim 30$ min 内的雷达、经纬仪仰角、方位差（经纬仪－雷达），软件会根据以下标准对雷达的测角误差进行自动判断：

$$仰角差：-0.3 \leqslant \Delta\beta \leqslant 0.3$$
$$方位差：-0.6 \leqslant \Delta\alpha \leqslant 0.6$$

小球测风记录表

台站名：江苏省气象台观测站　　施放时间：2003年07月03日02时12分

测站拔海高度：7米　东经：118° 48′　北纬：32° 00′　本站温度：26.2℃　本站气压：1004.3hPa　本站湿度：5%　能见度：8.0千米

放球前仰角：4.90°　放球后仰角：4.90°　地面风向：315度　地面风速：3米/秒　天气现象：＝　球及附加物重：73克　净举力：197克

放球前方位：107.00°　放球后方位：107.00°　经纬仪高度：0米　放球点高度：0米　计算者：康健　校对者：吴泓　预审者：

时间	仰角	方位角	高度	量得风层				时间	仰角	方位角	高度	量得风层			
				时间	高度	风向	风速					时间	高度	风向	风速
0	0.00	0.00	0	0.0	0	315	3								
1	54.40	125.30	200	0.5	100	303	2								
2	49.70	119.80	400	1.5	300	298	3								
3	39.30	106.50	600	2.5	500	276	7								
4	31.00	90.00	800	3.5	700	252	11								
5	25.70	78.80	1000	4.5	900	240	14								

图 5.84　小球测风记录表

仰角差、方位差如有超差，超差点不得多于 2 个，且超差点要满足以下条件：

$$仰角差：-0.6 \leqslant \Delta\beta \leqslant 0.6$$

$$方位差：-1.2 \leqslant \Delta\alpha \leqslant 1.2$$

如果雷达与经纬仪的测角误差不符合以上条件，则雷达的测角误差不符合要求，应及时对雷达进行维修保养。

雷达、经纬仪对比观测记录表

台(站)名：福建省邵武市气象局　　施放时间：2010 年 03 月 21 日 19 时 15 分 26 秒

仰角				为位角			
时间	雷达	经纬仪	差值	时间	雷达	经纬仪	差值
11	44.84	44.44	−0.40	11	39.61	38.61	−1.00
12	43.47	43.07	−0.40	12	43.52	43.52	0.00
13	41.03	41.03	0.00	13	46.22	46.22	0.00
14	38.10	38.10	0.00	14	46.02	46.72	0.70
15	35.31	35.31	0.00	15	46.07	47.07	1.00
16	/	33.07	/	16	/	47.43	/
17	31.19	31.19	0.00	17	48.54	48.54	0.00
18	29.42	29.42	0.00	18	51.34	51.34	0.00
19	27.97	27.57	−0.40	19	54.25	54.25	0.00
20	26.77	26.77	0.00	20	56.46	56.46	0.00
21	25.81	25.81	0.00	21	58.93	58.93	0.00
22	24.83	24.83	0.00	22	60.91	60.91	0.00
23	23.93	23.93	0.00	23	62.86	62.86	0.00
24	22.93	22.93	0.00	24	64.58	64.58	0.00
25	21.39	21.39	0.00	25	65.39	65.39	0.00
26	19.79	19.79	0.00	26	66.44	66.44	0.00
27	18.42	18.42	0.00	27	67.50	67.50	0.00
28	17.18	17.18	0.00	28	68.43	68.43	0.00
29	16.14	16.14	0.00	29	69.09	69.09	0.00
30	15.23	15.23	0.00	30	69.68	69.68	0.00
结论		不合格		结论		不合格	

L 波段(1)型高空气象探测系统软件(V3.01)

图 5.85　雷达、经纬仪对比观测记录

16)探空、测风报文

用于显示综合探测时次除 TTAA 报文外的其他探空和测风报文(TTBB,TTCC,TTDD,PPBB,PPDD),或雷达单独测风时次的测风报文(PPAA,PPBB,PPCC,PPDD)的功能。选中某时次数据文件名,进入"探空数据处理"菜单,选"探空、测风报文"菜单项,即可在数据、图形显示区中显示相应的探空、测风报文,并可打印。

17)TTAA 报文

用于显示综合探测时次 TTAA 报文。选中某时次数据文件名,进入"探空数据处理"菜单,选"TTAA 报文"菜单项,即可在数据、图形显示区中显示相应的 TTAA 报文,并可打印。

18)发报

将 TTAA,TTBB,TTCC,TTDD,PPAA,PPBB,PPCC,PPDD 报文以文本的形式保存到\lradar\gcode 文件夹中,并由各台站根据自己的情况决定最终的发报方式。选定待发时次报文的数据文件名,进入"探空数据处理"菜单,选"TTAA 报文"或"探空、测风报文",待数据图形区显示报文后,再选"发报"菜单项(或"发报"快捷按钮),在弹出的对话框(如图 5.86 所示)上选择相应的项(若在"发报类型"项选择了"…更正报",则需在"报文类型"项选择要发的更正报文所属类型),按"确定"键,即可在\lradar\gcode 文件夹中产生相应的报文文件。

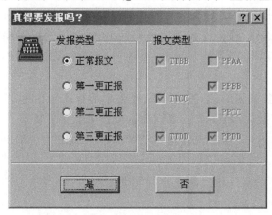

图 5.86　发报

常规高空综合探测时次的 TTAA 报文正常发报时间为每日的 8:30 或 20:30 之前,若超出此时限发报,应统计为过时报。由于重放、迟放球原因,原则上 TTAA 报文发送时间可按重放、迟放球的时间顺延,但超过顺延时间发出的报文,也统计为过时报。TTAA 报文的更正报时限为每日的 10:30 或 22:30。

常规高空综合探测时次的其他探空、测风报文(TTBB,TTCC,TTDD,PPBB,PPBB,PP-DD)正常发报时间分别为每日的 10:00 或 22:00 之前,若超出此时限发报,应统计为过时报。这些探空、测风报文的更正报时限分别为每日的 10:30 或 22:30。

常规雷达单独测风时次的测风报文(PPAA,PPBB,PPCC, PPDD)正常发报时间为每日的 15:00 或 03:00 之前,若超出此时限发报,应统计为过时报。这些测风报文的更正报时限分别为每日的 15:30 或 03:30。

每月高空气候月报正常发报时间应在次月的 4 日 09:00 之前,其更正报必须在正常发报时限后的 6 h 之内编发。

若某时次进行的常规高空探测未达 500 hPa(或 10 min)或 5500 gpm,且不具备重放球条件,但获得了本站探空最低等压面的资料或本站测风最低一个规定高度层风的资料,也应将所获资料整理,并编发报文。

19)发送缺测报文

记录缺测是指某时次高空探测工作全部未进行;或虽进行了探测,但未获得本站探空最低等压面的资料或本站测风最低一个规定高度层风的资料;或放球超过规范所规定的最迟放球时间。综合探测缺测报必须分别在每日的 10:00 或 22:00 之前发出,单测风缺测报必须分别在每日的 15:00 或 03:00 之前发出。

编发缺测报文的方法是,进入"探空数据处理"菜单,选择"发送缺测报文"项,在弹出的"选择发送缺测报文的时次"对话框中,分别选择缺测的年、月、日、时;确定时次时,请选择输入 1,7,13,19 数字,之后按"确定"按钮,即可在\lradar\gcode 文件夹下形成所编制的缺测报文(时次选择或输入为其他数字,均不编制缺测报文)。

对于记录缺测的时次,应编发缺测报文。

记录缺测的综合探测时次,根据探空报告电码(GD-04Ⅲ)7.6 条和通信部门的规定编发一份探空 A 部报告(TTAA　YYGG/　IIiii　/////　NIL=),其余的探空 C,B,D 部均编发各自的报告(各部识别组　YYGGa4　IIiii　NIL=),其中 C 部 a4 为 /,B 部和 D 部 a4 均为通常使用的测风方法编码;按高空风报告电码(GD-03Ⅲ)的规定编发一份高空风 B 部报告(PPBB　YYGGa4　IIiii　/////　NIL=)和一份高空风 D 部报告(PPDD　YYGGa4　IIiii　NIL=)。

记录缺测的雷达单独测风时次,按高空风报告电码(GD-03Ⅲ)7.10 条和通信部门的规定编发一份高空风 A 部报告(PPAA　YYGGa4　IIiii　/////　NIL=),其余的高空风 C,B,D 部均编发各自的报告(各部识别组　YYGGa4　IIiii　NIL=),其中各部 a4 均为通常使用的测风方法编码。

各部缺测报文中的 YYGG 统一用正点探测北京时(1:15,7:15,13:15,19:15)换算为的世界时。

20)产生上传文件

选择该功能后,软件将在 lradar\statusdat 文件夹中产生一个上传文本文件(基数据文件)。文件名的定义和文件内容可参考附录。

21)每分钟数据

选定要处理的文件,进入"探空数据处理"菜单,选"每分钟数据",显示区会以表格形式列出每分钟温、压、湿、高度、风向、风速等探测数据。

22)保存为文本文件(显示内容)

显示"高表-13、16"、"高表-14"、"每分钟数据"、"报文"、"每秒探空数据"、"每分钟球坐标数据"、"每秒球坐标数据"、"任意时刻、高度、等压面的气象要素值"、"等间隔高度上的各气象要素值"等后,选择"保存为文本文件"项,以上内容均会以文本形式存放到硬盘\lradar\textdat\目录下。

23)文件属性

文件属性主要定义资料的处理方法,其中包括雷达型号、测风方式、气压测量方式以及工作方式、温度辐射修正选择等。修改文件属性方法是,在左边的文件列表中选定要修改的文件属性,然后进入"探空数据处理"菜单,选"文件属性"菜单项,在弹出的对话框上(如图 5.87 所示)进行选择。雷达型号选择所使用的"GFE(L)1 型",气压测量方式选择"气压传感器",测风方式可分别选"雷达"、"无斜距测风"方式处理工作方式可选"综合探测"和"雷达单测风"方式。正常探测结束后,软件会自动选择其测风方式和工作方式,不需人工选择。

综合探测时,当雷达发射机故障或探空仪距离回波缺口不清,造成整份记录没有距离数据或数据不准影响测风探测时,可通过修改文件属性,选择"无斜距测风"方式来测风,以免影响正常探测工作。

雷达单独测风时,如遇雷达发射机故障可在气球上悬挂探空仪,在放球软件中使用"综合"方式探测。探测结束后,将文件属性中的测风方式改为"无斜距测风",工作方式改为"单测风"即可。

"需要对温度进行辐射修正"选择,默认状态为"需要"(即√)。在常规综合探测时次,不能修改默认状态的选择,即一定要选择"需要对温度进行辐射修正"。

纯单测风文件(探测时未挂探空仪)的工作方式不能选为"综合探测"方式,测风方式也不能选为"无斜距测风"方式。

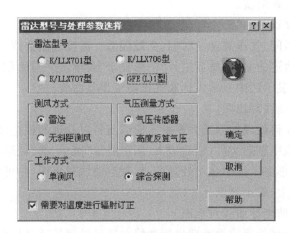

图 5.87　雷达型号与处理参数选择

5.5.5　图像显示

软件也可以图像的方式显示探空、测风数据。

1)埃玛图

埃玛图是分析高空观测资料的基本工具。在左边的文件列表中选定要输出埃玛图的文件,然后进入"图形显示"菜单,选"显示埃玛图"菜单项,即可在数据图形显示区中显示埃玛图。

2)风随高度变化曲线

同时输出风向和风速随高度的变化曲线。在左边的文件列表中选定要输出风随高度变化曲线的文件,然后进入"图形显示"菜单,选"风随高度变化曲线"菜单项,即可在数据图形显示区中显示其曲线。

3)探空曲线

显示温、压、湿、高度随时间变化的曲线。在左边的文件列表中选定要显示探空时温、时压、时湿、时高曲线的文件,然后进入"图形显示"菜单,选"探空曲线显示"菜单项,即可在数据图形显示区中显示其曲线,并可按鼠标右键选放大、缩小功能,对曲线进行放大、缩小显示。

4)气球飞行轨迹

"气球飞行轨迹"功能用于显示气球从放球点至某位置的飞行路线。在左边的文件列表中选定要输出气球飞行轨迹的文件,然后进入"图形显示"菜单,选"气球飞行轨迹"菜单项,即可在数据图形显示区中显示气球飞行轨迹曲线。

5)气球高度飞行轨迹

用于显示本次探测的高度—时间和高度—气压曲线。在左边的文件列表中选定要输出气球飞行轨迹的文件,然后进入"图形显示"菜单,选"显示气球高度飞行轨迹"菜单项,即可在数据图形显示区中显示气球高度飞行轨迹。

6)气球升速曲线

显示气球自施放到结束时的升速变化曲线。综合探测时根据气压、高度每分钟计算一次升速绘制;单独测风时根据球坐标每分钟计算一次升速绘制。在左边的文件列表中选定要输出气球飞行轨迹的文件,然后进入"图形显示"菜单,选"气球升速曲线"菜单项,即可在数据图形显示区中显示气球升速曲线。

7)雷达和气压高度误差曲线

显示雷达高度—时间、气压高度—时间、高度误差—高度气压曲线。在左边的文件列表中选定要输出气球飞行轨迹的文件,然后进入"图形显示"菜单,选"雷达和气压高度误差曲线"菜单项,即可在数据图形显示区中显示雷达和气压高度误差曲线。

8)处理前、后探空曲线对比图

同时显示未经过任何处理的原始数据探空曲线与经过处理的探空曲线,供操作者比较、检查。在左边的文件列表中选定文件,然后进入"图形显示"菜单,选"处理前后探空曲线对比图"菜单项,即可在数据图形显示区中显示处理前、后探空曲线对比图,并可按鼠标右键选放大、缩小功能,对曲线进行放大、缩小显示。

9)显示处理前、后球坐标曲线对比图

同时显示未经过任何处理的原始球坐标曲线与经过处理的球坐标曲线,供操作者比较、检查。在左边的文件列表中选定要输出文件名,然后进入"图形显示"菜单,选"处理前后球坐标曲线对比图"菜单项,即可在数据图形显示区中显示处理前、后球坐标曲线对比图,并可按鼠标右键选放大、缩小功能,对曲线进行放大、缩小显示。

10)球坐标(秒数据)曲线

显示未经过任何处理的原始每秒球坐标曲线。在左边的文件列表中选定要输出文件名,然后进入"图形显示"菜单,选"球坐标(秒数据)"菜单项,即可在数据图形显示区中显示原始每秒球坐标曲线,并可按鼠标右键选放大、缩小功能,对曲线进行放大、缩小显示。

5.5.6 数据辅助处理

1)手动修正探空曲线

参见 5.4.19 节。

2)自动修正探空数据错误

参见 5.4.17 节。

3)手动修改球坐标曲线

参见 5.4.23 节。

4)手动修改球坐标数据

参见 5.4.25 节。

5)删除探空、测风数据

参见 5.4.18 节及 5.4.22 节。

6)恢复误删除的探空、测风数据

在进行删除探空数据和球坐标数据处理时,由于不慎可能出现误删除,此时可使用恢复误删除数据的功能来恢复。在左边的文件列表中选定要进行恢复操作的文件名,然后进入"数据辅助处理"菜单,选"探空数据查询"或"球坐标数据查询"菜单项,将探空数据或球坐标数据调出。在"是否缺测"项下找到误删除的数据(打×作标记),用鼠标选中要恢复的一组数据的时间(反白显示),再进入"数据辅助处理"菜单,选"恢复探空测风数据"菜单项即可将误删除的数据恢复。也可用 shift 键一次选中多组误删除的探空、测风数据,然后使用该功能一次恢复。

7)探空数据查询

提供查询一次观测所录取的所有温、压、湿数据的功能。在左边的文件列表中选定要查询的文件名,然后进入"数据辅助处理"菜单,选"探空数据查询"菜单项即可在数据图形显示区中显示全部的探空温、压、湿数据及探空仪盒内温度。在此状态下也可对数据进行删除和恢复处理。

8)球坐标数据查询

提供查询一次观测所录取的整分钟球坐标数据的功能。在左边的文件列表中选定要查询的文件名,然后进入"数据辅助处理"菜单,选"球坐标数据查询"菜单项即可在数据图形显示区中显示全部的球坐标数据。在此状态下也可对数据进行删除和恢复处理。

9)每秒球坐标数据查询

提供查询一次观测所录取的每秒球坐标数据的功能。在左边的文件列表中选定要查询的文件名,然后进入"数据辅助处理"菜单,选"每秒球坐标数据查询"菜单项即可在数据图形显示区中显示每秒球坐标数据。

10)放球前 5 min 探空数据查询

提供查询一次探测所录取的放球前 5 min 探空数据的功能。在左边的文件列表中选定要查询的文件名,然后进入"数据辅助处理"菜单,选"放球前 5 分钟探空数据查询"菜单项即可在数据图形显示区中显示放球前 5 min 探空数据。

11)放球前 5 min 每秒球坐标数据查询

提供查询一次探测所录取的放球前 5 min 每秒球坐标数据的功能。在左边的文件列表中选定要查询的文件名,然后进入"数据辅助处理"菜单,选"放球前 5 分钟每秒球坐标数据查询"菜单项即可在数据图形显示区中显示放球前 5 分钟探空数据。

12)放球时间修正

数据处理软件的"放球时间修正"功能,一般用于:

(1)放球过程中,在放球软件还未作"放球时间修正"时,可在此软件做加、减时间的操作,当确认操作正确、合理时,再到放球软件中进行"放球时间修正"。

(2)在非放球时刻,进行加、减时间的操作与修改。不要随意删除、增加时间,以免气压断接点差值太大。当操作与修改有问题时,可选择"数据辅助处理"菜单中的"恢复数据文件"菜单项,恢复原有数据文件。

　　"放球时间修正"功能的操作方法是,在左边的文件列表中选定要修改的文件名,然后进入"数据辅助处理"菜单,选"手动修正探空曲线"或"探空数据查询"或"球坐标数据查询"状态,再选"放球时间修正"菜单项。

　　13)恢复数据文件

　　若对某次探测数据修改结果不满意,可使用该功能将文件恢复成探测结束瞬间时的状态。直接进入"数据辅助处理"菜单,选"恢复数据文件",在弹出的对话框中(如图 5.88 所示)按"确定"键,即可将文件恢复成原始数据文件状态。

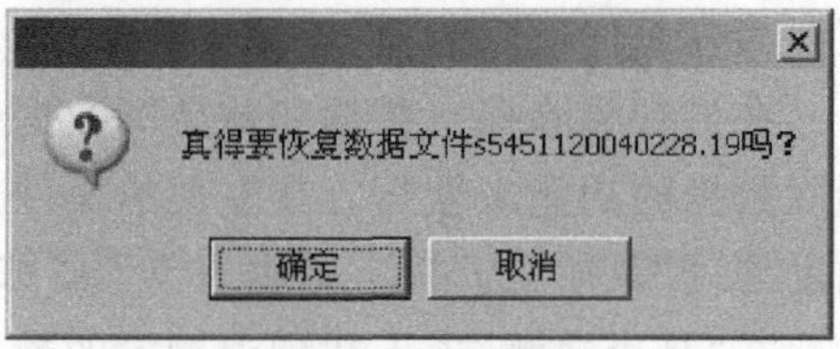

图 5.88　恢复数据

　　14)恢复部分数据文件

　　在"手动修正探空曲线"或"手动修改球坐标曲线"状态,若某次探测数据的某一段修改有误,可使用该功能按时间段将数据恢复。直接进入"数据辅助处理"菜单,选"恢复文件中部分时段的数据",在弹出对话框(如图 5.89 所示)中选定要恢复的数据类型,同时选定起始、终止时间(把恢复的时段包括在内),然后按"确定"键即可。

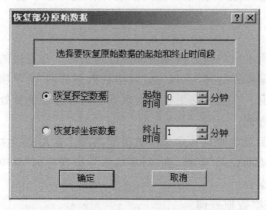

图 5.89　恢复部分原始数据

　　15)查找指定的探空数据文件

　　此功能可在文件列表中迅速查找到一份任意时次的数据文件。进入"数据辅助处理"菜单,选"查找指定的探空数据文件" 菜单项,输入所需文件的年、月、日、时次,即可找到此文件。

　　16)将探空仪参数文件复制到硬盘指定位置

　　此功能是将探空仪生产厂家提供的光盘上所有探空仪参数文件拷贝到硬盘指定的位置(lradar\para),以提供给放球软件使用。将厂家提供的光盘插入光驱,然后进入"数据辅助处理"菜单,选"将探空仪参数文件复制到硬盘指定位置"菜单项,软件会弹出如图 5.90 所示的信息框,如果确认此操作,按"确定"键即可。

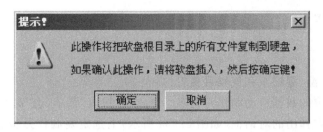

图 5.90　提示

17）产生探空仪参数文件

此功能目前只对上海长望气象有限公司
生产的探空仪有效。如果随探空仪配发的探
空仪参数文件光盘损坏时,可根据工厂提供
的探空仪参数文件纸张及湿度片参数纸张上
的数据,使用该功能将探空仪参数提前输入
到计算机内保存,要使用时可直接调出,以此
节省放球前的准备时间。直接进入"数据辅
助处理"菜单,选"产生探空仪参数文件",在
弹出的对话框中(如图 5.91 所示),填入探空
仪序列号和校正年、月,按"确定"键,在图
5.92 所示的参数设置中输入要使用的探空

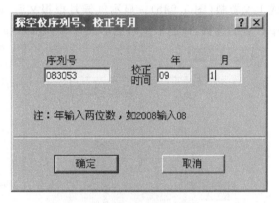

图 5.91　探空仪序列号、校正年月

仪参数(其中 dT0,dR0,dU0,DRtt 不输入),按"保存"键,软件将自动形成一个与被损坏文件
一样的探空仪参数文件,该文件保存在\lradar\para 目录中,可在使用放球软件时直接调用。

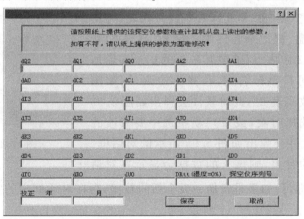

图 5.92　参数设置

5.5.7　数据通信

提供将文件传送至指定位置的功能。指定位置可是本地机,也可是局域网上的任何一台
计算机。选定需传送的文件,进入"数据通信"菜单,选"文件传送"菜单项,在弹出的对话框中
指定目的位置,按"确定"键,软件会弹出一个信息框,要求确认此操作,再按"确定"键,即可将

文件传送至指定位置。

5.5.8　月报表

1)制作高空压、温、湿记录和气候月报表(高表-2)

可根据每天探测的数据自动制作月报表。进入"月报表"菜单,选"高空温、压、湿记录和气候月报表"菜单项,在弹出的对话框(如图 5.93a 所示)上选定要制作月报表的年、月、时次后,按"确定"键,数据图形显示区会显示出该月气候月报表或该时次的压、温、湿记录。月报表包括规定层、特性层、矢量风、风的稳定度、气候月报报文等内容,并可打印其所需报表,作为留存或上交资料(图 5.93b)。显示气候月报报文后,按"发报"按钮,可将气候月报报文按发报参数中设置的参数,以通讯编码的形式存入\lradar\gcode 文件夹中。

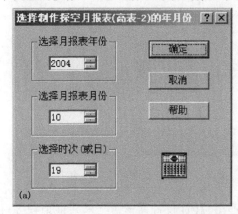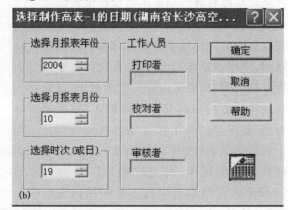

图 5.93　(a)选择制作探空月报表,(b)选择制作高空风月报表

2)增加、修改高空压、温、湿记录和气候月报表(高表-2)

在制作高空压、温、湿记录和气候月报表(高表-2)状态下,如需修改高表-2 中内容(修改某一天的记录和增加一次全新的记录),可按鼠标右键,在弹出的菜单(如图 5.94 所示)中选"修改高表-2",此时软件会弹出如图 5.93 所示的对话框,在"选择时次(或日)"项中选中要修改的日期,按"确定"键,软件会弹出如图 5.95 所示的对话框。如果是修改某一天的月报,则该天的数据会显示在对话

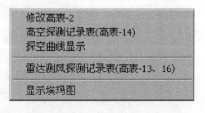

图 5.94　修改高表-2

框上,修改错误数据即可;如果是增加一天全新的数据,则在对话框中的空白数据栏中填入相应的数据。

地面组中第一栏为气压,其他规定等压面第一栏为高度。地面气压、温度、露点带小数点输入。当地面气压刚好等于某规定等压面时,除在地面组填入相应的数据外,还要在该规定等压面上填入高度数据及其他数据。

对流层顶填写时,如果只有一层对流层顶,不管是第几对流层,都填写在第一对流层顶相对应的框内,软件会自动根据气压决定是第一或第二对流层顶。

放球时间按三位的小时分钟输入(不带小数点),最后一位按放球时刻的分钟/60(四舍五入)填写。所有数据填写完毕后,按"确定"键,软件会询问你是否希望将修改的数据保存下来,如果选"保存",修改后的月报文件将保存在\lradar\monthtable 中(以 mw 打头的是高空风月报表文件;以 ms 打头的是高空压、温、湿月报表文件)。

以后再制作该月份的月报时,软件会找到该月报文件并询问用户是重新制作月报还是调入已存的月报(如图 5.96 所示),如选择"否"则重新制作,若选择"是"则调出已存修改的月报文件。

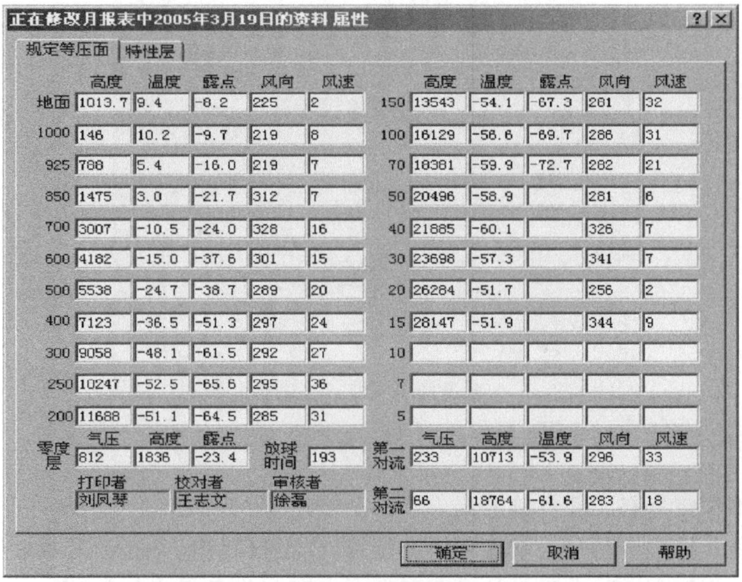

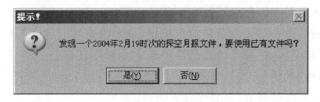

图 5.95　资料属性

图 5.96　询问

datap.exe(V1.00)产生的月报文件格式与 datap.exe(V3.00)产生的月报文件格式不兼容,即用 V3.00 不能读取 V1.00 产生的月报文件,反之亦然。

3) 制作高空风记录月报表(高表-1)

根据每天观测的数据自动制作高空风观测记录月报表。进入"月报表"项,选"高空风记录月报表(高表-1)"菜单项,在弹出的对话框(如图 5.93b 所示)中要求操作员输入要制作月报表的年、月、时次,然后按"确定"键,数据图形显示区会显示出该月、该时次的高空风月报表,并可打印其所需报表,作为留存或上交资料。

4)增加、修改高空风记录月报表(高表-1)

参看 5.5.82)节的内容。

5)产生高空气象资料信息化模式文件

高空气象资料信息化模式文件涵盖了"高空风气象记录月报表(高表-1)"和"高空压温湿气象记录月报表(高表-2)"中的全部内容,并考虑到探空报告及测风报告的报文及原始探测数据,将高空探测一个月的基本数据统一归入,简称 G 文件。进入"月报表"项,选"产生高空气象资料信息化模式文件"菜单项,在弹出的对话框中(如图 5.97 所示)选中年、月、日、文件保存路径,按"确定"键即可。

图 5.97　对话框

6)制作标准探空资料文件月总汇

此功能可将月探空资料写入软盘和指定位置,供上报之用。进入"月报表"项,选"标准探空资料文件月总汇"菜单项,在弹出的对话框中选定要制作月报表的年、月、时次、文件保存路径后,按"确定"键即可。

7)制作标准测风资料文件月总汇

此功能可将月测风资料写入软盘和指定位置,供上报之用。进入"月报表"项,选"标准测风资料文件月总汇"菜单项,在弹出的对话框中选定要制作月报表的年、月、时次、文件保存路径后,按"确定"键即可。

8)制作高空测报质量考核表(高表-21)

根据中国气象局 2010 年 5 月下发的《高空气象观测业务质量考核办法》中的考核内容、统计规定、统计方法及填报规定等,软件提供了对台站月高空气象观测质量的统计功能。

此项功能首先根据全月各时次的探测高度、终止原因及《考核办法》相应统计方法,对个人或台站的探测高度、工作基数、球炸率千分比等进行自动统计。进入"月报表"菜单,选"高空测报质量考核表(高表-21)"项,首先弹出选择制作质量报表的年、月对话框,选择年、月后,再进行雷达单独测风基数分配选择,按"确定"按钮,即可在数据图形显示区显示经计算机自动统计的月高空测报质量考核表(高表-21)各项内容、结果。

基数的统计。软件按《考核办法》的基数统计方法及表一"探空、测风个人值班基数表",综合探测时次的探空终止高度所对应的探空基数统计给探测记录表中的"计算者",测风终止高度所对应的雷达综合测风基数统计给探测记录表中的"校对者";雷达单独测风时次的基数分配,根据所示"雷达单测风基数分配方案"的选择,测风终止高度所对应的雷达单独测风基数,或统计给探测记录表中的"计算者"一人,或统计给探测记录表中的"计算者"和"校对者"二人平均分配。

探空、测风高度的统计。综合探测时次,正常情况下(终止原因都为球炸)的探空终止高度和测风终止高度都统计给"校对者",某项终止原因为"非球炸"的终止高度统计给"计算者";雷达单独测风时次,不论终止为何原因,终止高度都统计给"计算者"。

球炸率的统计。综合探测时次,将探空、或测风终止原因为"球炸"与"非球炸"的次数统计给"计算者";雷达单独测风时次,将测风终止原因为"球炸"与"非球炸"的次数统计给"计算者";并按个人或站(组)"球炸"次数与探测次数计算出相应的球炸率千分比。

在自动统计的基础上,可按《考核办法》实事求是地使用人工添加功能。在月高空测报质量考核表(高表-21)状态下,按鼠标右键,在弹出的菜单中选择"修改高表-21"项,输入密码后(同台站参数密码),在弹出的"修改高表-21属性"对话框中选择"修改参数"项,打开此对话框页,在此页可对"错情个数"、"重放球次数"、"早迟测次数"等项进行手动添加。在"修改高表-21属性"对话框中选择"增加基数"项,点击"增加基数"对话框页,可根据该月月报完成者、气候月报完成者及雷达与经纬仪对比观测者,选择对话框中相应的各时次高表-1,高表-2和气候报、对比施放个人"选择项",其"选择项"按完成实际情况,可选择一人,也可选择多人(此项基数按人数平均分配)。

"增加基数"页的个人"选择项"的基数,软件按《考核办法》的表二"各类高空报表制作个人基数表"、表三"准备仪器基数"相应项记取,并与个人"高度基数"合并。表二、表三的站(组)基数,则在个人"选择项"选择后,软件将自动记取,并与表四"站(组)全月值班基数表"相加记于高表-21工作基数的平均栏,用于错情个数的合计与其之比,计算出站(组)平均错情率千分比。

"修改高表-21"的"修改参数"、"增加基数"页的项目全部输入完毕后,按"确定"按钮,即可将所输入及选择的内容加入并显示于高表-21之中,并可打印,作为留存或上交之用。经手工输入、选择修改后的高表-21,在\lradar\monthtable文件夹下产生以 mq 打头的高表-21 文件。再查看该月份的高表-21 时,软件会找到该月文件,并询问用户是否调入已存的高表-21 文件,如选择"否",则重新制作高表-21;选择"是",调入已存高表-21 文件。

每月高空测报质量考核表(高表-21)应加盖台站公章,并于次月 10 前报送上级业务主管部门。

高表-21 有图形和排序两种显示方式。在调出高表-21 后,按鼠标右键,在弹出的菜单中选"图形方式显示高表-21"菜单项,可以图形方式显示高表-21。在调出高表-21 后,按鼠标右键,在弹出的菜单中分别选"按探空平均高度降序排序"、"按探空平均高度升序排序"等菜单项,可以对表格进行排序后显示。

查看、制作高表-21 时,应先将\lradar\dat 目录下后缀为 01 和 02,07 和 08,19 和 20 的非有效记录探测数据文件移至别处或改名留存。否则,会出现高表-21 统计错误。

9)制作台站月值班日志

可制作月常规高空观测的值班日志(包括 01,07,13,19 时记录),主要内容有文件名、放球时间、终止时间、终止高度、终止原因、值班人员等,并可将日志保存为文本文件。台站月值班日志的使用方法与"制作高空压、温、湿记录和气候月报表(高表-2)"相同。

5.5.9　打印

若需将数据和图形的结果打印出来,可在每一项操作结束后进入"打印"项,选"打印数据与图形"菜单项后,计算机会弹出一个对话框(如图5.98所示)进行询问,如需打印按"打印"键即可。

如果是打印月报表,将会再弹出一个对话框(如图5.99所示),以便用户在打印月报表时选择是否采用单页打印,这样可将月报表打印在纸的正反面以达到节约纸张的目的。具体做法就是在对话框的打印范围里选"页码范围",将"从(F)"、"到(T)"两个框中添入相同的页号即可。其中,打印月报表、探空记录表、埃玛图要宽行打印纸,其余可使用窄行打印纸或电传打印纸。

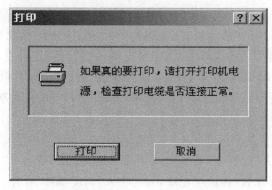

图 5.98 打印

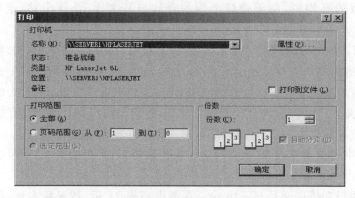

图 5.99 打印月报表

5.5.10 查看

数据处理软件的主窗口可根据每操作员的习惯而改变。如果想取消或增加快捷按钮工具栏,进入"查看"菜单,选"快捷按钮工具栏"菜单项即可。用同样的方法可对数据文件列表栏、窗口底部的状态栏等进行变更选择。

5.5.11 帮助

打开"帮助"菜单,会有此软件开发信息及如何使用此软件的帮助文件。

5.5.12 雷达单独测风记录处理

放球时雷达显示为单独测风状态,必须在正式探测5 min后,方可打开数据处理软件开始处理数据。为得到正确的处理结果,操作员一般应按照要求(4.4,4.6,4.7 中单独测风部分)对原始数据进行检查和处理。探测终止后,在放球软件测风秒数据中查找球炸点确定终止时间;雷达单独测风时次的测风报文(PPAA,PPBB,PPCC,PPDD)只有 4 份,无基数据文件产生。

　　记录处理与综合探测的测风处理大体相同。进行测风雷达单独测风时,如果在 5500 gpm 以下记录连续失测大于 5 min,则应重放球,重放球时间最迟不得超过正点后 75 min。在 5500 gpm 以上记录连续失测大于 5 min,失测以后的记录照常整理;在最初几分钟遇有失测,应补放小球代替失测部分。补放小球时间最迟不得超过正点后 75 min。如果当时天空为低云,则不再补放;但在正点后 75 min 内天气变好,仍应补放小球。

5.5.13　常见问题诊断及处理

　　(1)球炸确定终止层后,常出现探空和测风终止时间不相同的情况。

　　处理方法:终止时间不相同有三种原因,第一种原因是计算机采样时间引起的,整分球坐标数据是在 02 s 采样的,例如球炸在 60 min 00 s 或 60 min 01 s 时,整分球坐标数据只采样到 59 min,因此会造成探空终止时间为 60 min 00 s 或 60 min 01 s,测分终止时间为 59 min。第二种原因是计算机处理时,探空终止时间是以 s 为单位,测风终止时间是以 min 为单位。探空终止时是按照 s 为单位来计算终止时间的。第三种原因是测风终止时间只计算到量得风层的最后一层的时间。正常情况下,以上三种原因会造成探空终止时间与测风终止时间不同,记录处理以计算机软件处理为准。其他原因造成的终止时间不同,需查明造成的原因。

　　(2)有时出现记录确定终止层后,进入数据软件时,终止时间会发生变化。如记录 75 min 球炸,记录正常,探空测风均确定终止时间 75 min,进入数据处理软件,探空、坐标曲线、高表均变为 45 min 终止。

　　处理方法:放球软件确定探空测风终止时间均为 75 min,数据处理软件探空、坐标曲线、高表均变为 45 min 终止,是因为放球过程中在 45~46 min 之间调用了数据处理软件对数据作了某些修改,在进行其他操作时,软件会提示"是否保存",如果放球软件在 75 min 退出了,此时在数据处理软件中选择保存,数据处理软件会将 45 min 的数据保存到 dat 文件夹而覆盖掉放球软件产生的 75 min 的数据文件。如果要恢复 45 min 后的探测数据,可在数据处理软件中的"数据辅助处理"菜单下执行"恢复数据文件"项即可。

　　(3)在放球软件和数据处理软件中用"探空高度代替斜距"时,有时代替的高度有差别。

　　处理方法:放球软件的探空高度是通过实时计算每个气压点值之间的厚度叠加而成的,数据处理软件中的高度是规定等压面之间的厚度叠加而成的。放球软件在工作中,如信号遇干扰、信号弱等原因造成数据误差,使得探空高度换算成斜距出现不合理的情况时,软件会停止换算。

　　(4)综合探测时斜距不好,用高度代替后,与雷达无斜距测风所得量得风层的数据不一致。

　　处理方法:部分采用仰角、方位、高度计算量得风层时是将高度换算成斜距进行水平距离计算的,全部采用仰角、方位、高度计算量得风层时是用高度直接进行水平距离计算的,所以两种测风计算方法不同,所得到的量得风层自然也不同。碰到类似问题以软件处理为准。

　　(5)记录中等压面、对流层、大风层、特性层重合时,出现或时间一致,高度、气压不一致;或气压一致,时间、高度不一致;或其他要素之间的矛盾记录。

处理方法:程序在计算等压面或特性层各要素时间时是直接用秒计算的。由于新型数字式探空仪数据探测精度和采样率的提高,以及数据在计算机内基本上是按浮点(小数点后 6 位)来运算的,而大部分数据的显示只要求精确到整数位和小数点后一位,因此软件中出现下列情况属于正常。

①某一特性层的气压与规定等压面上的某层气压相等,但该特性层上的温度、湿度等要素值与规定等压面对应层上的要素值有一项或多项有微小出入。

②特性层上出现温度等于 0℃,但该特性层上的气压与零度层上的气压可能不相同。

③某一对流层的气压与规定等压面上的某层气压相等,但该对流层上的温度、湿度等要素值与规定等压面对应层上的要素值有一项或多项有微小出入。

对此类矛盾记录,其处理方法以软件处理为准。

(6)确定终止层的具体方法。

处理方法:综合探测时,确定探空终止层要在探空曲线放大状态下进行,主要根据气压、温度、湿度点的变化综合判断。首先找到气压曲线上气压值最小的点,并以该点作为探空终止层的终止参考点;再在终止参考点上下,根据温度趋势的逆变和湿度的跳变情况以及球坐标数据的变化情况,即球坐标的仰角变化和高度变化进行综合判断,确定探空终止层。测风球炸终止层一般也应确定在探空终止点对应的整分钟数据上;如在探空终止层以下出现测风秒、分钟数据因测距回波凹口不好,造成测风数据不准等现象,应下移测风终止时间,测风终止原因选为"非球炸"。雷达单独测风确定球炸终止层,应根据测风秒、分钟数据进行判断,一般高度开始下降的点(特别是高度开始出现持续下降的点)即为终止层。

(7)出现仰角高于 90°的记录。

处理方法:软件已根据规范作了处理,不需人工修正。

(8)单独测风遇到气球下沉。

处理方法:下沉记录不再处理。探测高度未达到规范要求,应重放球。

5.6 文件系统与命名规则

5.6.1 文件系统

软件产生的各种主要类型的文件,如表 5.1 所示。

表 5.1 软件产生的文件

	文件类型	文件意义	文件大小	文件位置
1	S5451120020727.07	数据文件	200~400 KB	C:\lradar\dat
2	Up270000.epk	TTAA 报文件	<1 KB	C:\lradar\gcode
3	Up270001.epk	TTBB 报文件	<1 KB	C:\lradar\gcode
4	Up270002.epk	TTCC 报文件	<1 KB	C:\lradar\gcode
5	Up270003.epk	TTDD 报文件	<1 KB	C:\lradar\gcode
6	Up270004.epk	PPBB 报文件	<1 KB	C:\lradar\gcode
7	Up270005.epk	PPDD 报文件	<1 KB	C:\lradar\gcode
8	Up121806.epk	PPAA 报文件	<1 KB	C:\lradar\gcode
9	Up121807.epk	PPCC 报文件	<1 KB	C:\lradar\gcode
10	Up120109.epk	气候报文件	<1 KB	C:\lradar\gcode

	文件类型	文件意义	文件大小	文件位置
11	ms54511200201.19	经修改、增加内容的月报表（高表-2）文件	62 KB	C:\lradar\monthtable
12	mw54511200201.19	经修改、增加内容的月报表（高表-1）文件	24 KB	C:\lradar\monthtable
13	mq54511200401	高表-21 文件	3 KB	C:\lradar\monthtable
14	s5451120020101.07.txt	月上报探空文件	4～8 KB	A:\2002 年 1 月 1 日 07 时探空月总汇文件
15	w5451120020101.19.txt	月上报测风文件	2～6 KB	A:\2002 年 1 月 1 日 19 时测风月总汇文件
16	parameter.dat	台站参数文件	9 KB	C:\lradar\datap
17	wind2003033001.txt	特殊风层 1 文件	1 KB	C:\lradar\bcode
18	map.txt	背景地图文件	1 KB	C:\lradar\map
19	P103166.C03	探空仪参数文件	1 KB	C:\lradar\para
20	Z_UPAR_I_54511_20080504202702_R_WEA_LR_SRSI.txt	状态文件	1 KB	C:\lradar\statusdat
21	Z_UPAR_I_54511_20061231111526_R_WEW_LR_SRSI.txt	状态文件	5 KB	C:\lradar\statusdat
22	Z_UPAR_I_54511_20061231111526_O_TEMP-L.txt	基数据文件	300～500 KB	C:\lradar\statusdat
23	G54511-200612.TXT	G 文件	15～30 MB	C:\lradar\textdat

• Up270010.epk,Up270020.epk,Up270030.epk 分别为 TTAA 报第一、第二、第三更正报文件。

• Up270011.epk。Up270021.epk。Up270031.epk 分别为 TTBB 报第一、第二、第三更正报文件。

• Up270012.epk,Up270022.epk,Up270032.epk 分别为 TTCC 报第一、第二、第三更正报文件。

• Up270013.epk,Up270023.epk,Up270033.epk 分别为 TTDD 报第一、第二、第三更正报文件。

• Up270014.epk,Up270024.epk,Up270034.epk 分别为 PPBB 报第一、第二、第三更正报文件。

• Up270015.epk,Up270025.epk,Up270035.epk 分别为 PPDD 报第一、第二、第三更正报文件。

• Up270016.epk,Up270026.epk,Up270036.epk 分别为 PPAA 报第一、第二、第三更正报文件。

• Up270017.epk,Up270027.epk,Up270037.epk 分别为 PPCC 报第一、第二、第三更正报文件。

• Up040019. epk，Up040029. epk，Up040039. epk 分别为气候报第一、第二、第三更正报文件。

5.6.2 主要文件命名规则

1）数据文件（二进制格式）

放球软件产生的包含温、压、湿、球坐标等探测基础数据的文件（探测基础数据资料文件）存放在\lradar\dat 和 lradar\datbak 文件夹内，是 L 波段（1 型）高空探测系统生成的最重要文件之一。

此数据文件应按中国气象局常规高空气象规范要求定期转录到非易失性存储器，如光盘上。在未转录到非易失性存储器上之前，要双备份。

该文件将雷达探测到的数据保存在硬盘上，并根据区站号、施放日期、放球时间自动形成文件名。文件名利用 Windows 支持长文件名的特点，包含了区站号、录取日期、录取时间等信息，以便单从文件名就能获取较多的信息。现举例说明组成文件名各字符的意义：

S	5	4	5	1	1	2	0	0	1	0	7	0	8	.	0	7

第 1 个字符为固定字符"S"；

第 2～6 个字符为本站区站号；

第 7～10 个字符为探测录取时的年份；

第 11～12 个字符为探测录取时的月份；

第 13～14 个字符为探测录取时的日期；

第 15 个字符为固定字符"."；

第 16～17 个字符为探测录取开始的时间（北京时）。

其中，"时间"为按下"放球"按钮时刻的时钟小时数（某小时未过 30 分钟，按此小时数记取；某小时超过 30 分，按后一小时数记取）。例如，54511 测站在 2001 年 07 月 08 日早上 07 时 15 分放球，则探测数据的文件名为"S5451120010708.07"。我们可以从文件名中得到以下信息：该文件是 54511 测站在 2001 年 07 月 08 日早上 07 时产生的高空探测资料。

每天 00～03，06～09，12～15，18～21 时为正点放球时段，此时段不要施放其他试验性仪器或随意按动"放球"键，以免造成正点放球时次的次数统计错误。

一天不同时次正点放球后，会产生后缀为 07，19，13 或 01 的数据文件，因记录终止且未达规范要求，整点过 30 min 后重放球会产生后缀为 08，20，14 或 02 的数据文件。制作月报表或高表-21 时，程序会自动取用后缀为 07，19，13 或 01 的数据文件，若后缀为 08，20，14 或 02 的数据文件为有效留存记录，需人工将前一数据文件改名备存（如 S5451120021128 备 .07）。同样，某一时次使用本系统放球，记录终止且未达规范要求，后又用其他备份探测系统补放，制作月报前，也需将本系统产生的这一时次数据文件改名备存，再将其他备份系统所获探测资料输入本系统月报之中。

因重放球产生相同文件名时，软件会将前一数据文件备份到 C:\lradar\bak\目录下。

2）报文文件（文本格式）

报文文件根据探测日期、探测时间、报文识别代码等自动形成文件名。现举例说明组成文件名各字符的意义：

U	P	1	8	1	2	0	0	.	E	P	K

第 1～2 个字符为固定字符"U"、"P",是高空报文指示码;

第 3～4 个字符为探测日期;

第 5～6 个字符为探测时间(放球开始的北京时减去 7,并以最接近的两位整时数编码);

第 7～8 个字符为报文识别代码;

第 9 个字符为固定字符为". ";

第 10～12 个字符为站名标识(软件自动提取"设置发报参数"中"站名代号"的后三位);

其中,报文识别代码:00,01,02,03,04,05,06,07 分别代表 TTAA,TTBB,TTCC,TTDD,PPBB,PPDD,PPAA,PPCC 报文;09 代表气候月报文(气候月报的探测时间字符特置为固定数字 00);19,29,39 分别代表气候月报文的第一更正报文、第二更正报文、第三更正报文;10,11,12,13,14,15,16,17 分别代表 TTAA,TTBB,TTCC,TTDD,PPBB,PPDD,PPAA,PPCC 的第一更正报文;20,21,22,23,24,25,26,27 分别代表 TTAA,TTBB,TTCC,TTDD,PPBB,PPDD,PPAA,PPCC 的第二更正报文;30,31,32,33,34,35,36,37 分别代表 TTAA,TTBB,TTCC,TTDD,PPBB,PPDD,PPAA,PPCC 的第三更正报文。在第一、二、三更正报文中的第二行最后分别添加 CCA,CCB,CCC。

例如:

①54511 测站 7 日 1 时 15 分至 1 时 30 分放球,探测时间编码为 18,探测日期编码减 1 天为 06;PPAA 报文文件名应为 UP061806. EPK。

②51511 测站 8 日 7 时 31 分至 8 时 30 分放球,探测时间编码为 01,探测日期编码为 08;TTCC 报文文件名应为 UP080102. EPK。

③54511 测站 8 日 19 时放球,TTAA 第一更正报文文件名应为 UP081210. EPK,其报文格式及内容如下:

```
ZCZC 000        USCI10 BEPK 081200 CCA
TTAA   08111 54511 99026 00760 22501 00235 01758 23004 92849
07142 24007 85508 05556 24503 70007 14113 26009 50549 30127
27515 40704 42122 27520 30896 48763 27035 25014 54563 27041
20158 53163 26542 15342 54964 26540 10601 54764 26535 88242
55163 27042 77180 27045 61616 00911 62626 00000 10002 00952
92000 50010 01073 85000 70017 01199 70001 40035 01481 50000
90102 01924 40000 50158 02183 30000 60264 02513 25001 10353
02711 20001 50473 02951 15002 10630 03263 10003 00837 03701
63636 88001 10368 02742 64646 77001 70533 03071＝
```

NNNN

3)月报表文件(二进制格式)

月报表文件根据区站号、探测的年月及日期、探测时间等自动形成文件名(经修改或增加月报表中的内容,方可产生此文件)。现举例说明组成文件名各字符的意义:

m	s	5	4	5	1	1	2	0	0	3	1	2	.	1	9

第 1~2 个字符为固定字符,ms 代表高表-2,mw 代表高度-1;

第 3~7 个字符为本站区站号;

第 8~11 个字符为月报的年份;

第 12~13 个字符为月报的月份;

第 14 个字符固定为".";

第 15~16 个字符为月报的时次。

例如,ms54511200312.19 表示是 54511 测站 2003 年 12 月 19 时的高表-2 月报文件。

4)高表-21 文件(二进制格式)

高表-21 文件根据区站号、探测的年及月份等自动形成文件名。现举例说明组成文件名各字符的意义:

m	q	5	4	5	1	1	2	0	0	4	0	1

第 1~2 个字符为固定字符"mq";

第 3~7 个字符为本站区站号;

第 8~11 个字符为高表-21 的年份;

第 12~13 个字符为高表-21 的月份。

例如,mq54511200401 表示是 54511 测站 2004 年 1 月的高表-21 文件。

5)探空仪参数文件(二进制格式)

现举例说明组成文件名各字符的意义:

P	1	0	6	1	5	8	.	K	0	3

第 1 个字符为固定字符"P";

第 2~7 个字符为探空仪序列号;

第 8 个字符固定为"·"

第 9 个字符为英文字母,用 A~L 代表 1~12 月;

第 10~11 个字符代表年(年的后二位)。

例如,P106158.K03 表示是 2003 年 11 月生产的序列号为 106158 的探空仪参数文件。

6)状态文件(放球软件产生,文本文件)

现举例说明组成文件名各字符的意义:

Z_UPAR_I_54511_20090504202702_R_WEA_LR_SRSI. txt

Z: 固定编码,表示国内交换资料;

UPAR: 固定编码,表示高空气象观测类;

I: 表示后面编区站号;

54511: 表示测站站号;

20090504202702:表示国际时的文件生成时间;

R: 表示运行状态信息类;

WEA: 表示探空;

LR: 表示 L 波段探空雷达;

SRSI: 表示测站观测仪器状态信息;

txt：　　表示此文件为 ASCII 编码文件。

7)状态文件(数据处理软件产生,文本文件)

现举例说明组成文件名各字符的意义:

Z_UPAR_I_54511_20061231111526_R_WEW_LR_SRSI.txt

Z：　　固定编码,表示国内交换资料;

UPAR：　固定编码,表示高空气象观测类;

I：　　表示后面编区站号;

54511：　表示测站站号;

20061231111526:表示国际时的文件生成时间;

R：　　表示运行状态信息类;

WEW：　表示测风;

LR：　　表示 L 波段探空雷达;

SRSI：　表示测站观测仪器状态信息;

txt：　　表示此文件为 ASCII 编码文件。

8)基数据文件(文本文件)

现举例说明组成文件名各字符的意义:

Z_UPAR_I_54511_20061231111526_O_TEMP－L.txt

Z：　　表示国内交换;

UPAR ：表示高空观测的大类代码;

I ：　　表示后面的观测点指示码为区站号;

54511：　表示观测点的区站号;

20061231111526:表示本文件中观测数据第一条记录的时间(世界时年月日时分秒共 14
位数字);

O：　　表示观测资料;

TEMP：表示探空类观测资料;

"－"：　分割符;

L：　　L 波段探空资料;

txt:文件扩展名。

9)G 文件(文本文件)

现举例说明组成文件名各字符的意义:

G IIiii －200612.TXT

G：　　为文件类别标识符(保留字);

IIiii：　为区站号;

2006：　资料年份;

12：　　资料月份,位数不足,高位补"0";

txt：　　为文件扩展名。

5.7　背景地图制作方法

　　背景地图是位于\lradar\map 下的文本文件（map. txt），主要用于显示气球飞行轨迹的背景地图。该背景地图对放球软件和数据处理软件没有任何影响，每个雷达站可根据自己的具体情况酌情决定是否制作。制作方法是，在\lradar\map 的目录下用记事本软件（在开始/附件/记事本位置）创建一个文件名为 map. txt 的文本格式文件，在文件中按照以下格式创建背景地图文件：

　　线段开始

　　599　　160

　　520　　170

　　430　　180

　　360　　190

　　280　　200

　　200　　210

　　148　　220

　　线段结束

　　线段开始

　　432　　160

　　411　　170

　　401　　180

　　280　　190

　　230　　200

　　200　　210

　　22　　220

　　线段结束

　　·

　　·

　　·

　　地名开始

　　0　　　　0 北京

　　100　　320 张家口

　　120　　120 天津

　　地名结束

　　"线段开始"至"线段结束"及之间包含的若干组数据，其意义是在背景地图上画上一段折线，这段折线是由"线段开始"至"线段结束"之间的数据所定义的点连接起来的，每一行的两个数据中的第一个数据表示的是该点距离雷达站的距离（km），第二个数据表示的是该点距雷达站的方位，两数据之间用空格隔开。用折线可以代表江河、湖泊、界线等。一条折线结束后可以另写一条折线数据。"地名开始"至"地名结束"之间的数据意义与线段一样，但增加了一个地名字符。

　　制作完成地图文件后,软件将自动寻找该文件,并用图形方式将地图显示出来。

5.8　操作注意事项

5.8.1　调整接收机增益和频率

　　为了避免丢球,首先要根据探空信号对雷达的接收机增益和频率进行认真的调整,这将直接影响到雷达天线跟踪、距离跟踪和气象数据的接收。

　　1)开机后接收机增益和频率的调整

　　将基测箱的电源、信号线接到探空仪上。运行放球软件,按"摄像机控制"按钮,打开摄像机画面,将"天控手/自动"开关置为手动,用内控盒天线控制手柄转动雷达天线对准探空仪,示波器显示方式为角度方式(用"距离/角度开关"切换)。将"增益"设为手动,调整增益使 4 条亮线变小至 2～3 格;将"频率"设为手动,调整频率使四条亮线变大,再调整增益使 4 条亮线变小,反复调整使频率达到最佳状态,增益调至合适位置(30～50 之间),最后将"增益"设为自动,此时频率一般应在 1675 MHz 左右。若频率偏移过大或过小,可调节发射机头部的电容调节螺钉(方法见探空仪使用说明书)。将"天控手/自动"开关置为自动,雷达天线能自动跟踪目标,探空仪位置应始终在摄像机画面的中间位置。小发射机呈开启状态,"示波器显示方式"转为距离方式时,探空仪发射机的回波"缺口"应清晰可见,其深度应在 1/3～2/3 为宜。若"缺口"不好可调整雷达频率(如图 5.100 所示);调整无效时,则需调节探空仪发射机板上的电位器(方法见探空仪使用说明书)。

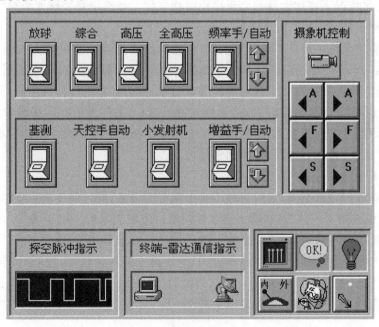

图 5.100　调整雷达频率

2)放球前接收机频率的调整及自动跟踪状态的检查

放球前应提早将探空仪放到距雷达天线 50 m 外,高度距地 1～4 m 处,并将雷达天线对准探空仪。"增益"、"频率"、"距离手/自动"开关都置于自动状态,"示波器显示方式"置为角度方式,4 条亮线清晰、平齐;打开小发射机,"示波器显示方式"置为距离方式,此时距离处于自动跟踪状态,"凹口"应清晰并保持在竖线中间,按"距离手/自动"开关(图 5.101)为自动时,距离应能自动回到目标距离。随着探空仪的移动,雷达天线始终自动跟踪目标,并且探空仪始终保持在摄像机画面中央,温、压、湿译码正确,其值应和地面仪表值相符,且三值基本保持不变,此状态说明接收机频率调整正确,雷达天线自动跟踪情况良好,放球前一切准备工作完毕。反之,需重新调整接收机频率。

图 5.101　距离手 / 自动开关

5.8.2　丢球、旁瓣抓球处理

放球后,正常情况下雷达天线都会正确跟踪探空仪。如确定是丢球或旁瓣,应及时处理。

1)放球瞬间丢球

放球时若雷达天线不能自动跟踪探空仪(探空仪跑出摄像机监视画面),由于此时气球距天线很近,仰角、方位角变化很大,需要人工指挥抓球。室外操作员应立即根据气球位置告知室内计算机操作员,并通过雷达天线瞄准镜随时监视;室内计算机操作员应将"天控"开关置为手动,"示波器显示方式"为角度方式,使天线对准气球(4 条亮线平齐),并调节频率到最佳状态。此时将"天控"开关转为自动,探空仪保持在摄像机画面中央,并在"示波器显示方式"为距离方式下调整"距离"按钮,使"凹口"回到竖线中间。

2)放球过程中遇到旁瓣

雷达在放球瞬间跟踪准确,之后一般不会出现旁瓣现象,遇可疑现象应谨慎判断。如确定是旁瓣(4 条亮线长短不一;"凹口"飘移且红灯闪动),应根据最后一组正确"方位、仰角"数据,摇动天线在附近区域搜索,直到 4 条亮线平齐("示波器显示方式"为角度方式),调整"距离"按钮,使"凹口"回到竖线中间("示波器显示方式"为距离方式),并将"天控"开关转为自动,直至正常。另一种方法,可根据情况按一下"扇扫"按钮(此按钮不要轻易使用),见图 5.102,雷达天线将在一定范围内自动搜索,尽力追回主瓣。

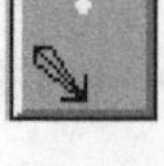

图 5.102　"扇扫"按钮

5.8.3　校正计算机时钟

修改、校正计算机时钟应在运行放球软件之前进行。运行放球软件后,特别是施放过程中,不得修改计算机的年、月、日期、时间。否则,程序会出错,造成所接收的探空、测风数据的时间出现紊乱,致使该次探测记录作废。

5.8.4　雷达天线"死位"处理

雷达天线"死位"现象分为两种:

(1)雷达天线仰角、方位"锁死"不动,电机驱动箱-E 灯(仰角)或-A 灯(方位角)熄灭。此时应及时关闭电机驱动箱开关,并迅速再开启此开关。

(2)放球软件界面的仰角或方位角显示数字不动,而雷达天线还在转动。此时应迅速先将放球软件控制区上的"发射机"开关关闭,"天控"开关置于手动(其他界面开关保持原位),再按关机步骤,关闭雷达主控箱的发射开关、驱动箱开关、主控箱总开关,并迅速按与关闭相反顺序再开启各开关,以激活雷达与终端间的通讯传递,"天控"开关置于自动,打开控制区上的"发射机"开关。

5.8.5　放球注意事项

随时注意雷达工作状态(报警灯状态、雷达故障报警、回波缺口跟踪情况、高度与气高差值)及气象译码正确性。报警红灯亮时,可能是雷达故障、旁瓣、回波缺口漂移、高度与气高差值过大、乱码等所致。"雷达故障报警"处正常时显示"OK"图标,否则为"HELP",可按下"故障显示开关"察看故障部位,关闭雷达电源,更换备份板。"旁瓣"处理参见 5.8.2 节内容。"回波缺口漂移"应及时调整频率并追回"缺口"(参见 5.8.1 节内容)。"高度与气高差值过大"一般是"回波缺口漂移"或气压出现乱码所造成,"追回缺口"或"纠正乱码"即可解决。"乱码"应调整频率并"纠正乱码"。

5.8.6　"凹口"消失处理

放球过程中因雷达、探空仪问题"凹口"变弱或消失,造成斜距不准。可调整频率,保证探空数据的正常接收,测风数据按 5.4.18 节处理。

5.8.7　干燥剂及湿球温度表的使用注意事项

(1)干燥剂应定期更换。一般一星期更换一次,湿度大的季节 2~3 天更换一次,以确保湿度传感器的基点测量值准确。

(2)基测箱的湿球温度表的纱布应按规范要求定期更换。

5.8.8　天气现象符号不显示处理

(1)重新运行安装程序 setup. exe(图 5.103)。

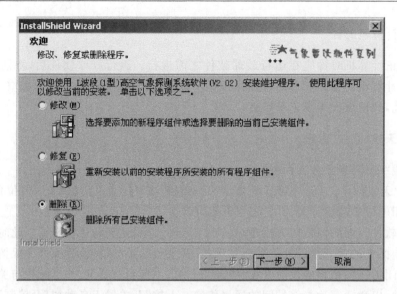

图 5.103 程序安装

(2)选"删除",删除所有已安装组件(图 5.103)。

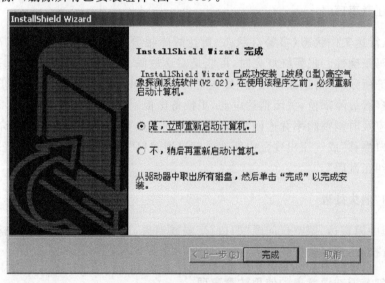

图 5.104 重启计算机 1

(3)删除计算机上的 L 波段软件后(不管是哪一版本),在如图 5.104 所示的界面上选"是,立即重新启动计算机",重新启动计算机。

(4)重新运行安装程序 setup. exe,选"下一步",安装完成后(图 5.105),选"是,立即重新启动计算机",天气现象即可显示。

图 5.105　重启计算机

5.8.9　软件在 Window XP/2000 平台下打印时所遇问题的解决方法

目前,有部分台站 L 波段软件运行在 Windows XP 或 Windows2000 平台下,由于软件是在 Windwos9X 平台下设计的,因此会出现在 Windwos9X 下打印正常但在 Windows XP/2000 操作系统下打印效果不理想的现象。这种情况主要是由于 LQ－1600K/K Ⅰ/K Ⅱ/K Ⅲ打印机的驱动程序在 Windows9X 下设计了"用户自定义"选项,L 波段软件在程序中按照自定义纸张方式直接打印即可获得理想的打印效果,但在 Windows XP/2000 操作系统中,LQ－1600K/K Ⅰ/K Ⅱ/K Ⅲ打印机的驱动没有"用户自定义"选项。为了使得 L 波段软件能在 WindowsXP/2000 操作系统下获得好的打印效果,这次升级版在所有涉及到打印操作的地方均增加了打印设置对话框(图 5.112),当在 WindowsXP/2000 操作系统下为 L 波段软件人工增加所需尺寸的纸张后,即可获得与 Windows9X 相同的打印效果。具体的操作如下:

(1) L 波段软件安装完成后,用鼠标点击桌面左下角的"开始"按钮(图 5.106),在弹出的菜单中选"打印机和传真"(图 5.107)。

图 5.106　"开始"按钮

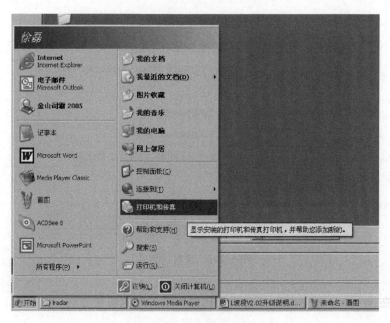

图 5.107　打印机和传真

（2）在"打印机和传真"窗口中（图 5.108），单击"文件"菜单（图 5.109）。

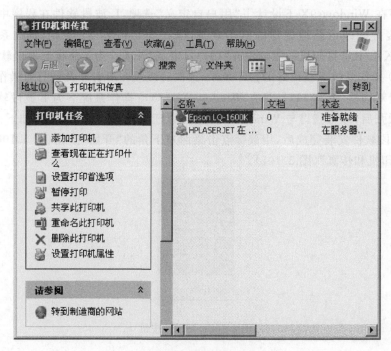

图 5.108　打印机和传真窗口

（3）在"服务器属性"对话框中，选中"创建新格式（C）"，在"格式描述（尺寸）"中填入纸张宽度和高度（图中示例为高表-14 所用纸张规格），在"表格名（N）"中为自定义的纸张规格命名，按"保存格式（S）"，将纸张规格保存即可，如图 5.110 所示。

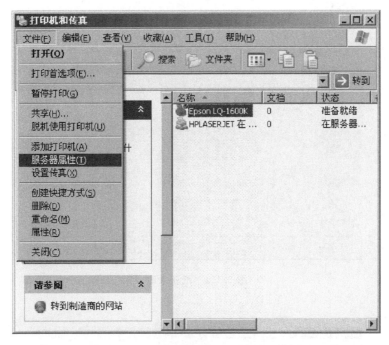

图 5.109　单击文件菜单,选"服务器属性"

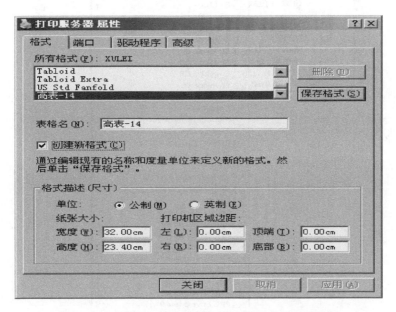

图 5.110　在"打印服务器属性"中创建自定义纸张规格

(4)打印时,当出现图 5.109 所示的打印设置对话框后,按"属性(P...)"按钮,在"EPSON LQ-1600K 文档属性"对话框中按"高级"按钮(图 5.111),在如图 5.112 所示的"Epson LQ-1600K 高级选项"对话框中的"纸张规格"选"高表-14"即可。

(5)使用同样步骤可添加高表-13,月报表等规格的纸张。

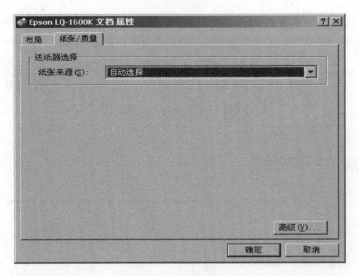

图 5.111　纸张来源

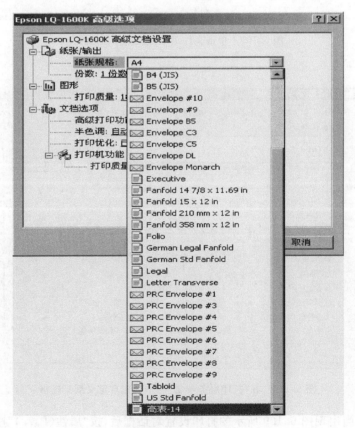

图 5.112　打印文件

(6)可根据自己所用打印机和台站要求另行设置。

(7)此方法也适用于非 LQ-1600 系列打印机。

L 波段软件用自定义纸张类型数据(推荐):

纸张类型	宽度(cm)	高度(cm)
高表-14	32.00	23.40
高表-14,高表-16	32.50	23.90
高表-21	28.00	21.00
高表-1,高表-2	34.00	26.00
探空曲线显示	25.00	35.00
埃玛图	38.00	26.00

5.9　净举力计算软件使用

净举力计算软件是工具软件,主要用于小球测风时帮助探空员计算净举力,以便充灌气球。软件的使用非常简单,运行软件后(图 5.113),在软件的"地面气温"、"地面气压"、"球及附加物重"框内分别输入相应的数值,软件即可自动计算出小球的净举力(图 5.114)。

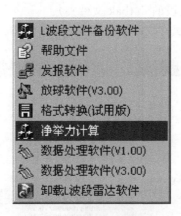

图 5.113　运行净举力计算软件

图 5.114　软件界面

5.10　备份软件使用

L波段备份软件用于备份探测数据文件。使用方法如下：

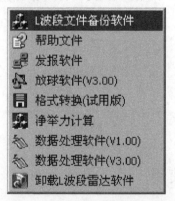

图 5.115　运行 L 波段文件备份软件

运行 L 波段备份软件（图 5.115）后，在软件的左边设置要复制的文件夹和要将文件复制到的位置（推荐设置为 L 波段的 dat 文件夹），在软件的右边设置要复制的文件夹和要将文件复制到的位置（推荐设置为 L 波段的 datbak 文件夹）。

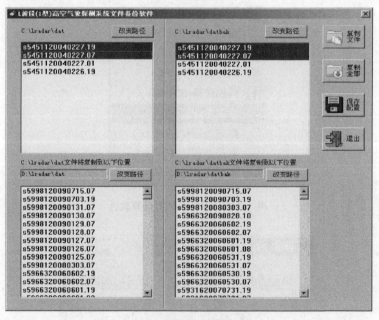

图 5.116　L 波段备份软件界面

设置各类文件路径后，可以按"保存配置"将路径参数保存起来，以后每次运行备份软件时，软件会自动设置好各种参数。"复制文件"和"复制全部"两个按键的差别是"复制文件"只复制用户选中的文件。例如，在如图 5.116 所示的操作中，就只复制"S5451120040227.19"和"S5451120040227.07"两个文件。点击"复制全部"按钮，将把文件框中的所有文件复制到指定的文件夹中。

5.11　报文发送软件使用

报文发送软件(图 5.117)主要用作发送每天探测所产生的各种报文、状态文件、G 文件、基数据文件、数据文件等。该软件与 V3.00 版 L 波段软件打包在一起,安装后自动出现在桌面上。

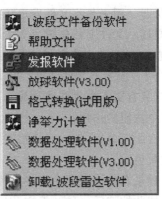

图 5.117　发送软件　　　　　　图 5.118　发送软件操作

5.11.1　运行软件

在桌面和左下角的"开始"菜单上均可运行报文发送软件。软件运行后,如图 5.119 所示。界面上各部分功能作用如下:

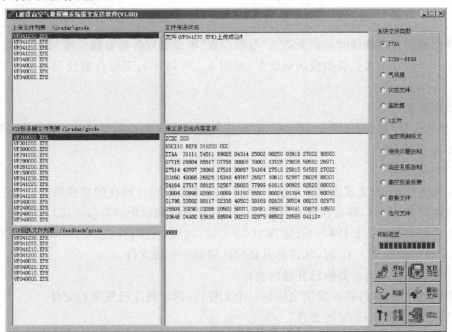

图 5.119　文件传送中

（1）上传文件列表。该文件列表框位于软件界面左上角，主要用于显示待发送的各种文件。

（2）FTP服务器文件列表。该文件列表框位于软件界面左中部，主要用于显示已发送到FTP服务器上的各种文件，可用来判断文件是否已发送到省（区、市）气象局信息中心。

（3）FTP回执文件列表。该文件列表框位于软件界面左下角，主要用于显示国家气象信息中心接收到省气象局转发的报文后同时将该文件反馈到FTP服务器，可通过该文件列表判断国家气象信息中心是否接收到本站发送的文件。

（4）文件传送状态。用来显示文件发送状态，如果文件发送成功，软件会在该位置显示文件上传成功，反之则显示文件上传失败。

（5）报文及日志内容显示。该区域主要用于显示文件内容和发报日志，用鼠标左键双击"上传文件列表"、"FTP服务器文件列表"、"FTP回执文件列表"中的任何一个文件，会在该区域显示文件的内容（只有文本文件能够被显示）。按"发报日志"键，可显示历史发报记录。

软件界面上6个按钮的作用：

"开始上传"。按此按键后，软件开始按照要求往指定的FTP服务器传送文件，同时该按键上的文字会变成灰色。

"结束上传"。如果在传输过程中想终止传输，按此按键即可。

"发报日志"。按此按键后，可在"报文及日志内容显示"中显示发报日志。该日志记录历史上所有发报过程。

"刷新"。按此按键后，软件会同时刷新软件左侧三个文件列表框中的文件。

"删除文件"。按此按键后，软件会将"上传文件列表"中的文件删除。

"参数设置"。可设置与发报有关的各种参数。详细设置方法参见下节。

"退出"。按此按键退出软件。

5.11.2 参数设置

在使用报文发送软件时必须先进入"参数设置"项设置好各种参数。按"参数设置"键，软件会弹出一个由6个属性页组成的对话框（如图5.120所示），下面分别说明各属性页的意义和作用。

1）操作设置

在"操作设置"属性页（图5.120）中，有操作和测站设置两类需要填写。其中，操作类中有4个复选项，分别是：

（1）"时间相关"

选中该选项时，报文发送软件中所有涉及文件的操作均与现在的软件操作时间有关。即如果现在时间是08:30，那么在报文发送软件中只有该时间段内（$07 \leqslant t < 13$）产生的文件才会出现在文件列表框中。软件将一天分为 $01 \leqslant t < 07, 07 \leqslant t < 13, 13 \leqslant t < 19, 19 \leqslant t < 24$ 四个时段，当北京时间处于07—13时，软件将只处理这期间产生的文件。

（2）"发送文件后自动删除已发送的文件"

选中该选项后，软件将在发送完任何一个文件后，同时删除已发送的文件。

（3）"只发送（删除）选定的文件"

选中该选项后，软件将只发送选中的文件。如果不选该选项，软件将发送全部文件框中显

示的所有文件。如图 5.121 所示,如果选中"只发送(删除)选定的文件",软件将只发送文件
UP151200. EPK,UP041210. EPK,UP040020. EPK。同样的道理,如果使用"删除文件"按钮
删除文件时,也只删除选中的文件。

(4)"上传后备份此上传文件"

选中该选项后,软件发送完文件后,同时会将文件在指定的位置复制一份。

在测站设置中,正确填写所在站号与站名代码即可。

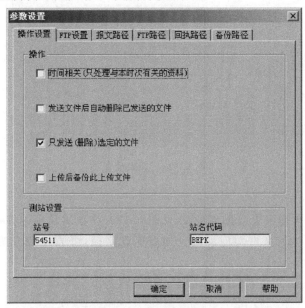

图 5.120　操作设置

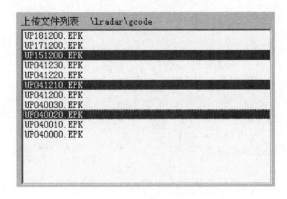

图 5.121　选中文件

2)FTP 设置

"FTP 设置"属性页(图 5.122),为各类报文文件分别设置 IP 地址、用户名、密码。如果所
有报文均发送到同一个位置,则将 IP 地址、用户名、密码填成相同内容。

图 5.122　TFP 设置

3)报文路径

"报文路径"属性页用于更改报文路径,见图 5.123,在该属性页中将各个报文的路径与 L 波段数据处理软件产生的文件对应即可。如需更改路径,可通过旁边的路径更改按钮进行更改。

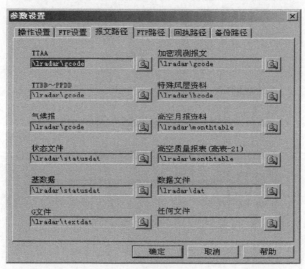

图 5.123

4)FTP 路径

"FTP 路径"属性页(图 5.124)用于定义发送到省气象局信息中心 FTP 服务器的各种文件路径。当所需的文件发送到省气象局信息中心后,如果省气象局信息中心接收无误,那么在 FTP 服务器文件列表中会显示该文件,表示省气象局信息中心已接收到该文件。

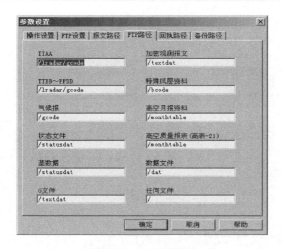

图 5.124　FTP 路径

5）回执路径

"回执路径"属性页（图 5.125）用于定义国家气象信息中心接收到省气象局转发的报文后同时将该文件反馈到 FTP 服务器上的路径。当所需的文件发送到省气象局信息中心并经转发到国家气象信息中心后，国家气象信息中心会将该文件立即发回到省气象局信息中心 FTP 服务器上指定的位置，该位置就是本属性页需要填写的位置。发送报文后，如果在"FTP 回执文件列表"中可看到此文件，即表明该文件已经省气象局信息中心正确转发到国家气象信息中心。

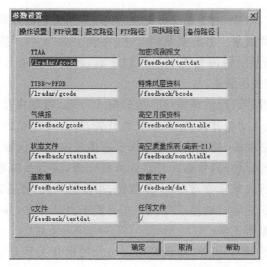

图 5.125　回执路径

6）备份路径

"备份路径"属性页（图 5.126）主要用于定义报文的备份路径。当在"操作设置"属性页选中"上传后备份此上传文件"选项后，文件在上传后，将同时保存一份到"备份路径"属性页指定的路径里。

图 5.126　备份路径

5.12　L 波段(1 型)系统值班操作规程

5.12.1　放球前操作规程

(1)湿度片高湿老化。放球前 1 h 取出湿度片,将其插到基测器瓶盖的湿度片插槽里,移至硫酸钾高湿活化瓶口并盖紧。打开基测箱开关,将箱上的"T/T。"拨动开关向下拨到 T。位置;按功能键"R",基测箱显示阻值大于 300kΩ 以上时,将装有湿度片的基测器瓶盖迅速换至装有的低湿瓶上,并将瓶盖压紧。

(2)启动雷达、计算机并运行放球软件。放球前 45 min,按顺序接通 UPS 电源、打开雷达主控箱总电源、打开天线驱动箱开关、打开示波器开关、打开主控箱的高压(发射)开关。将基测箱稳压直流电源线四芯插头、传感器的信号线三芯插头与探空仪智能转换器相应插孔相连接,并使基测箱的电源开关呈开启状态。开启计算机电源,运行系统程序,并校对其年、月、日期及时间是否正确。运行放球软件,打开小发射机、摄像机开关;将雷达天线对准探空仪,手动调整接收机频率与增益。之后,"增益手/自动"开关置于自动状态,并检查"探空脉冲指示"及"终端—雷达通讯指示"是否正常。

(3)检查测距回波"凹口"、"天控"自动跟踪。小发射机开关呈开启状,示波器"距离/角度显示"切换开关置于距离状态,调整接收机频率,检查"凹口"是否清晰完好。"天线手/自动跟踪"开关呈开启状,检查"天控"是否自动跟踪。不正确时,可调换发射板或探空仪。

(4)调入探空仪参数。检查计算机所显示的探空仪序号与待基测的探空仪序号是否一致,并检查智能转换器上的探空仪序号与探空仪盒及盒盖序列号是否一致。雷达天线不能直接对准探空仪或计算机上的探空仪序号变化不稳定时,可打开"基测"开关,使雷达天线波瓣扫描关断,提高追扫探空仪序号能力。当探空仪序号一致后,点击软件界面右下方的"确定序号"按钮,然后在弹出的对话框中输入探空仪生产的年、月,按"确定"按钮,调入、校对该探空仪参数。

若遇问题需更换探空仪时,按"修改序号"按钮后,再按"确定序号"按钮,重新调入探空仪参数。

(5)将基测箱的"T/T。"拨动开关向下置于 T。档,测量低湿瓶中湿度片的阻值 R_0,瓶内温度 T_0。按下基测箱的"R"按钮,约 3 min 后读取 R_0 值(正常可使用范围是 $8.0 k\Omega \leqslant R_0 \leqslant 20.0 k\Omega$);按下基测箱的"T"按钮,等稳定后读取 T_0 值。将 R_0,T_0 值输入"确定序号"后所弹出的"探空仪参数"框相应栏中。

(6)认真校对参数栏中的所有探空仪参数,湿度参数 dD5. dD0 需按本次使用的湿度片参数纸张上的数据校验,之后点击"确定"键。放球前,若需再次校对、修改已"确定"存入内存的探空仪参数,按顺序按动"修改序号"按钮、"确定序号"按钮、选择"查看参数"按钮,对已经修改过的参数进行重新校对、修改输入。

(7)基值测定。湿度片卡进探空仪盒盖部湿度片夹,并将探空仪盒盖部分放入基测箱,其插头与基测箱内的插座相连接。给湿球纱布上蒸馏水。将基测箱的"T/ T。"开关向上拨到 T 档,待温度、湿度显示值稳定后,在基测箱上分别按下"T"、"U"按钮,读取温度、湿度基测值。

(8)点击放球软件雷达控制区的"基测"按钮(亮出红色),再点击数据处理区右下方的"地面参数"按钮,在弹出的"探空记录表"框上,选择基值测定页,将读取的 T,U 基测值输入相应的空白处;输入水银气压表读数及附温。此时,计算机自动判别此探空仪基测是否合格。若探空仪基测不合格,根据提示更换湿度片或探空仪。

9)基测合格后,点击"确定"按钮,退出基值测定的输入,并将"基测"按钮关闭。合格条件为 $-0.4℃\leqslant \triangle T \leqslant 0.4℃$;$-5\% \leqslant \triangle U \leqslant 5\%$;$-2.0 hPa \leqslant \triangle P \leqslant 2.0 hPa$。

(10)按照要求浸泡电池(约 3~5 min)后测量其电压。将电池插头插入基测箱电池赋能插孔,电压要求达到 18~20 V;夏季电流达到 300~400 mA,冬季电流达到 500 mA(有关具体要求参照工厂仪器使用说明书及基测箱使用说明书)。

(11)装配探空仪。再次检查探空仪各部分序号是否一致。发射板与智能板连接处插紧,电池、传感器插口连接牢固,并将探空仪保温盖盖严,温度支架外伸,用线绳固定,扣紧铁片扣。

(12)放球前、后 5 min 内,点击放球软件的"地面参数"按钮,在弹出的"探空记录表"框上选择"瞬间观测记录"页,输入瞬间数据。若临时更改放球点或球型,需在"空中风观测记录表"页的"远距离放球"栏或"测站放球参数"页的"球重"、"净举力"等栏处作相应的更改。最后,点击"确定"按钮。

(13)放球前,应提早将装配好的探空仪悬挂于放球点,并使其距地高度不超过 4 m。"检查增益手/自动"开关是否置于自动,"天控"是否置于自动跟踪,"距离"按钮是否置于自动;检查频率、"凹口"是否正确;检查探空仪所发 T,P,U 数据是否正确,如收不到探空译码或译码与当时地面 T,P,U 值差别较大时,需查明原因并解决;检查雷达工作状况是否显示"OK",如显示"HELP"可点击雷达"故障"按钮,根据所显示的问题予以排除。再次检查"探空脉冲指示"及"终端—雷达通讯指示"是否正常;校对计算机上仪器序号与悬挂仪器序号的一致性。

(14)如果一切正常,点击"放球"按钮,鼠标放在"确定" 按钮上,等待正点放球时间。正点放球时,探空仪出手的瞬间点击"确定" 按钮,探测系统时间复零,开始接收探测数据。

(15)运行放球软件后,特别是在施放过程中,严禁修改计算机系统时间。否则,会出现"死机"、"死程"或所收探空、测风数据时间紊乱的现象,致使本次记录作废。

5.12.2　放球后操作规程

(1)气球出手后,放球人员应迅速观察雷达天线是否自动跟踪气球,若发现雷达天线跟踪不正确,立即指挥计算机操作员手动抓球。计算机操作员待确定雷达天线对准气球后,"天控"开关转为"自动",使雷达自动跟踪气球,并点击"扇扫"按钮,以确定自动跟踪目标正确。

(2)注意气高与高度的差值是否在正常范围内(近程在 100 m 之内)。若出现异常(红灯报警),及时手动调整距离、频率,使测距回波"凹口"保持在竖线之中。

(3)出现 P,T,U 乱点或红灯闪烁时,手动调整频率,使接收信号达到最佳。

(4)探空出现乱码,点击鼠标右键,首先选择"自动修改温、压、湿曲线"功能。若自动修改仍不能纠正乱码,需选择相应删除功能,删除 P,T,U 曲线上的飞点。

(5)放球 5 min 后,可运行数据处理软件,随时检查高表中的探空、测风数据是否正确。选择本时次记录,自动平滑探空曲线。50 hPa 等压面出现后,再次对探空数据、球坐标数据进行仔细检查;检查高表-14 和高表-13 或高表-16 中的数据。一切正常后,点击"探空处理"菜单,选择"TTAA 报文",并校对、发出 TTAA 报文。最小化数据处理软件,继续监视放球软件的数据接收。

(6)若发现测风斜距不正常,且错误数据太多时,在数据处理软件中点击"探空数据处理"菜单,选择"文件属性",出现"处理参数选择"框时选择"无斜距测风",按"确定"键后,可将测风方式改为无斜距测风。遇少量测风斜距不正常时,可在"球坐标曲线"状态,按鼠标右键选择"探空高度替换斜距"项,一点或一段探空高度代替斜距。

(7)选择终止点。球炸或探空、测风数据无法可靠接收时,在相应的曲线状态,按鼠标右键,分别确定探空终止时间和测风终止时间;关闭放球软件雷达控制区的"全高压"、"高压"、"天控"开关;退出放球软件时,选择终止原因。顺序关闭雷达主控箱的发射高压开关、电机驱动箱开关、示波器开关、雷达主控箱总电源开关。

(8)打开数据处理软件,认真整理、校对记录。按"打印"按钮,打印高表-14 和高表-13 或高表-16,并再次校对高表所有数据。记录全部处理结束后,点击"探空数据处理"菜单,选择"探空、测风报文",传发其余各组报文。退出数据处理程序。

(9)关闭计算机系统,并关闭 UPS 电源。

注意:禁止任何部件碰到湿度片的黑色涂层和探空仪的传感器!

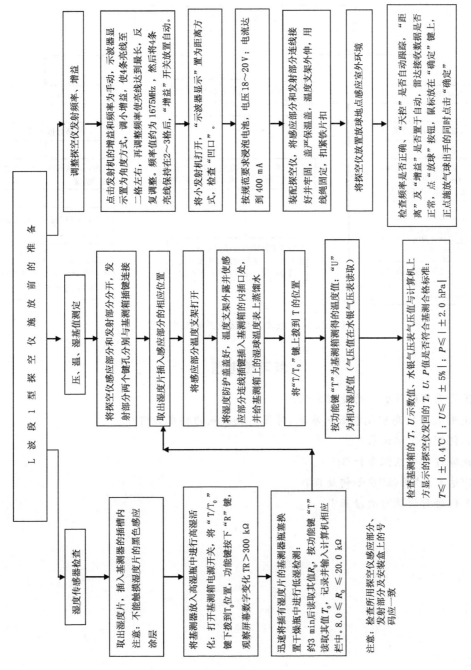

图5.127 L波段1型探空仪施放前的准备

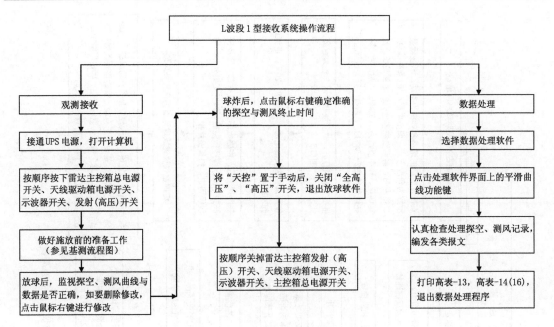

图 5.128　L 波段 1 型接收系统操作流程

复习思考题

(1)简述天线跟踪旁瓣的处理方法。

(2)使用 L 波段高空气象探测系统,对气球施放点的要求如何?

(3)如何删除下沉记录?

(4)放球过程中应注意什么?

(5)雷达天线"死位"应如何处理?

(6)如何进行放球时间修正?

第6章 高空气象观测新技术

╺╾

内 容 提 要

本章瞄准高空气象观测技术装备发展的前沿,主要介绍北斗－GPS
高空气象探测系统、自动探空系统、激光雷达、风廓线仪、微波辐射计及声
雷达、无人驾驶飞机气象观测系统、有人驾驶飞机气象观测系统、系留气
球探空观测系统、气象探空火箭等高空气象观测技术。

6.1 北斗－GPS高空气象观测系统

北斗－GPS高空气象观测系统(以下简称探测系统),采用目前已成熟的温度和湿度测量
元件,用导航卫星探测获取的探空仪高度反算气压值,主要技术性能指标高于目前采用的 L
波段高空探测雷达－电子探空仪高空探测系统,使我国的高空探测系统符合世界气象组织全
球天气和气候观测的要求,建立了一个可参与国际竞争的高质量、高准确度,稳定、可靠的导航
卫星气象高空探测系统。

6.1.1 系统工作原理

探测系统包括北斗－GPS导航测风探空仪(以下简称探空仪)、地面信号接收处理设备和
探空仪检测箱三个主要部分。基本工作程序和原理可用图6.1表示。

由安装在探空仪上的导航卫星信号接收和数据处理模块接收和处理北斗或 GPS 导航卫
星信号,实时确定探空仪飞行轨迹上每秒间隔的三维坐标和三维速度。卫星导航信息与探空
仪上的气象传感器测量的温度和湿度信息一起作为探空仪发射机的载波以无线方式传输给地
面信号接收处理设备。

地面信号接收处理设备根据探空仪传来的信息通过解调得到探空仪随施放时间变化的三
维坐标和三维速度,计算得到每秒间隔的风矢量和位势高度值。同时,根据探空仪传来的温度
和湿度代码,根据预先输入的探空仪编号和校准参数计算出温度和湿度值;地面数据处理计算
机还利用随高度变化的温度、湿度,用压高公式计算出相应的气压值,从而完成与测风数据同
步温度、气压和湿度的探测。

地面信号接收处理设备配有探空仪检测箱,用于探空仪施放前的基值测定,以判定探空仪
的测量性能是否合格,并对合格的探空仪提供温度和湿度修正值,同时提供反算气压用的地面
基准气压值。

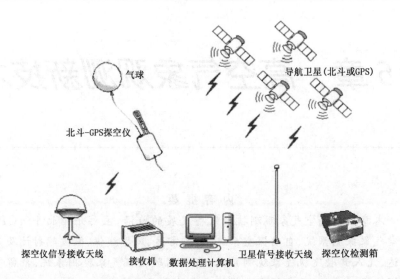

图 6.1   北斗－GPS 导航卫星高空探测系统组成示意图

地面信号接收处理设备通过探测和计算得到的每秒间隔温度、气压、湿度和风向风速数据根据《常规高空气象观测业务规范》的要求,通过数据平滑、计算和统计得到天气学和气候学需要的各种业务应用产品。

6.1.2   主要技术特点

探测系统具有以下主要特点:

(1)与 L 波段高空气象雷达探测系统比较,地面设备安装简单,操作使用方便,自动化程度高。

(2)温度、气压、湿度探测误差较小,风向风速探测误差不受探测高度、气球飞行仰角和距离的影响,可以明显提高高空气象观测数据的质量。

(3)采用在接收频段内可以测量、显示环境无线电频率的接收设备以及发射频率连续可调(1 kHz)的探空仪,具有同频干扰的避开功能。

(4)被动接收体制使地面接收系统处于电磁隐蔽状态,采用调频体制的探空仪,发射和接收频带窄,抗干扰能力强。

(5)信号接收和处理设备可安装在移动平台上,在运动中随时随地完成气象探测任务,机动性能好。

6.1.3   系统组成

控测系统由探空仪和地面信号接收处理设备两部分组成。地面信号接收处理设备配有探空仪检测箱。各部分都配有测量、控制和计算软件。

探空仪包括北斗－GPS 信号接收和处理电路模块、温度和湿度测量元件、测量标准器件、信号采集和转换模块、数字编码的调制模块、发射机和电池等组成。其工作原理和流程可用图 6.2 的方框图表示。

地面信号接收处理设备包括探空仪信号接收和解调单元、差分接收机、前端数据处理单

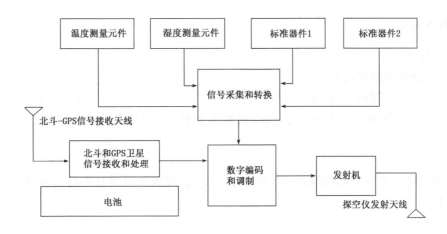

图 6.2　北斗－GPS 导航测风探空仪组成与工作原理

元、数据终端处理单元,以及报文生成和传输接口等。采用在线 UPS 电源与市电一起不间断供电。

　　地面设备配有探空仪检测箱,用于探空仪施放前的地面基值测定,并提供反算气压的基准值。其工作原理和流程可用图 6.3 的方框图表示。

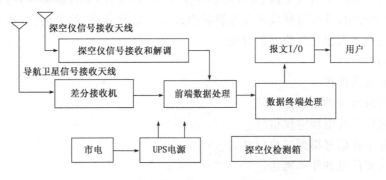

图 6.3　地面信号接收处理设备组成和工作原理

　　探空仪检测箱所采用的温度和湿度标准器为铂电阻通风干湿表,气压标准器为硅压阻压力传感器。其测试室和湿度控制室分别置于环形通风道的上面和下面,用电机带动风扇形成气流循环,整个风道为上下型回流式风洞结构设计,以保证测试室温度、湿度的稳定性和均匀性。

6.2　自动探空系统

　　全自动探空装备属于智能化高空气象观测系统,是目前国际上只有少数几个国家能够研制生产的可无人值守自动观测从地面至 36 km 高空、200 km 范围内的大气温度、湿度、气压及风速和风向等大气参数的遥测、遥控气象站。

　　该装备可以取代艰苦台站的人工操作,填补了偏远地区、山区、沙漠、湖海等无人地区高空大气观测的空白,也可装备在舰船上,减轻人工强度。该产品研制技术达世界领先水平。

6.2.1　系统功能

1)功能描述

(1)探空流程全部自动化

系统通过程序控制机械设备,自动激活探空仪电池;对探空仪自动基测;自动对探空气球充气;探空仪自动施放;自动跟踪、接收探测数据和数据处理;自动将气象信息传输至外部网络。

(2)远程视频监视

将远端站各个监视点的视频信息传输到中心站,管理人员可通过实时视频对设备运行状况进行监视。

(3)远程控制

通过专用或通用的通信网络,运行人员在远方监控中心就能对运行设备进行直观实时的监视和遥控,从而完成遥测实时数据的传输和图像监视,实现真正无人值守气象站的管理。自动化过程出现问题后可以实现人工干预处理。

远程控制全自动探空装备有两种工作方式:定时探测或遥控探测。

(4)自动报警

通过各种传感器(如氢气泄露、红外对射探头、水浸探头、门禁传感器等)将远端站上报的告警信号传给中心站,并可以触发声光报警输出设备或启动录像,达到防火、防盗及事故调查的目的,实现远端无人值守气象站的管理。

2)主要特点

(1)全自动无人操作。

(2)在预定时间自动施放探空仪。

(3)自动接收无线电探空仪信号。

(4)处理探空仪信号得到气象信息。

(5)发送气象信息到外部网络。

(6)可以进行遥控和监测。

(7)该系统具有联动控制功能:①风速检测与系统供电的联动;②雷电监测与通信系统的联动;③氢气泄漏与系统内部联动。

6.2.2　装备布局

全自动探空装备工作方式有定时自动运行与人工设置两种。

中心站布局如图 6.4 所示,远端站布局如图 6.5 所示。

6.2.3　关键技术

1)探空仪存放和自动化加料转盘

将 24 个探空仪安放在自动转盘上等待施放,如图 6.6 所示。按照计算机控制指令,依次完成转盘转动、探空仪电池激活及检测、加料支撑臂加载探空仪和探空气球等过程。

图 6.4　全自动探空装备中心站布局

图 6.5　全自动探空装备远端站布局

图 6.6　自动转盘装置

图 6.7　探空仪及气球装载容器

2）探空气球自动充气和自动释放

设计有一套特殊结构的气球充气装置（气体单向阀和放绳器），替代原人工充气、探空仪和气球人工捆扎的过程，达到为气球充气、捆扎的结果。

通过一套气动和机械装置的联合作用，打开固定球皮的机械装置，探空仪组合（气球、探空仪、放绳器等）脱离固定卡钩，使气球失去约束，探空气球因浮力作用而上升，完成气球及探空仪的自动释放。

3）放球筒及风向随动挡风屏装置

设计有风向标和双曲面顶盖挡风屏构成的风向随动系统，根据风向方位，使放球筒顶盖打开方向对着迎风方向，伺服电机驱动回转支承，便于气球的升空。

经过风洞试验和大风情况下实际放球的验证，风向随动挡风顶盖旋转到迎风面打开，可以使探空气球不受损伤地飞离放球筒，实现 8 级风以下气球的释放，有效地解决长期以来困扰气象部门大风天气放球的难题。

4）气动控制装置

气动控制装置由弱电器件构成，在运转过程中不会产生放电火化和静电效应，系统控制电路也简单，有利于防止因氢气泄漏而发生安全事故。

气动控制装置自身具有驱动过载保护功能。在气缸运动过程中遇到障碍或阻力时能够及时停止运动，可以有效防止机械安全事故的发生，确保系统的安全性和可靠性。

5）远程监控及传输系统

采用无线网桥构建视频监控、IP 宽带网络系统，可很好地满足使用要求，具有很强的灵活性和可扩充性。

如果在更远的距离，可以采用 CDMA 或者 GPRS 方式，每隔 5～10 min 传输静态图像，达到监视与故障诊断的目的。

6）气体储存及气体泄漏检测

气体的储存采用两组可以切换的、每组 15 只气瓶并联的氢气瓶集装装置（如图 6.8 所示），30 只气瓶可以保证进行至少 24 次探空任务的实施。每组集装装置能够单独置换，通过管道输送至放球筒，使用防爆电磁阀控制集装装置（如图 6.9 所示）的开启、关闭。采用防爆隔爆型氢气泄漏检测仪（如图 6.10 所示）对氢气泄漏进行检测。

图 6.8　氢气瓶集装装置　　　　图 6.9　防爆电磁阀装置　　　　图 6.10　氢气泄漏检测仪

7）中心站综合软件

中心站综合软件主要由系统管理软件（图 6.11）、远程控制软件（图 6.12）、GPS 探空数据接收及处理软件（图 6.13）三个软件模块集成，采用 C♯ 编程语言和 TCP/IP 协议实现。中心站图像监控软件界面如图 6.14 所示。

中心站必须支撑数据传输与处理、远端站图像的监控显示、远端站设备的控制、远端传感器信号的采集处理以及话音通信等功能。因此，中心站综合软件的集成设计至关重要。

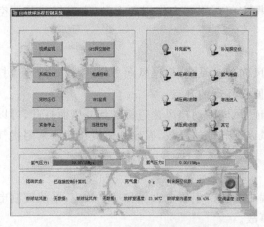 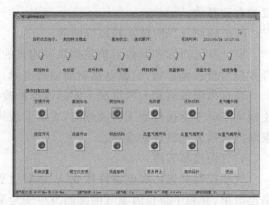

图 6.11　中心站综合管理软件界面　　　　图 6.12　中心站远程控制软件界面

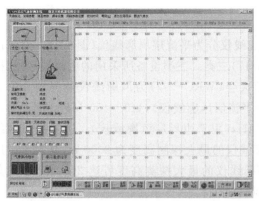
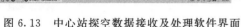

图 6.13　中心站探空数据接收及处理软件界面　　　图 6.14　中心站图像监控软件界面

6.3　风廓线仪

6.3.1　概述

　　风廓线仪与以前的测风仪器比较,拥有观测频次多、连续获取资料、自动化程度高、业务运行成本低等优势。风廓线仪的主要应用有:

　　(1)测量大气湍流结构,风向、风速和湍度等气象要素随高度的变化等,为天气预报、气象服务提供及时、准确的观测资料。

　　(2)城市环境气象预报。

　　(3)城市尘埃沉降、人工影响天气、光学扰动测量、极地气象研究等方面的应用。

　　(4)军事应用。

6.3.2　技术原理

　　大气中折射率的不均匀引起对电磁波的散射,基本有两类。一类是折射率的空间分布变化较为有序而引起的散射,如折射率空间分布周期性的变化引起对相同波长电磁波造成强散射的 Bragg 散射,折射率梯度很大的水平层状结构上对电磁波的反射,即 Fresnal 散射等。另一类是大气中的湍流活动造成折射率的涨落而引起的散射,即湍流散射。散射层的运动和湍流块的运动都可造成返回电磁波信号的多普勒频移,采用多普勒技术可以获得其相对于雷达的径向速度。通过进行多射向的速度测量,在一定的假定条件下可估测出回波信号所在高度上的风向、风速和垂直运动。用于这一探测目的的脉冲多普勒雷达称为风廓线仪。风廓线仪增加 RASS 功能并与微波辐射仪配合,还可实现对大气湿、温、风的遥感探测。

　　应用声波作为大气的扰动源,选择合适的声波波长(通常选用 1/2 倍电磁波的波长)形成对电磁波的 Bragg 散射,当雷达波束指向与声传输方向相同时,雷达测出返回信号的多普勒速度即声波的传播速度,通过换算可以估算出该处的气温。应用上述原理,在风廓线仪基础上增加声发射装置,构成无线电—声探测系统(RASS),遥测大气中的温度垂直廓线。

6.3.3　总体性能

　　(1) 按照对风廓线探测高度需求的不同,风廓线仪分为平流层风廓线仪(图 6.15)、对流层风廓线仪(如图 6.16)和边界层风廓线仪(如图 6.17)三类。三类设备所采用的电磁波频段、探测高度也有所不同。按 1997 年世界无线电通信大会(WRC-97)为风廓线仪业务划分的频段,国内能采用的频率范围为 46～68 MHz(用于平流层风廓线仪),440～450 MHz(用于对流层风廓线仪)和 1270～1295 MHz,1300～1375 MHz(用于边界层风廓线仪)。边界层风廓线仪的最大探测高度通常为 3000 m,低对流层风廓线仪的最大探测高度为 8000 m,高对流层风廓线仪的最大探测高度可达 12000 m,平流层风廓线仪的最大探测高度可达 20000 m。气象业务中应用较多的是对流层风廓线仪和边界层风廓线仪。

图 6.15　平流层风廓线仪

图 6.16　对流层风廓线仪

图 6.17　边界层风廓线仪

（2）对流层风廓线仪主要用于弥补常规探空站网探测的时空密度不够。对流层风廓线仪的探测高度要求达到 16 km，考虑到大气中 C_n^2 值随地区和季节的不同差异较大，除特别干燥的地区外，其探测高度应不低于 12 km。能满足一般天气图分析对高空风资料需求的简型对流层风廓线仪，其探测高度应不小于 6 km，高湿季节应可达 8 km，高度分辨力小于 240 m，最低探测高度不大于 300 m。边界层风廓线仪主要用于边界层大气探测，探测高度应大于 3 km，沿海地区和潮湿季节应可达 5 km，高度分辨力小于 60 m，最低探测高度不大于 100 m。

（3）风廓线仪还作为中尺度灾害性天气监测系统中的一部分，要求对大气中风廓线的观测应有较高的时间分辨力。进行 3 波束探测时，获取风廓线的周期不大于 6 min，进行 5 波束探测时，获取风廓线的周期不大于 10 min。处理后风向的误差不超过 $\pm 10°$（标准差），风速误差不超过 ± 1.5 m/s（标准差）。

（4）风廓线仪是自动化程度较高的气象探测装备，由计算机控制，自动切换波束指向探测，自动采集数据，自动处理形成产品，自动传送，能全天候无人值守地长期连续运行，具有遥控与自动运行能力，有较高的可靠性、稳定性，整机的平均无故障时间（MTBF）大于 2500 h。风廓线仪内设有完善的自检和标校功能，具有监测及自保、报警能力，有较高的可维修性，整机的平均故障修复时间（MTTR）不大于 0.5 h。

6.3.4　结构组成

风廓线仪结构框图如图 6.18 所示。

风廓线仪主要由五部分组成：天馈、发射/接收机、信号处理器、数据处理与显示及监控分机。图中梯形部分为声发射器，与风廓线仪联合使用，构成无线电-声探测系统，探测大气中的温度廓线。

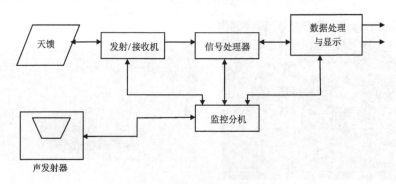

图 6.18 风廓线仪结构框图

6.3.5 优缺点

(1)风廓线仪的最大优势,是其探测的高准确性(与探空相当)和时间上的高分辨力(最短每 6 min 提供一次探测结果)。

2)便于维护,基本上可以实现无人值守运行。

3)年维持费用比探空系统低。

4)风廓线仪的弱点也十分明显,除了无法获得大气热力学资料(温度和湿度层结),还因为其占用的无线电频率较宽,目前没有获得国际电信组织的允许。

6.3.6 数据的应用

(1)从风的随时间连续变化中,可以得到风向风速演变的信息,这是传统测风方法不能做到的。

(2)可以用于风切变的判断,对短期天气预报特别有用。如图 6.19 所示,可以看出锋面过境的情况。

(3)可以利用风廓线仪的分层数据代替传统的测风数据。由于目前所有应用的数学模型都是建立在传统测风基础上的,在应用风廓线仪的测风资料时必须进行修正。

(4)由于风廓线仪主要监测的风场垂直层结对于快速变化的中小尺度天气反应最为突出,因此对于激烈天气预报的有效性的提高起到了巨大作用。此外,其资料对于改进数值天气预报的作用也是无法替代的。

(5)探空站无法大幅度增加,与探空本身非自动化和维持成本过高有紧密的关系,因此风廓线仪资料是对探空资料的最好补充。

6.3.7 声—无线电探测系统(RASS)

以风廓线仪为主体,配以声发射装置,由风廓线仪的监控分机协调风廓线仪和声发射器的工作,构成声—无线电探测系统,可用于探测大气中温度垂直分布廓线。

根据 Bragg 散射原理,用于 RASS 探测的声波波长常选为 1/2 倍风廓线仪发射电磁波的波长。随着大气中温度的垂直变化,为满足 Bragg 散射条件,发射声波的频率应随高度变化,实施时采用声发射频率在一定的频率范围内周期变化,可采用阶梯 FM—CW 方式变化或伪随机 FM—CW 方式变化,其频率的初始中值应根据地面测量的气温来确定。RASS 系统应有

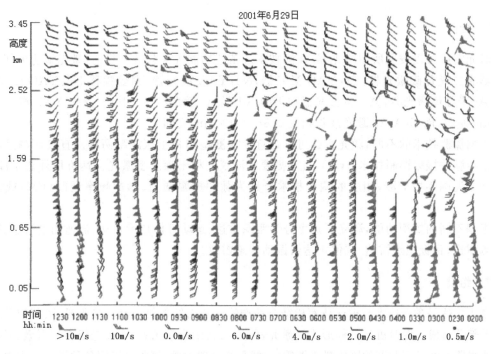

图 6.19　锋面过境情况

地面气温测量装置作配件,测量探测当时的地面气温。

声波传播过程中衰减比较严重,随频率的增加衰减作用增强。用于边界层的 RASS 测温廓线的最大高度应不小于 1 km,用于对流层观测的 RASS 测温廓线的最大高度应不低于 3 km,最低探测高度分别为 60 m 和 120 m。探测误差不超过 ±1℃。

RASS 中声发射器的天线由 4 组构成,可采用高功率喇叭单元平面阵列或高功率压电陶瓷单元平面阵列。单组声无线波束宽度 $10°±2°$,声天线增益不小于 24 dB,波束指向天顶,声电总功率分别为 1 kW 和 2 kW。

风廓线仪作 RASS 探测时,其各分机的技术参数应根据声探测的要求进行协调,适当地修改设置,专用于温度廓线探测。

RASS 设备的环境要求、可靠性、可维修性及验收、性能评估,均参照风廓线的要求。

RASS 工作时会带来较大的噪声,污染环境,设站时需加以考虑。

6.4　激光雷达简介

激光雷达的研发早在 20 世纪的 70 年代就开始了。最初,是由美国的航天航空总署(NASA)研究出了一种非常笨重的基于激光测量的设备,它非常昂贵,也只能测量放在地面上的飞机的精确高度。在 20 世纪 80 年代后期,随着 GPS 民用技术的提高,使得 GPS 对位置定位的误差达到了厘米的量级。高准确度的用于记录激光来回时间的计时器和高准确度的惯导测量仪(Inertial Measurement Units,IMU)的相继问世,为激光雷达的商业化打下了基础。

6.4.1　分类

激光雷达可以按照所用激光器、探测技术及雷达功能等来分类。目前,激光雷达中使用的激光器有二氧化碳激光器,Er：YAG 激光器,Nd：YAG 激光器,喇曼频移 Nd：YAG 激光器,GaAiAs 半导体激光器,氦—氖激光器和倍频 Nd：YAG 激光器等。其中,掺铒 YAG 激光波长为 $2\ \mu m$ 左右,而 GaAiAs 激光波长则在 $0.8\sim0.904\ \mu m$ 之间。

根据探测技术的不同,激光雷达可分为直接探测型和相干探测型两种。直接探测型激光雷达采用脉冲振幅调制技术(AM),且不需要干涉仪。相干探测型激光雷达可用外差干涉、零拍干涉或失调零拍干涉,相应的调谐技术分别为脉冲振幅调制、脉冲频率调制(FM)或混合调制。

根据不同的探测功能,激光雷达可分为跟踪雷达、运动目标指示雷达、流速测量雷达、风剪切探测雷达、目标识别雷达、成像雷达及振动传感雷达。

6.4.2　组成

激光雷达是激光技术与雷达技术相结合的产物。它由发射机、天线、接收机、跟踪架及信息处理等部分组成。发射机是各种形式的激光器,如二氧化碳激光器、掺钕钇铝石榴石激光器、半导体激光器及波长可调谐的固体激光器等;天线是光学望远镜;接收机采用各种形式的光电探测器,如光电倍增管、半导体光电二极管、雪崩光电二极管、红外和可见光多元探测器件等。

6.4.3　工作原理

激光雷达是一种通过发射激光与大气分子和气溶胶粒子相互作用的辐射信号来反演大气性质的主动遥感工具,通过对后向散射信号的采集分析反演得到大气的各种信息。

激光雷达最基本的工作原理与无线电雷达没有区别,即由雷达发射系统发送一个信号,经目标反射后被接收系统收集,通过测量反射光的运行时间而确定目标的距离。至于目标的径向速度,可以由反射光的多普勒频移来确定,也可以测量两个或多个距离,计算其变化率而求得速度,这也是直接探测型雷达的基本工作原理。由此可以看出,直接探测型激光雷达的基本结构与激光测距机颇为相近(激光雷达工作原理见图 6.20)。

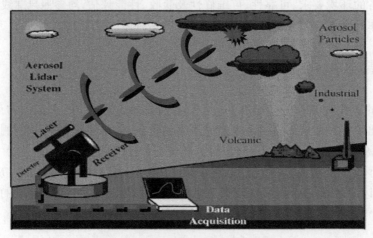

图 6.20　激光雷达工作原理示意图

　　激光雷达的测距、测向和测速原理与普通雷达相同。激光器通常以脉冲方式工作,测距的普通方法是用计数器确定激光脉冲回波的时延。当激光器以连续波方式工作时,测距可采用边带调制方式,测量边带频率成分的相位延迟。测量目标的多普勒频率需要采用相干检测接收机,并对激光器的谱线宽度、本振的稳定性等有一定的要求。激光雷达通常需要同时测量目标的距离和多普勒频移。对目标的角跟踪可采用圆锥扫描方法或单脉冲法。在激光雷达进入跟踪状态之前,必须大致瞄准目标,这可以用控制反射镜的方法或用宽角覆盖的光-电接收技术实现。

6.4.4　性能与特点

　　1)与普通的微波雷达相比,激光雷达具有窄波束、大带宽、测速灵敏度高、隐蔽性好和穿透性好等突出的优点

　　(1)窄波束。用实际可实现的天线孔径,可以得到极窄的激光波束。例如,波长为 1 μm、天线孔径为 1 cm 时,可获得 0.1 mrad 的波束宽度。窄波束使角度分辨力和测角准确度得以提高。

　　(2)大带宽。高的工作频率使激光雷达能获得大的信号带宽,所以有很高的测距准确度和距离分辨力。

　　(3)测速灵敏度高。高的工作频率使多普勒频率测量的灵敏度提高。

　　(4)隐蔽性好。窄波束和小的天线孔径,使激光雷达的隐蔽性较好。

　　(5)对某些介质的穿透性好。激光辐射可穿过某些介质,如稠密的等离子体和海水,因此激光雷达可用于某些特殊场合,如海底探测等。

　　2)激光雷达在气象参量测量方面的优点

　　(1)主动遥感工具

　　高能量激光束发射到大气中,通过接收与大气介质相互作用后的后向散射信号,对采集的散射信号进行反演得到大气的物理信息。

　　(2)灵敏度高、分辨力高

　　能对 ppm 量级的微量气体进行遥感测量,如 O_3,SO_2,CO_2 等。风场测量方面,能获得较气球探空分辨力高的精细风场。

　　(3)测量范围大

　　探测距离可达到 100 km,可实现三维空间的扫描探测。

　　(4)获取气象参量信息多

　　激光在大气中传输时,与大气介质发生多种作用,对相应机理的散射信号进行反演可得到多种气象参量信息。能获得气溶胶、微量气体、温度、水汽、风场等信息。

　　双波长或多波长激光雷达的应用能得到气溶胶粒子谱、雷达比等参数。

　　测云激光雷达不仅能得到云底、云高等基本信息,同时可以通过偏振测量获得云中粒子的相态。

　　(5)激光雷达架设形式多样

　　地基雷达测量定位性好,能够克服气球探空随风飘移的缺点,获得测量地点上方的准确数据。

　　机载或星载雷达可实现大范围区域的扫描测量。

6.4.5　气象应用

　　激光雷达的早期应用主要是精密测距。例如,用激光雷达测量地球上一点到月球的距离,测量误差能达到不超过几厘米。利用地面激光雷达对卫星合作目标的精密测距和跟踪,可进行地震预报。为此,可把一个带有后向反射器的卫星发射到 5900 km 高的轨道上,激光雷达测距系统可以测出地球表面上数厘米的位移。小型激光雷达可用作距离的精密测量仪器。激光雷达系统可以从地面、飞机、船舰和空间平台上对目标进行精密跟踪。此外,激光雷达也可应用于空中交通管制、气象预报以及土地测绘等方面。激光雷达在目标成像和目标识别方面的应用日益受到重视。激光雷达成像系统可以提供高分辨力的图像。

　　激光雷达在高空气象观测应用中,可以对大气进行监测,遥测大气中的污染和毒剂,还可测量大气的温度、湿度、风速、能见度及云层高度,探测气溶胶、云粒子的分布和风场的垂直廓线。快速扫描的激光多普勒雷达可以探测三维风场分布。用激光雷达进行大气折射指数等方面的测量也有重要的应用价值(图 6.21)。

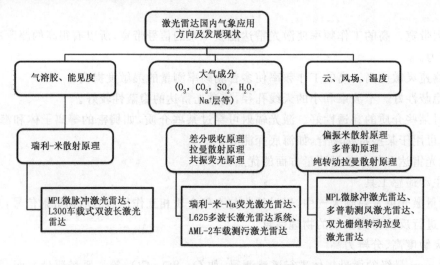

图 6.21　激光雷达在国内气象应用的方向及发展现状图

　　多普勒测风激光雷达连续观测获得的水平风速和风向结果如图 6.22 所示。AML-2 激光雷达监测污染物三维空间分布和时间演化如图 6.23 所示。

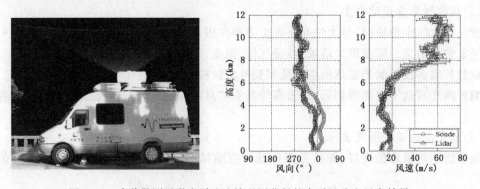

图 6.22　多普勒测风激光雷达连续观测获得的水平风速和风向结果

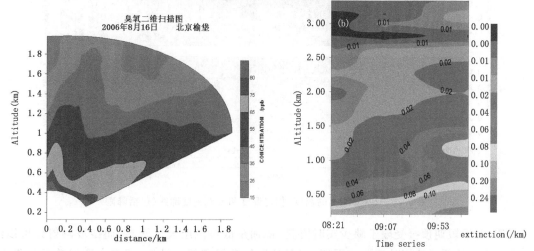

图 6.23　AML－2 激光雷达监测污染物三维空间分布和时间演化图

6.5　微波辐射计简介

6.5.1　工作原理

微波辐射计外形如图 6.24 所示。通过大气的微波辐射和红外辐射与地面气象参数（温度、湿度、气压等）反演温度、湿度和液态水廓线数据，这些数据是提高短期预报准确性的关键数据。

图 6.24　微波辐射计

6.5.2 特点与作用

（1）提供高准确度、连续的温度、湿度和液态水廓线，如图 6.25 所示。

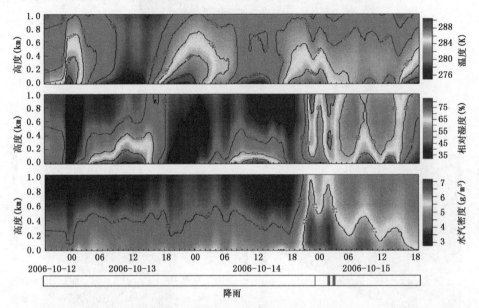

图 6.25   1 km 高度的温度、相对湿度和水汽密度廓线（包括降雨）

（2）由于短期预报受限于缺少实时资料，特别是低对流层天气资料，而微波辐射计可以给出实时连续的低对流层的温度和湿度，甚至是风的数据资料。另外，液态水廓线数据与降水、能见度和雾联系紧密，而这些资料都可以通过微波辐射计获得。因此，这些连续廓线数据是大幅度提高短期天气预报的关键。

（3）边界层湍流监测和闪电预报。

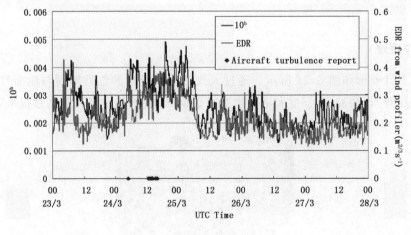

图 6.26

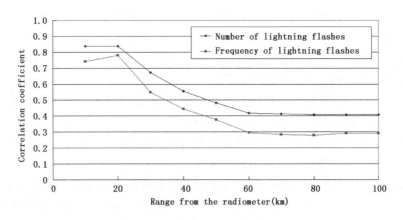

图 6.27　微波辐射计和闪电定位仪测量 K 指数相关性

6.5.3　气象应用

(1)微波辐射计能够提供连续的温度、湿度、云中液态水廓线观测数据。

(2)新的观测数据能够为阻止数值天气预报模式降解提供一段时间。

(3)微波辐射计提供有用的云中液态水及其他必要的初始化和更新气象模型数据,用以监测和预报浓雾和飞机结冰的危险,并确定人工影响天气的机会。

(4)微波辐射计能够提供自动和人工干预较少的高层大气观测。

6.6　其他技术

6.6.1　声雷达简介

声雷达是一种利用雷达原理,发射定向声脉冲并接收其散射回波的装置,用以测量回波强度和目标物距离。是探测大气边界层气象要素的有效工具,气象上可用以研究低空大气的结构,例如层云、逆温和锋面等。

1)组成及原理

声雷达由声波脉冲发生器(高功率扬声器)、发射和接收天线、收发开关、接收器、控制器、数据处理和显示等单元组成。首先由信号发生器产生一束声频脉冲信号,信号经功率放大器放大,并且通过转换开关从天线发射出去。在脉冲信号发射出后,转换开关把天线与接收器接通,天线收到的回波信号通过接收器在显示器上显示出来。

单点声雷达探测系统由天线、发射机、接收机组成。可用以测定风向、风速;研究温度层结的时空变化以及逆温的高度、结构和生消规律;测定混合层的厚度等。

在声雷达系统中,发射机定向发出不同频率的声信号,随后接收不同距离上的回波信号,利用回波中频率的偏离可以测定风速、风向随高度的变化。

2)气象应用

目前,声雷达主要用来探测近地面几百米高度范围内大气的结构和现象。它可以发现低层大气的一些细节变化,有不少肉眼不能观察到的大气现象可以从声雷达的传真图像上辨别出来。例如,声雷达可以测出近地面几百米高度范围里的热气流,上升的热气流可以在声雷达的传真图像上看出来,可以从传真图像上出现的热股流征象估计空气的稳定性。声雷达也可以用来测量低层大气逆温(随高度升高气温反而升高的现象)的分布情况,如果地面上空有一个逆温层,那么在传真图像上将出现一条黑带。

用声雷达还可以探测风速、风向随高度的变化,所根据的原理是多普勒原理。假定引起声波散射的空气团是随风飘移的,因此散射回波的频率和发射时候声波的频率不同,有一个偏移量,偏移量的大小与风速呈正比。只要同时测出南北、东西方向的偏移量,就可以测出风速的南北分量和东西分量,这样就可以求得风向和风速的确定值。

声雷达以大气声波的相互作用,特别是散射特性原理向大气发射定向的人工声脉冲波,随后接收来自不同时间(对应于不同距离)大气的声回波信号,利用回波信号的强度和(或)频率的偏离来定量或半定量地测定气象要素。这种设备可以探测大气温度、湿度层结和稳定度,以及风速等气象要素的空间分布。通过几个方向的径向风速测量值和简单的三角关系,可得到全风矢量。和通常的主动式遥感仪器一样,目前实际采用的绝大多数是发射和接收天线合一的单端式声雷达。从原理上说,可以采用发射和接收天线异地分置的两端式声雷达,也可以应用调频连续波声雷达。常用的频率为 500～3000 Hz,脉冲功率为数百瓦。由于大气对声波具有强烈的吸收和散射能力,声波在大气中传播衰减很快,故探测距离极为有限,目前多在 600 m 左右,少数情况下可达到 1000 m。大气中存在的人为自然噪声也影响了它的探测距离,这对声雷达天线的主波特性和分辨抑制提出了较高的要求。此外,它对探测环境有较苛刻的要求,要求远离人为噪声源,并且在大风和降水环境中无法使用。尽管存在上述局限性,但它的技术及费用较低,功能多,是大气边界层探测的重要设备。

声雷达探测大气的原理,跟微波气象雷达、激光气象雷达有共同的地方,差别在于它发射出去的是声波。

声雷达的优点是灵敏度比较高。这是因为声波通过不均匀大气时候的散射要比无线电波、光波强一百万倍。但是,声波在大气里传播的时候能量损耗比较大,所以它的探测高度受到限制。

6.6.2　系留气球气象探空系统简介

系留气球是一种无动力气球飞行器,使用缆绳将其拴在地面绞车上并可控制其在大气中飘浮高度的气球,升空高度 2 km 以下,主要应用于大气边界层探测。为使气球有良好的稳定性,有时做成流线型,横放在空中,球内充氢气或氦气。气球可携带自记仪器、无线电遥测仪器;或可通过缆绳传送信息的仪器;也可悬挂仪器在几个预定高度上进行梯度观测。用聚酯薄膜制作的大型球,可带几十千克的仪器。观测项目除温、湿、压、风等气象要素外,还用来观测臭氧以及监测大气污染,能在一段时间(几小时至几十小时)内连续测量它们的变化。但在强风条件下操作困难,也不宜用作长时间的连续观测。

1)组成

一个系留气球探空观测系统由地面和高空两部分组成。地面部分包括绞车、接收机、数据处理系统等。高空部分包括探空包和气艇等。

球体为全柔性结构,由多功能柔性复合材料制成,外形一般采用流线型。球体尾部的尾翼多采用十字布局或倒 Y 形布局。球体内部分成充有氦气的主气室和充有空气的副气囊两部

分,气球的浮力由主气室提供,副气囊则用于调节球体的压力,使球体始终保持较好的刚性,
如图 6.28 所示。

图 6.28　系留气球探空观测系统

2)特点

系留气球的工作高度取决于气球体积、载荷重量和系缆重量等因素,一般从几百米至
3000 m。系留气球的抗风能力与球体的气动特性、布局、净浮力和体积大小有关。小型系留
气球的抗风能力一般为 5～6 级,大型气球可达 8 级以上。

与其他高低空飞行器相比,系留气球具有滞空时间长(连续滞空时间从几天至一个月),耐
候性强,部署简单灵活,造价和维护费用低廉等特点。

作为一种升空平台,系留气球可为球载设备提供较大的对地视界范围,滞空高度越高,覆
盖范围越大。

该系统的最大特点是可以实时采集并存储各参量的测量数据,操作简单、移动方便、可重
复使用,适合野外作业。

6.6.3　无人驾驶飞机气象观测系统简介

无人驾驶飞机(unmanned aircraft vehicle)是
一种以无线电遥控或由自身预设程序控制的飞行
探测器(图 6.29)。与载人飞机和其他空基探测方
式相比,它具有体积小、造价低、机动灵活、可重复
使用等优点。无人驾驶飞机可以携带多种气象仪
器,进行气象高空探测、气象灾害调查、人工影响天
气、大气科学研究等领域的应用。

图 6.29　无人驾驶飞机

迄今为止,我国已经发展了探空、遥感、人工影
响天气等三个系列十余个机型的气象无人机。目前主要用于垂直或水平探测大气温压湿和
风,远距离或多点探测大气温压湿和风,监测天气系统(如台风),大气化学探测或采样,云、雨
滴探测,人工影响天气领域云的催化播撒、遥感探测等,以及国际大气科学试验合作。

该项技术不仅参加了南海季风试验、河南人工影响天气综合野外探测、祁连山地形云野外
综合探测等大型综合观测项目,还已在江西、广西、北京、新疆、陕西、河南、山东和甘肃等省
(区、市)得到业务应用,收到了良好的经济和社会效益。与有人驾驶飞机比较,无人驾驶飞机

对大气的适应性强、造价和使用费用低,在大气科学中的应用越来越广泛。无人驾驶飞机不仅可以探测温、压、湿、风,也能完成有人驾驶飞机所承担的探测任务。

全球鹰是一种飞行高度 20000 m,航程 20000 km,载荷 680 kg,飞行速度 640 km/h 的无人驾驶飞机,美国计划用它进行远距离下投式探空。

航空探空仪(Aerosonde)是一种续航时间 30 多小时,起飞重量 1 5 kg 左右的专用大气探测无人驾驶飞机。这种无人驾驶飞机在 1998 年进行了跨越大西洋的飞行。

我国气象无人机系统由微型飞机、机载控制系统、地面监测控制设备、机载气象探测设备、气象数据地面分析终端、数据无线传输链路组成。它采用全球卫星定位系统导航,可指定飞行探测的航线,具有自动导航和自动驾驶功能。根据不同的飞机型号携带不同的探测仪器进行搭配,构成不同的应用系统,满足多种类型探测业务的需要。

6.6.4　有人驾驶飞机气象观测系统简介

有人驾驶飞机气象观测(图 6.30)早在 20 世纪初就作为一种研究性的高空大气探测手段而存在。有人驾驶飞机气象观测一般分为专门任务的业务飞行观测飞机和空中气象观测实验室。前者任务单一,配置的气象观测设备和仪器种类固定,一般有固定的飞行区域和工作目标,观测结果都有固定的处理流程。空中气象观测实验室则配备多种气象综合观测设备,每个阶段飞行观测的目标都不尽相同,上机专业工作人员也根据任务配属,一般在大型气象综合试验中使用。

图 6.30　有人驾驶飞机

目前,我国仅在人工影响天气领域开展有人驾驶飞机气象观测,尚无专门的气象观测飞机。使用过的飞机机型有运－12,安－26,运－7,运－8,夏延 3 型等。

气象飞机探测主要技术参数有巡航航速、最大飞行高度和实用升限、最大有效载荷荷载重量、成员数量,起降条件等。我国目前飞机平台飞行的高度除几架夏延飞机外,绝大多数的飞机实用升限都不足 7000 m。飞机改装配备设备程序复杂,在实际使用中存在诸多的限制。科研和业务都急需高性能飞机改装成专用的空中气象综合探测实验室。

6.6.5　气象探空火箭简介

气象探空火箭获得的高空大气资料可用于天气预报、气候变化和灾害性天气研究。气象火箭通常是小型火箭,价格低廉,可靠性高,使用方便,一般重量为十千克到百多千克,携带的仪器仅重几千克,火箭弹道顶点高度通常在 60 km 以上(图 6.31)。气象火箭探测高空大气有多种方法。一种是在飞行中用探测仪器直接测量大气参数;另一种是在弹道顶点附近从箭头弹出挂有降落伞的探测仪器,在下降过程中综合探测大气参数。这两种方法都要通过仪器上的遥测装置向地面接收站传送探测信息。有的气象火箭在弹道顶点高度附近抛出能充气膨胀的球体,用地面雷达跟踪,以测定大气密度、风速和风向。有的火箭在高空弹出金属箔条、化学

发光物等示踪物,再由地面雷达跟踪示踪物以测定高空风和紊流。还有的从火箭上弹出榴弹,
然后靠接收站接收榴弹在空中爆炸发出的声波来间接测定温度。

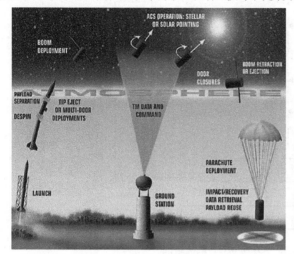

图 6.31　气象探空火箭

探空火箭按用途可分为探测大气温度、大气压、大气密度以及风向、风速等气象要素的气
象火箭,收集特定情况下大气中固体微粒的取样火箭,探测电离层电子浓度等参数的电离层探
测火箭,研究生物对高空飞行适应性的生物试验火箭,试验有关技术的工程试验火箭等。

气象探空火箭的作用有研究平流层和对流层的相互耦合作用,研究平流层大气结构,建立
平流层大气模式,评价平流层大气环境。

6.6.6　GPS/MET 水汽探测系统简介

GPS/MET 作为一种大气遥感探测新技术,国外发达国家在技术研究及业务应用上已经
取得显著成果。近年来,我国气象部门也积极开展 GPS/MET 的研究和业务化试验,取得了
一定的成绩,为业务化奠定了基础。目前,全国气象部门通过自建或与其他部门合作建设、共
享数据的 GPS 站逐渐增多。根据"十二五"发展规划,我国气象部门一方面要加大自建 GPS
站的力度,另一方面通过与其他部门合作共建 GPS 站,形成布局基本合理的 GPS 站网。与此
同时,还要加快 GPS/MET 在气象领域的研究,并按照大气探测业务系统的要求进行规划布
局、建设以及业务运行等。

1)地基 GPS/MET 简介

地基 GPS/MET 水汽探测系统是中国气象局综合观测系统的重要组成部分。地基 GPS/
MET 水汽探测系统利用全球导航卫星系统(GPS)进行主动遥感,通过测量穿过大气层的
GPS 信号的延迟,来获得大气折射率并从中得到温、湿、压等信息,进而获得地面固定点上高
时空分辨率的水汽资料。这种探测方式方法将更好地监测灾害性天气的产生和发展,对中尺
度天气预报、气候研究和人工影响天气等有着重要的应用价值。

2)系统组成

地基 GPS/MET 水汽探测系统硬件设备主要有 GPS 接收机、GPS 接收天线,数据采集计
算机和气象观测设备。获取的 GPS 原始观测文件包括导航文件、观测文件和气象文件。如图

6.32 和图 6.33 所示。

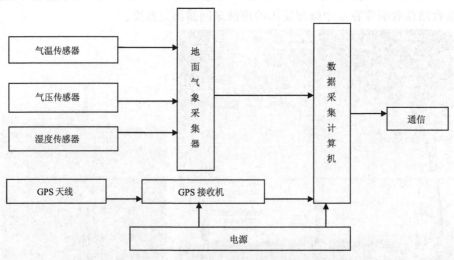

图 6.32　GPS/MET 系统组成

图 6.33　GPS/MET 水汽探测系统

3)地基 GPS/MET 系统功能及要求

(1)GPS 接收机功能

GPS 接收机自动记录数据,具有内部存储器,满足长期、快速记录、存取的需要;具有同时跟踪不少于 12 颗卫星的能力;至少具有 1 s 采样率的数据观测能力;观测数据至少应包括双频测距码、双频载波相位值、卫星广播星历;具有在 -20~55℃,相对湿度≤95% 的环境下正常工作的能力;具备外接频标输入口,可配 5 MHz 或 10 MHz 的外接频标;具备 3 个以上的数据通讯接口,接口可包括 RS232,USB 等;具有输出原始观测数据、导航定位数据、差分修正数据、1PPS 脉冲的能力;在 30 s 采样率的条件下,接收机内存可连续保存至少 7 天的数据。

(2) GPS 接收机天线的功能与要求

天线放在玻璃钢防护罩内接受 GPS 信号,天线的馈线长度采用低损耗的射频电缆。若电缆需要延长时,必须加装相应的在线放大器;天线与放大器密封为一体,以保障在恶劣环境下能正常工作,并减少信号损失。相位中心稳定性应优于 1 mm;具备抗多路径效应的扼流圈或抑径板;具有较强的抗电磁干扰能力;具有定向指北标志;在 -45~55℃ 的环境下能正常工作;气候条件恶劣地区应配有防护罩。

(3)气象传感器的功能及要求

气象传感器能准确测定温度、气压和湿度;气压测定精度 ±0.3 hPa,温度测定精度 ±0.2℃(不低于 ±0.5℃),湿度测定精度 ±3%;可连续测定气象要素,具有多采样率设置的能力;具备自动记录、与 GPS 数据打包实时输出的功能;具备数据通讯接口。传感器架设高度应与接收机天线上平面高度相同,高度误差不大于 10 cm,平面位置距离小于 5 m;敷设数据传输线,若线长超过 30 m,应加装耦合器或转换器;根据需要可加装数据传输线防雷设备。

(4)观测站环境要求

观测站建设应满足《中国气象局全球导航卫星系统大气探测基准站网建设指南》要求,远离周边的高大建筑、树、水体、海滩和易积水地带,其距离不小于 200 m;应有 5°~10° 以上的地平高度角卫星通视条件;远离电磁干扰区(微波站、无线电发射台、高压线穿越地带等),其距离不小于 200 m;避开铁路、公路等易产生振动的地点。

复习思考题

(1)北斗-GPS 高空气象观测系统由哪几个主要部分组成?

(2)全自动探空系统有哪些主要功能和特点?

(3)按照对风廓线探测高度需求的不同,风廓线仪分为哪几种?

(4)根据不同的探测技术,激光雷达可以分为哪几种? 按照不同的探测功能,激光雷达可分为哪几种?

(5)激光雷达的组成主要包括哪些部分? 在高空观测应用中,可以用来观测哪些气象要素?

(6)微波辐射计的气象应用有哪些?

(7)声雷达的工作原理是什么?

(8)系留气球探空观测系统的主要特点有哪些?

(9)气象探空火箭按用途可分为哪几类?

第7章 高空气象观测业务规范与管理制度

··

　　本章主要介绍与高空气象观测有关的业务规范、管理规定和规章制度,基本内容均引自中国气象局最新(截止 2012 年 8 月)颁发的相关文件及规定。也可供其他行业开展高空气象观测业务应用或参考。

7.1 常规高空气象观测业务规范

　　中国气象局于 2010 年 5 月下发了《常规高空气象观测规范》,该规范包含总则、高空气象观测站、观测装备、设备维护检测、高空气象观测技术人员、高空压温湿风观测、观测前准备工作、探空仪施放及观测、观测数据实时处理、报告电码编制及传输、月报表编制、测站质量保证、高空气象观测网质量保证、资料管理等十四个部分,用于指导、规范高空气象观测建设、业务、管理。鉴于本教材篇幅所限,本节重点介绍该规范的高空气象观测站、观测装备、设备维护检测、高空气象观测技术人员、高空压温湿风观测、观测前准备工作、探空仪施放及观测等八个部分,其余部分可参阅《常规高空气象观测规范》。

7.1.1 高空气象观测站

1)高空气象观测站环境要求

　　(1)采用定向天线(雷达)观测系统的高空气象观测站应四周开阔,障碍物对观测系统天线形成的遮挡仰角不得高于 5°,特别是观测站盛行风下风方向 120°范围内的障碍物对观测系统的天线形成的遮挡仰角不得高于 2°。在观测气球施放场地半径 50 m 范围内要求平坦空旷,无架空电线、建筑、林木等障碍物。

　　(2)卫星导航定位系统高空气象观测站应四周开阔,障碍物对卫星导航定位系统接收天线形成的遮挡仰角不得高于 5°。在气球施放场地半径 50 m 范围内要求平坦空旷,无架空电线、变压器、建筑、林木等障碍物。

　　(3)高空气象观测站的电磁环境应满足观测系统的要求。由国家无线电频率管理部门审定的气象探空系统所使用的无线电频段,不允许其他部门或个人非法使用。

　　(4)高空气象观测站应有符合国家供电规范的电源和满足实时资料传输要求的通信方式。

其水、电、暖、交通等附属设施齐全、便利。

2)高空气象观测站业务要求

(1)保护观测环境,保证观测资料的完整性和连续性。

(2)按要求取准、取全具有代表性、准确性、比较性的第一手观测数据,及时上传观测资料。报送每时次观测的完整数据(包括仪器和设备参数、软件系统参数、观测环境参数、台站工作参数、质量控制参数等)。按时、准确地提供高空气压、温度、湿度和风观测数据的月数据文件。

(3)观测设备按照设备技术手册的要求安装、维护、检查和检定,确保设备工作状态稳定;做好观测仪器换型的对比评估等工作。

(4)观测资料要按照规定的标准、方法进行质量控制。

3)值班工作室

值班工作室应符合相应观测设备安装和使用的技术要求。

4)雷电和静电防护措施

观测系统设施与设备要采取有效的雷电和静电防护措施,保护设备不受损害。

5)高空气象观测站制(储、用)氢要求

(1)制(储、用)氢室应选择远离繁华的市区、住宅和火源区域;不宜位于明火源的下风方;制(储、用)氢室与民用建筑的距离必须大于 25 m 以上,与重要建筑的距离大于 50 m 以上。制氢室、储氢室和充气室均为防爆间,应采用轻质屋顶和有利于泄压的门窗,各房间门、窗的面积与房间体积的比值介于 $0.05\sim0.22$ m²/m³。

(2)制(储、用)氢室通风良好,严禁烟火,室外要有明显的警示标志,并有健全的安全措施。化学制氢用的苛性钠、矽铁粉必须分别存放。制氢室、储氢室和充气室必须互为独立,且制氢室和储氢室两者的距离≥5 m,顶棚和墙壁采用阻燃材料建造。

(3)水电解制氢设备主机的工作环境要求在 0℃ 以上。

(4)制(储、用)氢室供电装置必须符合《爆炸和火灾危险环境电力装置设计规范》等要求,并安装防爆灯和防爆开关,配备必要的消防设施。

(5)制(储、用)氢室具备良好的防雷和防静电设施,其接地电阻应小于 4Ω,并定期检查防雷和防静电接地的有效性,确保接地牢固可靠。

(6)制(储、用)氢设备要进行定期的检查、维护和检定。

6)观测时次

(1)定时高空气象观测时次是指北京时 02 时、08 时、14 时、20 时,正点施放时间分别是北京时 01 时 15 分、07 时 15 分、13 时 15 分、19 时 15 分。各高空气象观测站具体进行观测的时次及项目由国务院气象主管机构规定。

(2)需临时增加高空气象观测时,须经省、自治区、直辖市以上气象主管机构批准,并报国务院气象主管机构备案。

7)人员

做好观测人员的技术培训工作;严格执行业务规章制度和质量考核办法。

7.1.2　观测装备

1)无线电探空仪

由温度、湿度、气压传感器,测量电路,控制(解码)电路,发射电路和电池等部分组成。探空仪传感器的测量范围为温度 50～−90℃；湿度 1％～100％ RH；气压 1050～1 hPa，观测精度应符合规定要求。

(1)温度传感器。对环境温度的变化必须具有充分快的反应速率，以确保上升过程中热滞后造成的系统误差<0.1℃/km。

(2)湿度传感器。与大气中水分子自由迅速交换，能够真实反映大气中水汽的分布情况。

(3)气压传感器。在 1050～5 hPa 的动态范围内保持其准确度，并在规定较低气压下仍具有 0.1 hPa 的分辨率。

(4)测量、控制(解码)和发射电路。测量、控制(解码)电路必须加装参考器和电子转换器。用于二次雷达的探空仪应具有无线电应答器。卫星导航定位探空系统应具有无线电导航讯号接收和发射功能。探空仪无线电频谱宽度满足有关技术规定的要求。

(5)电池。无线电探空仪所使用的电池应具有充足的容量，在 15℃ 条件下能提供 100 min 及其以上的电能，且输出电压降低幅度不能高于标称电压的 5％。当温度从 15℃ 降至−10℃ 时，输出电压不应降低标称电压的 10％ 以上。电池不应对人体和环境造成危害。

2)探空仪基测箱

探空仪基测箱是对探空仪温度、湿度传感器在探空仪施放前与检测箱内温度、湿度的标准器进行比对的综合性检测设备。探空仪基测箱内环境要稳定，智能化程度高，尽可能消除由于操作而引起的误差。定期对基测箱内标准器进行检定。

3)探空气球

探空气球具有良好的弹性、防老化性和耐低温性。高空气象观测站根据其观测业务的要求，选用相应型号的探空气球。探空气球按用途和质量主要有两种：经纬仪测风气球(如 30 g 气球)和探空气球(如 300 g，750 g，800 g，1600 g 气球等)。经纬仪测风气球为红色、黑色或胶乳本色，探空气球为胶乳本色。

4)数据采集系统

(1)测风雷达。由接收、发射、天线和伺服系统等组成。具备对压、温、湿、仰角、方位角、斜距等基本数据的接收和处理功能。雷达的性能指标应符合其功能规格书的要求。

(2)卫星导航定位接收系统。能够接收和处理卫星导航定位探空仪发回地面的信号，利用卫星星历解算导航电文，通过数据处理软件完成高空气象要素观测。

(3)数据处理终端。数据处理终端由硬件和软件组成。硬件要满足系统的基本配置需求，软件要符合规范要求。

5)常规高空气象观测仪器设备的总体测量准确度要求

高空气象观测仪器装备的测量准确度应当满足气象业务的规定要求。根据目前生产技术水平及发展的趋势，高空气象观测仪器总体测量准确度应达到表 7.1 的要求。

表 7.1　高空气象观测仪器总体测量准确度要求

气象要素	测量误差(绝对值)		测量范围
	基本要求(Ⅰ级)	WMO 要求(Ⅱ级)	
温度	≤0.5℃	≤0.5℃	地面~100 hPa
	≤2.0℃	≤1.0℃	100 hPa 以上~5 hPa
湿度	≤5%RH	≤5%RH	第一个对流层顶及其以下
	≤10%RH		第一个对流层顶以上
气压	≤2 hPa	≤1 hPa	地面~500 hPa
	≤1 hPa		500 hPa 以上~5 hPa
风向	≤5°	≤5°	地面~100 hPa　风速≤10 m/s
		≤2.5°	风速>10 m/s
	≤10°	≤5°	100 hPa 以上~5 hPa　风速>25 m/s
			风速>25 m/s
风速	≤1 m/s	≤1 m/s	地面~100 hPa
		≤2 m/s	100 hPa 以上~5 hPa
			风速≤10 m/s
	≤10%		风速>10 m/s

7.1.3　设备维护检测

(1)高空气象观测业务所使用的装备必须具有国务院气象主管机构颁发的使用许可证。

(2)观测系统装备应严格按系统装备维护说明或维修手册规定进行定期标定、检查、维护和保养,以使观测系统装备处于良好工作状态。

(3)观测系统的检测和校准仪器、仪表应保持良好的工作状态,其附件保持完整和齐备;必须严格执行操作规程。

(4)凡用于测量的标准器、仪表、设备及器具必须严格按计量法规、规范进行保养和计量校准。

(5)数据处理终端(计算机)的时间应于每日 19 时与标准时间(北京时)进行对时,当计算机时间与标准时间相差大于 30 s 时,要对计算机时间进行修正。

(6)严禁使用超检仪器。

7.1.4　高空气象观测技术人员

(1)必须具有良好的职业道德。

(2)掌握常规高空气象观测所需的基础理论和方法。

(3)熟练掌握高空气象观测系统装备的基本工作原理和操作、检测、维护、校准等方法。

(4)必须持有省级以上气象主管机构考核颁发的高空气象观测岗位证书。

7.1.5　高空压、温、湿、风观测

(1)高空压、温、湿观测是由气球携带无线电探空仪升空,将实时观测的压、温、湿等高空气象数据传送至地面接收设备。

(2)高空风观测采用定向天线(雷达)跟踪、经纬仪或卫星导航定位系统等方式。定向天线(雷达)和经纬仪主要通过跟踪气球飞升过程中的仰角、方位角、斜距或高度计算风向、风速。卫星导航定位系统通过接收导航信号,确定气球携带探空仪(应答器)在空间的位移,计算风向、风速。风向是指风的来向,以度为单位,以正北方位为 0°,顺时针旋转。风速是指单位时间内空气移动的水平距离,以 m/s 为单位。

(3)地面数据处理终端对气压、温度、湿度、风向、风速等数据进行处理,获取规定等压面、规定高度、特性层、对流层顶、零度层、空间定位等资料,并形成上传数据文件和秒数据文件等。编制高空压、温、湿记录月报表和高空风记录月报表,形成月数据文件。观测业务人员在规定的时间内完成文件传输。

(4)为确保高空风观测的精度,用定向天线(雷达)跟踪探空气球时,要结合测站四周的观测环境确定测站定向天线(雷达)的最低工作仰角。

7.1.6　观测前准备工作

1)设备准备

检查供电电源;按操作手册规定的方法接通地面观测设备电源;检查观测设备各项参数是否正常。

2)探空仪的准备

(1)探空仪信号检查

探空仪在施放之前要进行发射信号和应答信号的检查,并通过地面接收设备检查探空仪发送的气象要素是否正常。

(2)探空仪基值测定

基值测定一般在探空仪基测箱中进行,要求环境稳定,避免阳光直射。探空仪各传感器要在探空仪基测箱环境中充分感应,探空数据的变化特性要与标准仪表的响应特性相适应。探空仪测得的气象要素值与标准仪表示值比较,必须达到规定的要求,否则不得施放。

(3)探空仪的装配

按规定装配探空仪各部件及电池。为避免探空仪实测数据与施放瞬间标准仪表数据间出现较大差值,应将待施放的探空仪放置在避免阳光直射的环境中。

3)气球准备

严格按照操作规程充灌气球,气球升速应符合高空气象观测系统的要求。综合观测平均升速应控制在 400 m/min 左右。

经纬仪测风气球应根据当时的天空背景,选择气球颜色。通过天平称取气球及附加物重量,并根据当时的气压、温度以及气球和附加物重量计算出净举力,根据净举力的大小确定砝码重量,以保证经纬仪测风气球的平均升速严格控制在 200 m/min。

4)探空仪与气球的连接

探空仪与气球间的绳长应符合探空仪使用的技术要求。

夜间放球如需附带照明装置,不得使用明显发热、明火光源。

7.1.7　探空仪施放及观测

1)施放探空仪

(1)施放时间

定时常规高空气象观测应在正点进行,不得提前施放。如在正点后 75 min 内无法放球,该时次观测停止进行。

(2)施放地点

根据天气和环境情况,施放地点应选在便于自动跟踪、不易丢球的位置。为避免近地层记录出现不连续或丢失部分资料,施放时探空仪高度与本站气压表应在同一水平面上(高度差不大于 4 m),高度差≥1 m 时,必须订正;施放时探空仪与瞬间观测的仪器应处于同一环境,两者的水平距离不应超过 100 m。施放瞬间放球点作为高空风计算坐标的原点。

(3)海拔高度

探空(压、温、湿)海拔高度以测站水银槽面的海拔高度为基准;测风海拔高度以定向天线光电轴中心或经纬仪镜筒的海拔高度为基准;卫星导航定位测风系统的海拔高度以天线接收信号天线平面的海拔高度为基准。

(4)施放瞬间地面气象要素获取

应在施放前后 5 min 内进行施放瞬间压、温、湿、风向风速及云状、云量、能见度和天气现象等气象要素的观测。

施放瞬间地面气象要素,通过高空气象观测站施放环境的观测仪器获取。

2)观测期间监控

探空仪施放后应密切注视观测系统工作状态,获取完整、高质量的观测资料。

3)观测终止

遇球炸、探空仪故障超出规定的时间(详见《规范》表 2)、雷达故障等情况时可终止观测。

4)重放球

(1)当观测获取的可用数据未达 500 hPa,应在规定时间(正点放球后 75 min)内重放球。

(2)观测获取的可用数据已达 500 hPa,但时间不足 10 min,应在规定时间(正点放球后 75 min)内重放球。

(3)遇有压、温、湿数据连续缺测或可信度差的时间超过规定要求(详见《规范》表 2)的,应在规定时间内重放球。

(4)遇有近地层高空风失测(海拔高度≤5500 m),应在正点放球后 75 min 内用经纬仪测风(小球)的方法补测,确因天气原因无法补测的,按失测处理。

当进行经纬仪测风(小球)时,事先做好经纬仪架设,并进行水平、焦距、方位调整。经纬仪测风气球施放后,每分钟采集仰角、方位角数据。

7.1.8　观测数据实时处理

观测数据实时处理的主要内容包括:①地面层要素值,②观测原始数据的处理,③数据质量控制,④观测系统测量误差订正,⑤定向天线(雷达)进行测风,⑥计算项目及公式见附录1,⑦计算规定层输出数据,⑧数据传输,⑨特殊情况处理,⑩实时观测存档数据文件,⑪资料预审。具体内容详见《常规高空气象观测业务规范》第九章。

7.1.9　报告电码编制及传输

报告电码编制及传输的主要内容包括：①高空气象综合观测每次观测数据，②雷达单独测风每次观测数据，③高空气象观测站每月观测归档数据文件，④高空气候月报，⑤某次观测全部缺测处理，⑥某次观测高空风资料全部缺测而补放经纬仪小球测风处理。具体内容详见《常规高空气象观测业务规范》第十章。

7.1.10　月报表编制

月报表编制的主要内容包括：①规定等压面、零度层、对流层顶资料统计，②特性层月报表和高空风记录月报表编制，③各规定等压面的矢量风、风的稳定度、温度露点差统计，④特殊情况时的统计规定，⑤某时次观测获取两份及其以上记录时的处理，⑥高空观测数据归档文件和各类观测月报表数据文件的储存和上报。具体内容详见《常规高空气象观测业务规范》第十一章。

7.1.11　测站质量保证

测站质量保证的主要内容包括：①观测设备的标校，②相对标准设备的标校，③基值测定设备和各标准传感器的标校，④对获取的观测资料进行校对。具体内容详见《常规高空气象观测业务规范》第十二章。

7.1.12　高空气象观测网质量保证

高空气象观测网质量保证的主要内容包括：①业务质量保证，②仪器设备生产质量监控。具体内容详见《常规高空气象观测业务规范》第十三章。

7.1.13　资料管理

资料管理的主要内容包括：①资料载体，②定期转录与异地备份。具体内容详见《常规高空气象观测业务规范》第十四章。

7.2　高空气象观测业务规章制度

7.2.1　值班和交接班制度

1）值班制度

（1）严格执行高空气象探测业务规范和相关技术规定，认真做好施放前各项准备工作，及时准确完成本班各项任务。

（2）值班时严守岗位，不擅离职守，集中精力工作，不做与值班无关的事；不私自代班、调班；保持值班室整洁；无关人员严禁随意进入值班室。

（3）每次探测须2人以上值班。遇大风、浓雾、雷雨等异常天气，应根据情况适当增加人员协助放球。计算班（主班）应在规定放球时间前1 h到班，校对班（副班）应在规定放球前半小时到岗。

(4)根据施放瞬间的风向,适时选择放球场地,保证在各种恶劣天气下能放出气球,雷达、经纬仪能在 1 min 内抓到气球,气球过顶时不丢球,全程不丢失记录。

(5)数据采集、雷达操作、经纬仪观测要集中精力,严格按照规范进行操作;取准、取全第一性高空气象探测资料。

(6)严格执行各项操作规程,记录处理准确、及时;班内必须互校,按时发报。

(7)值班前要对计时设备对时、校正,对备份设备(包括 701 雷达系统、L 波段备份接收系统、经纬仪等)进行检查,确保设备状态良好,遇有特殊情况能随时开机和正常工作。

(8)认真填写纸质和电子文档值班工作日志及相关表薄,注意观测和积累本地的天气变化特征。

(9)站(组)长和机务人员要坚持参加一定量的业务值班,遇有重要任务和复杂天气时做好组织、指挥和保障工作。

(10)严禁在业务用机上运行非业务软件。

2)交接班制度

(1)接班员在班前注意休息,严禁酗酒,按时到岗,认真做好值班前的一切准备工作。

(2)交班员要将观测使用的设备、消耗器材等情况向接班员交代清楚,值班日志上应填写本班出现的问题和需要下一班继续完成的任务及注意事项。

7.2.2　业务学习制度

(1)业务学习采取集体学习和自学相结合,集体学习每周不得少于一次。

(2)学习内容要密切联系业务工作实际,按照干什么、学什么、缺什么、补什么的原则,达到"四懂得"、"两熟练",不断提高业务水平和工作效率。

①懂得设备的性能原理,做到会操作、会调试、会维护。

②懂得器材的性能原理,做到会检查、会使用。

③懂得各种参数的计算公式和含义。

④懂得氢气的物理、化学性质,掌握制、储、用氢安全操作规程。

⑤熟练掌握设备操作技能,能够正确处理应急情况,遇到停电能及时启动备份电源或油机供电。会预防触电、雷击等安全事故。

⑥熟练掌握计算机基本原理和操作,努力学习相关的计算机知识。

(3)努力学习本专业的基础知识,熟记本专业的技术规定;及时掌握本专业的发展动态和相关知识。

(4)业务学习要定期考核,考核成绩要作为探空员岗位业绩的一项内容。

(5)定期进行质量分析和技术交流,及时总结前一阶段高空工作的经验教训,不断提高业务人员的整体素质。

7.2.3　数据质量预审和上传制度

(1)预审人员要具有一定的高空气象探测实践经验,熟悉本台站高空气候背景。预审过程中要认真对待各类原始数据,特别是地面人工采集的数据和探空仪基本参数、雷达标校数据等。

(2)掌握天气系统的变化过程,遇有记录异常,特别是探空仪传感器变性、球坐标数据异常等情况时,要对前后记录进行比较,认真分析,查找原因。

(3)数据检查、校对要在数据上传前完成,发现记录可疑等提示信息,要仔细核实,确保出站资料合格。

(4)需要上传的各类原始数据、设备状态监控数据等数据文件,必须在规定的时间内上传,其时效纳入台站业务质量考核。

(5)各类报表打印制作要定人、定时、定责任,做到日清、旬清、月清。打印要规范整洁,字迹、符号要清晰、美观,严禁出现人工更改痕迹。

(6)定期对各类数据文件进行存储、转存和归档(每日双存,每月转存,每年归档)。

7.2.4　场地和仪器设备维护制度

(1)严格按照《中华人民共和国气象法》和《气象设施和探测环境保护办法》保护好探测环境。

(2)现用放球场地和备用放球场地平整、开阔,严禁种植作物、堆放杂物,确保平常和异常天气放球。

(3)严格按照规范和技术手册要求对所有仪器、设备进行日、旬、月、季、半年、年的维护与检查,保证仪器设备处于良好状态。及时排除仪器故障,超检仪器及时撤换并送检。损坏仪器设备要及时查明原因,认真总结经验教训,报告装备保障部门,如果影响业务应同时报告业务管理部门。

(4)地面观测用的气压表、通风干湿表、风向风速仪等设备要定期进行检查。机械式通风干湿表每月检查一次风扇转速;干湿球温度表每两周更换一次湿球纱布,遇有风沙,及时更换。

(5)定期检查探空、测风接收设备的各项技术指标,正确调整、维护。

(6)定期对计算机杀毒软件进行升级和清、杀病毒;遇有病毒出现,及时清杀。

(7)测站周围的电磁环境发生变化时,及时与当地无线电管理部门取得联系,对测站的电磁环境重新进行测试,并采取措施。

(8)安装、维护仪器设备要严密组织,确保安全,并认真填写各类仪器设备的维护、维修登记簿。

7.2.5　工作检查和报告制度

1)工作检查制度

(1)高空气象探测台站应按照规范、技术手册等有关内容和要求,对业务情况、台站环境和设施、设备安全等每年进行一次自检。

(2)业务情况自检由探空站(台、组)长主持,按《高空气象探测业务检查报告书》内容逐项进行。主要方法为:

① 集体检查仪器设备性能是否良好,安装、操作使用是否正确。边检查,边排除隐患。

② 轮流操作互相观摩,总结经验,找出不足,取长补短,共同提高。

(3)台站探测环境检查在每年6月份进行,并填写《高空台站环境报告书》。

(4)对各类仪器设备的防雷、供电系统的安全检查可邀请相关专业部门或专家共同进行。防雷设施的检测必须由乙级以上资质的部门组织进行,并出具检测报告。凡不符合要求的,要限期整改。

(5)定期完善台站业务技术档案,确保技术档案完整。

(6)省级业务管理部门根据台站的自查情况每年进行抽查,3～4 年对所有台站进行一次全面检查。

2)报告制度

(1)每年年度末向业务管理部门呈报高空探测业务工作总结和下一年度工作设想。

(2)定期向装备保障部门编制和呈报高空器材消耗情况和使用计划。

(3)自检工作结束后 15 天内向业务管理部门报告检查情况和检查报告书。

(4)在每月 10 日前将上个月的高空气象探测质量报表分别报市(地、州、盟)气象局和省、自治区、直辖市气象局,并留底。

(5)各省、自治区、直辖市气象局于 7 月 31 日、1 月 31 日前向中国气象局报送全省和站(组)上半年及全年的高空气象探测质量报表。

(6)不定期专题报告

① 典型经验,先进事迹,好人好事;发明创造,技术革新成果;新设备(技术)试运行阶段小结;集体或个人争先创优申报表。

② 台站发生重大问题和事故,如发生缺测、伪造涂改记录、贵重仪器损坏、被盗、丢失原始记录资料、氢气安全问题等,及时、逐级书面上报。

7.2.6　制氢岗位职责、工作制度和安全制度

1)岗位职责

(1)认真贯彻执行国家有关氢气生产和安全的法律、法规,按时参加安全知识和专业技术培训。

(2)掌握工作原理,熟悉操作流程、安全规范,严格执行气象部门水电解制氢各项管理规章制度。

(3)定期对设备进行维护、维修,及时测量槽体碱液浓度、补充电解液、监测氢气纯度。

(4)监督设备运行,检查雷电防护、安全措施及环境状况,防火和防爆器材随时处于良好状态。

(5)严格执行氢气使用、储存、运输作业的有关规定。

(6)爱岗敬业,工作认真负责,熟悉水电解制氢的应急措施,能够处理突发事件。

(7)发生事故时,要立即采取有效措施处置,防止事故扩大,避免造成更大的财产损失和人员伤亡。

2)工作制度

(1)按时到岗,忠于职守,设备运行时应有专人监管。

(2)进入制氢、储氢场所要按规定穿着防静电服装,严禁携带火源。

(3)随时检查制氢设备运行情况,观察并记录设备及仪表的变化。

(4)在作业过程中发现事故隐患或其他不安全因素,应立即停止作业,采取防范措施,发现重大隐患应及时报告。

(5)工作间不得堆放杂物,保持作业场所和设备清洁、卫生。

(6)下班前认真如实填写值班日记,做好交班工作。

（7）制氢设备停机后应检查水、电、气开关及门窗，确保设备安全。

3）安全制度

（1）水电解制氢设备向当地安全监督部门备案，生产作业必须严格执行安全生产有关规定，站内必须设安全检查员。

（2）制氢建筑物必须安装防雷装置；室内灯具、电源线及开关等必须符合防爆要求，其他金属设施必须采取防静电措施。

（3）制氢作业区内应按规定配备消防器材，在外围设"氢气危险"、"严禁烟火"、"禁止携带火种"、"闲人勿近"等警示标志。

（4）涉氢人员必须经过技术培训，持证上岗，遵守制氢岗位职责和工作制度，熟悉制氢工作流程，掌握制氢设备和消防器材的操作技术。

（5）维修、维护制氢设备时必须停机。

（6）业务用氢和非业务用氢场所应分开。

7.3　高空气象观测业务管理

7.3.1　高空气象观测业务质量考核办法

《高空气象观测业务质量考核办法》（以下简称考核办法），是对高空气象观测台站业务质量和观测业务人员"德、能、勤、绩"进行量化考核的主要方法之一。本考核办法适用于 L 波段二次测风雷达—电子探空仪系统、卫星导航定位探空系统等常规高空气象观测系统，是对高空气象观测前期准备、观测操作、数据处理、设备保障等全过程的业务质量考核，并规定了具体的考核指标及统计要求，是高空气象观测台站及各级业务管理部门进行业务质量评价的依据。

1）考核目的

进行高空气象观测业务质量考核的目的，是为了充分调动高空气象观测业务人员工作的积极性，促进业务技术水平的不断提高，从而保证我国高空气象观测业务的质量。

2）考核要求

（1）高空气象观测业务台站和个人，在进行常规高空气象观测时，均应严格按照本考核办法进行观测业务质量考核。

（2）业务质量考核要本着公平、公开的原则，坚持实事求是的科学态度，严禁弄虚作假。

（3）台站要按照统一的业务质量统计报表格式，逐项统计填报台站和个人业务质量，并作为台站业务档案保存。

（4）按照奖优惩劣、奖勤罚懒的原则，业务质量考核可与各地制定的奖惩制度挂钩。

3）考核内容

高空气象观测业务质量考核以观测质量、探空平均高度、测风平均高度、重放球和系统故障五项内容为考核指标。具体统计方法和达标标准如下：

（1）观测质量

观测质量分为台站观测质量和个人观测质量两部分，是对高空气象观测业务规范化的综合考评，用考核统计时段（月、季度、半年、年等）内高空气象观测业务所出现的各类错情总和与所获取的工作基数总和的千分比表示，即错情率，统计时保留两位小数。

达标标准:错情率≤3.00‰。

(2)探空平均高度

探空平均高度是指考核统计时段(月、季度、半年、年等)内,探空终止高度的平均值,单位为 m,取整数位。

达标标准:

GCOS 台站:探空平均高度≥30000 m。

非 GCOS 台站:探空平均高度≥26000 m。

(3)测风平均高度

①综合测风平均高度

综合测风平均高度是指考核统计时段(月、季度、半年、年等)内综合测风终止层量得风层海拔高度的平均值,单位为 m,取整数位。

达标标准:

GCOS 台站:综合测风平均高度≥28000 m。

非 GCOS 台站:综合测风平均高度≥24000 m。

②单独测风平均高度

单独测风平均高度是指考核统计时段(月、季度、半年、年等)内单独测风终止层量得风层海拔高度的平均值,单位为 m,取整数位。

达标标准:单独测风平均高度≥18000 m。

(4)重放球

重放球是指某次常规观测未达到规范要求高度而必须进行的再观测。重放球应在正点放球后 75 min 内进行,分为非人为重放球和人为重放球。非人为重放球是指因台风过境、大风(风速 14 m/s 或其以上)、暴雨、暴风雪、无法及时恢复的雷达故障、传感器变性、雷击等原因造成的重放球;其他原因造成的重放球均为人为重放球。

重放球率是指统计时段(月、季度、半年、年等)内人为重放球和非人为重放球总次数与综合观测总次数的千分比。

达标标准:全年重放球次数≤6 次,即重放球率≤8.3‰。

(5)系统故障

系统故障是指因观测系统主要设备(雷达、基测设备、计算机、制氢设备、发电设备等)发生故障而造成记录缺失、重放、迟测、启用备份设备进行观测等事件。

系统故障率是指统计时段(月、季度、半年、年等)内系统发生故障总次数与总观测次数的千分比。系统故障率只考核台站。

达标标准:全年系统故障次数<11 次,即系统故障率<15‰。

4)观测质量统计规定

(1)工作基数和错情统计

①每次观测按一份工作基数、一份错情统计。

②个人每班次工作基数按照附表 5.1 查算;个人月报表制作基数按照附表 5.3 查算;雷达与经纬仪对比观测工作基数按照附表 5.4 查算。

③台站月工作基数按照附表 5.2 查算;台站月报表制作基数按照附表 5.3 查算;台站雷达与经纬仪对比观测工作基数按照附表 5.4 查算。

④凡重放球,统计有效记录(指实际发报或编制月报表的记录)的值班工作基数。

⑤个人错情包括在工作中发生的各类错情,如校对、预审及上级业务主管部门检查发现并查证的错情。

⑥台站错情指台站无法更正的出站错情,包括:

——伪造、涂改、记录缺测、人为重放球、台站漏传迟传和误传数据文件、施放不合格仪器、人为早迟测、台站系统性错误等;

——台站应当承担的其他错情,如报表错情、仪器设备维护错情等。

⑦个人参加高空气象观测工作,应如实统计工作基数和错情,并按下式计算统计时段内的个人观测质量。

$$\frac{\sum 个人错情个数}{\sum 个人工作基数} \times 1000‰$$

⑧台站应如实统计工作基数和错情,并按下式计算统计时段内的台站观测质量。

$$\frac{\sum 台站错情个数}{\sum 台站工作基数} \times 1000‰$$

(2)错情计算

①伪造涂改记录

伪造记录是指根本没有进行观测而凭空捏造记录。涂改记录是指为了掩盖观测中出现的错误,而涂改(含采用工具软件)原始观测记录、报文等,使记录失去客观真实性。

——次数。某次观测伪造、涂改记录,台站与个人均统计1次。

——错情个数。一次伪造涂改记录,个人统计30个错情,若能挽回记录,台站可不统计错情,否则台站也统计30个错情。

②记录缺测

记录缺测是指某次观测完全未进行;或虽进行观测,但未获得探空(或测风)资料(探空没有观测到本站最低规定等压面的资料或测风没有观测到本站最低一个规定高度层风的资料);或观测超过规定所允许的最迟放球时间。

因突发自然灾害或极端恶劣天气等不可抗力造成记录缺测,属非人为记录缺测。

——次数。某次观测记录缺测,台站和个人均统计1次。

——错情个数。某次观测由于人为原因造成探空资料缺测,则台站和个人均统计30个错情;测风资料缺测,则台站和个人均统计20个错情。

——非人为原因造成记录缺测,台站和个人不统计错情。

③重放球

——次数。某次观测未达到规范要求的高度,而在规定时间内一次或多次重放球,台站和个人均统计重放球1次。

——错情个数。人为重放球一次,台站和个人均统计5个错情;雷达单测风人为重放球一次,台站和个人均统计3个错情。

④施放不合格仪器

施放不合格仪器是指施放了基值测定不合格的探空仪,或用错探空仪参数文件等。

——次数:

若在规定的时间内重放球,则台站和个人均按照人为重放球统计次数;

若造成整份记录作废,则台站和个人均按照记录缺测统计次数。

——错情个数:

在规定的时间内重放球,则台站和个人均按照人为重放球统计错情个数;

造成整份记录作废,则台站和个人均按记录缺测统计错情个数。

⑤早测、迟测和任意终止观测

早测是指在规定正点时间前开始进行观测。

迟测是指超过规定正点时间 5 min 以上开始进行观测。迟测分为人为迟测和非人为迟测。凡因人为原因未能做好放球前的准备工作而造成迟测,视为人为迟测。凡因台风、大风(14 m/s 及其以上)、暴雨、暴风雪、雷达故障等原因等而造成迟测,视为非人为迟测。

任意终止观测是指探空或雷达测风信号正常,而擅自停止接收、观测和处理记录。

——次数:早测、人为原因迟测和任意终止观测,台站和个人均应统计次数。

——错情个数:

早测一次,台站和个人均统计 2 个错情;

人为迟测一次,根据以下规定统计错情个数:

迟测 6~30 min(例如 07:21—07:45),则台站和个人均统计 1 个错情;

迟测 31~60 min(例如 07:46—08:15),则台站和个人均统计 2 个错情;

迟测 61~75 min(例如 08:16—08:30),则台站和个人均统计 3 个错情。

任意终止探空观测一次,台站和个人均统计 15 个错情;任意终止测风观测一次,则台站和个人均统计 10 个错情。

⑥漏发报

一次观测漏发数据文件(秒数据文件和状态文件)、全部或部分报文均属漏发报。漏发报,台站与个人均应分别统计 1 次。

漏发一份数据文件,台站与个人分别统计 2 个错情。

漏发 TTAA 报,台站与个人分别统计 5 个错情。

漏发一份其他报,台站与个人分别统计 3 个错情。

漏发全部报,台站与个人分别统计 20 个错情。

⑦错发报

错发报是指编发与本次观测不相符的报文和数据文件。

错发一份数据文件,台站与个人分别统计 2 个错情。

错发 TTAA 报,台站与个人分别统计 5 个错情。

错发一份其他报,台站与个人分别统计 3 个错情。

错发全部报,台站与个人分别统计 20 个错情。

⑧过时(逾限)报

发报时间超过规定所允许的时限为过时报。08 时,20 时 TTAA 报超过 08:30,20:30;其他报(含数据文件)超过 10:00,22:00;02 时,14 时雷达测风报(含数据文件)超过 03:00,15:00均为过时报。

观测报文(数据文件)全部过时或部分过时,台站与个人均只统计过时 1 次,并分别统计错情。

每发一份过时 TTAA 报,则统计 3 个错情;其他报和数据文件每发一份过时报,则分别统计 1 个错情。

由于迟放球,TTAA 报的发报时间按迟放球的时间顺延,但超过顺延时间发出的报,则算过时报。其他报文和数据文件必须在规定时间内发出,不予顺延,否则也按过时报处理。

⑨更正报

值班员在规定时间内编发更正报,每传送一份更正报台站与个人分别统计 0.5 个错情。对已编发更正报的错误记录不再统计错情(更正报时限分别为 03:30,10:30,15:30,22:30)。

预审员在规定的时间内编发更正报,只统计台站更正报的错情,对于值班员则按实际错情统计。

⑩系统错

系统错是指由于一处错误(如台站基本参数设置错误、计算机操作错误、计算机时间错误、值班员修改曲线有误或某气象要素数据错误等)而导致观测记录结果出现多处错误。

系统错按影响范围统计错情,即按要素计算,影响一个发报要素统计 1 个错情,一个非发报要素统计 0.5 个错情,最多统计 10 个错情。台站与个人分别统计错情。

台站基本参数设置错误,只统计台站错情。每个时次影响一个发报要素统计 1 个错情,一个非发报要素统计 0.5 个错情,最多统计 10 个错情。每月最多统计 30 个错情。

⑪操作错误

——观测操作不符合规范;读数错误;数据调用错误;计算机输入、输出错误,以气象要素为单位,如温度、气压、湿度、露点温度、高度、风向、风速、空间定位数据等,发报要素每错一个,台站与个人均统计 1 个错情;非发报要素每错一个,个人统计 0.5 个错情,最多统计 10 个错情。

——人为原因造成计算机原始数据丢失,每丢失 1 个时次的原始数据文件,台站和个人均应统计 15 个错情。

——湿度片未做高湿活化处理,台站和个人均统计 1 个错情。低湿干燥剂未按规定定期更换,台站统计 10 个错情。

——启动放球时间与施放时间不同步,使用放球时间订正功能,每次统计 1 个错情。

——计算机时钟与标准时误差超过 30 s,每次统计 1 个错情。

——雷达故障未及时发现,造成观测数据错误,影响一个发报要素统计 1 个错情,影响一个非发报要素统计 0.5 个错情,最多统计 3 个错情。

⑫月报表

记录月报表每错、漏、多一个要素,统计 0.5 个错情。统计计算项目每错一个,统计 1 个错情。只统计基本错,不统计影响错。记录月报表打印不清晰或破损的,或未加盖公章等,每张报表台站和个人均统计 1 个错情。

记录月报表的制作没有按规定时间完成,每拖延 1 天,台站与个人均统计 1 个错情,最多统计 10 个错情。

⑬气候月报和全月数据文件(G 文件)

气候月报应在次月 4 日 9:00 时(北京时)以前发出。迟发、更正报在每月 4 日 15:00 之前编发,台站与个人分别统计 0.5 个错情。漏发高空气候月报,台站与个人分别统计 3 个错情。

全月数据文件(G 文件)应在次月 10 日以前编发。迟发、更正和漏发全月数据文件(G 文件),台站与个人分别统计 3 个错情。

⑭其他错情

——因人为原因漏收、漏测造成部分记录失测,影响一个发报要素统计 1 个错情,影响一个非发报要素统计 0.5 个错情,最多统计 10 个错情。

——观测记录表、记录月报表的封面,值班日记等,凡规定填写而没有填写的,或者填写错误,每错、漏 1 项,个人统计 0.1 个错情。

——雷达与经纬仪对比观测每缺测一次有效记录,台站和个人均统计 3 个错情。

——雷达因标定错误或维护不当存在系统偏差并影响观测记录的,台站按系统错统计错情。

——基测或检定设备超过检定日期、应急备份设备无法投入使用,台站统计 15 个错情。

5)综合业务评分(高空气象观测业务指数)

为了全面衡量高空气象观测台站的综合业务能力,更加客观地反映台站业务质量,对高空气象观测业务按照年度进行综合评分。综合评分由各省(区、市)气象局业务主管部门评定,中国气象局业务主管部门定期发布全国高空气象观测站网综合评分通报。综合评分暂不考虑雷达单测风的高度和重放球指标,采用百分制计分方法。

(1)考核指标评分(共 60 分)

①观测质量(16 分)　计分方法(保留两位小数):

——实际得分=16-(错情率×1000)×2;

——若错情率≥8‰,则该项不得分。

②探空平均高度(14 分)　计分方法(保留两位小数):

——若探空平均高度≥28600 m(GCOS 站探空平均高度≥32600 m),得满分 14 分;

——若 17000 m<探空平均高度<28600 m,则得分按下式计算:

实际得分=(探空平均高度-17000)×0.0012

GCOS 站若 21000 m<探空平均高度<32600 m,则得分按下式计算:

实际得分=(探空平均高度-21000)×0.0012

——若探空平均高度≤17000 m(GCOS 站探空平均高度≤21000 m),则该项不得分。

③测风平均高度(12 分)　计分方法(保留两位小数):

——若测风平均高度≥27000 m(GCOS 站测风平均高度≥31000 m),得满分 12 分。

——若 15000 m<测风平均高度<27000 m,则得分按以下公式计算:

实际得分=(测风平均高度-15000)×0.001

GCOS 站若 19000 m<测风平均高度<31000 m,则得分按下式计算:

实际得分=(测风平均高度-19000)×0.001

——若探空平均高度≤15000 m(GCOS 站测风平均高度≤19000 m),则该项不得分。

④重放球率(10 分)　计分方法:

——全年无重放球,得满分;

——重放球次数≤6 次,每人为重放球 1 次,扣 1 分;

——重放球次数>6 次,每人为重放球 1 次,扣 2 分;每非人为重放球 1 次,扣 1 分。

⑤系统故障率(8 分)　计分方法(保留两位小数):

实际得分=8×(1-系统故障率×10)

(2)报文资料质量评分(共 10 分)

中国气象局相关业务部门通过台站上传的数据文件和报文,综合分析我国高空气象观测台站的观测质量,形成全国高空报文质量评估报告。"报文资料质量评分"以此评估报告为准。

计分方法(保留两位小数):

实际得分＝高空报文质量评分/10

(3)探测环境评分(共 10 分)

探测环境未发生改变得满分。

若探测环境改变,盛行风下风方向±60°内每新增 1 处遮挡仰角大于 2°的障碍物;或非盛行风下风方向每新增 1 处遮挡仰角大于 5°的障碍物;或制(充)氢室 25 m 范围内每新增 1 栋建筑物(不计高度),扣 1 分。

(4)仪器设备(共 10 分)

凡出现以下情况者扣减相应分数:

——仪器设备安装不符合业务规范和相关规定的要求,每项扣 1 分;

——使用超检仪器或基本配置不齐备,每项扣 1 分;

——雷达标定错误,每项扣 2 分;

——未按期检查标校仪器设备,每项(次)扣 0.5 分;

——人为原因造成仪器、设备损坏或丢失,视情节轻重,扣减 2～10 分。

(5)规章制度(共 10 分)

各项业务规章制度执行到位得满分。

若出现违反规章制度或执行规章制度不到位的情况,视情节轻重,扣减 2～10 分。

(6)特殊加减分

①特殊加分:

以中国气象局发布通报为准,年度内获得"全国质量优秀测报员"称号的,每人(次)加 0.1 分。

②特殊减分:

——台站出现重大差错或严重违章(指涂改伪造记录、制用氢伤人、丢失观测记录等),每项(次)扣减 10 分。

——凡出现人为缺测 1 次,扣减 5 分。

——凡出现施放不合格仪器、漏(误、迟)发数据文件,每次扣减 1 分。

注:除"特殊加减分"外,每项得分扣完为止,不得负分。

6)高空气象观测业务质量报送规定

(1)高空气象观测台站每月工作结束后,汇总本站和个人"高空气象观测业务质量统计表"于次月 10 日前报送省(区、市)气象局业务主管部门。

(2)各省(区、市)气象局业务主管部门于每年的 12 月 15 日前汇总上年度 12 月至本年度 11 月间的"高空气象观测业务质量统计表"报中国气象局;并于每年的 1 月 20 日前汇总本年度 1 月至 12 月间的"高空气象观测业务质量统计表"报中国气象局。

7.3.2　高空气象观测业务应急处理办法

(1)为在复杂天气、突发事件出现时,确保高空气象探测业务工作的正常运行,特制定本办法。

（2）在探测前 1 h 预计可能出现复杂天气过程或在探测过程中出现突发性事件,执行本办法。

（3）本办法中所指的复杂天气主要包括强降水、大雪、沙尘暴、大风或台风、雷暴雨等;突发性事件包括探测设备故障、突然停电、业务软件瘫痪、通信故障和外界环境突变的干扰等。

（4）应对复杂天气、突发事件发生时的处理要求:

①业务人员必须在最短的时间内通知台站领导,台站领导须亲自指挥。

②若情况复杂,业务人员不能应对时,台站领导必须亲临现场,组织作好应急处理的各项工作。

③遇复杂天气,要确保记录完整;处理突发事件时,在确保人员和设备安全的前提下,力保 500 hPa 以下探测资料的正确性。

④在应对突发事件时,要根据现场情况及时取得上级行政和相关业务部门的支持和指导,便于迅速、准确处置。

⑤复杂天气或突发事件处理结束后,应在台站档案中作专门的文字记录。

⑥因复杂天气或突发事件造成记录或财产损失,应向上级有关部门作专题报告。

（5）应对复杂天气、突发事件发生时的处理流程:

①当遇有强降水、大雪、积雨云过境等影响气球正常升速的天气现象时,值班人员须根据情况适当增加气球的氢气充气量,保证气球正常升空。探测过程中,若 500 hPa 以下出现气球下沉,应迅速根据各方面的情况判断气球是否有上升的可能,做好在规定时间内重放球的准备,杜绝缺测等事故的发生。

②出现大风(台风)、沙尘暴、浓雾等影响气球施放的天气现象时,必须增加辅助人员,保证顺利放球和施放后正常跟踪气球。若低空(距地 3000 m 以下)测风记录缺测时,应设法补测。

③出现积雨云过境或雷暴等可能影响探空仪正常工作的天气现象时,可适当推迟施放时间。在探测过程中,未达 500 hPa 出现探空仪遭雷击或传感器变性等情况,在规定允许的时间内应立即重放球。

④当地面接收(跟踪)设备出现故障时,应立即启用备份探测设备。

⑤遇有突然停电时,应立即启动自备电源。

⑥探测过程中出现业务软件瘫痪等,数据采集不能正常进行时,应采取有效措施进行处理,确保及时恢复正常。

⑦出现通信故障,致使报文和探测资料不能正常上传时,应采取其他手段,在规定的时间内完成报文和探测资料的上传。

⑧当复杂天气对探测人员和设备安全形成威胁时,按突发事件处理。

7.3.3　高空气象观测站制氢和用氢管理办法

1)总则

(1)为加强高空气象观测站制氢用氢的管理,规范制氢用氢工作流程,特制定本办法。

(2)本办法适用于高空气象观测站水电解制氢、氢气储存、氢气瓶充装、氢气瓶运输、高空气象观测业务用氢等。

2)高空气象观测制氢用氢人员

(3)从事水电解制氢操作人员,须进行水电解制氢相关知识和操作技能的培训,了解水电解制氢设备的基本原理、结构和性能，掌握制氢用氢安全操作技术。上岗前须按《固定式压力容器安全技术监察规程》(TSG R0004)的要求取得国家认可的特种设备作业人员证书。

(4)各级气象部门应当对特种设备作业人员进行特种设备安全教育和培训，保证特种设备作业人员具备必要的特种设备安全作业知识。特种设备作业人员在作业中应当严格执行特种设备的操作规程和安全规章制度。

(5)高空气象观测站制氢用氢人员应当按照《常规高空气象观测业务规范》的要求，持有高空气象观测岗位证书上岗。

(6)制氢用氢人员、设备保障维修人员上岗时必须配备防静电服装、防静电鞋、防碱手套等安全防护用品。

(7)高空气象观测站制氢人员必须严格按照《气象业务氢气作业安全技术规范》、相关操作规程要求操作、运行和维护制氢设备。

3)制氢设施和场地安全

(8)水电解制氢室的设计必须符合《高空气象台站水电解制氢建设要求》和《气象业务氢气作业安全技术规范》。所有设计和建设文件、图纸、设备检验报告等相关材料应当作为台站档案保存。

(9)新建制氢室、储氢室、充球室，应当符合《常规高空气象观测业务规范》对高空气象观测站制(储、用)氢的要求。

(10)探空平衡器、工作台面、储氢设施、汇流排等应具备良好的接地和防静电设施，其接地电阻应小于 4Ω。每年定期检查一次防静电接地的有效性，确保接地牢固可靠。

(11)储氢罐安全阀排气管、充球排气管等氢气出口处应安装防回火装置。

(12)制氢室、储氢室、储存氢气瓶的房间必须安装氢气泄漏监测系统，监测设备在氢气泄漏时能够以声、光、手机短信等方式报警。

(13)制氢用氢场地内，严禁烟火。

4)水电解制氢设备安装

(14)制氢设备在安装前，设备生产厂家应当向高空气象观测站移交技术规范要求的设计文件、产品质量合格证明、安装及使用维修说明等文件。储氢罐等压力容器生产厂家应当按《固定式压力容器安全技术监察规程》(TSG R0004)之 5.1 条(4)款规定，向高空气象观测站提供安装图样和施工质量证明文件等技术资料。所有仪表、安全阀应在检定有效期内。

(15)水电解制氢设备的储氢罐等压力容器在安装前，生产厂家应按照《特种设备安全监察条例》第十七条的要求，在施工前须将拟进行的安装、改造等情况书面告知当地特种设备安全监督管理部门，告知后即可施工。

(16)水电解制氢设备(包括储氢罐等压力容器)的安装，按照《气象业务氢气作业安全技术规范》进行。

(17)水电解制氢设备的储氢罐等压力容器在投入使用前或者投入使用后 30 日内，高空气象观测站应当按照《特种设备安全监察条例》第二十一条、第二十五条的要求，向直辖市或者设区的市的特种设备安全监督管理部门登记，领取压力容器使用登记证和登记标志。登记标志应当置于或者附着于该特种设备的显著位置。

(18)新安装或大修后的水电解制氢设备在正式投入使用前，由省、自治区、直辖市气象局组织对制氢设施、场地、人员资质、防雷和防静电等情况进行检查和验收。

5)制氢生产过程安全控制

(19)高空气象观测站应按照本办法要求和当地实际情况制定制氢工作制度、安全管理制度、责任制度、突发事件处理措施或预案,落实相关责任人,并张贴上墙。

(20)高空气象观测站每月至少进行一次制氢用氢设备自查,将日常使用、定期检验、维修和定期自查情况填写到相应的记录表中。自查和日常维护保养时发现异常情况的,应及时处理,对易损、易老化部件要定期更换。自查要由两个以上制氢员或至少一个以上用氢人员一起进行。

(21)压力容器(储氢罐、充装气瓶、化学制氢缸)应当按照《固定式压力容器安全技术监察规程》(TSG R0004)第 7 条的要求定期检验,并在安全检验合格有效期内使用。

(22)氢气纯度分析仪器、报警仪表、安全阀等仪器仪表应进行定期校验、检修,并做记录。

(23)制氢用氢过程中发现事故隐患和其他不安全因素,应当按制氢用氢突发事件处理措施或预案立即采取措施。

(24)省、自治区、直辖市气象局业务主管部门每年至少组织一次制氢用氢业务自查、互查或抽查,发现问题及时整改,按照要求组织所辖高空气象观测站制氢设备的大修和更新。

6)氢气储存及运输

(25)使用气瓶充装氢气须经省级特种设备安全监督管理部门许可,满足《特种设备安全监察条例》要求,方可从事氢气充装活动。

(26)气瓶的储存应当符合《气瓶安全监察规程》、《气象业务氢气作业安全技术规范》等规定。储存氢气的房间(场所)要满足防爆要求。

(27)气瓶的运输要由具备道路危险品运输资质的单位承运,并签订相应的安全责任协议。

(28)搬运储氢瓶时应戴好瓶帽、防震圈,轻装轻卸,严禁抛、滑、滚、碰,避免暴晒,不得与易燃、易爆、腐蚀性物品一起运输或存放。充满氢气的气瓶不得在城市的繁华市区白天运输或在人员密集地方停靠。

7)高空气象观测站用氢安全要求

(29)高空气象观测站的用氢场所应划定安全区域,制作警示标志,严禁无关人员、车辆等进入安全区域。

(30)高空气象观测人员禁止携带火柴、打火机、无线通讯设备,禁止穿化纤工作服、绝缘鞋、有铁钉或铁掌的鞋进入涉氢场所。制氢用氢人员在工作前应通过触摸接地体等方式释放人体和衣服上的静电。

(31)使用储氢瓶的台站要有消除气瓶静电的措施,气瓶立放时要有防倾倒措施,严禁敲击和碰撞气瓶。瓶体、阀门和连接气瓶或储氢罐的管道等不能沾附油脂或其他可燃物。

(32)储氢室、充球室等用氢场所不得存放可燃物。室内外应配备干粉和二氧化碳灭火器等轻便消防器材,室内设置消防、清洗用水。冬季制氢室内应采取措施防止管道冻结。

8)制氢用氢突发事件处理

(33)制氢用氢人员要加强业务学习,不断提高业务素质和安全意识,在制氢用氢和业务值班工作中,严格遵守操作规程和工作流程,严格执行安全制度、工作制度,严防制氢用氢中事故的发生。

(34)高空气象观测站须制订制氢用氢突发事件应急预案,明确职责和处理流程。

(35)高空气象观测站领导要加强制氢用氢知识学习,了解制氢用氢业务流程,提高对制氢用氢过程中的突发事件处理能力。在制氢用氢过程中出现突发事件时,要靠前指挥。

(36)在制氢用氢过程中出现突发事件时,制氢用氢人员要严格按照预案和流程进行处理。

(37)在出现突发事件需要进行抢修或抢险时,抢修或抢险人员须着防静电服装,携带防爆设备和工具,严禁烟火。

(38)严禁在有压力的情况下对储氢罐、氢气管路进行切割、击打、拆卸等作业。压力表为零且检验其没有气体排出时,方可进行拆卸作业。

(39)当出现突发事件时,按以下要求处理:

①首先采取有效措施确保人员安全,并迅速上报。

②在确保人员安全的前提下,检查电路是否断开,关闭储氢罐、气路、阀门等。无法关闭时,等待其自然排空,再进行下一步检查、抢险。

③发生操作人员被电解液烧伤时,应当迅速关闭制氢配电箱电源,按正常程序泄压,并迅速进行自救,用大量清水冲洗,烧伤严重时迅速拨打 120 急救。

④发生人员触电时,应尽力进行自救。其他人员应严格按断电、人工呼吸、拨打 120 急救的顺序处置。

⑤充球过程中发生氢气燃烧时,值班员应迅速关闭氢气阀门,在确保人员安全的前提下,使用泡沫或干粉灭火器进行灭火,无法实施灭火时,退出充球室等火熄灭后,再检查管路,重新充球。当无法关闭氢气阀门时,退出充球室,相关人员迅速撤离,并拨打 119。

⑥充球过程中发生爆炸时,应尽力进行自救并设法关闭氢气阀门,迅速撤离现场。其他人员应迅速按切断气源、人员搜救、拨打 120 急救的顺序处置,如果发生难以处置的火灾,应迅速拨打 119。

⑦电解槽体或输气管路发生燃烧,应迅速采取切断气源、断电措施进行处理,尽力进行自救。其他人员应严格按切断气源、断电、人员搜救、拨打 120 急救的顺序迅速处置,如果发生难以处置的火灾,应迅速拨打 119。不宜采取扑灭的办法灭火,以防止扑灭后的氢气和空气混合产生其他严重问题。

⑧储氢罐管路发生燃烧,应通知人员迅速撤离,拨打 119。

⑨储氢罐发生爆炸,尽力进行自救。其他人员应严格按拨打 119、人员搜救、拨打 120 急救的顺序处置。不能采取扑灭的办法灭火,应该隔离人员(30 m 以外)等氢气燃尽,火自然熄灭后再进行处置。

⑩发生制氢室倒塌或房顶预制板断落情况,采取断电、隔离人员进入、人员搜救、拨打 120 急救的顺序处置;其他可燃物起火,应迅速用房间内配备的灭火器进行扑灭,必要时拨打 119。发生难以扑灭的火灾,应迅速拨打 119。

9)附则

(40)本办法自 2011 年 7 月 1 日起试行。

(41)本办法解释权属中国气象局综合观测司。

参考文献

国家气象局. 1982. 高空气候月报电码(GD—03Ⅲ). 北京:气象出版社.

李伟. 2005. 常规高空气象观测业务手册. 北京:气象出版社.

李伟. 2009. L波段高空气象探测系统技术评估报告. 北京:气象出版社.

李伟. 2010. 气象仪器及测试方法. 北京:气象出版社.

李伟. 2012. 高空气象综合观测手册. 北京:气象出版社.

盛裴轩,毛节泰,李建国,等. 2006. 大气物理学. 北京:北京大学出版社,38.

世界气象组织. 2005. 气象仪器和观测方法指南. 北京:气象出版社.

王伟民. 2011. 大气科学基础. 北京:气象出版社.

王振会. 2011. 大气探测学. 北京:气象出版社.

张文煜,袁九毅,2007. 大气探测原理和方法. 北京:气象出版社.

中国气象局 .2010. 高空压、温、湿、风探测报告编码规范. 北京:气象出版社.

中国气象局. 2003. 地面气象观测规范. 北京:气象出版社,11-24.

中国气象局. 2010. 高空风探测报告编码规范. 北京:气象出版社.

中国气象局监测网络司. 2005. L波段(1型)高空气象探测系统业务操作手册. 北京:气象出版社.

结束语

按照《综合气象观测系统发展规划(2009—2015年)》的部署,到"十二五"末我国将建成比较完善的国家高空气象观测网,基本实现布局科学化、装备国产化、业务标准化和部分观测自动化,整体实力接近同期世界先进水平。

为实现上述目标,将进一步优化全国探空站网布局,在西部地区适当补充建设探空站点,加强观测数据稀疏区和大气垂直综合探测能力。统一高空气象探测设备型号,完成电子经纬仪等配套设施建设。研究解决位势高度误差大、频率频带宽等技术问题,进一步提高探测准确度。在部分高空气象观测站开展探空气球自动施放业务试点,着力提高观测自动化水平。针对国际比对数据集,进一步开展分析,改进中国探空质量。利用L波段探空系统秒数据资料,分析中国平流层中层以下大气结构特征,应用于改进数值模式。结合卫星资料,建立中国云资料数据集。发展全自动探空系统,取代艰苦台站人工操作,填补无人地区高空气象观测的空白。将GPS/MET产品业务化,在重点地区发展层析技术。继续研制与完善下一代北斗探空系统。完善商用飞机气象观测数据(AMDAR)收集系统。

事业发展、人才为先。进一步培养高空气象观测技术人才、提高综合素质、提升业务能力,既是当务之急,又是长远之举,需要从长计议、统筹安排、付诸实施。《高空气象观测》培训教材的编写与出版,旨在为气象部门及相关行业高空气象观测人员的培训学习提供帮助。

本教材编写中,引用了中国气象局观测网络司、气象探测中心、气象出版社、南京大桥机器有限公司、上海长望气象科技有限公司、太原无线电一厂、中国化工橡胶株洲研究设计院、南京众华通电子有限责任公司、中国船舶重工集团公司718所和505所、盛裴轩等编写的有关文件和文献资料,在此表示感谢!鉴于教材篇幅所限,对相关章节中涉及的部分内容进行了精简调整,读者可根据需要查阅有关的参考文献。

《高空气象观测》由中国气象局气象干部培训学院、湖南省气象培训中心组织编写。主要编写人员有陈晓元、潘志祥、李伟、刘凤琴、李艾卿、李余粮、杨忠全、李争凯、罗雪玲、王爱珍、赵米洛、李文华、杨小民、颜友生、黄利群、周伟等。陈永清等对教材内容提出了宝贵意见,在此表示感谢!